国家级一流本科课程配套教材
科学出版社"十四五"普通高等教育本科规划教材
普通高等教育农业农村部"十四五"规划教材

农业植物病理学

张俊华　主编

科学出版社
北京

内 容 简 介

本教材侧重于介绍我国东北地区发生的主要作物病害，兼顾我国其他地区的重要作物病害，主要包括水稻、麦类、杂粮作物、薯类、油料作物、烟草和糖料作物、十字花科蔬菜、茄科蔬菜、葫芦科蔬菜、果树、花卉等作物病害的症状、病原、病害循环、发病条件及病害控制等内容。

本教材内容丰富、信息量大、重点突出、图文并茂、实用性强，主要适于植物保护专业本科生使用，也可作为农学、园艺、植物科学与技术、种子工程、设施工程等专业本科生的参考教材，同时也是广大农业科技人员的参考用书。

图书在版编目（CIP）数据

农业植物病理学 / 张俊华主编. —北京：科学出版社，2024.1
国家级一流本科课程配套教材　科学出版社"十四五"普通高等教育本科规划教材　普通高等教育农业农村部"十四五"规划教材
ISBN 978-7-03-077743-0

Ⅰ. ①农… Ⅱ. ①张… Ⅲ. ①作物－植物生理学－病理学－高等学校－教材 Ⅳ. ①S432.1

中国国家版本馆 CIP 数据核字（2024）第 010703 号

责任编辑：张静秋　赵萌萌 / 责任校对：严　娜
责任印制：张　伟 / 封面设计：无极书装

科学出版社 出版
北京东黄城根北街 16 号
邮政编码：100717
http://www.sciencep.com

北京中石油彩色印刷有限责任公司 印刷
科学出版社发行　各地新华书店经销

*

2024 年 1 月第 一 版　开本：787×1092　1/16
2024 年 1 月第一次印刷　印张：17
字数：420 000

定价：69.80 元
（如有印装质量问题，我社负责调换）

《农业植物病理学》编委会

主　　编　张俊华
副 主 编　杨明秀　张艳菊　张铉哲　刘大伟
　　　　　左豫虎　刘淑艳　薛春生　王　艳
编写人员　（按学校名称拼音排序）

东北农业大学	陈宇飞　李郁婷　刘　东
	刘大伟　倪　哲　潘春清
	宋　爽　徐　莹　徐晓凤
	杨明秀　杨乃博　张俊华
	张铉哲　张艳菊　张卓群
黑龙江八一农垦大学	左豫虎
黑龙江大学	王　艳
黑龙江农业工程职业学院	刘洋大川　彭莉莉
吉林农业大学	刘淑艳
内蒙古农业大学	王　东
沈阳农业大学	薛春生

审　　稿　东北农业大学　　　　　　　文景芝

前 言

粮食安全是国家安全的重要基础。粮食安全与国民经济、国家安全及人类社会的发展息息相关。随着世界人口数量的不断增长，粮食等资源短缺的问题越来越凸显，然而农作物在生长过程中却会受到各种病原的危害，导致产量减少和品质下降。精准地诊断和防控农作物病害，减少或避免由于植物病害流行而造成的损失就显得至关重要。目前全国相关院校已出版一些《农业植物病理学》教材，但因我国幅员辽阔，各地气候条件差异较大，所种植作物的种类及病害发生规律有较强的区域性，特别是黑龙江省位于中国的最北端，农业生产具有较强的地域特殊性，作物种类及病害的发生规律与防控也相应具有特殊性。因此，编写适合于东北地区的《农业植物病理学》特色教材迫在眉睫。

本教材侧重于介绍我国北方地区，特别是黑龙江、吉林、辽宁、内蒙古等地区农业生产上的重要作物病害，并兼顾我国其他地区，力求反映植物病理学科的科学性、先进性及实用性。主要包括水稻、麦类、杂粮作物、薯类、油料作物、烟草和糖料作物、十字花科蔬菜、茄科蔬菜、葫芦科蔬菜、果树、花卉等作物病害的症状、病原、病害循环、发病条件及病害控制等内容。

本教材由东北农业大学、沈阳农业大学、黑龙江八一农垦大学、吉林农业大学、内蒙古农业大学、黑龙江大学及黑龙江农业工程职业学院7所院校的22名长期从事农业植物病理学教学的教师共同编写，东北农业大学文景芝教授审阅全部书稿。本教材的出版得到了东北农业大学教材立项和学科团队的经费支持。在此，对所有关心、帮助本教材编写和出版的单位、领导和专家表示衷心的感谢！

限于编者水平，书中不足之处在所难免，恳请读者提出宝贵建议，以便后续改进、修订。

编 者
2024年1月

《农业植物病理学》教学课件申请单

凡使用本书作为授课教材的高校主讲教师,可通过以下两种方式之一获赠教学课件一份。

1. 关注微信公众号"科学 EDU"申请教学课件

扫上方二维码关注公众号 → "教学服务" → "课件申请"

2. 填写以下表格后扫描或拍照发送至联系人邮箱

姓名:	职称:	职务:
手机:	邮箱:	学校及院系:
本门课程名称:		本门课程每年选课人数:
您对本书的评价及修改建议:		

联系人:张静秋 编辑　　　电话:010-64004576　　　邮箱:zhangjingqiu@mail.sciencep.com

目 录
Contents

前 言
第一章　水稻病害 ······················· 1
　第一节　稻瘟病 ··························· 1
　第二节　水稻纹枯病 ······················ 7
　第三节　水稻恶苗病 ····················· 11
　第四节　水稻苗期病害 ·················· 13
　第五节　水稻细菌性褐斑病 ············ 16
　第六节　稻曲病 ·························· 19
　第七节　水稻白叶枯病 ·················· 22
　第八节　水稻霜霉病 ···················· 26
　第九节　水稻菌核病 ···················· 29
　第十节　稻粒黑粉病 ···················· 32
　第十一节　水稻叶鞘腐败病 ············ 34
　第十二节　水稻干尖线虫病 ············ 38

第二章　麦类病害 ······················ 41
　第一节　小麦条锈病 ···················· 42
　第二节　小麦叶锈病 ···················· 46
　第三节　小麦秆锈病 ···················· 50
　第四节　小麦赤霉病 ···················· 53
　第五节　小麦黑穗病 ···················· 57
　第六节　小麦根腐病 ···················· 63
　第七节　小麦白粉病 ···················· 66
　第八节　小麦黄矮病 ···················· 70

第三章　杂粮作物病害 ················· 74
　第一节　玉米大斑病 ···················· 74
　第二节　玉米小斑病 ···················· 78
　第三节　玉米丝黑穗病 ·················· 81
　第四节　玉米瘤黑粉病 ·················· 84
　第五节　玉米弯孢霉叶斑病 ············ 87
　第六节　玉米茎基腐病 ·················· 89
　第七节　玉米粗缩病 ···················· 93

第四章　薯类病害 ······················ 96
　第一节　马铃薯病毒病 ·················· 96
　第二节　马铃薯晚疫病 ·················· 98
　第三节　马铃薯环腐病 ················· 103
　第四节　马铃薯早疫病 ················· 106
　第五节　马铃薯疮痂病 ················· 109
　第六节　甘薯黑斑病 ··················· 112
　第七节　甘薯茎线虫病 ················· 116

第五章　油料作物病害 ················ 119
　第一节　大豆根腐病 ··················· 119
　第二节　大豆疫霉根腐病 ·············· 122
　第三节　大豆胞囊线虫病 ·············· 124
　第四节　大豆灰斑病 ··················· 126
　第五节　大豆菌核病 ··················· 128
　第六节　大豆霜霉病 ··················· 130
　第七节　大豆花叶病毒病 ·············· 132
　第八节　向日葵菌核病 ················· 134
　第九节　向日葵黑斑病 ················· 136
　第十节　油菜菌核病 ··················· 138

第六章　烟草和糖料作物病害 ······· 142
　第一节　烟草花叶病 ··················· 142
　第二节　烟草赤星病 ··················· 145
　第三节　烟草野火病 ··················· 147
　第四节　烟草黑胫病 ··················· 150
　第五节　烟草立枯病与猝倒病 ········ 153
　第六节　烟草蛙眼病 ··················· 154
　第七节　烟草角斑病 ··················· 155

第八节 甜菜褐斑病 ······ 156
   第九节 甜菜蛇眼病 ······ 158
   第十节 甜菜根腐病 ······ 159

第七章 十字花科蔬菜病害 ······ 164

   第一节 十字花科蔬菜病毒病 ······ 164
   第二节 十字花科蔬菜霜霉病 ······ 166
   第三节 十字花科蔬菜软腐病 ······ 169
   第四节 十字花科蔬菜黑斑病 ······ 172
   第五节 十字花科蔬菜黑腐病 ······ 174
   第六节 十字花科蔬菜白斑病 ······ 176
   第七节 十字花科蔬菜根肿病 ······ 178

第八章 茄科蔬菜病害 ······ 180

   第一节 茄科蔬菜苗期病害 ······ 180
   第二节 番茄病毒病 ······ 183
   第三节 番茄叶霉病 ······ 187
   第四节 番茄灰霉病 ······ 188
   第五节 番茄早疫病 ······ 190
   第六节 番茄斑枯病 ······ 192
   第七节 番茄晚疫病 ······ 194
   第八节 茄子褐纹病 ······ 195
   第九节 茄子黄萎病 ······ 197
   第十节 辣椒炭疽病 ······ 199
   第十一节 辣椒疫病 ······ 201

第九章 葫芦科蔬菜病害 ······ 205

   第一节 黄瓜霜霉病 ······ 205
   第二节 黄瓜细菌性角斑病 ······ 208
   第三节 黄瓜黑星病 ······ 210
   第四节 黄瓜枯萎病 ······ 213
   第五节 黄瓜白粉病 ······ 217
   第六节 黄瓜灰霉病 ······ 219
   第七节 黄瓜炭疽病 ······ 220
   第八节 黄瓜根结线虫病 ······ 223
   第九节 黄瓜菌核病 ······ 225

第十章 果树病害 ······ 227

   第一节 苹果树腐烂病 ······ 227
   第二节 苹果轮纹病 ······ 229
   第三节 梨黑星病 ······ 232
   第四节 梨锈病 ······ 233
   第五节 葡萄霜霉病 ······ 235
   第六节 葡萄白腐病 ······ 237
   第七节 葡萄黑痘病 ······ 239
   第八节 草莓病毒病 ······ 240
   第九节 草莓蛇眼病 ······ 242
   第十节 黑穗醋栗叶斑病 ······ 243
   第十一节 黑穗醋栗白粉病 ······ 244

第十一章 花卉病害 ······ 246

   第一节 草本花卉主要病害 ······ 246
   第二节 木本花卉主要病害 ······ 253

主要参考文献 ······ 259

第一章
水稻病害

水稻是我国主要的粮食作物之一，水稻病害严重影响着我国的水稻生产，造成每年减产高达200亿kg。防治水稻病害对我国农村发展稳定、农民生活水平提高和农业可持续发展具有重要意义。

水稻病害有100多种，我国正式记载的有70多种，危害较大的有20多种。稻瘟病、纹枯病和稻曲病是水稻的三大病害，发生面积大、流行性强、危害严重。

我国东北地区普遍发生的水稻病害主要有稻瘟病、纹枯病、胡麻斑病、恶苗病、叶鞘腐败病、细菌褐斑病、青枯病、立枯病等。局部地区发生的病害有稻曲病、菌核病、稻粒黑粉病。药害、肥害等生理性病害在少数地区有发生。绵腐病分布在直播田。谷枯病、叶斑病、稻粒黑粉病和黄化萎缩病发生较少，危害也轻。

对这些病害的防治要始终坚持以种植抗病品种为主、加强肥水管理和进行化学防治为辅的综合治理措施，基于此，许多稻区基本控制了病害。但由于个别病害的病菌变异频繁、发生规律复杂、地区间差异很大，因此给这些病害的防治带来了极大的困难。尤其是生产中的某些品种不断发生抗性丧失，而新的抗源极度匮乏，因此化学防治效果不佳，加上长期单一使用某些药剂，抗药性问题也日趋突出。

◆ 第一节 稻 瘟 病

稻瘟病（rice blast），也称稻热病、火烧瘟、叩头瘟、吊颈瘟，是水稻生产上最重要的病害之一。最早在我国明末科学家宋应星所著的《天工开物》中便有记载。该病遍布全球多个国家和地区，在我国各个水稻产区均有发生，且能引起水稻大幅度减产，一般发病田块减产10%～30%，严重时可减产40%～50%，甚至颗粒无收。稻瘟病是水稻三大病害之一，已被我国农业农村部列入《一类农作物病虫害名录》。

一、症状

稻瘟病在水稻各个生育期皆可发生，主要发生于叶片、茎秆、节和穗等。根据发生时期和部位的不同，分为苗瘟、叶瘟、节瘟、叶枕瘟、穗颈瘟、枝梗瘟和谷粒瘟。其中叶瘟和穗颈瘟发病居多（图1-1）。

（一）苗瘟

苗瘟发生在3叶期前，主要由种子带菌所致。病苗的芽和芽鞘在发病初期会产生水渍状斑点，随后基部变成暗褐色，上部呈黄褐色或淡红色，严重时会导致病苗枯死。环境潮湿时，发病部位会产生灰绿色霉层。

图 1-1　稻瘟病症状（颜明利，2009；章孟臣，2019）

1. 苗瘟；2. 叶瘟；3. 节瘟；4. 叶枕瘟；5. 穗颈瘟（左）和枝梗瘟（右）；6. 谷粒瘟

彩图

（二）叶瘟

叶瘟在水稻整个生育期均可发生，分蘖期和拔节期危害较重。因品种和环境条件的不同，病斑分为白点型、急性型、慢性型和褐点型。

1. 白点型　病斑初期多为白色、圆形，无分生孢子，在感病品种的幼嫩叶片遭遇强光照射、天气高温干燥或者田地缺水时发生。如遇适宜的温度和湿度会迅速转变为急性型病斑；若条件不适，则会转变为慢性型病斑。

2. 急性型　病斑多为暗绿色、圆形，随着病程发展变成纺锤形。叶片正反面均有灰绿色霉层。当稻田大量出现急性型病斑时，往往是叶瘟病流行的预兆。当环境干燥或经过化学防治后，急性型病斑便会转化成慢性型病斑。

3. 慢性型　该型病斑是叶瘟病的典型病斑，纺锤形，中间灰白，边缘呈褐色，外层有黄色晕圈。"三部一线"是慢性型病斑的主要特征：病斑自内向外分为崩溃部、坏死部和中毒部；病斑两端常有延伸的褐色坏死线，严重时会连片形成不规则病斑。

4. 褐点型　病斑为褐色小斑点，多发生于抗病品种或植株下部老叶片的叶脉间，斑点中间的褐色部位为坏死部，外层的黄色部位为中毒部，没有霉层。

（三）节瘟

节瘟常在水稻抽穗后发生，发生位置主要在穗颈下第 1、2 节上。初期在稻节上产生褐色小点，后渐绕节扩大，病部变黑，易折断。发生早的会形成枯白穗，造成茎秆向一侧弯曲。

（四）叶枕瘟

叶枕瘟主要发生于叶耳、叶舌和叶环，初期发病部位呈污绿色，后变成灰褐色。能引起叶片早枯，也能引发节瘟和穗颈瘟。

（五）穗颈瘟和枝梗瘟

穗颈瘟发生于穗颈，枝梗瘟主要发生于穗轴和枝梗。病斑初期呈浅褐色小点，后逐渐围绕穗颈、穗轴和枝梗并向上下扩展，病部因品种不同而呈黄白色、褐色或黑色。发病早的穗颈常会造成枯白穗，发病晚的会导致秕谷，危害轻重与发病的早晚密切相关。

（六）谷粒瘟

谷粒瘟主要发生于颖壳和护颖，发病时谷粒表面产生褐色椭圆形不规则病斑，稻谷变黑。也有颖壳无症状、护颖发病变褐色的情况，此时能使种子带菌，并成为重要的初侵染源。

> 稻瘟病无论在哪个部位发生，其诊断要点均是病斑具有明显的褐色边缘，中央呈灰白色，潮湿条件下病部生出灰绿色霉状物（分生孢子梗和分生孢子）。

二、病原

稻瘟病病菌有性态为稻大角间座壳菌（*Magnaporthe oryzae* Couch），为子囊菌门大角间座壳属真菌，其无性态为无性真菌类梨孢属稻梨孢（*Pyricularia oryzae* Cav）。

灰绿色霉状物为病菌的分生孢子和分生孢子梗。显微镜下，分生孢子梗为淡褐色，常为束生，不分枝，顶端产生无色或淡褐色的分生孢子，为鸭梨形或慈姑形，一般有2~4个分隔。分生孢子常有2个隔膜，基部或顶部细胞萌发伸出芽管，芽管顶端生成褐色、球形且含有光滑厚壁的附着胞，附着胞长出侵入钉，帮助孢子侵入寄主（图1-2）。

菌丝的生长温度为8~37℃，最适温度为26~28℃。分生孢子的形成温度为10~35℃，萌发温度为15~32℃，且形成和萌发的最适温度均为25~28℃。分生孢子对湿热的耐受性较差，对干热的耐受性较强。一般经湿热52~55℃处理5~10min，菌丝和孢子就会死亡。但干燥环境中，部分孢子可以在60℃条件下存活30min，在-4~6℃的低温中经过50~60d仍有20%的孢子可以存活，在-30℃的低温下甚至可以存活一年半以上。水稻茎节和麦粒上的病菌，能在室温环境下的真空干燥器中存活10年以上。

在水稻叶片上，只有相对湿度在93%以上，且最好存在水滴或水膜时，才适宜菌丝生长，同时还需伴随明暗交替的环境。当相对湿度降到90%以下时，孢子形成大幅度减少（可达10%）且不能萌发。相对湿度在80%以下时，几乎不能形成孢子。病菌侵入的条件较严格，在适温的环境中，需要持续结露6~7h，才能很好地侵入寄主组织。相对湿度越大，

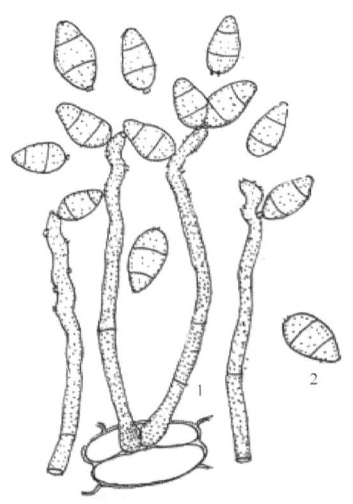

图1-2 稻瘟病病菌
（Watkinson et al., 2015）
1. 分生孢子梗；2. 分生孢子

组织表面结露时间越长,病菌的产孢率越高,侵入率越高。

稻瘟病病菌还可以向寄主分泌毒素,如稻瘟菌素、2-吡啶甲酸、细交链孢菌酮酸、稻瘟醇和香豆素等,这些毒素能抑制水稻的呼吸和生长发育。向水稻叶片接种稻瘟菌素、2-吡啶甲酸、细交链孢菌酮酸等毒素,在适宜的环境下叶片上能产生与稻瘟病相似的病斑。

稻瘟病病菌组成复杂,生理分化明显,生理小种多。同一菌株对不同水稻品种的致病力具有明显的专化性,由此可区分不同菌株的生理小种。我国7个鉴别稻瘟病生理小种的寄主分别是'特普特'('Tetep')、'珍龙13''四丰43''东农363''关东51''合江18''丽江新团黑'。全国稻瘟病菌株样品已鉴定出8个群(ZA、ZB、ZC、ZD、ZE、ZF、ZG、ZH)、85个生理小种。其中,ZG1是我国的优势小种;ZH群致病力最弱,7个鉴定寄主均对其有抗性。由于我国各稻区环境和种植品种差异较大,各地区病菌的小种构成也不相同:北方稻区ZA群和ZB群小种的出现频率较高,而南方稻区病菌致病小种的组成更复杂且致病力更强。水稻上分离的稻瘟病病菌除能侵染水稻外,还可以侵染小麦、玉米等23个属的38种植物。

三、病害循环

病菌以分生孢子和菌丝体在病稻草和病稻谷上过冬,次年分生孢子萌发,随着气流、雨水和昆虫传播,成为主要的初侵染源。过冬病菌的存活情况与环境条件相关,稻草堆表面的菌丝经7~8个月才会全部死亡,而草堆中干燥稻草上的菌丝经12个月仍有60%存活。染病的稻草直接粉碎还田或作堆肥,若没有完全腐熟,也会成为次年的初侵染源。此外,堆放的染病稻草到育秧期,天气转暖,一旦遇到雨水,染病部位能持续20多天不断产生分生孢子,特别是堆放于稻田四周的稻草,通常也是引起周围稻株染病的初侵染源。北方稻区由于气候干燥,病菌存活时间较南方稻区更长,可达1年以上。翌年天气转暖,分生孢子萌发后,直接或从伤口侵入寄主并向邻近细胞扩散发病,形成中心病株。病株繁殖的病菌借助风雨、昆虫传播到其他健康稻株上,且可以进行多次再侵染。播种带菌的种子会引发苗瘟和叶瘟,使稻苗在3叶前发生枯亡(图1-3)。

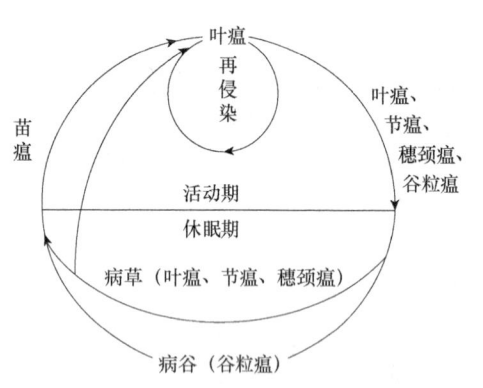

图1-3 稻瘟病病害循环图

分生孢子成熟后会在顶端分泌1滴孢尖黏液,以帮助孢子黏附。分生孢子落在稻株上,在有结露或水膜时萌发形成附着胞和侵入钉,并直接从表皮或伤口侵入。分生孢子的侵入与温度和结露有关。孢子侵入寄主的最适温度为24℃,低于13℃或高于35℃都会抑制孢子侵入。

孢子侵入细胞后进入潜育期,潜育期的长短与温度有关,24℃时潜育期最短。在适宜条件下,叶瘟的潜育期一般为4~7d、穗颈瘟为10~14d、节瘟为7~30d、枝梗瘟为7~12d。此外,水稻的抗病性和生育期也对潜育期长短有影响:一般幼嫩组织的潜育期短,抗性品种的潜育期长。

病菌在寄主内繁殖,并在发病处产生分生孢子,产孢量与发病部位、病斑类型和环境温度、湿度有关。28℃最适宜病菌产孢,多雨等高湿天气也有利于孢子形成。一个典型病斑每天的产孢量为2000~6000个,可连续产孢14d。一般急性型的叶瘟和穗颈瘟产孢量高。分蘖期一个叶片病斑上的孢子量最高可达4万个,感病品种的穗颈、穗轴、小穗发病后,其孢子量最高可分别达28万个、6万个和8万个。

气流(风)是孢子飞散的必要条件,雨、露和昆虫等能帮助孢子脱离孢子梗。正常情况下,孢子在夜间释放，一直持续到次日日出前。午夜至凌晨是孢子释放的高峰，该时间段释放的孢子占全天释放总量的40%以上。阴雨天时，孢子可全天释放。孢子的传播距离与风速呈正相关，风速越高，传播越远。但孢子的抗逆性较差，因此传播距离较远时容易丧失活性。

四、发病条件

稻瘟病的发生与水稻品种及生育期、气候条件和栽培管理密切相关。

（一）水稻品种及生育期

不同的水稻品种对稻瘟病的抗性存在差异，大面积种植感病品种容易导致稻瘟病流行。同一个水稻品种在不同生育期也会表现出不同的抗性，一般在水稻4叶期、分蘖期和抽穗初期容易发生叶瘟和穗颈瘟。叶片从展开40%至完全展开后2d内最容易感染叶瘟。孕穗初期突遇低温，水稻的抗病能力减弱，容易引起穗颈瘟流行。同一器官组织，幼嫩时期更容易感病。例如，在水稻刚出叶的1~5d抗病性弱，5~13d抗病性增强，13d后抗病性更强。

籼稻和粳稻中都存在对稻瘟病高抗和感病的品种。随着基因组学研究的深入，水稻中共鉴定了至少69个抗稻瘟病位点和84个主效抗病基因。这些基因成簇分布在除3号染色体外的其他水稻染色体上，其中2个为隐性抗病基因，其余为显性。目前Pb1、Pia、Pib、Pid2、Pid3等16个位点上的24个基因已被克隆。随着科学的发展，未来将有更多的抗性位点和抗性基因被发现和克隆。

水稻株型对稻瘟病的发生也有一定的影响。株型紧凑、叶片窄小挺拔，会使叶片上的水珠更容易滴落，且能相对减少病菌孢子的附着量，降低被感染的机会。此外，表皮细胞硅质化和膨压程度及淀粉含量等也与植株的抗侵入和抗扩展能力呈正相关。

（二）气候条件

在菌源充足、品种感病的前提下，气候条件就成了病害发生的主导因素。在气候因素中，温度和湿度对水稻的抗性和病菌的定殖能力影响最大，其次是光和风等。在阴雨连绵、日照不足，或时晴时雨、有云雾或结露等湿度大和光照少的环境中，水稻的呼吸作用减弱，组织柔嫩，抗病能力减弱，同时病菌孢子形成和侵染能力增强，容易引起稻瘟病的流行。因此沿海地区、江边、湖边和山区的稻田稻瘟病发病较重。

水稻感病后，在20~30℃，尤其是25℃左右时有利于发病，而当环境温度升高至30℃时，则发病会受到抑制。在水稻抽穗期，当环境平均温度长时间低于20℃或日平均温度低于17℃超过3d时，会影响水稻的生育，使其抗病能力降低，发病更严重。

当相对湿度超过90%甚至饱和时，有利于稻瘟病的流行。环境湿度主要与降水相关。持续阴雨天气或多雾多露会导致水稻株体表面湿润，有利于病菌分生孢子的形成、萌发和侵入。此时侵入率高、潜育期短，则发病更快，同时该环境也能降低水稻的抗病性，使发病更严重。

风对稻瘟病发病的影响具有双重性。有风的环境能帮助孢子释放和传播，但当风速超过1m/s时，稻株表面不易附着水珠，反而不利于孢子的萌发和侵入。

（三）栽培管理

栽培管理能影响田间小气候，同时也能影响稻株的抗病能力，且栽培管理中的肥料施用和灌溉对稻瘟病的影响最大。

水肥管理不当，既能影响水稻生长，降低植株的抗病性，又能增加田间湿度，利于病菌侵入、繁殖和扩展，从而加重病害发生。肥料中的氮肥对稻瘟病的发病影响最大：施用过量会使植株体内碳氮比下降，游离氮和酰胺态氮增加，过度分蘖，导致田间郁闭；施用过晚，特别是在拔节期后偏施氮肥，会引起贪青徒长、抽穗迟滞且不齐，从而增加感病机会。均衡施用钾肥和磷肥，能提高稻株体内钾氮比，使体内的氮元素正常代谢，降低可溶性氮化物的量，提高茎秆内纤维含量，使组织坚硬，提高稻株抗病能力。但在氮肥施用过量后，再增施磷、钾肥，则不能抑制发病，反而会使病害加重。长时间的灌深水、孕穗抽穗期缺水及引用冷泉水直接灌溉，都会导致稻株根系发育差，吸取养分能力减弱，使其抗病能力降低，同时也提高了田间湿度，更有利于发病。因此分蘖前期浅水灌溉、分蘖末期适时烤田、抽穗期湿润灌溉，能使稻株生长健壮，从而增强对稻瘟病的抗病能力。

五、病害控制

稻瘟病的防控应以选用抗病品种为前提，以农业防治为中心，并适时进行种子处理、化学防治和生物防治。

（一）选用抗病品种

根据本地区的气候条件，选用 2 个以上抗病或耐病的品种，同时合理布局，并适时轮换，避免同一品种长时间、大范围种植。

（二）农业防治

稻瘟病病菌能在病稻草和病稻种中越冬，因此需妥善处理病稻草，不可将带病稻草直接粉碎还田或用于催芽保温，以免将病菌带入稻田，且播种前需对种子进行浸泡消毒处理。早育壮秧、稀植栽培、浅水灌溉、配方施肥及不偏施氮肥等栽培措施，可减少稻瘟病的发生。

（三）种子处理

从无病田或轻病田选留稻种。催芽前对种子进行浸泡消毒，可消灭种子表面携带的病菌，降低种子带菌率，从而预防或减少苗期发病。通常选用 25%的咪鲜胺（乳油）、50%的多菌灵可湿性粉剂 1000 倍溶液或 10%的 402 抗菌剂 100 倍溶液等浸种 2d。

（四）化学防治

稻瘟病常发的地区和感病品种要采取抑制苗瘟、叶瘟和狠治穗颈瘟的防治策略，坚持防重于治的原则。水稻移栽时用三环唑 750 倍药液浸秧 3～5min，再取出堆闷 20～30min，然后进行移栽，可基本预防大田叶瘟。在水稻分蘖期至孕穗期，若发现叶瘟病斑或出现急性病斑时，应及时喷药防治。药剂防治的重点对象是穗颈瘟，因其对水稻产量及米质影响很大，需在破口到始穗期喷施 1 次药，齐穗期再喷施 1 次，若出现多雨多雾等有利于病害发展的天气，则需要在灌浆期再喷施 1 次。可选用的药剂有 20%或 40%的三环唑可湿性粉剂、40%的富士一号（又名稻瘟灵）乳油、40%的灭病威胶悬剂等。

（五）生物防治

1000 亿个芽孢/g 的枯草芽孢杆菌可湿性粉剂和 4%春雷霉素可湿性粉剂对穗颈瘟有一定的防治效果，可作为绿色稻米安全防病的选择药剂。

第二节 水稻纹枯病

水稻纹枯病（rice sheath blight），也称云纹病、花足秆、烂脚瘟、眉目斑、花秆、烂脚病、富贵病等，是水稻生产上的主要病害之一。我国各个稻区均有发生，但以长江流域更多见，且其多在高温、高湿条件下发病。随着氮素化肥用量增大，加上矮秆、多蘖、密植的高产栽培，该病流行日益加重。水稻纹枯病在早、中、晚稻上皆可发生，引起鞘枯、叶枯，从而导致秕谷增多、结实率低、千粒重下降，是水稻三大病害之一。该病可造成减产15%～20%，有时甚至减产50%以上，严重影响水稻生产。

一、症状

水稻纹枯病在水稻整个生育期均可发生，分蘖期至抽穗期更甚。主要为害叶鞘和叶片，严重时也为害茎秆和稻穗，主要表现为前期病情较轻、发展慢，中后期病情重、发展快。

幼苗发病会导致幼苗死亡。成株发病时，叶鞘染病，一般在近水面处产生暗绿色水渍状小斑，随后逐渐扩大为椭圆形或云纹形，边缘暗褐色，中部呈半透明状病斑。病斑一般为灰绿色或灰褐色，湿度低时中部呈淡黄色或灰白色，发病严重时多个病斑融合形成不规则云纹状大病斑，常导致叶片发黄枯死。叶片染病，病斑也呈云纹状，边缘黄褐色，发病快时病斑呈污绿色，叶片迅速枯死。茎秆受害，症状与叶鞘相似，后期呈黄褐色，易折，倒伏。穗部染病，先呈污绿色，后变灰褐色，常导致稻株无法抽穗，或抽穗的秕谷增多，千粒重下降（图1-4）。

图1-4 水稻纹枯病症状（余应龙和刘正鹏，2010）
1. 叶鞘染病；2. 叶片染病；3. 穗部染病；4. 菌核

彩图

高温、高湿条件下，病部会长出白色网状菌丝，后聚成菌丝团，形成深褐色菌核，易脱落，后期病部可见白粉状霉层。云纹状病斑和菌核是水稻纹枯病的主要特征。

二、病原

水稻纹枯病病菌有性态为瓜亡革菌 [*Thanatephorus cucumeris* (Frank) Donk]，属担子菌门亡革菌属真菌；无性态为立枯丝核菌 (*Rhizoctonia solani* Kühn)，也称茄丝核菌，属无性真菌类丝核菌属真菌。

水稻纹枯病病菌菌丝早期为无色，后呈浅褐色，较粗，分枝近直角，分枝基部缢缩，近

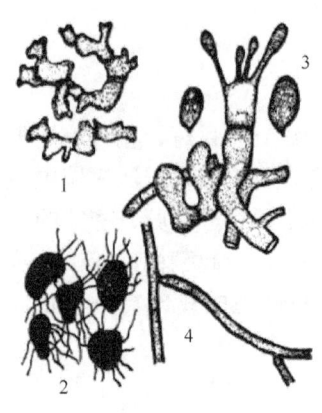

图 1-5 水稻纹枯病病菌
（董金皋，2007）
1. 老熟菌丝；2. 菌核；
3. 担子及担孢子；4. 幼嫩菌丝

分枝处有分隔。不产生分生孢子但能产生担孢子。每个细胞有 4~8 个细胞核。菌核通过少数菌丝交织连接在病组织上，初期为白色，后变为暗褐色，空气干燥时，极易脱落。菌核大小不一，且有明显外层、内层之分，外层约占菌核半径的 1/2，由多层死细胞构成，外层细胞无细胞质和细胞核，但有细胞壁。内层为活细胞，具有细胞壁、细胞质、细胞核及各种颗粒状内含物。菌核有圆形的萌发孔，其在形成过程中通过该孔排出分泌物，萌发时也通过该孔伸出。担子呈卵圆形或圆筒形，顶部有 2~4 个小梗，每个梗上各生 1 个无色、卵圆形的担孢子（图 1-5）。

菌丝在 10~38℃均可生长，最适温度为 28~32℃，致死条件为 53℃处理 5min。菌核萌发需要高湿环境，相对湿度低于 85%不能萌发。菌丝在 pH 2.5~7.8 时均可生长，最适 pH 为 5.4~6.7。光照能促进菌核的形成，但对菌丝生长有抑制作用。适宜条件下，新生菌核不需要休眠或成熟就能萌发致病。菌核在水和土壤中的生存能力极强，根据菌核在水中的位置可分为浮核和沉核，一般浮核较多。菌核的沉浮主要与浸水时间长短和内部结构（菌核空腔化死细胞外层厚度）有关。在土表或水层中的菌核越冬存活率高达 96%，土层下 9~25cm 的菌核也有 88%以上的存活率。室内干燥条件下保存的菌核，经过 8~20 个月还有 80%萌发率，保存 11 年的菌核萌发率仍有 30%。

病菌根据菌丝融合亲和现象可分为 14 个菌丝融合群（anastomosis group，AG）和至少 19 个菌丝融合亚群。其中，专化侵染水稻的主要为菌丝融合群 1（AG1），该群中各个菌株间的致病力存在差异，按照病菌的致病力和培养性状可分为 3 种致病型（A 型、B 型、C 型），A 型致病力最强，C 型最弱。

病菌的寄主非常广泛，自然条件下可侵染 21 科植物，人工接种时可侵染 54 科至少 210 种植物。除水稻外，该病菌的重要寄主还有玉米、大麦、小麦、高粱、粟、甘蔗、甘薯、芋、花生、大豆、黄麻、郁金香、香石竹、稗草、莎草、马唐等。

水稻纹枯病病菌还能向寄主分泌细胞壁降解酶（纤维素酶、果胶酶等）和毒素，从而破坏寄主细胞的结构，引起胞内分泌物外泄，导致细胞死亡。病菌分泌细胞壁降解酶和毒素的能力与该菌的致病力呈正相关。

三、病害循环

水稻纹枯病病菌是典型的土壤习居菌，主要以菌核在土壤中越冬，也能以菌核和菌丝在稻草和其他寄主上越冬。收割水稻时，落入田间的菌核是翌年或下一季的主要初侵染源。浇水耕耙后，菌核与杂物一起漂浮到水面，插秧后随水流黏附于稻株基部叶鞘上，随着稻株分蘖和丛茎数增加，黏附的菌核数量也不断增加。在适温、高湿的条件下，菌核萌发长出菌丝，菌丝在叶鞘上延伸，从叶鞘缝隙进入叶鞘内侧形成附着胞，通过气孔或直接穿破表皮侵入。水稻纹枯病的潜育期少则 1~3d，多则 3~5d，潜育期后出现病斑。

病菌侵入稻株后，在组织中不断繁殖延伸，并在病斑上产生气生菌丝。气生菌丝攀缘蔓延至叶鞘、叶片，在接触到邻近稻株后造成再侵染，其病部形成的菌核落入田中，随水流传播。传播也会受到风雨和地势的影响，一般下风向的田角和水田的低洼处菌核较集中，因而这些地方通常发病较重。分蘖盛期至孕穗初期病菌主要在株、丛间横向扩展，呈水平扩展，致使病株增多。孕穗期至蜡熟前期，菌丝会由下位叶向上位叶垂直扩展，使病害加重。病部继续形成菌核，落入水中，随水流传播至健康稻株基部附着萌发完成再侵染。通过特殊的人工接种，担孢子可以侵染水稻并引起发病，但在自然条件下，担孢子的传播作用并不大（图1-6）。

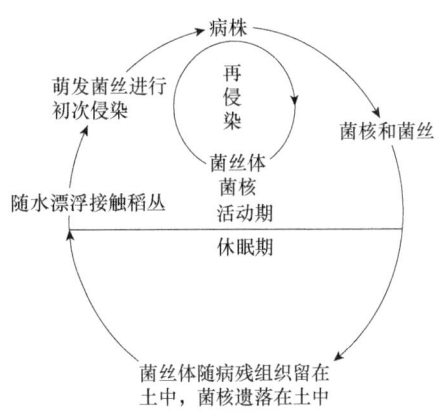

图1-6 水稻纹枯病病害循环图

四、发病条件

水稻纹枯病的发生和流行受菌核基数、气候条件、栽培管理、寄主抗性等多种因素的影响。

（一）菌核基数

田间越冬菌核量的多少与稻田初期发病的轻重有重要关系。上季、上年的轻病田和打捞菌核彻底的田块、新垦田，一般当年不发病或发病少；反之，上季、上年的重病田或打捞不彻底等遗留菌核多的田块，当年或当季初期发病较多。

（二）气候条件

水稻纹枯病属高温高湿型病害。该病一般在环境温度高于20℃时开始发病，在适宜病菌生长的温度范围内，湿度越大，发病越重。决定水稻纹枯病流行的关键气候条件是湿度，其中降水量、露和雾最为重要。雨日多，相对湿度大，发病重。我国南北稻区纹枯病的发病高峰期有所不同。一般情况下，华南稻区早稻发病高峰为5~6月，晚稻为9~10月。北方稻区发病高峰在7~8月雨季时。长江中下游地区，早稻发病高峰在6月中旬至7月中旬，中稻和晚稻发病高峰在8月下旬至9月下旬。东南和西南稻区气候湿润，在水稻各个生长时期均适合发病，且当年易出现多次发病高峰。

（三）栽培管理

水肥管理对菌丝生长和稻株抗病有重要影响，是决定发病轻重的主要因素之一。长期深水灌溉，稻丛间湿度加大，容易导致病害的发生。过度施用氮肥，会使稻株贪青徒长，分蘖过多，造成田间郁闭，田间小气候湿度增大，有利于病害发生。

水稻种植密度与发病程度也有一定关系。一般而言，插植苗数多、密度高时，株间湿度高，适于菌丝生长蔓延，因此病害发展速度更快。而且种植密度过大还会造成光照差，光合效能低，不利于稻株积累足够的糖类，导致抗病能力差。

（四）寄主抗性

不同水稻品种对纹枯病的抗性也存在差异，一般情况下，籼稻抗病性高于粳稻，粳稻高于糯稻，窄叶高秆品种高于宽叶矮秆品种，迟熟品种高于中熟品种，中熟品种高于早熟品种。纤维素、木质素和细胞硅化程度高的水稻品种抗病性也较强。

目前暂无对纹枯病高抗或免疫的水稻品种。经筛选发现'特普特''Jasmine 85''扬稻

4号'等品种对纹枯病有一定抗性。随着育种技术的发展，科学家通过紫外诱变、远缘杂交和转基因等方法，已获得一些对纹枯病有一定抗性的水稻品种。

五、病害控制

水稻纹枯病的防治以减少初侵染源为主，同时加强栽培管理，种植抗病品种，并适时进行化学防治和生物防治。

（一）减少初侵染源

每季初灌水耕耙后，大多数菌核浮在水面，混杂在浪渣内，并被风吹集到田边和田角。此时，可用布网、密簸箕等工具彻底打捞菌核，并带出田外深埋。不可直接用染病稻草和未腐熟的病草还田，及时铲除田边杂草可减少菌源、减轻前期发病。

（二）加强栽培管理

施足基肥，追肥早施，注意氮磷钾等肥料搭配，不偏施氮肥，使水稻前期不披叶，中期不徒长，后期不贪青。

掌握"前浅、中晒、后湿润"的用水原则，做到分蘖期浅水、够苗露田、晒田促根、肥田重晒、瘦田轻晒、长穗湿润、不早断水、防止早衰。避免长期深灌，同时也不能过度晒田。

水稻纹枯病发生的程度与水稻种植密度关系密切，密度越大，发病越重。因此，选择合理的种植密度能提高稻株间通透性，降低田间湿度，使病害发展受阻。

（三）种植抗病品种

在保证高产、优质、熟期适中的前提下，优先选用株型紧凑、分蘖适中、窄叶型的水稻品种，以增加田间通透性、降低荫蔽度、降低田间小气候的相对湿度，从而提高水稻的抗病能力。

（四）化学防治

根据病情发展及时施药，有利于控制病害。一般水稻分蘖末期和拔节期到孕穗期的发病率较高，需要重点关注。分蘖末期施药主要是控制气生菌丝，阻止病害的水平扩展。孕穗期至抽穗期施药，主要控制菌核的形成，阻止病害的垂直扩展，以保护稻株的健康组织。可选的药剂有4%井冈霉素水剂、75%肟菌·戊唑醇水分散颗粒剂、32.5%苯甲·嘧菌酯悬浮剂或24%噻呋酰胺悬浮剂。

市面上能防治纹枯病的杀菌剂还有很多，如多抗霉素、多菌灵、井冈·己唑醇、井冈·蜡芽菌、苯醚甲环唑·丙环唑、甲硫菌灵、菌核净、申嗪霉素等，均对纹枯病有较好的防效。但使用烯唑醇、丙环唑等唑类杀菌剂时应注意用量，超量用药可能造成水稻抽穗不良，出现包颈的现象。

（五）生物防治

国内多家单位进行过利用拮抗微生物防治水稻纹枯病的研究，并筛选到一些对病菌具有拮抗作用的木霉、青霉等真菌菌株和多种细菌菌株，如枯草芽孢杆菌B-916、长枝木霉T8、哈茨木霉TC3和NF9、地衣芽孢杆菌等。由于拮抗微生物筛选十分困难，且防治效果不稳定，因此目前生产中应用很少。

第三节 水稻恶苗病

水稻恶苗病（rice bakanae disease）也称徒长病、白秆病，广泛分布于全球各水稻产区。该病在我国南北稻区均有发生，其中以广东、广西、湖南、辽宁等地发生较多。20世纪50~60年代经过我国大力防治，病情已基本得到控制。但近年来该病在全国又有回升趋势，且在部分地区发生严重，已经成为影响水稻生产的重要病害。

一、症状

恶苗病在水稻整个生长时期均可发生，病种常不发芽或播种后不能出土。

（1）苗期　一般在2~4叶期出现症状，具体表现为徒长［图1-7（1）］、病苗较健苗株高且细弱；叶片和叶鞘细长，叶色发黄；根系发育不良，部分病苗会在移栽前后死亡［图1-7（2）］，且枯死的苗在靠近土地部分有淡红色或白色粉霉（病菌分生孢子梗及分生孢子）。

（2）本田期　一般在移栽后10~30d出现症状，具体表现与苗期相似，病苗分蘖少或不分蘖，病苗的节间明显伸长，节部常弯曲露于叶鞘外，茎秆上有暗褐色条斑，剥开病茎可见白色蛛丝状菌丝。病株靠近土地部分的茎节出现侧生的不定根［图1-7（3）］，之后茎秆逐渐腐烂，叶片自下而上枯死［图1-7（4）］。湿度大时，垂死或枯死病株的表面会有淡褐色或白色粉状物，后期产生黑色小点（病菌子囊壳），病株大部分在孕穗期枯死。病轻的植株虽未枯死，但一般不能抽穗，或抽穗不完全，或剑叶早出，提前抽穗，穗形小而不结实。

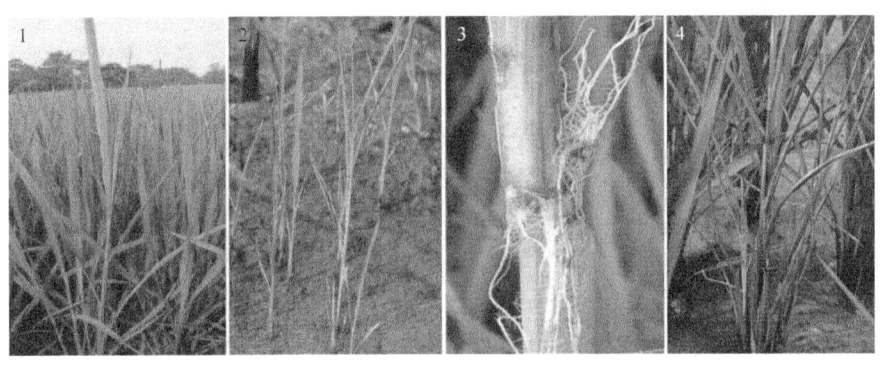

图1-7　水稻恶苗病症状（杨牧之，1997）
1. 病株徒长；2. 苗期发病症状；3. 病株侧生不定根；4. 本田期发病症状

彩图

（3）抽穗期　谷粒受害会严重变褐、干瘪，在颖壳夹缝处产生淡红色霉层。发病轻的谷粒基部或顶端变褐。有些病轻的谷粒虽症状不明显，但内部已有菌丝潜伏。

二、病原

水稻恶苗病的病原有性态为藤黑赤霉［*Gibberella fujikuroi*（Saw.）S. Ito.］，属子囊菌门赤霉属真菌；无性态为藤黑镰孢（*Fusarium fujikuroi* Nirenberg.），属无性真菌类镰孢属真菌。

病菌子囊壳大多在水稻接近成熟时产生于稻株下部茎节附近或叶鞘上，呈蓝黑色，球形或卵形，表面粗糙。子囊呈圆筒形，基部细，上部圆，每个子囊内含4~8个子囊孢子。

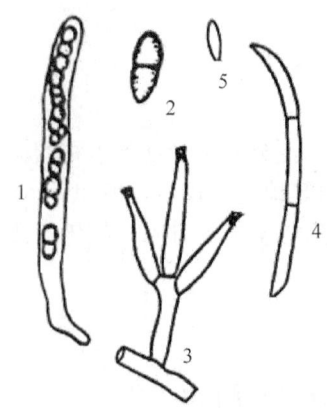

图 1-8 水稻恶苗病病菌（董金皋，2007）
1. 子囊；2. 子囊孢子；3. 分生孢子梗；
4. 大型分生孢子；5. 小型分生孢子

子囊孢子呈长椭圆形，无色，双胞。分生孢子有大小两型：小型分生孢子为卵球形或扁椭圆形，无色单胞（偶有双胞），呈链状着生；大型分生孢子多产生在多次分枝的无色分生孢子梗上，为纺锤形或镰刀形，基部有足胞，两端逐渐狭细，具有 3～7 个隔膜。多数孢子聚集时呈淡红色，干燥时呈粉红色或白色（图 1-8）。

病菌菌丝的生长温度为 3～39℃，在 25～30℃生长最好。病菌侵染寄主的最适温度为 35℃，诱发病株生长的最适温度为 31℃。子囊壳形成的温度为 10～30℃，最适温度为 26℃。在 25～26℃环境中，大部分子囊孢子会在 5h 内萌发。在 25℃水中经 5～6h，分生孢子就能萌发。该病菌耐干燥不耐潮湿，菌丝体能在干燥病稻草中存活 3 年，分生孢子能在干燥病稻草中存活 2 年以上，病菌还能以厚垣孢子或分生孢子在土壤中存活 120d，但菌丝体在潮湿土壤中很快会死亡。

1935 年，日本学者从水稻恶苗病病株中分离出一种具有调节植物生长作用的活性物质，即赤霉素。赤霉素的发现大大推进了植物生长调节物质的研究进程，且已成为广泛应用于农业生产的植物生长调节剂之一。随着研究的深入，人们发现水稻恶苗病病菌代谢过程中还可分泌赤霉酸、镰孢菌酸和去氢镰孢菌酸等。赤霉素和赤霉酸能促进水稻徒长，抑制植物叶绿素生成。镰孢菌酸和去氢镰孢菌酸能抑制稻株生长。水稻恶苗病病菌不同菌系侵染水稻时引发的症状存在差异，多数会导致植株茎叶徒长，少数使植株矮缩且不抽穗，还有少数菌系侵入植株后没有明显症状。

除水稻外，该病菌还能侵染玉米、大麦、小麦、大豆、甘蔗、高粱等作物。

三、病害循环

带菌种子是水稻恶苗病发生的主要初侵染源，其次是染病稻草。病菌以分生孢子附着在种子表面或以菌丝体潜伏在染病稻草上或种子内越冬。土壤也能传播该病，浸种过程中带菌种子上的分生孢子也能污染无病种子。播种带菌种子或用病草覆盖育秧，当种子萌发后，病菌会从芽鞘侵入幼苗，引发病害。

病苗移栽本田后，病菌的菌丝体在植株内蔓延至全株，在适宜条件下逐渐显出症状。病株上的病菌分生孢子能通过风雨传播给健苗，水稻抽穗后，分生孢子能借助风雨传播到花器，侵入颖片或胚乳，造成谷粒畸形或秕谷，在颖片夹缝处产生淡红色粉霉。

一般稻株抽穗后 3 周内最易感病，病菌的分生孢子能附着于种子表面，使种子带菌。脱粒时，病种子与健康种子混收，也会使健康种子带菌。带菌种子会成为翌年或下一季的主要初侵染源。

四、发病条件

水稻恶苗病的发生与土壤温度、水稻品种抗性和栽培管理等因素有关。

（一）土壤温度

土壤温度对该病的发生影响较大。一般土壤温度在 30～35℃时易发病，低于 25℃时，则发病率下降。土壤温度低于20℃或高于40℃时不显症状。移栽时如遇高温烈日天气，则发病率较高。

（二）水稻品种抗性

不同水稻品种对恶苗病的抗性存在差异。一般籼稻较粳稻发病重，糯稻发病轻，晚稻发病重于早稻。

（三）栽培管理

稻株上的伤口易使病菌侵入。因此插秧时秧苗受伤过重、脱粒时谷粒受伤、插过夜秧及插秧过深都会加重该病发生。此外，旱育秧较水育秧发病重；长期深灌，水稻生长弱，也有利于发病；偏施氮肥，施用未腐熟的有机肥也有利于病害发生。收获后未及时脱粒，长时间堆放，会增加病菌在种子中传播的概率。

五、病害控制

带菌种子是水稻恶苗病的主要初侵染源，因此做好种子防控是控制该病的关键。

（一）农业防治

1. 选用优质种子　　建立无病留种田，不在病田及其附近留种，剔除秕谷和有损伤的种子，选栽抗病品种，避免种植感病品种。

2. 加强栽培管理　　催芽时间不宜过长，拔秧尽量避免损根。做到"五不插"：不插隔夜秧、不插老龄秧、不插深泥秧、不插烈日秧、不插冷水秧。

3. 清除病残体　　及时拔除病株并销毁。及时处理染病稻草，不用病草作为催芽时的直接覆盖物。沤制堆肥要充分腐熟。

（二）化学防治

该病主要通过种子处理进行防治。种子预浸12～24h后，用25%咪鲜胺2000～3000倍液浸种24～48h。药剂浸种时水层要没过种子20～30cm，同时避免光线直射，浸种过程应搅拌若干次，处理后可直接催芽。用85%三氯异氰尿酸300倍液浸种后，用清水洗净再催芽、播种。浸种时间视气温高低而定，温度低时适当延长，反之则适当缩短。其他药剂还有二硫氰基甲烷、乙蒜素、氟唑菌酰羟胺等。

◆ 第四节　水稻苗期病害

水稻苗期多种生理性病害和侵染性病害总称为烂秧。生理性烂秧主要有烂种、烂芽、死苗等。侵染性烂秧主要指感染绵腐病、立枯病等。

一、症状

（一）生理性烂秧症状

1. 烂种　　播种后未发芽即腐烂，或幼芽陷入秧板泥层中腐烂而死。症状为播种后谷壳色深，根芽短，最后腐烂。主要原因是种子在贮藏期间因保管不好而失去发芽力，或浸种催芽过程中换水不勤、温度过高等。

2. 烂芽　　烂芽分为漂秧和黑根两种。漂秧是指稻种出芽后长时间不能扎根，使稻芽漂浮倾倒，最后腐烂死亡。造成漂秧的原因是催芽过长或秧田水层深导致缺氧，使苗根短且细，进而形成漂秧。黑根是指种根变黑，种芽枯黄停止生长。造成黑根的原因是秧田施用过多的绿肥、未腐熟的有机肥或硫铵作基肥，且蓄水过深，造成低温缺氧，致使有机物分解产生大量硫化氢、硫化铁等还原性物质，从而毒害稻苗使种根变黑，种芽枯死。

3. 死苗　　死苗多于水稻 2～3 叶期在苗床上成片发生，分青枯死苗和黄枯死苗两种。青枯死苗发生在秧田出苗后，若遇持续低温阴雨，之后天气暴晴，而秧田未及时灌水，可导致叶色青绿、心叶纵卷成筒状或针状，最后整株萎蔫死亡。保护地育秧若不经炼苗而突然揭膜，也会导致青枯死苗。黄枯死苗是稻苗因持续低温而缓慢受害发生死苗的现象，一般叶片呈黄褐色。

（二）侵染性烂秧症状

1. 绵腐病　　发生在水育秧田，一般播种后 5～6d 即可发生。初期仅零星发病，但在持续低温的条件下，可大面积发生，甚至全田枯死。稻芽或幼苗受侵染后，初在稻种颖壳裂口处或幼芽的胚轴部分产生乳白色的胶状物，后逐渐向四周长出白色絮状菌丝，呈放射状，常因氧化铁沉淀或藻类、泥土黏附而呈铁锈色、泥土色或绿褐色。受害稻种腐烂不能萌发，病苗常因基部腐烂而枯死。

2. 立枯病　　湿润育秧田、旱育秧和保护地育秧的地块发生较多，一般成片、成簇发生。最初在根、芽基部产生稍带水渍状的淡褐色斑，随后以根、芽基部为中心长出白色绵毛样菌丝体，平贴于土表，根变褐色，也有的长出白色或粉红色霉状物，幼芽、幼根变褐，扭曲腐烂。发病早的，植株枯萎，潮湿时茎基部软腐，易拔断。发病晚的，病株逐渐枯黄、萎蔫，仅心叶残留少许青色，心叶卷曲。初期茎不腐烂，无根毛或根毛稀少，可连根拔起，以后茎基部变褐甚至软腐，易拔断。

二、病原

（一）绵腐病

水稻绵腐病由多种卵菌侵染引起，如层出绵霉［*Achlya prolifera*（Nees）Debary］、稻绵霉（*Achlya oryzae* Ito et Nagal）、鞭绵霉（*Achlya flagellata* Coder）等。菌丝发达，管状，有分枝，无隔。无性繁殖产生肾形游动孢子；有性繁殖产生球形卵孢子，卵孢子壁厚，抗逆性强，经休眠萌发后产生游动孢子。

（二）立枯病

水稻立枯病病菌为多种腐霉菌（*Pythium* spp.）、多种镰孢菌（*Fusarium* spp.）、多种丝核菌（*Rhizoctonia* spp.）及异丝绵霉（*Achlya klebsiana* Pieters）。其中，腐霉菌致病力最强，其次是镰孢菌，立枯丝核菌最弱。

1. 腐霉菌　　腐霉菌为卵菌门腐霉属成员，我国有链状腐霉（*Pythium catenulatum* Matthews），其菌丝发达，无隔，呈白色絮状，孢子囊球形或姜瓣状，萌发产生肾形、双鞭毛的游动孢子。

2. 镰孢菌 主要包括禾谷镰孢（*Fusarium graminearum* Schw.）、木贼镰孢［*F. equiseti* (Corda) Sacc.］和尖孢镰孢（*F. oxysporum* Schltdl., Snyder & Hansen.）等，属无性真菌类镰孢属。大型分生孢子呈镰刀状，弯曲或稍直，无色，透明，多个分隔。小型分生孢子呈椭圆形或卵圆形，无色，双胞或单胞。厚壁孢子呈椭圆形、无色、单胞。木贼镰孢的小型分生孢子稀少。尖孢镰孢易产生小型分生孢子和大型分生孢子，且大型分生孢子多型，菌丝在生长后期可产生蓝绿或暗蓝色菌核。禾谷镰孢小型分生孢子极少或没有，无厚壁孢子，子囊壳散生病部表面，卵形至圆锥状，紫黑色或深蓝色，孢子无色呈纺锤形，两端钝圆，大小为（3～6）μm×（16～33）μm，多为 3 个隔膜。

3. 立枯丝核菌 立枯丝核菌（*Rhizoctonia solani* Kühn），属无性真菌类丝核菌属。不产生孢子，只产生菌丝和菌核。幼嫩菌丝无色，锐角分枝，分枝处缢缩，多分隔；成熟菌丝褐色，分枝与母枝呈直角，分枝处缢缩明显，离分枝不远处有一分隔，细胞中部膨大呈藕节状，菌核呈褐色，形状不规则，直径 1～3mm。

三、发病条件

引起水稻烂秧的病菌多为土壤习居菌，能在土壤中长期腐生，腐霉菌以菌丝、卵孢子在土壤中越冬，菌丝或卵孢子产生游动孢子囊，孢子囊成熟后萌发产生游动孢子，游动孢子靠流水传播和侵染。镰孢菌以菌丝、厚壁孢子在病残体上及土壤中越冬，靠菌丝蔓延于行株间传播；丝核菌以菌丝、菌核在病残体上和土壤中越冬，可通过菌丝蔓延，或通过菌核随流水传播。

一般多在稻苗长势弱时才易侵染致病。低温阴雨、光照不足是引起烂秧的主要原因，尤其是低温影响更大。因为低温削弱了秧苗的生活力，可引起发病。此外，种子质量差、播种过密、床土黏重、覆土过厚、整地质量差、秧田灌水不当等均有助于病害发生。

四、病害控制

精选种子、提高播种质量、改进育秧方式及提高秧田质量和加强苗床管理是防治烂秧病的关键，还应辅以化学防治。

（一）农业防治

1. 精选种子 稻种要纯净、健壮，避免播种有伤口的种子。浸种前最好晒种，以提高种子的发芽率和生活力。浸种时要浸透，以胚部膨大突起、谷壳半透明并隐约可见腹白和胚为准，不能浸种时间过长。催芽做到高温（36～38℃）露白、适温（28～32℃）催根、淋水长芽、低温炼苗。

2. 提高播种质量 适期播种，勿播种过早，北方稻区日平均气温稳定在 10℃以上时才能播种。播种量适当，播种要均匀，覆土勿过深，做到塌（埋）谷不见谷。

3. 改进育秧方式及提高秧田质量 因地制宜采用塑料薄膜育秧、旱育秧等育秧方式，并选择肥力适中、排灌方便的田块育秧，床土最好用有机质含量高、疏松、偏酸性的旱田或园田土。

4. 加强苗床管理 加强肥水管理是关键。施足底肥，在 3 叶期前早施断奶肥；增施磷、钾肥，提高秧苗抗病力。做好防寒和通风炼苗工作。前期注意苗床保温，秧苗 1.5～3 叶期进行通风炼苗，床温控制在 20～25℃，尽量少浇水。3～4 叶期床温不能高于 30℃，土壤水分要充足，但不能过湿，防止秧苗徒长，避免用冷水直接灌溉。切实掌握"前控后促"和"低氮高磷钾"的施肥原则。秧田水层过深，播种后发生"浮秧""翻根""倒苗"等而造成烂秧的情况，要立即排水，促进扎根。

（二）化学防治

1. 绵腐病 发病初期，喷洒 0.2%硫酸铜溶液 1500kg/hm²，喷药时保持浅水层。发病严重时，可将秧田换水冲洗 2~3 次后再喷药，或在进水口处用纱布袋装硫酸铜 100~200g，随水的流动溶入秧田。

2. 立枯病

（1）播种前床土消毒预防　防治立枯病、青枯病，播种时苗床土消毒是预防病害发生的关键，因此床土消毒应作为常规措施。用 65%敌磺钠可湿性粉剂 600 倍液，30% 噁霉灵 1mL/m²＋35%甲霜灵 0.2g/m²，30%甲霜·噁霉灵水剂（每平方米用 1mL 兑水均匀喷雾），20%噁霉灵·稻瘟灵乳油（播种时做床土消毒，1~2mL/m²）。

（2）立枯病发病初期播种后预防　用药前，先在清晨排出秧田积水，待下午 4 点畦面稍干后，用喷雾器喷洒药液，3%甲霜·噁霉灵水剂，15~20mL/m²，加 3L 水喷雾，用药后 2d 不灌水。秧苗 1 叶 1 心期是预防立枯病的最佳时期，可选用 40%甲霜·福美双可湿性粉剂或 50%霜·福·稻瘟灵可湿性粉剂 25g，兑水 30kg 浇 200m² 苗床。露地秧苗 2~3 叶期，在强冷空气到来前及时用药防治，在阴天或晴天傍晚施药。青枯病一般在秧苗 3 叶期后发生，若发生青枯病应立即灌水上床，水层高度为苗床的 2/3，进行串灌，有条件及早异地寄秧或及时插秧。也可以选择下列组合：①30%噁霉灵＋甲霜灵＋芸薹素内酯＋海藻生根剂，可以防病、治病、壮苗、提高抗逆性；②30%甲霜·噁霉灵＋芸薹素内酯＋根多乐，在稻苗 1 叶 1 心期或发病初期茎叶喷雾。

◆ 第五节　水稻细菌性褐斑病

水稻细菌性褐斑病又名细菌性鞘腐病，1955 年，克莱门特（Klement）于匈牙利首次发现该病害，在我国主要分布于东北地区和华东地区，是我国东北三省较为常见的病害之一。自水稻苗期至成熟期均有发生，主要为害水稻叶片，低温潮湿条件下易感病。发病初期在水稻叶片上产生水渍状病斑，随后病斑逐渐扩大，形成褐色坏死。近年来，该病在黑龙江省各地一直有不同程度的发生，发病率为 20%~30%，高时可达 100%。该病对水稻的生育影响很大，严重影响了水稻的品质及产量。

一、症状

水稻的各个生长时期均有可能感染细菌性褐斑病。该病主要为害水稻的叶片、叶鞘，严重时也为害水稻茎、节、穗等。水稻苗期感染该病害时，叶片会出现水浸状小斑点，后形成褐色小点，开始主要在水稻剑叶尖端叶缘周围发生，后期严重时褐色坏死病斑向叶片下端扩散，感病严重的叶片发黄干枯。水稻成熟期感染该病害时，水稻剑叶尖端叶片上会出现纺锤形或不规则褐色小病斑，随后褐色小病斑逐渐变大形成褐色坏死，病斑中心呈灰褐色，边缘出现黄色晕圈，严重时病斑融合形成局部褐色坏死，导致叶片部分发黄。叶鞘受害多发生在待抽穗的幼苗穗苞上，症状常为褐色点状，病斑融合成中央灰褐色，组织坏死，剑叶发病严重时植株无法抽穗，致使水稻生育期产量受到影响。已抽穗的植株受损部位多数位于新抽穗的颖壳上，初期形成褐色小点，发病严重时整个颖壳变为褐色，病菌深入稻谷粒中，导致水稻作物受损减产。主要发生于叶片、叶鞘和穗部。

（1）叶片　病斑初期为水渍状褐色小斑点，扩大后呈纺锤形、长椭圆形或不规则形，赤褐色，边缘有黄色晕纹；最后病斑中心褪为灰褐色，组织坏死，但不穿孔。病斑常愈合成大型条斑，使局部叶片枯死。当病斑发生于叶片边缘时，沿叶脉扩展成赤褐色长条形病斑（图1-9）。

（2）叶鞘　多见于包穗叶鞘上，呈赤褐色，短条形或水渍状，多数愈合成不规则形；后期中央为灰褐色，组织坏死，剥开病叶鞘，内部茎上有黑色条状斑，叶鞘受害严重，稻穗不能抽出。

图1-9　水稻细菌性褐斑病叶片发病症状

彩图

（3）穗部　主要在稻粒颖片上产生污褐色，近圆形病斑，重者可愈合成污褐色斑块。

二、病原

水稻细菌性褐斑病病菌为丁香假单胞菌丁香致病变种（*Pseudomonas syringae* pv. *syringae* van Hall），属薄壁菌门假单胞菌属。菌体呈杆状，单生，极生鞭毛2～4根，生于一端。大小为（1～3）μm×（0.8～1.0）μm，革兰氏染色阴性，不形成芽孢或荚膜（图1-10）。在肉汁胨琼脂培养基上生长的菌落白色，圆形，边缘整齐，直径2～3μm，表面平滑，后期呈环状轮纹，中央略有突起。在肉汁胨培养液中生长良好，并形成菌膜。

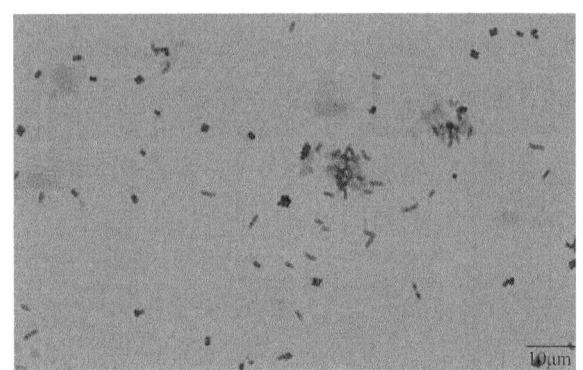

图1-10　水稻细菌性褐斑病病菌革兰氏染色图

彩图

病菌在20～30℃时生长发育良好，适温为25～30℃，35℃以上不发育。病菌除为害水稻外，还可为害野稗、狗尾草、鹅观草、细画眉草等十余种杂草。

三、发病条件

水稻细菌性褐斑病病菌在病株残体、种子及各种野生寄主（杂草）上越冬，除病菌死亡、寄主植物组织腐烂或有其他病菌侵入情况外，其他情况均可越冬。病菌耐低温，可以存活在水稻及干杂草寄主上，存活时间为8个月左右，并可越冬成为病菌的初次侵染源。病菌在土壤中的存活时间为 2 周左右，在田间灌溉水中的存活时间为 3 周左右。

病菌主要从伤口侵入，从自然孔口侵入的较少，故风口处稻叶及有机械伤口的叶片有利于病菌侵入，常发病较重。种子可以带菌传病，感病的种子能够使水稻幼苗发病，但发病率较低，可以作为病菌的初次侵染源。此外，杂草上越冬的病菌先为害杂草，而后再借风雨传播为害水稻，田间野生杂草也可以作为该病病菌的初次侵染源之一。田间该病害的传播主要靠风和雨水，灌溉水也可传播。若稻田灌溉水中有病菌，即可引起水稻发病。

该病最适发病温度为 25~33℃，高温条件下发病组织溢出菌脓成为病菌的二次侵染源。该病的发生条件受天气环境影响较大，一般高湿、雨水连绵季节发病较重。该病暴发后，水稻植株叶片受损严重，严重时病菌深入稻谷粒中，导致水稻作物受损减产，品质下降。

四、病害控制

病害的控制以农业防治为主，也可选育抗病品种或化学防治。

（一）选育抗病品种

品种间抗病差异明显，应注意选育与选用抗病品种用于生产。亲本的抗病性与品种自身的抗病性密切相关，抗性较好品种的亲本材料也可以作为抗细菌性褐斑病的优质抗源材料。

（二）农业防治

铲除田边杂草（尤其野生寄主）作积肥，并于 7 月以前清除田间及池埂上的杂草，及时处理病稻草，进行种子消毒等，目的是减少菌源，减轻发病。

带菌的种子是细菌性褐斑病的初侵染源，处理好带菌种子可以降低该病害的发病率。保存种子的条件要适宜，应选择干燥、凉爽的环境，并选择无该病发生的区域作为制种基地。选用消毒过的无菌种子催芽育苗，选择清洁、温度适宜、空气流通的环境培育秧苗，对栽培水稻秧苗的土壤进行高温熏蒸可以有效地减少土壤中存活的病菌。培育秧苗过程中一旦发现有发病秧苗应及时拔除并使用杀菌剂处理，苗期水稻移栽过程中要避免人为损伤秧苗，培育过程中若发现秧苗大面积感病则不可用作栽培种苗。

移栽水稻秧苗时，可用 10%漂白液对移栽工具进行消毒处理，移栽过程中尽量避免人为对秧苗的损伤，避免植株产生伤口，杜绝病菌由伤口侵入的情况。

田间灌水不宜长期深灌，以避免水稻根系活动减弱，抗性降低，病害加重。

（三）化学防治

1. 种子处理　　水稻种子播种前要进行种子消毒处理：用 10%叶枯净 2000 倍液或 40%强氯精 200 倍液浸泡种子，浸泡数小时后，用无菌水冲洗干净，催芽备用。这种方法可清除种子带菌，并且不会影响种子萌发，在一定程度上可减少病害发生。

2. 化学保护　　防治细菌性病害常用的药剂有抗生素、铜制剂和噻唑类。田间药剂喷施一般在水稻植株发病前或雨水连绵季节进行，每轮喷药时间间隔为 3~5d，喷药次数 1~2 次。常用药剂有 50%氯溴异氰尿酸可湿性粉剂、20%噻唑锌悬浮剂、47%春雷霉素可湿性粉剂和 77%氢氧化铜可湿性粉剂。

第六节 稻 曲 病

稻曲病多发生于水稻收成好的年份,俗称丰产果。现分布在世界各稻区,以日本、印度、菲律宾、中国最普遍。20 世纪 70 年代该病在我国江苏、浙江、安徽、江西等省逐年加重,东北三省也有不同程度的发生。黑龙江省过去发病较少,但 1987 年五常市发病面积增至 67hm^2,以杂交稻发病最重,之后发现肇东的局部地块也有发生,因此该病是东北地区水稻生产上应引起注意的病害。稻曲病最主要的危害是使水稻空秕率明显上升,结实率、千粒重与单穗重下降。另外,还使加工后的大米完整度降低,精米率下降,而且稻曲病病菌孢子粉严重污染稻米表面,降低米质和商品价值。稻曲病病菌的毒素可导致人、畜、禽慢性中毒,当稻曲病病粒含量达到 0.5%以上时,鸡、兔等小型禽畜可以产生急性或亚急性中毒。

一、症状

稻曲病通常在田边零星发生,且仅在水稻开花以后至乳熟期的穗部发生,主要分布在稻穗的中下部。稻曲病只在穗部单个谷粒上发生,一般一穗上一至数粒受害,但也有多至数十粒受害的情况。病菌在水稻受精前侵入,颖片保持不育但不表现明显的侵染症状。如在受精后侵入,可形成典型的绿色、被绒毛、直径 1cm 左右的近圆形稻曲球。病菌侵入初期很小并局限于颖片内,在颖壳内形成菌丝块,破坏病粒内的组织。菌丝块逐渐增大,颖壳合缝处微开,露出淡黄色块状的孢子座。孢子座逐渐膨大,最后包裹颖壳,形成比健粒大 3～4 倍、表面光滑的近球形体,黄色并有薄膜包被,随子实体生长,薄膜破裂,转为黄绿或墨绿色粉状物,一穗中仅几个或十几个颖壳变为稻曲病粒。

该病诊断要点是一穗中仅几粒多者十几粒颖壳变成稻曲病粒,比健粒大 3～4 倍,黄绿色或墨绿色,状似黑粉病粒(图 1-11)。

图 1-11 稻曲病症状
(刘正鹏和余应龙,2010)

彩图

二、病原

病菌无性态为绿核菌[*Ustilaginoidea virens*(Cooke)Takahashi],无性真菌类绿核菌属真菌;有性态为绿糙棒菌[*Villosiclava virens*(Y. Sakurai ex. Nakata) E.(Cooke)Takahashi],子囊菌门糙棒菌属真菌。

病菌在病粒上形成橄榄色或墨绿色孢子座,孢子座形成于放射性菌丝的小梗上,内含厚垣孢子。厚垣孢子有黄色、黄绿色和黑色 3 种,其中黄绿色是厚垣孢子发育过程中的一种过渡阶段,存在时间短,没有实用的研究价值。黄色和黑色厚垣孢子大小相近,大多呈球形至椭圆形,表面均有疣状突起,但黑色厚垣孢子表面疣状突起更明显,酷似菊花花瓣。厚垣孢子大小为(3.0～5.5)μm×(5.5～6.0)μm。厚垣孢子萌发产生芽管,芽管形成隔膜并分化为分生孢子梗。分生孢子梗直径为 2.0～2.5μm。在孢子梗的尖端产生分生孢子,分生孢子较小,卵圆形。分生孢子散发后,菌核从分生孢子座生出,一个孢子座一般生出 1～5 个菌核,菌核易于脱落,质地较硬,呈黑褐色,内部呈白色,长 2～20mm,扁平状或椭圆形,大小不一,

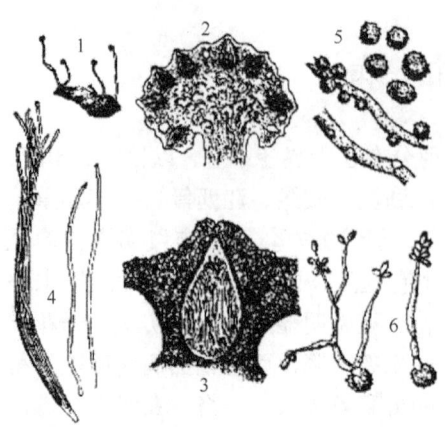

图1-12 稻曲病病菌（董金皋，2007）
1. 菌核萌发产生子座；2. 子座纵切面；
3. 子座内子囊壳纵切面；4. 子囊及子囊孢子；
5. 厚垣孢子；6. 厚垣孢子萌发产生次生分生孢子

厚度为（3~10）mm×（1~5）mm。菌核萌发形成一到数个子座，子座增大，变为黄绿色的球形瘤状突起，直径1~3mm，有长柄达10mm左右。在6~8个子座中，只有3~5个能形成带有子囊壳的成熟子座。头部外围生子囊壳，子囊壳卵形或梨形，具孔口，有长柄，子囊壳内含300条透明、圆柱形子囊，在子囊壳顶端有一个半球形附属物，大小为180~220μm。子囊包含8个单胞、透明、丝状的子囊孢子，大小为（24.3~86.5）μm×（0.6~4.0）μm（图1-12）。

病菌在20~37℃都可生长，最适生长温度为28℃，低温和高温均抑制菌丝生长。在pH 5~9的PK培养基上均能生长，最适pH为5~7。病菌在蔗糖条件下生长最好。在不同碳源上病菌的生长速度为2%蔗糖＞2%葡萄糖＞2%麦芽糖＞2%乳糖＞2%淀粉。氮源以硝酸钙对菌株生长的促进作用最为明显，以乙酸氨为氮源的培养基不利于菌丝生长。

分生孢子萌发的适宜温度为22~31℃，以28℃最好。分生孢子萌发对pH敏感，以pH 6~7最适宜。用摇床培养制备分生孢子，培养到一定时间后，孢子萌发力下降，表明随着培养时间的延长，分生孢子的生理状态会向着不利于萌发的方向发展。培养时间短的孢子，胞内物质均匀色淡，而培养时间长的孢子色泽变深，胞内出现颗粒状物。因此人工接种制备接种体时，宜用培养时间在10d以内的孢子。

分生孢子在液滴中的萌发率远低于在琼脂面上的萌发率，可能是因为孢子萌发对氧气的要求较高，也说明稻曲病病菌孢子的萌发试验不宜选用液态基质。基质养分对分生孢子萌发影响较大：纯水不利于孢子萌发；PSA培养基最适于孢子萌发；葡萄糖则强烈抑制孢子萌发；马铃薯煮汁既可抵消葡萄糖的抑制作用，又可刺激孢子萌发。分生孢子的存活对水的依赖性强，在水中保存8d萌发力不变，在相对湿度100%的环境中8d，萌发力略有降低，而在相对湿度25%的环境中5h萌发力即迅速下降。

厚垣孢子中黄色的能萌发，黑色的不能萌发。厚垣孢子萌发温度为12~36℃，适温25~28℃，30℃虽也可部分萌发，但产生分生孢子数很少，40℃时不能萌发，50℃时致死。pH 2.7~9.0都能萌发，但最适pH为5~7。此外，厚垣孢子萌发需要水滴。1%~2%葡萄糖、蔗糖、果糖、甘露糖、麦芽糖、棉籽糖及淘米水也有利于厚垣孢子的萌发，并可促进分生孢子的产生，而1%菊糖、1%尿素、硫酸铵、氯化钾及水稻幼苗的根/芽榨出液和根分泌物则抑制孢子萌发。日光、荧光灯和紫外光对萌发无作用。温度、湿度对稻曲病病菌厚垣孢子的存活有明显的影响。4~6℃、干燥条件下，厚垣孢子可存活8个月以上，常温下存活期为5.5~6.0个月，在28℃的高温、高湿条件下，其2个月内丧失发芽力。

稻曲病病菌除能侵染水稻外，还能侵染玉米及野生稻。

三、病害循环

病菌以菌核落在土壤中或以厚垣孢子附在种子上或稻草上越冬。翌年条件合适时，菌核萌发后产生的子囊孢子是病害初侵染源。子囊孢子和由厚垣孢子萌发产生的分生孢子都可借气流传播，侵害花器及幼颖。在开花极早期侵入时，只破坏子房，而花柱、柱头及花粉碎片仍完好并最后包埋于孢子座中。晚期在籽粒成熟时侵入，孢子聚集在颖壳上，吸湿膨大，迫使内外颖分开，并深入胚乳，生长大大加速，最后整个籽粒被病菌包裹和取代。

四、发病条件

病害的发生程度与品种、施肥及气候条件等关系密切。

（一）品种抗病性

目前水稻栽培品种中尚未发现有免疫品种，但不同品种之间发病程度仍有明显差异。凡穗大粒多、密穗型的品种及晚播晚栽、晚熟品种发病重。矮秆、叶片宽、叶片与茎秆角度小、枝梗数多的密穗型品种较感病，反之较抗病。抗病性一般表现为早熟＞中熟＞晚熟，糯稻＞籼稻＞粳稻。品种不同感病率不同，直立穗品种和抽穗期长的品种感病重。

（二）气候条件

温度是影响稻曲病发生的主要因子，一般从水稻幼穗形成至抽穗期间，多雨、高湿（90%以上）、开花期间遇低温（20℃以下）和适量降雨的气候条件有利于病菌侵染，病害易流行。

（三）栽培管理

植株在高肥条件下易感病，过多、过迟施用氮肥，尤其是过多施用花肥、穗肥的田块发病重。植株长势过嫩、过旺、密度过大等均有利于稻曲病的发生。在施肥量相同的情况下，随着穗肥用量增加，病害明显加重；在单位面积施用总氮量相同的条件下，稻曲病的发病程度随有机肥用量的增多而加重，随化学氮肥用量的减少而减轻。长期深灌、植株过于嫩绿及后期田块干湿交替要比有水层的田块稻曲病轻。高密度和多栽苗的田块发病重于低密度和少栽苗的田块。感病品种连年种植，导致田间菌量积累，这些均会加重病害的发生。此外，喷施赤霉素有刺激孢子萌发的作用，也可使病害加重。

五、病害控制

控制稻曲病应采取以农业防治为主，以选用抗病品种及应用化学防治为辅的措施。

（一）选用抗病品种

因地制宜选栽比较抗病的或者是经过产地检疫并按水稻产地检疫操作规程生产出来的良种。

（二）农业防治

注意晒田，发病田块秋收后深翻，以减少初侵染来源。选用不带病种子，避免在病田留种。施足基肥，早施追肥，巧施穗肥，合理施用氮、磷、钾肥，切忌偏施、迟施氮肥。后期湿润灌溉，降低田间湿度，减轻病害发生。

（三）化学防治

1. 种子处理 播种前用盐水选种，选取健康的种子，可选用 15%三唑酮可湿性粉剂1000 倍液浸种 24～48h 或三氯异氰尿酸 500 倍液浸种 10～12h。

2. 化学保护 根据品种感病情况，结合天气情况，可在孕穗末期施药一次。破口期第二次用药，可选用 25%嘧菌酯悬浮剂、24%噻呋酰胺悬浮剂、43%戊唑醇悬浮剂、30%己唑醇悬浮剂、12.5%氟环唑。注意穗期用药的安全性，过量使用三唑类杀菌剂会造成包颈和不抽穗等药害现象。还可选择其他的药剂，如醚菌酯、丙环唑、咪鲜胺、络氨铜、三唑酮等。

（四）生物防治

可选用13%井冈霉素水剂、枯草芽孢杆菌、蜡样芽孢杆菌，在水稻抽穗前一周至齐穗期兑水喷施。

第七节 水稻白叶枯病

水稻白叶枯病最早于1884年在日本福冈县发现，目前世界各大稻区均有发生，且已成为亚洲和太平洋稻区的重要病害。在我国，1950年首先在南京郊区发现，后随着带病种子的调运，病区不断扩大。目前除新疆外，各省（自治区、直辖市）均有发生，但以华东、华中和华南稻区发生普遍，危害较重。水稻受害后，叶片干枯，瘪谷增多，米质松脆，千粒重降低，减产10%~30%，严重的减产50%以上，甚至颗粒无收。

一、症状

水稻白叶枯病在水稻全生育期均可发生，主要为害叶片，也可侵染叶鞘。病害症状因品种、环境和病菌侵染方式的不同，分为以下几种类型。

（一）叶枯型

叶枯型是白叶枯病最常见的典型症状，苗期很少出现，一般在分蘖期后才较明显。发病多从叶尖或叶缘开始，出现黄绿色或暗绿色斑点，后沿叶脉迅速向下扩展成条斑，可达叶片基部和整个叶片。病健部交界线明显，呈波纹状（粳稻品种）或直线状（籼稻品种）。病斑黄色或略带红褐色，最后变成灰白色（多见籼稻）或黄白色（多见粳稻）。湿度大时病部易见蜜黄色珠状菌脓（图1-13）。

图1-13 水稻白叶枯病症状（杨牧之，1997）
1. 田间发病；2. 叶枯型症状；3. 病部的菌脓

彩图

（二）急性型

急性型主要在环境条件适宜和品种感病的情况下发生。叶片病斑呈暗绿色，并迅速扩展，几天内可使全叶呈青灰色或灰绿色，呈开水烫伤状，随即纵卷青枯，病部有蜜黄色珠状菌脓。此种症状的出现，表示病害正在急剧发展。

（三）凋萎型

凋萎型在国外称克列赛克（Kresek），多在秧田后期至拔节期发生。病株心叶或心叶下1~2叶先是水渍状、青卷，而后枯萎，随后其他叶片相继青枯。病轻时仅1~2个分蘖青枯死亡，病重时整株、整丛枯死。用手挤压病株的茎基部，可见到大量黄色菌液溢出。在刚刚青枯的心叶上，也常见叶面有珠状黄色菌脓。根据这些特点及病株基部无虫蛀孔等特征，可与螟虫引起的枯心相区别。

（四）黄叶型

目前国内仅在广东省发现黄叶型症状。病株的新叶均匀褪绿或呈现黄绿色宽条斑，较老叶片颜色正常，以后病株生长受抑制。在表现此症状的病叶上检查不到病原细菌，但在病株基部及紧接病叶下面的节间有大量病原存在。

二、病原

病原为稻黄单胞菌水稻致病变种［*Xanthomonas oryzae* pv. *oryzae*（Ishiyama）Swings］，属变形菌门黄单胞菌属成员。菌体短杆状，两端钝圆，极生单鞭毛，不形成芽孢或荚膜，但在菌体表面有一层胶质分泌物（图1-14）。在固体培养基上的菌落呈淡黄色或蜜黄色，圆形，边缘整齐，质地均匀，表面隆起，光滑发亮，无荧光，有黏性。革兰氏阴性菌。好气性，代谢呼吸型。不水解淀粉和明胶。能使石蕊牛乳变红，但不凝固；不还原硝酸盐；产生氨和硫化氢，不产生吲哚；能利用蔗糖、葡萄糖、木糖和乳糖发酵产酸，但不产气。在含3%葡萄

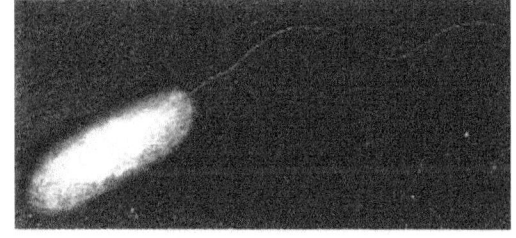

图1-14 水稻白叶枯病病菌（董金皋，2007）

糖或20μg/mL青霉素的培养基上不能生长。生长温度为5~40℃，最适温度为26~30℃。有胶膜保护时致死温度为57℃，无胶膜保护时致死温度为53℃。

病菌的噬菌体对其具有一定的专化性，主要存在于病株的组织和谷粒、病区灌溉水或田水、病田土及一些带菌杂草的根部。病菌的噬菌体在形态、物理性状、血清学特性和寄主范围等方面存在差异，可分为不同类型。噬菌体可用于菌系区分、种子和其他材料带菌的监测、病菌的侵染来源研究及病害发生趋势等方面的预测。

病菌不同菌株间致病力有明显差异。根据其在'IR26''Java14''南粳15''Tetep''金刚30'这5个鉴别品种上的反应，我国白叶枯病病菌可分为7个致病型，其中长江流域以北以Ⅱ型和Ⅰ型为主，长江流域以Ⅱ、Ⅳ型为主，而在广东和福建还有少量的Ⅴ型。

自然条件下，病菌主要侵染水稻，也可侵染陆稻、野生稻、李氏禾、茭白、鞘糠草及秕壳草等李氏禾属杂草，但不普遍。人工接种时还可侵染马唐、雀稗、狗尾草等禾本科杂草，

但出现症状较水稻迟。

三、病害循环

带菌谷种和病稻草是水稻白叶枯病的主要初侵染源,老病区以病稻草传病为主,带病谷种的远距离调运是病区扩大的主要原因。稻桩、杂草、茭白和紫云英等在特定条件下可作为初侵染源。干燥条件下堆贮在染病稻草上的病菌可存活7~12个月或以上,因而可以越冬传病。被水浸泡或经日晒雨淋的田间染病稻草上的病菌很快死亡。散落或还田的双季早稻稻草在未沤烂的情况下对晚稻秧苗有一定的传病作用。发生凋萎型白叶枯病的稻桩里的病菌可存活到翌年5月以后,并成为侵染源。水稻抽穗扬花时,病菌随风雨露滴沾染花器,潜伏于颖壳组织或胚乳表面越冬,在干燥条件下可存活半年以上,翌年播种病种可引起发病。马唐、茭白、紫云英、异假稻、鞘糠草、看麦娘、秕壳草、藕草等可带菌越冬,并可能有传病作用。在东南亚,以及我国海南省,病田的再生稻和自生稻株也可成为初侵染源。

病菌随流水传播,稻根的分泌物可吸引周围的病菌向根际聚集,或使生长停滞的病菌活化增殖,然后从叶片的水孔、伤口或茎基和根部的伤口及芽鞘或叶鞘基部的变态气孔侵入。新伤口比老伤口更有利于病菌侵入。病菌直接从叶片伤口进入维管束或从叶片的水孔通过通水组织达到维管束,并在导管内大量增殖,一般可引起典型症状,当品种高度感病且环境条件特别适宜时可引起急性型症状。从变态气孔侵入的病菌只停留在附近的细胞间隙内,不能进入维管束,在适宜条件下再被释放于稻体外,然后从伤口或水孔侵入才能到达维管束引起病变。

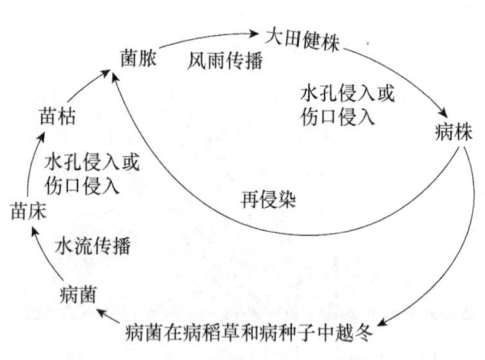

图1-15 水稻白叶枯病病害循环图

当病菌从根部或茎基部的伤口侵入时,病菌在维管束中增殖后扩展到其他部位,引起系统性侵染而使稻株出现凋萎型症状。有的秧苗虽然已经感病但不表现症状,这种带菌秧苗移栽到大田后,在条件适宜时会成为田间发病中心。带菌田水串灌也可以传播病菌。病菌在病株的维管束中大量繁殖后,从叶面或水孔大量溢出菌脓,遇水浸湿而溶散,借风、雨、露水或流水传播,进行再侵染。在一个生长季节中,只要环境条件适宜,再侵染可不断发生,致使病害传播蔓延,以致流行(图1-15)。

四、发病条件

在有足够菌源存在的前提下,白叶枯病的发生和流行主要受下列因素影响。

(一)水稻抗病性

一般糯稻抗病性最强,粳稻次之,籼稻最弱。同一品种不同生育期抗病性也存在差异,通常分蘖期前较抗病,孕穗期和抽穗期最感病。

稻株叶片水孔数目多的较感病,植株叶面较窄、挺直不披的品种抗病性较强,稻株体内的营养状况也影响水稻抗病性。抗病品种植株体内的总氮量尤其是游离氨基酸含量低,还原性糖含量高,碳氮比大,多元酚类物质多;而感病品种则相反。

植株由无致病力菌株所引起的抗病反应对后来侵入的有致病力的菌株具有一定程度的抑制作用。水稻品种对白叶枯病的抗性受不同的抗性基因所控制。现已鉴定出 *Xa26* 等 23 个主效抗性基因，其中多数为显性，少数为隐性或不完全隐性。在已鉴定的抗源品种中，有 171 个含 *Xa4*，85 个含 *Xa5*，4 个含 *Xa6*。抗病品种大多为小种专化性抗性品种。除主效基因外，可能还存在由微效基因控制的数量性状抗性，如 *IR20*、*IR30* 和 *IR36* 等兼具小种专化性和非小种专化性两类抗性。

（二）气象因素

气温 25~30℃最适合水稻白叶枯病的发生，20℃以下和 33℃以上病害受到抑制。气温影响潜育期的长短，22℃时病害潜育期为 13d，24℃时为 8d，26~30℃时则只需 3d。适温、多雨和日照不足有利于病害的发生，特别是台风、暴雨或洪涝有利于病菌的传播和侵入，更易引起病害暴发流行。地势低洼、排水不良的地区发病也重。气温偏低（20~22℃）时，如遇高湿，此病也有流行的可能；而天气干燥，相对湿度低于 80%时，则不利于病害的发生和蔓延。

（三）耕作制度与栽培管理

耕作制度影响白叶枯病的流行。一般以中稻为主的地区和早稻、中稻、晚稻混栽的地区病害易流行，而纯双季稻区病害发生轻。

氮肥施用过迟、过多或绿肥埋青过多，均可由于秧苗生长过旺而致使稻株体内游离氨基酸和可溶性糖含量增加，抗病力减弱。同时形成郁闭、高湿等适于发病的小气候，加重发病。深水灌溉或稻株受淹，既有利于病菌的传播和侵入，也由于植株体内呼吸基质大量消耗，分解作用大于合成作用，增加了可溶性氮含量，从而降低抗病性，加重发病。田水漫灌、串灌可促使病害扩展与蔓延。

五、病害控制

水稻白叶枯病的治理应在控制菌源的前提下，采取以选用抗病品种及培育无病壮秧为基础，以杜绝种子传病途径为关键，加强肥水管理，并辅以化学防治的综合措施。

（一）杜绝种子传病途径

无病区要严禁从病区引种，确需从病区调种时，要严格做好种子消毒工作。

（二）选用抗病品种

在病害流行区，要有计划地压缩感病品种面积，种植抗病、丰产良种，要注意选用抗当地主要致病型的丰产品种。

可以用抗性基因累加法选育具广谱和持久抗病性的品种，如以含抗性基因 *Xa4*、*Xa5*、*Xa13* 和 *Xa21* 的品种为材料，采用传统育种与分子标记选择相结合的方法，获得抗白叶枯病双基因累加系、三基因累加系和四基因累加系。这些基因累加系不但抗病性增强，而且抗菌谱有所扩大。例如，*Xa4* 和 *Xa13* 均不抗致病型Ⅳ，但两者的基因累加系却对致病型Ⅳ表现抗性。抗性基因克隆和导入也是累加抗性基因的有效途径，如导入抗病基因 *Xa21* 的 '明恢 63' 恢复系配组的杂交品种，其抗病性明显提高，但实用性还需经大量的生产实践检验。

（三）培育无病壮秧

选用无病种子，要选择地势较高且远离村庄、堆草场地的上一年未发病的田块作秧田，避免中稻、晚稻秧田与早稻病田插花；避免用病稻草催芽、盖秧、扎秧把；整平秧田，湿润育秧，严防深水淹苗；秧苗3叶期和移栽前3～5d各喷20%叶枯唑可湿性粉剂1次。

（四）加强肥水管理

排灌分开，浅水勤灌，适时烤田，严禁深灌、串灌、漫灌。要施足基肥，早施追肥，避免氮肥施用过迟、过量。

（五）化学防治

1. 种子处理　可用85%强氯精300～500倍液或20%叶枯唑可湿性粉剂500～600倍液浸种24～48h。

2. 生长期防治　除应抓好秧田防治外，在本田期，特别是水稻进入感病生育期后，要及时调查病情，对有零星发病中心的田块，应及时喷药封锁发病中心，防止扩大蔓延；发病中心多的田块及已经出现发病中心的感病品种高产田块，应进行全田防治。病害常发区在暴风雨之后应立即喷药，可选用20%叶枯唑可湿性粉剂500～600倍液，秧田每公顷喷施600～750kg，本田每公顷喷施900～1125kg。施药间隔期7d左右，并视病情发展决定施药次数。其他有效药剂有叶枯灵、5-氧吩嗪、消菌灵、代森铵、络氨铜和氯霉素等。

（六）生物防治

用对水稻无致病性的水稻白叶枯菌毒性基因缺失突变体 *Du728* 菌液喷雾，对水稻白叶枯病具有一定防治效果。其作用机制主要是位点竞争，即无致病性的 *Du728* 占据侵染位点后部分阻止白叶枯病菌在叶片的定植和侵入，其次 *Du728* 还能诱导稻株产生对白叶枯菌的抗性。此外，*hrp* 基因编码的非特异性激发子 Harpin 蛋白能诱导稻株产生对病菌的过敏反应，可望用于水稻白叶枯病的防治。

◆ 第八节　水稻霜霉病

水稻霜霉病又名水稻黄化萎缩病。近几年在浙江、江苏、云南等省发生比较普遍，黑龙江、吉林等省在局部地区也有发生，且造成严重损失。由于病株大都不能结实，因此造成个别地块绝产。

一、症状

水稻霜霉病为系统侵染性病害。秧田后期，在少数苗上始见发生，分蘖盛期症状明显。发病初期，叶脉间微现多圆形、边缘不明显的黄白色小斑点，排列不整齐，呈花叶斑驳状，全株褪成黄绿色，心叶淡黄色，有时扭曲、卷曲，不易抽出，下部老叶渐枯死，根系发育不良，病株严重矮缩，株高只有正常健株的1/3～1/2，分蘖减少，幼嫩叶片及浮于水面的叶片表面长有不甚明显的白色粉状物，即病菌的孢囊梗和孢子囊。重病株不能孕穗，轻病株虽能孕穗，但也不能正常抽出，常从叶鞘侧面拱出，穗小，扭曲畸形，不能结实（图1-16）。

图 1-16　水稻霜霉病症状（向明，2009）
1. 田间发病；2. 病叶的花叶斑驳状病斑

二、病原

病原为大孢指疫霉水稻变种 [*Sclerophthora macrospora*（Sacc.）Thirum et al.]，属于卵菌门藻状菌纲霜霉菌目霜霉科指梗霉属。

病菌的孢囊梗很短，由气孔伸出，常为单根，上有分枝。孢子囊单生于孢囊梗分枝顶端，卵形或柠檬形，有乳状突起，无色，大小为（28～50）μm×（60～114）μm。孢子囊遇水萌发，将内含物分割为多个游动孢子。游动孢子呈椭圆形，具有双鞭毛，静止后呈球形。孢子囊多在尚未完全展开的被害叶及其浮于水面的叶片上见到。孕穗以后的病组织中产生藏卵器和雄器，藏卵器为球形，淡黄褐色，雄器侧生，结合后形成卵孢子。卵孢子在稻株发病初期较难在病组织内查到，往后到孕穗期则易见于显微镜下。卵孢子初为无色到淡黄白色，嵌于病组织的深层细胞中，不易与病组织分离。随着病株老化，卵孢子逐渐成熟，便从病组织内离散出来。卵孢子有后熟作用，未成熟的卵孢子可在病组织内放置 10～15d 后明显老熟。成熟卵孢子外壁与藏卵器壁具有相愈合的特征。卵孢子呈近球形或近卵圆形，黄褐色，表面光滑或微有皱槽，大小为（36～64）μm×（44.8～65.6）μm（图 1-17）。

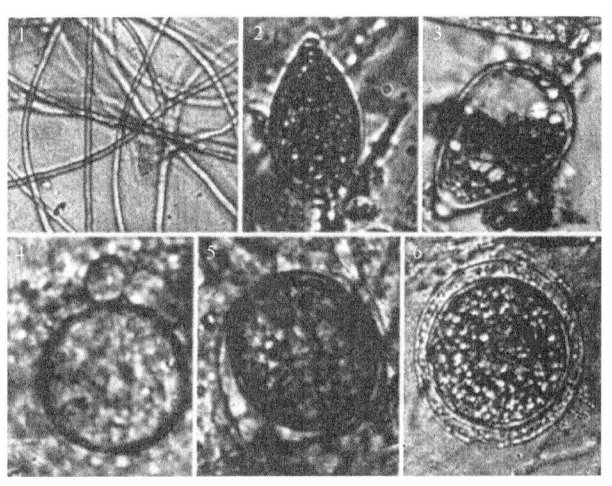

图 1-17　水稻霜霉病病菌（刘娟，2013）
1. 菌丝；2. 孢子囊；3. 释放游动孢子与空孢子囊；4. 藏卵器；5. 雄器；6. 卵孢子

病菌的寄主范围广,可以为害 40 多种禾本科作物和杂草,主要有小麦、大麦、燕麦、玉米及稗草、马唐、看麦娘、鹅观草等。

三、病害循环

病菌以卵孢子在病残体内或土壤中越冬,或以菌丝在多年生杂草寄主中越冬。翌年春,卵孢子萌发产生游动孢子,随水流传播,进行侵染。卵孢子在 10~26℃均可萌发,以 19~20℃最适宜。在 10~25℃均能致病,以 15~20℃最为适宜。孢子囊萌发必须有水存在,干燥时数分钟便死亡。病害的潜育期一般约需 14d,最短 9d,秧田期幼芽受侵染至 3~4 叶期即可出现症状。

病菌以卵孢子随植物残体在土壤中越冬,翌年卵孢子萌发借水流传播,侵染杂草或稻草。水淹条件下卵孢子产生孢子囊和游动孢子,游动孢子活动停止后很快产生菌丝侵染水稻。随稻苗在其叶、叶鞘等幼嫩叶肉组织中内生生长,产生有毒有害物质,并吸取大量营养汁液,破坏输导组织,造成被害稻株矮化和叶片扭曲,提早失去了营养生长和生殖生长的功能。

四、发病条件

(一)淹水

苗期和本田初期遭受水淹是发病的重要因素,因此在苗期如遇低温和连续阴雨、进行深水护苗或遭大水淹苗的地块,往往发病较重。

(二)温度

卵孢子在 10~26℃均可萌发,以 19~20℃最适宜;在 10~25℃均能致病,以 15~20℃最为适宜。病害的潜育期一般约需 14d,最短 9d,苗期幼芽受侵染至 3~4 叶期就可出现症状。

(三)栽培管理条件

植株在高肥条件下也易感病。

五、病害控制

病害控制主要以农业防治为基础,并进行植物检疫、选育和利用抗病品种、进行种子处理及辅以化学防治。

(一)植物检疫

水稻霜霉病虽不属全国植物检疫对象,但鉴于它的危害性,仍需严格检疫控制。

(二)选育和利用抗病品种

根据不同地区的实际情况选择抗病品种,注意品种的轮换和合理布局。

(三)农业防治

目前主要采取以防止淹水为重点的农业防治措施。首先,改善排灌系统,选择地势较高的田块作苗床育苗，注意田水管理；其次，拔秧时剔除病秧苗，以减少田间菌源；此外，适当密植，加强田间管理，以减少损失。

（四）进行种子处理

用 20%强氯精 1000 倍液浸种 3～4h 后，取出谷种清洗，再按常规程序浸种催芽，以杀灭种子上附着的各种植物病菌。

（五）化学防治

在发病初期，及时喷洒 40%疫霉灵可湿性粉剂 300 倍液，或 25%甲霜灵可湿性粉剂 800～1000 倍液，或 90%霜疫净可湿性粉剂 400 倍液，或 80%克露可湿性粉剂 700 倍液，或 64%杀毒矾可湿性粉剂 600 倍液，或 58%甲霜灵·锰锌或 70%乙磷·锰锌可湿性粉剂 600 倍液，或 72.2%霜霉威（普力克）水剂 800 倍液，或 40%疫霉灵可湿性粉剂 500 倍液，或 40%腈菌唑 500 倍液，或 45%噻菌灵（特克多）500 倍液。

第九节 水稻菌核病

水稻菌核病有多种，在我国稻区危害较重的主要是稻小球菌核病和稻小黑菌核病，这两种病可单独或混合发生，统称稻小粒菌核病或稻秆腐菌核病。受害较重的田块减产 10%～25%，多的达 50%～90%。有些年份造成大面积倒伏，成为水稻后期重要病害之一。本病主要分布在长江中下游和华南稻区，北方稻区如辽宁、吉林和黑龙江也偶有发生。近几年来，黑龙江省的部分地区有逐年增加的趋势。

国内还有褐色菌核病，主要发生在南部稻区，吉林、黑龙江偶有发生。球状菌核病在四川、江苏、浙江、安徽、江西、台湾和上海等地有少量发生。灰色菌核病在我国台湾省发生。黑粒菌核病曾在吉林省发现。赤色菌核病曾在浙江省发现。此外，还有褐色小粒菌核病和其他若干种菌核病。

一、症状

（一）稻小球菌核病和稻小黑菌核病

稻小球菌核病和稻小黑菌核病的症状相似，都侵害稻株下部的叶鞘和茎秆。最初在近水面的叶鞘上产生黑褐色小病斑，渐渐向上发展成黑色细条状、纺锤状或椭圆形病斑，可扩大至整个叶鞘。菌丝侵入内层叶鞘和茎秆，在茎秆上形成黑褐色线条状病斑。随着病情发展，病轻的脚叶黄化枯死，病重的茎秆基部变黑，最后稻秆受害部组织腐朽变褐色或红褐色，常纵裂，软化倒伏，使水稻早枯，谷粒干瘪泛白。发病后期剖开叶鞘和茎秆内部，可见灰白色菌丝和黑褐色的菌核。病菌的分生孢子也可直接侵害稻穗，引起穗枯。

（二）稻褐色菌核病

稻褐色菌核病侵害稻的叶鞘和茎，在叶鞘上形成（0.3～0.7）cm×（0.5～1.5）cm 椭圆形病斑。病斑中心灰褐色，边缘褐色，分界明显，常互相连接成云纹状大斑。近水面处的病斑，由于浸水呈暗绿色，边缘模糊。茎部受害变褐色枯死，但一般不倒伏。后期在叶鞘组织内或茎秆腔内形成小的褐色菌核。

二、病原

稻小球菌核病病菌的有性世代为稻小球腔菌（*Magnaporthe salvinii* Catt.），子囊菌门格孢腔菌目真菌，不过在我国至今尚未发现；无性世代为双曲菌［*Nakataea sigmoidea*（Cav.）Hara］，无性菌类丝孢目真菌。在水稻叶鞘的病斑上或浮出水面的菌核上长出稀疏不分枝、深褐色的分生孢子梗，其上产生新月形的分生孢子，大小为（41～63）μm×（11～15）μm，有 0～4 个隔膜，一般为 3 隔 4 胞，中央 2 个细胞暗褐色，两端细胞淡色或无色。菌核球形，表面有光泽，大小约 0.25mm。剖视菌核，有内外两层，外层细胞黑褐色，内部淡褐色。菌核在土中或水中能存活 138d 以上，在干燥的稻桩中可存活 750d 以上，在日光下晒 133h 才丧失活力。该病菌除为害水稻外，还寄生光头稗子、茭白、慈姑等植物。

稻小黑菌核病病菌的有性世代尚未发现，无性世代为卷芒双曲孢（*Nakateae irregulare* Hara.），无性菌类丝孢目真菌，是稻小球菌核病病菌的一个变种。分生孢子有两种形态，在叶鞘斑上形成的分生孢子与小球菌核病病菌相似；而在菌核上形成的分生孢子大多有 4 个隔膜，其顶端有（25～100）μm×2μm 的卷喙。菌核较小，约 1.33mm，球形、椭圆形或不规则形，表面粗糙黑色无光泽。剖视菌核，无内外层之别，均为深榄褐色。该病菌除为害水稻外，还寄生光头稗子、茭白、慈姑等植物。

稻褐色菌核病病菌的有性世代尚未发现，无性世代为稻深褐小菌核（*Sclerotium oryzae* Saw.），无性菌类无孢目真菌。菌核在茎秆叶鞘的空隙内、叶鞘组织内或偶在叶鞘外形成，数量较少，球形、卵圆形或圆柱形，可相互连接，先是白色，渐变深褐色，大小为 0.3～2.0mm，表面粗糙。剖视内部，切面为淡褐色，无内外层之分。该病菌除为害水稻外，还能寄生野生稻、水篱草及茭白。

三、病害循环

稻小球菌核病病菌和稻小黑菌核病病菌主要以菌核在稻桩和稻草中或散落在土壤中越冬。可存活多年。春季经耕耙和灌水漂浮水面，当日平均气温升到 17℃以上时，萌发产生菌丝，接触水稻，产生附着胞，侵入叶鞘组织，并在其内蔓延，突破叶鞘内侧表皮到达茎部，后侵入秆内髓部，在秆及叶鞘组织内形成大量菌核，又成为下一年的菌源。受害的稻株有时在病斑表面产生一层薄薄的浅灰色霉，即分生孢子。漂浮在水面的菌核也能产生分生孢子，分生孢子可随气流或昆虫传播。

四、发病条件

水稻菌核病的发生程度主要取决于田间菌核的数量，水稻品种和生育期的抗病性也有一定影响。由于病菌为弱寄生菌，因此病害发生危害的严重程度也取决于导致水稻后期生长衰弱的因素，如不适宜的气象条件、不良的肥水管理和虫害等。

（一）田间菌核的数量

病菌在越冬期间于稻桩中仍不断形成菌核。稻田中越冬的菌核数量越多，发病越重。稻田种植年限越久，田间菌源就越多，发病也就越重。而新垦稻田菌源没有或很少，所以不发病或发病很轻。

（二）水稻品种和生育期

水稻品种间抗病性有一定差异。一般高秆品种较矮秆品种抗病，生育期短的品种较生育期长的品种抗病，糯稻较籼稻抗病，籼稻较粳稻抗病。同一品种在不同生育期的抗病性也不同，通常抽穗后抗病性减弱，尤其在灌浆期后随着稻株的衰老，抗病性显著下降。

（三）肥水管理

该病的发生程度在很大程度上取决于肥水管理。在施肥方面，如氮肥施用过多、过迟，水稻贪青倒伏则发病重；缺乏有机肥和磷、钾肥或后期脱肥早衰，病害也发生较重；而增施钾肥，提高稻株抗病力，则可减轻危害。灌溉对此病的影响最大，长期深灌或排水不良的稻田及后期受旱或脱水过早的稻田，发病较重；而浅水勤灌，适时晒田，后期灌跑马水以保持土壤湿润的稻田则发病轻。但若中期晒田过重，造成断根伤根，导致后期稻株早衰，则发病也重。

（四）气象条件

高温高湿有利于该病的发生与流行。水稻抽穗期以前温度高、降雨多、湿度大，则往往发病严重。水稻抽穗及成熟过程中，如遇低温（低于20℃）、干燥（相对湿度75%以下），则病害严重度急剧上升，这种气候持续的时间越长，发病越重。另外，大风或飞虱的危害严重的稻田，稻株受创伤（或虫伤）易倒伏，从而加剧病害的蔓延。

五、病害控制

针对水稻菌核病的特点，应以选育和种植抗病品种为主，通过减少菌源、加强肥水管理并辅以化学防治来控制病害。

（一）减少菌源

重病田提倡齐泥割稻，将病稻草带出田外，有条件的可实行水旱轮作。结合防治纹枯病，在插秧前用纱布袋打捞浪渣菌核，防病效果可达50%左右。堆肥经高温发酵，可使稻草中菌核死亡。

（二）选育和种植抗病品种

应选育适合本地区种植的高产、优质、抗病的优良品种。

（三）加强肥水管理

水稻生育前期浇灌、勤灌，开好排水沟；分蘖末期适当晒田；孕穗期保持水层；后期保持田面湿润，严防断水过早。宜多施有机肥作基肥，增施饵肥，施用硅肥，可增加水稻的抗病性。

（四）化学防治

在水稻圆秆拔节期喷药一次，如病情基数高，抽穗期多雨，宜在孕穗期再喷药一次。有效农药有：①70%甲基硫菌灵（70%甲基托布津）可湿性粉剂，每公顷用药1.5kg；②50%多菌灵可湿性粉剂，每公顷用药1.5kg；③40%异稻瘟净可湿性粉剂，每公顷用药1.5kg；④40%稻瘟净可湿性粉剂，每公顷用药1.5kg；⑤40%稻瘟灵可湿性粉剂，每公顷用药1.5kg；⑥20%

稻脚青（甲基胂酸锌）可湿性粉剂，每公顷用药 0.75kg。

第十节 稻粒黑粉病

稻粒黑粉病又名稻墨黑穗病。主要发生在日本、缅甸、印度、印度尼西亚、尼泊尔、菲律宾、泰国、越南和中国。20 世纪 50 年代四川曾严重发生，目前以浙江、江苏、安徽、江西等地区多发，重病田块染病籽粒高达 50%以上，严重影响制种的产量和质量。东北局部稻区也有不同程度的发生。

一、症状

稻粒黑粉病在水稻黄熟时才易发现。病菌一般为害个别谷粒，每穗受害一至数粒，严重时可达十余粒，病粒色暗，成熟时内、外颖开裂，散出大量黑色粉末状的冬孢子，并常有白色舌状的米粒残余从裂缝中突出，上面也粘有黑粉（图 1-18）。还有些谷粒呈暗绿色或暗黄色，不开裂，似青秕粒，但内部充满黑粉、手捏有松软感。极少数病谷仅局部被破坏，如种胚尚保持完整，也有萌发的可能，但幼苗很细弱。

图 1-18 稻粒黑粉病症状（杨牧之，1997）

二、病原

稻粒黑粉病病菌为狼尾草腥黑粉菌 [*Tilletia barclayana* (Bref.) Sacc. et Syd.]，属于担子菌门黑粉菌目真菌。孢子堆生在寄主子房里，被颖壳包被，部分小穗被破坏，产生黑粉。病菌冬孢子球形或椭圆形，深橄榄色，大小为（25～32）μm×（23～30）μm。表面密生无色或淡色的齿形状突起，在显微镜下呈网纹状，顶端尖细，基部带多角形稍有弯曲，高 2.5～4.0μm。冬孢子发芽产生先菌丝，其顶端环生许多指状突起，突起上着生线状、无色、单胞的担孢子，多达 60 余个，大小为（38～55）μm×1.8μm。担孢子直接萌发形成菌丝或再产生镰刀形的次生小孢子，次生小孢子膜肠状，大小为（10～14）μm×2μm。

厚垣孢子在室内干燥条件下贮存 3 年左右即丧失活力。度过休眠期的厚垣孢子在吸湿、感光、适宜的温度及充足的氧气条件下即可萌发，萌发的适宜温度为 25～30℃，且水层厚度小于 0.5mm 较为适宜。荧光、紫外光或散射光处理后均可促进萌发，光照强度以 6000lx 为宜，每天光照时间为 10～12h，5d 后厚垣孢子大量萌发。先连续黑暗水培 3～4d，再间歇光照 3d，也可大量萌发。一定浓度的赤霉素对其萌发具有一定的刺激作用。担孢子萌发温度在 20～34℃，适温为 28～30℃。以蔗糖为碳源、天冬酰胺为氮源、温度 28℃、pH 5～7 时，病菌生长最适宜。

三、病害循环

病菌以厚垣孢子越冬。厚垣孢子越冬有两个途径：一是在种子中潜伏，二是在土壤和畜禽粪肥中越冬。该菌的厚垣孢子抗逆力强，在自然条件下能存活 1 年，在贮存的种子上能存活 3 年，在 55℃恒温水中浸 10min 仍能存活，通过家禽、畜等消化道病菌后仍可萌发。冬孢子萌发的温度在 20~24℃，以 24~32℃为最适。翌年水稻开花灌浆时，在水面或潮湿土面的厚垣孢子萌发，产生担孢子或次生小孢子，借助气流、雨水、露水等传播到花器、子房或幼嫩的谷粒上，菌丝在谷粒内蔓延破坏子房和米粒的形成，后期厚垣孢子在病粒内或病粒破裂黏附到健粒上，或落入土中越冬。

病菌侵染的部位及侵染的时期都较为专一，水稻在抽穗期间都可受害，而以开花盛期受害最重。主要是水稻开花初期从稻花的柱头侵入引起发病，所以凡是花期分散、开颖角度大、柱头外露率高的不育系利于病菌的侵入，且发病较重。同时不同的不育系柱头活力持续时间的长短及生理抗性强弱也有较大的影响。粳稻花时一般较籼稻晚 30~90min，当籼型不育系作母本时，母本大量颖壳长时间张开等粉，不能及时闭颖，从而增加了病菌的侵染概率。病菌只有侵染母本颖花内的器官才能形成病粒，因而受精部分形成病粒，未受精部分形成空壳。颖花内可供孢子感染的器官有雄蕊、浆片、雌蕊，而并非只感染柱头。

四、发病条件

稻粒黑粉病的发生与品种抗病性、父本花粉量、气候因素及栽培管理措施密切相关。

（一）品种抗病性

生产实践和一些研究表明，不同品种间感病程度差异显著。常规水稻和杂交水稻发病，病粒一般损失产量达 0.1%~1.0%，而水稻制种田发病较重，一般损失产量 10%左右。这种差异除品种的抗病性外，主要取决于开花习性。由于不育系要等待外来花粉才能受精结实，开花期柱头长时间伸露在外，从而加大病菌侵染的机会。因此，开花柱头外露时间长、张颖角度大有利于病菌感染。

（二）父本花粉量

由于制种田的不育系开花时间的长短主要取决于接受父本花粉的时间，如不育系一开花就接受父本花粉，大约 1h 就能闭颖，稻粒黑粉病侵染的可能性就极小；相反，开花时间持续1~2d，就大大增加了病菌侵染的机会，因此发病的可能性就越大。因此，父本花粉量的多少和父本与母本花期是否相遇，都是影响母本发病程度的重要因素。研究表明：离父本远近不同的母本行之间的穗数和穗粒数均无显著差异，而结实数和病粒数差异非常显著，这说明结实数、病粒数的差异是由父本花粉量不同所引起的。离父本越近的母本行结实率越高，病粒率越低。相反，离父本越远的母本行结实率越低，病粒率越高。

（三）气候因素

该病的发生与气候条件有着密切的关系，适温高湿有利于病菌的繁殖和侵染。抽穗扬花期如遇阴雨天气，田间湿度增大，使母本开花时间推迟，并和父本开花期错开，同时由于父本的花粉量减少不易散开，因此增加了花器同病菌接触的机会，从而加重发病。制种抽穗扬花期一般在 25~30℃，如遇到连续阴雨天气，则适合病菌侵染。

（四）栽培管理措施

田块所处的通风透光条件可直接调节田间小气候，进而影响发病的轻重，在栽培中如基本苗过多，偏施或迟施氮肥，引起稻株徒长和倒伏，丛间湿度增加，抗性减弱，均有利于病害的发生。

五、病害控制

针对病害的特点，稻粒黑粉病的控制应坚持以农业防治为主，严格实行稻种检疫、建立无病留种田和种子处理，并以农业防治、化学防治为辅的策略。

（一）严格实行稻种检疫

严格实行检疫，防止带病种子传入无病地区。

（二）建立无病留种田和种子处理

病区要从无病田留种。带病种谷在播种前用泥水或盐水选种，淘汰病粒，并对种子消毒。

（三）农业防治

1. 减少病源 清除种子内的病粒是减少病源的有效措施。在母本浸种时，一般用10%的盐水选种，除去病粒，或是直接用清水浸泡20~30min，搅拌后除去病粒。除去的病粒必须要烧掉，以防止继续扩散。畜禽粪肥需经沤制腐熟后再施用，防止肥料带菌。有条件的地区也可实行2~3年的轮作。

2. 重视父本栽培、确保花期相遇 制种田父本因田与田、户与户之间管理不同，生长差异较大。据调查，少的每公顷仅22.5万基本苗，成穗数60万~75万；多的基本苗可高达60万~75万，成穗120万~150万。两者间成穗悬殊在1倍左右，相应花粉量同样悬殊较大。一般而言，父本苗足、穗多和花粉量大的稻粒黑粉病较轻，产量较高。因此，培育父本多蘖壮秧，栽足基本苗，促进早生分蘖，施足氮、磷、钾肥配比用量，特别是秧母田更应该重视磷、钾肥的施用。做到合理施肥，防止徒长贪青。在父本花期调节技术比较成熟的今天，孕穗后期喷洒赤霉素等生长激素应力求提早母本花期，增加父本有效花粉量，提高异交结实率。

3. 行比宽窄要适宜 行比宽窄对父本的花粉量有较大影响，确定行比时既要考虑母本栽插面积，又要考虑稻粒黑粉病的危害。确定合适的行比宽窄，保证有充足的花粉量，能够减轻稻粒黑粉病的危害，增加结实率，提高制种产量。

4. 合理施肥 畜禽粪肥经沤制腐熟后再施用，防止肥料带菌。在栽培管理上应避免偏施或迟施氮肥，以防稻株徒长和倒伏。

（四）化学防治

杂交制种田或种植感病品种，发病重的地区或年份，于水稻盛花高峰末期和抽穗始期各喷1次灭黑一号胶悬剂250倍液。轻病年则于盛花高峰末期喷1次即可。此外也可每公顷选用40%灭病威胶悬剂200mL或25%三唑酮可湿性粉剂500g，兑水500L进行喷雾。使用三唑酮时应避开花期，于下午施药，以免产生药害。

◆ 第十一节 水稻叶鞘腐败病

水稻叶鞘腐败病在印度、菲律宾、日本都有发生危害的报道。在我国南北稻区均有发生，近几年来有加重的趋势。黑龙江省发生较为普遍，危害较重。该病主要造成秕谷率增加，千粒重下降，米质变劣，产量损失在 10%～20%。

一、症状

水稻苗期至抽穗期均可发病。水稻叶鞘腐败病主要为害剑叶叶鞘，典型的症状发生在稻穗尚未完全出鞘的剑叶叶鞘上。严重时为害穗和籽粒。

剑叶叶鞘初生暗绿色斑点，后扩大形成不定形、颜色深浅不同的褐色斑块，边缘暗褐色至黑褐色，中央淡褐色或黄褐色，有时斑外围现黄褐色晕圈。发病严重的植株病斑可蔓延至整个叶鞘，幼穗局部或全部变褐腐败，成为"死胎"枯孕穗；稍轻的则呈包颈半抽穗，谷粒颖壳变褐，产生大量空秕粒，使剑叶叶片宽大肥厚。发病晚、抽穗速度快的品种，幼穗下部部分谷粒或个别谷粒受害，主要形成深褐色斑点，病健部分界不明显，后颖壳部分或全部变成褐色。湿度大时病斑内外出现白色或粉红色霉状物，即病菌的菌丝体、分生孢子梗和分生孢子。田间比较常见的症状是剑叶叶鞘呈不同程度的褐变，谷粒颖壳部分褐色或全部褐色，空秕粒较多（图 1-19）。

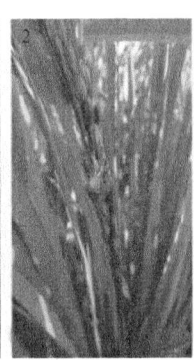

图 1-19　水稻叶鞘腐败病症状（Bigirimana et al.，2015）

1. 病株；2. 病穗；3. 病株的谷粒

> 水稻叶鞘腐败病病状和纹枯病易混淆，但不同之处在于：纹枯病病斑边缘清晰，且病部不限于剑叶鞘，病症主要为菌丝体纠结形成的馒头状菌核。

二、病原

水稻叶鞘腐败病病菌（*Acrocylindrium oryzae* Saw），属于无性菌类丛梗孢目真菌。

病部白色粉状物为病菌的分生孢子梗和分生孢子，分生孢子梗主轴为圆柱状，分枝 1～2 次，每次分枝 3～4 根。分枝顶端着生分生孢子，分生孢子无色、光滑、单胞、圆柱形或椭圆形，大小为（3～20）μm×（1.5～4.0）μm。

病菌生长发育的适温在 10～35℃，菌丝生长和孢子形成的最适温度为 30℃，10℃以下和 40℃以上均不能生长，孢子发芽适温为 23～26℃。接种测定其潜育期 30℃为 1d，25～28℃为 2d，23℃为 3d，19℃为 4d。病菌适应于较广泛的 pH，在 pH 为 3～9 的培养基上生长良好，在 pH 5.5 时为最佳。连续紫外光照射对病菌生长有抑制作用，黑暗条件有助于菌丝生长和孢子的形成。该菌能有效地利用各种碳源,以蔗糖和葡萄糖为最佳,淀粉次之。其对各种形态氮源的利用基本相仿。在马铃薯葡萄糖琼脂(PDA)培养基上菌丝生长和孢子形成最适。水稻叶鞘和嫩穗的提取液能促进病菌孢子提早萌发及提高发芽率。病菌在病组织内可存活200(室外)~365d(室内)。

水稻叶鞘腐败病病菌除侵染水稻外,还能侵染稗草和野生稻等禾本科植物。

三、病害循环

病菌以菌丝体和分生孢子在染病种子或染病稻草上越冬。以分生孢子作为初侵染与再侵染接种体。带菌种子播种后可为害幼苗。到抽穗期前期病株及染病稻草上产生的分生孢子可为害剑叶叶鞘和稻穗,如抽穗前侵入则不能抽穗,有的可以抽穗,但稻谷颖壳褐变。分生孢子可借助雨水、气流、小昆虫或螨类等传播。侵染方式分三种:一是种子带菌,种子发芽后病菌从生长点侵入,随稻苗生长而扩展;二是从伤口侵入;三是从气孔、水孔等自然口侵入。发病后病部形成分生孢子借气流传播进行再侵染。秋季收割后病菌可在病稻草及病种内越冬。病菌侵入和在体内扩展的最适温度为30℃。该病种子带菌率59.7%。病菌可侵至颖壳、米粒,病菌在种子上可存活到翌年8~9月,稻草带菌散落场面的可存活137d,浸泡于田水中可存活38d。

四、发病条件

水稻叶鞘腐败病的发病受多种因素的制约,其中品种抗病性、菌源数量、气象条件、生物因子、肥水管理及栽培模式影响最大。

(一)品种抗病性

品种间抗病性差异很大。目前无免疫品种,但品种间抗性差异很大,一般晚稻比早稻重,杂交稻比常规稻重,易倒伏品种发病重。抗病能力较强的品种有'上育397''绥粳2号''空育131''垦鉴7号'等。品种的抽穗速度对病害也有明显的影响,一般稻穗伸出度较差的品种,常能引起典型叶鞘腐败病的症状;而某些稻穗伸出长度较好的品种,则易发生紫鞘症状。一般抽穗不易离颈的品种皆易发病,如'绥粳4号''垦稻10号'。

(二)菌源数量

成堆放置的病稻草残体和病种子多,则发病多,危害重。

(三)气象条件

适合于病害发生的温度幅度较宽,气温15~40℃均可发病,该病发生的适宜条件是温度在25~30℃、相对湿度在90%以上。水稻抽穗前后气温可基本满足条件,如果此期间降水量大,雨次多,则发病重;反之则发病轻。病菌侵入和在体内扩展的最适温度为30℃,低温条件下水稻抽穗慢,病菌侵入机会多;高温时病菌侵染率低,但病菌在体内扩展快,发病重。水稻孕穗至始穗期遇寒露风致稻株抽穗力减弱时水稻的出穗期长,易感染的穗在剑叶叶鞘内时间长,感染期延长,发病重。

(四)生物因子

稻田中的二化螟、螨类等害虫对病菌的传播和侵入起着重要的作用。

(五)肥水管理

生产中氮、磷、钾比例失调,过多、过迟施用氮肥或缺氮均可加剧发病。长期深水淹灌或冷水串灌,容易引起稻株徒长,组织柔嫩,发育延迟,降低了水稻的抗病性,发病重。增施钾肥能提高稻株抗病性。

(六)栽培模式

栽培模式也是导致水稻叶鞘腐败病发生的一个重要因素,30cm×10cm 或 30cm×13cm 的密植方式一般比 30cm×20cm 以上适当超稀植发病率要高。

五、病害控制

水稻叶鞘腐败病的控制以选用抗病品种为主,清除田间病株残体,加强肥水管理,合理密植,进行种子处理,治虫防病,辅以化学防治。

(一)选用抗病品种

品种不同发病率差异很大,紧穗型品种发病重,在种植过程中要积极推广早熟、穗颈长、抗倒、抗病、优质、高产的品种。

(二)清除田间病株残体

上一年发病地块应及时处理病稻草,在发病重的稻田,稻草要及时烧掉,以减少病菌。

(三)加强肥水管理

避免偏施或迟施氮肥,合理施磷、钾肥,合理灌溉和适时烤田,使水稻生长老健,提高抗病力。注意氮、磷、钾三要素的配合使用,每公顷施优质农家肥 30t 以上、尿素 150kg、磷酸二铵 75kg、硫酸钾 75kg。农肥、磷肥全量作底肥,结合耙地一次施入;硫酸钾 50%作基肥,50%作穗肥;尿素 30%作基肥,40%作蘖肥,30%作穗肥。适当施用硅钙肥或硅钾肥。在灌水方面,采用浅水灌溉技术,提高地温促进生育。水稻插秧时灌花达水,插后灌 4~5cm 深水护苗。返青到 6 月 25 日左右浅、湿、干交替灌溉,水深不超过 3cm,6 月 25 日左右当田间有效穗数达到计划指标时,排水晒田 5~7d,控制无效分蘖,再灌水 3~5cm。减数分裂期灌水 5~7cm,如遇低温,可加深水层到 10~15cm,防御障碍性冷害。抽穗后采用浅、湿、干交替灌水。8 月 30 日左右(黄熟初期)开始排水,洼地适当早排水。

(四)合理密植

插秧时可采用宽窄行,有利于田间通风透光,降低田间郁闭程度,降低田间湿度,可减少病菌传播的机会。

(五)进行种子处理

种子消毒可用 25%使百克乳油 2000 倍液浸种 12~24h,浸种后直接催芽,或用 40%禾枯灵可湿性粉剂 250 倍液浸种 20~24h,捞出洗净、催芽、播种,也可用 25%咪鲜胺乳油 5000 倍液浸种,杀死种子上的病菌。结合其他稻病,进行种子消毒,可减少菌源。

（六）治虫防病

田间防治应根据当地的气象条件及昆虫预测预报，结合苗情防治。当田间发生飞虱、螟虫等害虫时应及时防治，避免咬出伤口，诱发病害发生。

（七）化学防治

以水稻破口抽穗到齐穗期为防治适期，以病丛率达到30%为施药防治指标。在抽穗前喷施50%氯溴异氰尿酸可溶性粉剂并配以专用助剂可有效防治此病，用药量：每公顷用50%氯溴异氰尿酸可溶性粉剂450g＋专用助剂112.5mL，兑水225kg喷雾；或于抽穗前7～10d每公顷喷施25%咪鲜胺乳油750mL；或每公顷用2%春雷霉素800mL＋50%多菌灵800g喷雾，每公顷也可用25%施保克600mL＋2%春雷霉素800mL喷雾。

第十二节　水稻干尖线虫病

水稻干尖线虫病最早于1940年由日本传入天津市郊，随后传至全国各主要稻区，以浙江、江苏、山东、云南等省的局部地区发生较重，东北地区也有点片发生。一般发病田减产10%左右，严重的可达30%以上。

在国外，日本、菲律宾、泰国、印度、印度尼西亚、美国、俄罗斯、巴西、巴基斯坦、尼日利亚、喀麦隆、多哥、古巴、意大利、匈牙利、斯里兰卡等33个国家均有发生。在我国的北京、天津、上海、河北、河南、山东、山西、广东、广西、湖北、湖南、四川、云南、贵州、江苏、浙江、江西、安徽、陕西、辽宁、吉林、福建、台湾、新疆和黑龙江省五常市第三良种场也有发生。对该病害实行检疫的省份有黑龙江、云南和吉林。

一、症状

水稻整个生育期都会受害，主要受害部位是叶片及穗部。

（1）苗期　一般不表现症状，仅少数在4～5片真叶时出现干尖，即叶尖上2～4cm处的细胞逐渐收缩变色，之后干枯卷缩，歪扭，呈灰白色或淡褐色，与下面绿色部分界线明显，这种干尖常在移栽或遇到连续风雨时脱落。

（2）成株期　孕穗后的发病植株，叶片上的干尖症状较明显。一般在病株剑叶或倒2叶的尖端1～3cm处细胞逐渐枯死，变成黄褐色，半透明，卷曲而成干尖，有时在病部和健部之间有一条不规则弯曲的深褐色界纹，但多数病叶不见此界纹，类似自然枯黄（图1-20）。

受害严重的稻株剑叶比健株剑叶显著短小，狭窄，且呈浓绿色，除少数抽穗困难外，大多数仍能正常抽穗。但植株较矮小，穗短，秕粒增多，千粒重降低。

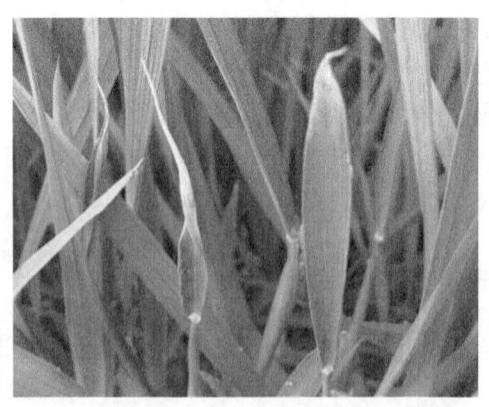

图1-20　水稻干尖线虫病症状（成株期）
（高学文和陈孝仁，2018）

二、病原

水稻干尖线虫（*Aphelenchoides besseyi* Christie），属于线形动物门滑刃亚目滑刃科滑刃线虫属。

雌雄虫体细长，蠕虫形，头尾钝细，半透明。在水中活跃，停止时常以头部为中心蜷曲成盘状。雌虫比雄虫稍大，口器稍突出，吻针较强大，食道球很发达，呈椭圆形，生殖孔角皮不突出，卵巢一个，尾尖由4个棘突组成，大小为（617～952）μm×（13.8～20.6）μm。雄虫体上部线形，大小为（557～743）μm×（12.5～18.0）μm。死后虫体的尾部近90°弯曲，呈镰刀状（图1-21）。

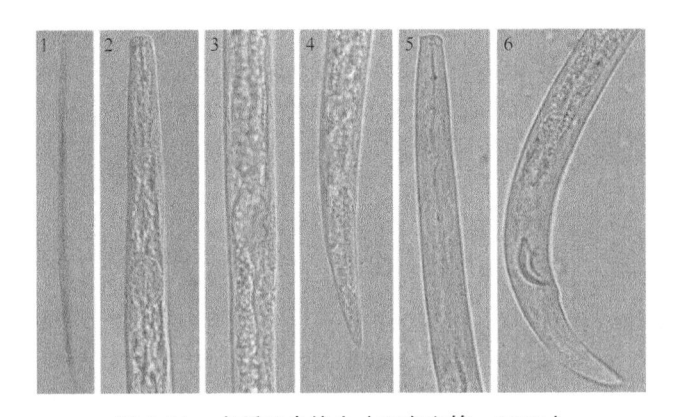

图1-21 水稻干尖线虫（王宏宝等，2022）
1. 雌虫；2. 雌虫头部；3. 雌虫生殖腺；4. 雌虫尾部；5. 雄虫头部；6. 雄虫尾尖

该线虫耐寒冷，但不耐高温，在54℃时经5min即可致死。其活动的最适温度为20～25℃。对氯化汞和氰酸钾的抵抗力较强，在0.2%氯化汞和氰酸钾溶液中浸种8h仍不能杀灭内部的线虫。但它对硝酸银较敏感，在0.5%的溶液中浸种3h即能被杀灭。

该线虫的寄主范围较广，除为害水稻外，还能为害粟、草莓、狗尾草等20多种植物。

三、发病条件

以成虫和幼虫潜伏在谷粒的颖壳及米粒间越冬。线虫在干燥的谷粒内可存活3年左右，而在水中仅能存活30d，主要靠种子传播。

当浸种催芽，长出幼苗后，线虫即从芽鞘缝隙侵入，附于生长点、叶芽及新生嫩叶型的细胞外部，以吻针刺入细胞吸取营养，使被害叶片长出后变成干尖状。线虫在稻株内发育，交尾繁殖。随着稻株的生长，线虫渐渐向上部移动，数量也逐渐增多，在孕穗以稻株上部几节和叶梢内线虫数量最多，孕穗时线虫大量集中于幼穗颖壳内、外部，为害生穗粒。线虫大多集中在饱满的谷粒中，其比例为总线虫数的83%～88%，秕粒中仅为12%～17%。稻粒中的线虫多潜伏在颖壳内，占65%～85%。在整个水稻生育期间，为1～2代。秧田及大田初期，线虫可借灌溉水传到附近健株，扩大危害。土壤不能传病。远距离传播主要靠调运稻种或稻壳作为商品包装运输的填充物，而把干尖线虫传到其他地区。

四、病害控制

针对水稻干尖线虫病的发生危害特点，可从以下几个方面进行控制。

（一）实行检疫

不从有病地区调种。调种时应严格进行检疫。病区要有计划地建立无病种子田。繁殖无病良种，逐渐缩小病区或消灭病区。

（二）稻种消毒

带病的稻种用温汤浸种或药液浸种，以杀死种子内的线虫。

1．温汤浸种 将稻种在冷水中预浸 24h 后移入 45～47℃温水中浸 5min，再移入 52～54℃温水中浸 10min，立即冷却，催芽播种。

2．盐酸液浸种 用盐酸 250～300mL，加水 50L（化学试剂盐酸使用时浓度为 0.5%，工业盐酸使用时浓度为 0.6%），浸种 72min，取出后用水冲洗，催芽播种。

3．杀线酯浸种 用 40%杀线酯 500 倍液浸种 24min，防效 100%，且对稻种无影响。但用 400 倍液时，则对稻种发芽率有明显影响。

（三）栽培管理

管好田水，不串灌、漫灌，减少线虫随水流传播的机会。

（四）化学防治

拔秧后、移栽前可用 50%巴丹水剂 1000 倍液浸秧，浸秧前要甩去秧苗水分，浸入药液中 1～5min 捞出，待秧苗吸收后再插秧。

第二章
麦类病害

　　麦类作物属于禾本科，主要包括小麦属、燕麦属、黑麦属和大麦属。我国种植的麦类作物以小麦属为主。小麦是世界上主要的粮食作物，全球 1/3 以上的人口以小麦为主食。我国是全球第一大小麦生产国和第一大小麦消费国。在我国小麦的播种面积仅次于玉米和水稻。小麦在我国的分布区主要分为东北小麦优势区、西北小麦优势区、西南小麦优势区、长江中下游小麦优势区和黄淮海小麦优势区。由于各个麦区所处的地理位置、气候因素、环境条件及种植品种的不同，麦类病害出现的种类也存在差异。世界上记载有 200 余种小麦病害，其中，我国主要发生的小麦病害有 20 余种。病害的发生不仅造成粮食产量下降，还会威胁小麦品质，造成小麦产业经济效益的损失。

　　小麦真菌病害中，小麦锈病一直是重要病害。小麦锈病包括小麦条锈病、小麦秆锈病和小麦叶锈病。小麦条锈病在我国历史上曾造成巨大的经济损失，1950 年、1964 年和 1990 年分别造成 6.0×10^9kg、3.2×10^9kg 和 1.8×10^9kg 的小麦产量损失。2020 年，小麦条锈病被我国农业农村部列入《一类农作物病虫害名录》。小麦叶锈病在我国 20 世纪 70 年代初至 80 年代初，发生过 4 次大暴发与流行。2012 年，小麦叶锈病在安徽、河南、陕西、甘肃和四川等地流行。小麦秆锈病在我国历史上曾多次暴发流行，对小麦产业造成过毁灭性打击。近 50 年来，随着小麦抗锈品种的培育、筛选和推广，小麦锈病未有过大面积的暴发和流行。小麦条锈病在局部麦区发生严重，小麦叶锈病发生呈逐年加重趋势，小麦秆锈病未造成过严重危害。小麦锈菌存在有性世代和无性世代，有性世代是造成小麦锈菌毒力变异的一个重要原因。由于小麦锈菌小种毒力变异快，并且可随气流进行远距离传播，因此对锈菌小种消长动态进行监测并及时对生产上小麦品种的抗锈性进行评估，对预防病害暴发流行至关重要。

　　20 世纪 60 年代，我国小麦白粉病仅发生在西南麦区，但随着栽培措施、矮秆品种的推广及田间水肥条件的改善，目前小麦白粉病已在全国小麦种植区的 20 多个省份发生流行。20 世纪 80 年代，三唑酮开始应用于小麦白粉病和锈病的防治，并取得了很好的效果。20 世纪 90 年代研究发现，小麦白粉病对三唑酮产生抗药性。21 世纪初期研究发现，我国小麦白粉菌对三唑酮有较高的抗药性。抗药性的产生表明小麦白粉病的防治形势较为严峻。

　　小麦赤霉病在世界上主要发生于半湿润、湿润地区，欧洲、美洲的小麦产区危害严重。在我国，小麦赤霉病过去主要在长江中下游麦区发生。1985 年病害大暴发，仅河南就减产小麦 8.85×10^8kg。随着全球气候的变化及栽培措施和耕作制度的改善，该病害出现西扩北移的趋势，并向黄淮麦区蔓延。2012 年，我国小麦赤霉病的发生面积高达 994.51 万 hm^2，2019 年的发生面积约为 1000 万 hm^2。小麦赤霉病不仅造成小麦产量损失，也会严重影响小麦品质。小麦赤霉病病菌产生的真菌毒素对人畜有毒，威胁人畜安全。

小麦黑穗病是种传病害,种子处理十分重要。小麦根腐病的发生区域以前以北部麦区为主,近年来逐渐南迁,已由黄河北部向长江流域蔓延。小麦病毒病有逐年加重趋势,应引起重视。

第一节 小麦条锈病

小麦条锈病(wheat stripe rust)是一类重要的真菌性病害,是小麦三大锈病之一,在世界范围内广泛发生。在我国主要发生于西北、西南、华北及长江中下游地区,且在3种锈病中最常见。我国历史上曾发生4次大流行,严重为害小麦产业。中度流行年份减产10%~20%,大流行年份减产60%以上。

一、症状

小麦条锈病主要为害小麦叶片,也为害小麦的茎秆、叶鞘及穗部。受害叶片出现褪绿斑,逐渐隆起成疱疹状的夏孢子堆,夏孢子堆椭圆形,较小,橘黄色。夏孢子堆在幼苗期叶片不成行排列,成株期以虚线状沿叶脉排列成行(图2-1)。成熟后的夏孢子堆突破表皮,散出橘黄色夏孢子。随着小麦成熟期的到来,病部形成灰黑色疱疹状冬孢子堆,冬孢子堆不突破表皮,埋生于表皮下。

图2-1 小麦条锈病症状(蔡东明等,2018)

二、病原

(一)病原名称

小麦条锈病病菌(下称小麦条锈菌)属于真菌界担子菌门柄锈菌属,条形柄锈菌小麦专化型(*Puccinia striiformis* West. f. sp. *tritici* Eriks. et Henn.)。

(二)病原形态

小麦条锈菌夏孢子单胞、橘黄色、球形,表面带有具细刺和不规则排列的发芽孔6~16个,大小为(32~40)μm×(22~29)μm。冬孢子双胞、褐色(上深下浅)、棍棒状,顶端加厚且扁平或斜切,有横隔,横隔部微缢缩,有短柄。冬孢子大小为(36~68)μm×(12~20)μm。性孢子器埋生于寄主表皮下,烧瓶形,孔口外露,性孢子内生于性孢子器内。锈孢子器埋生于与性孢子器对应的叶背,成熟后伸出表皮外,呈长管状聚生。锈孢子球形或近球形,链生于锈孢子器内(图2-2)。

(三)病原生物学特性

温度10~15℃适合夏孢子形成及菌丝生长。7~10℃最适合夏孢子萌发,2~3℃为其萌发的最低温度,20~26℃为其萌发的最高温度。9~13℃为夏孢子侵入的适温。由此可见该病菌生长发育对温度的要求较低。夏孢子萌发和侵入对湿度有要求,需要水膜条件或者饱和湿度条件。光照对病菌的侵入及后期在寄主内的生长发育有影响,侵入前的夏孢子萌发阶段不需要光

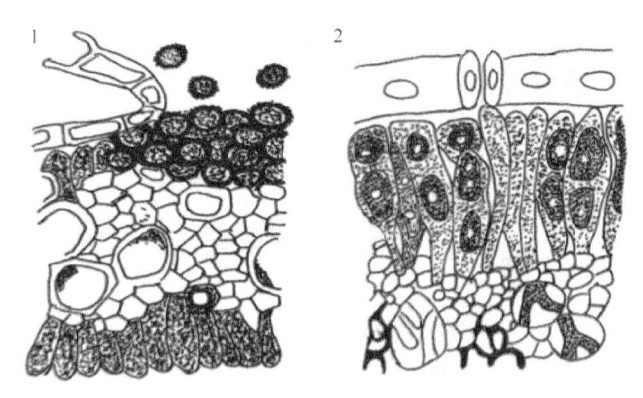

图 2-2 小麦条锈菌
1. 夏孢子堆；2. 冬孢子堆

照，夏孢子侵入寄主后需要光照，因此光照缺乏时，会抑制病菌在寄主内的生长发育。

（四）病原生理分化

小麦条锈菌的主要寄主是小麦，有些也可侵染大麦、黑麦等多种禾本科杂草。小麦条锈菌有明显的生理分化现象，按对鉴别寄主的毒力，划分为不同小种。目前，我国小麦条锈菌的优势小种为'条中32号'和'条中33号'。

（五）病原寄主范围

小麦条锈菌主要寄生于小麦上，有些小种还可侵染大麦和黑麦的某些品种。此外，已发现的病菌还有山羊草属、鹅观草属、雀麦属、披碱草属等14属74种杂草寄主，但这些杂草寄主在小麦条锈病流行中的作用尚待进一步证实。现今，小檗和冬青叶已被确定是小麦条锈菌的转主寄主，并且已证实该病菌是活体寄生锈菌全锈型。

三、病害循环

小麦条锈菌是活体转主寄生真菌，因此必须依赖转主寄主才能完成整个生活史。该病菌是全锈型锈菌，有5种类型的孢子（性孢子、锈孢子、夏孢子、冬孢子和担孢子），其中夏季麦田的侵染循环要依赖夏孢子的侵染。

小麦条锈病的周年循环包括越夏、秋苗发病、越冬和春季流行。

（一）越夏

小麦条锈病越夏是其进行侵染循环的关键环节，小麦条锈菌不耐高温，属于一种低温病害。20~22℃是其越夏的临界温度，夏季最热旬平均温度大于22℃时，病菌停止侵染；超过23℃时，病菌不能越夏。小麦条锈菌可在我国青海、甘肃、云南、四川等高海拔且夏季温度相对较低地区的自生麦苗、晚熟冬麦及春麦上完成越夏。在东部平原上不能完成越夏，因为东部平原夏季温度远高于其越夏温度。

（二）秋苗发病

小麦条锈菌具有随气流进行远距离传播的特点，越夏的小麦条锈菌可随气流传播至冬麦区，致使秋苗受害。冬麦播种越早、距离越夏区越近，则秋苗发病越早、越重。

(三) 越冬

旬平均气温低至 2℃时，侵入的菌丝体可在寄主体内越冬。冬季最冷月份的旬平均气温为−7~−6℃是病菌越冬的临界温度。在我国，存在一条地理上的小麦条锈菌越冬线：由东向西，以山东德州为起点，途经河北石家庄、山西介休，最后至陕西黄陵。越冬线以北地区，越冬率很低；以南地区的病菌可每年越冬，越冬率很高。

(四) 春季流行

越冬后的小麦条锈菌在温度适宜时（早春旬平均低温达到 2~3℃，最高气温达到 2~9℃），成功越冬的菌丝体复苏，受害叶片出现夏孢子堆。若此时湿度条件适宜（春雨和结露），新生的夏孢子在田间继续为害新生叶，随后病害不断向上部扩展，引发春季流行。

春季流行的特点与各越冬区的菌源有关。温度和湿度（降水）是影响越冬区小麦条锈病春季流行的主要因素。若越冬区（如华北北部）3 月下旬温度、湿度适宜时，越冬后的菌丝可在病叶上产孢，并且整个春季将会繁殖 4~5 代；若 2 月上旬温度、湿度适宜时，产孢后，整个春季将繁殖 7~8 代，如陕西关中的越冬区。条件（品种、温度、湿度）适宜或菌源毒力强时，整个春季流行过程中，小麦条锈菌可大量繁殖。

小麦条锈病在田间的发病程度主要依靠外来菌源的地区，田间通常出现大面积暴发，且发病中心很难确定，病害发展速度远超预估值；发病程度主要依靠本地越冬菌源的地区，春季流行往往历经 3 个阶段：单片病叶、发病中心、全田发病。若在冬季温暖潮湿且适合小麦条锈菌越冬的地区，越冬菌源量达到一定程度，可直接导致全田发病。春季流行根据流行特点可分为 4 个连续的时期：①始发期，温湿度达到病菌侵染下限，菌丝体开始复苏，在侵入的叶片组织内缓慢增殖，即越冬病叶至新病叶出现时期；②点片期，温湿度利于病害发展，即新病叶出现至发病中心形成时期；③普发期，点片发生至全田发生时期；④暴发期，这个时期田间发病普遍率达到 100%，严重度在 25% 以上。

春季气温回升，转主寄主小檗发芽，长出新叶，条件适宜，冬孢子萌发产生有隔担子，担子梗上产生的担孢子随气流传播，侵染转主寄主小檗。侵染成功后，小檗叶片正面形成性孢子器，对应背部产生成簇的细长管状锈孢子器。成熟的锈孢子器散出橘黄色的锈孢子，锈孢子再随气流传播，侵染小麦。侵染成功后，小麦叶片上出现病斑（夏孢子堆），成熟后散出的橘黄色夏孢子，在田间继续进行再侵染。在我国，已证明转主寄主小檗对小麦条锈病的发生过程（经过有性世代小麦条锈菌毒力变异和引发小麦条锈病）有重要作用。

小麦条锈菌在我国存在 3 个流行区系：①中部流行区系，是该病菌主要的越夏区系（包括常发区、易发区和偶发区），也是该病在我国最大的流行区；②云南流行区系，云南高海拔的中、西、西北和西南等地区的病菌越夏后仅在本区造成危害；③新疆流行区系，病菌在本区形成一个独立的区系与内地隔离，并且该病菌可在本区进行越冬、越夏。

小麦条锈菌的侵染过程可分为 3 个时期。①侵入期：夏孢子传播至感病寄主，在温度、湿度适宜（7~10℃，有水膜或饱和湿度）时，夏孢子萌发长出芽管（2~3h）并沿叶表生长蔓延。遇有气孔，芽管顶部稍微膨大，形成附着胞。侵入丝由附着胞下部产生形成，并在气孔下腔形成泡囊。泡囊长出侵染菌丝，蔓延于细胞间隙，侵染菌丝变态成吸器（囊状、球状或分枝状）进入寄主细胞，汲取养分。②扩展期：病菌侵入寄主后，若寄主感病且环境条件适宜，4~5d 后菌丝体便可在叶内形成菌落，随后肉眼可见的夏孢子堆于寄主表皮下，夏孢子堆成熟后散出夏孢子。初侵染部位产孢后，裸露的夏孢子可在条件适宜时继续萌发，侵染可向周围扩展。③发病期：病菌在发病期，条件（感病寄主、温度、湿度等）适宜时产孢量大量增加。小麦条锈菌作为专性寄生菌，成功侵染寄主后，先不杀死寄主细胞，汲取寄主的养分（寄主细胞内代谢物），供自身病菌生长所需，最后才致寄主死亡。

四、发病条件

小麦品种的抗锈性、小麦条锈菌小种毒力的变化、菌源量及环境因素是影响小麦条锈病发生和流行的主要方面。

（一）小麦品种的抗锈性

感病品种的大面积种植是小麦条锈病发生、流行的必要条件。小麦抗锈性主要分为三大类型。①微效基因控制的数量性状抗锈性：这类抗锈性是由多个微效基因控制的，属于非小种专化型的抗病性。寄主通常表现慢锈性或迟锈性，在不同的品种间会出现潜预期、侵染率、孢子堆大小及数目等存在差异，也就是通常说的数量差异。这种抗锈性较为持久。②主效基因控制的低反应型抗锈性：由主效抗病基因控制，属于小种专化型抗病性，即寄主的抗病性针对特定小种而言，被侵染的寄主表现出过敏性坏死反应，抗锈性强度可从免疫到中抗。抗锈性可随新小种出现而发生变化，甚至可能失去抗锈性。③耐锈性：寄主出现与感病寄主相同的发病程度，但是最后产量损失小于感病寄主。耐锈性可能是由于寄主自身生理补偿作用强于感病寄主。此外，一般正常年份而言，因品种生育期和发病期之间存在时间差异，病害盛发期时，品种已进入生育晚期，从而可躲避病害的大发生，产量损失少，即称为避病。但是值得注意的是，若遇到病害提早发生且大流行的年份，依旧会造成产量严重损失。

（二）小麦条锈菌小种毒力的变化

小麦条锈菌新毒力小种的出现，是造成小麦品种丧失抗锈性的主要原因。新毒力小种导致品种丧失抗锈性，锈病流行。病菌群体由于环境条件、小种适合度及品种筛选作用等原因出现优势小种，优势小种具有很强的存活和繁殖能力，与其毒性相匹配的感病寄主及与其他小种相比有很强的竞争力，且存在较高的适合度。在我国，新小种的出现和流行，往往发生在小范围内可进行周年循环的地区，这些地区通常是小麦条锈菌能进行越冬也能进行越夏的地区。

（三）菌源量

秋季感病冬麦大面积种植，小麦条锈菌可随高空气流进行远距离传播，越夏区的夏孢子传入，秋苗发病重。冬季温暖湿润，菌源能够顺利越冬，为春季流行提供充足菌源。

（四）环境因素

春季回温早且降水多，有利于病菌的复苏、侵染及病害的发生和发展。夏秋两季多雨，有利于病菌田间繁殖及秋苗发病。冬季温暖多雪，有利于菌源越冬。

田间栽培管理耕作制度、播种时期和密度、水肥管理及收获方式等均会对田间小气候、植株抗病性和锈病发生产生很大的影响。冬季麦田灌水，田间湿度大，利于锈菌越冬；大水漫灌，增大田间湿度，利于锈菌侵染；氮肥施用过多、追肥过晚，加重锈病发生。

五、病害控制

小麦条锈病的防治，采取以筛选和种植抗病品种为主，化学防治和加强栽培管理相结合的防治措施，并根据小麦条锈菌流行区系进行分区防治。

（一）筛选和种植抗病品种

防治小麦条锈病最经济有效的措施就是抗病品种的选育和利用。为了防治小麦条锈菌生理小种专化型，小麦抗锈品种应合理布局，避免单一品种大面积种植。在病菌的不同流行区系，依据所在区域病菌发生及流行特点，注重抗病品种多样化及抗病基因的合理布局，可有效控制病害的流行。筛选培育抗病品种时，充分利用已有抗病基因并积极筛选利用外源抗锈基因。培育新品种时注重培育多聚抗锈基因品种、多抗品种和多系品种。

（二）化学防治

化学防治是防治小麦条锈菌的重要措施（尤其在病害暴发流行时）。药剂拌种可降低秋苗带菌率，控制春季流行。用 0.03%的三唑酮（有效成分）药剂拌种，持效期可达 45d。种子包衣不仅能够有效控制秋苗带菌量，还能兼防多种病虫害。秋苗期发病区，以 60~120g/hm^2 的三唑酮（有效成分）进行喷施。拔节至抽穗时，田间病叶率 2%~4%时，进行叶面喷洒。根据品种抗性和发病程度（一般情况施药 1~2 次，若遇发病早、流行快时，施药 2~3 次），所用三唑酮剂量也有差异：三唑酮（有效成分）60~90g/hm^2 用于慢锈品种；105~135g/hm^2 用于中感品种；135~180g/hm^2 用于高感品种。

（三）加强栽培管理

及时清除麦田周围的转主寄主小檗，可以有效阻断菌源传染小麦。及时消除田间自生麦苗。合理灌溉，避免大水漫灌，及时排出田间多余积水，控制田间小气候的湿度。适当增施磷肥和钾肥，增强植株自身抗病性。

第二节 小麦叶锈病

小麦叶锈病（wheat leaf rust）在世界麦区都有发生，是发生最普遍、分布范围最广的小麦锈病。20 世纪 70 年代初至 80 年代初，小麦叶锈病在东北春麦区发生了 4 次中度流行，华北冬麦区发生 4 次大流行，致使我国小麦产业受到重创。近年来，小麦叶锈病流行趋势越来越明显，尤其在西北麦区的发生和危害愈加严重。例如，2012 年，安徽、四川、河南、甘肃、陕西等地小麦损失严重。2015 年和 2016 年，该病在黄淮麦区发生的时间提前 1 个月左右。我国每年种植小麦的面积约为 2.3×10^{7}hm^2，其中叶锈病发生的面积约为 1.5×10^{7}hm^2。该病通常造成田块减产 5%~15%，严重时可达 40%。

一、症状

小麦叶锈病为害小麦叶片、茎秆和叶鞘，主要为害叶片。受害的叶片正面散乱分布圆形或椭圆形的橘红色夏孢子堆。夏孢子堆也可穿透叶片，在叶背形成夏孢子堆，一般来说，叶正面夏孢子堆多于叶背面。夏孢子堆成熟后，突破表皮，向外散出黄褐色夏孢子。后期黑色冬孢子堆形成于叶背面（图2-3）。

图2-3 小麦叶锈病症状

二、病原

（一）病原名称

小麦叶锈病病菌（下称小麦叶锈菌）属于真菌界担子菌门柄锈菌属，小麦叶锈菌（*Puccinia triticina* Eriks.），异名隐匿柄锈菌（*P. recondita* Rob. ex Desm. f. sp. *tritici* Eriks. et Henn.）。

（二）病原形态

夏孢子单胞、黄褐色，圆形或近圆形，带有细刺，发芽孔（6~8个）散生于夏孢子表面，大小为（18~29）μm×（17~22）μm。冬孢子双胞、暗褐色，呈上宽下窄棍棒状，通常顶端平截或稍倾斜，大小为（39~57）μm×（15~18）μm。性孢子器有孔口，埋生在转主寄主表皮下，扁球形或球形，橙黄色，性孢子器内产生性孢子。锈孢子器生于性孢子器相对应的病斑上，杯状。锈孢子圆形或椭圆形链生于锈孢子器内，并侵染小麦产生夏孢子（图2-4）。

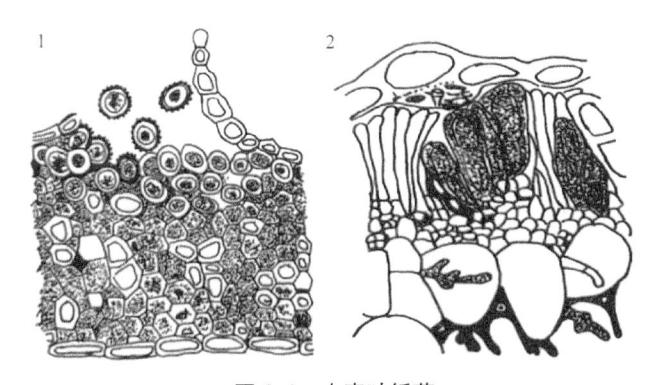

图2-4 小麦叶锈菌
1. 夏孢子堆；2. 冬孢子堆

（三）病原生物学

小麦叶锈菌对温度有一定的耐受能力，耐低温和高温。2~31℃夏孢子均可萌发，水膜条件下，15~20℃为夏孢子萌发的适温。冬孢子萌发适温是14~19℃，锈孢子萌发适温是20~22℃。

（四）病原寄主范围

小麦叶锈菌属于活体寄生菌，通常只为害小麦，特定条件下冰草属和山羊草属的一些种也可被侵染。小麦叶锈菌为全锈型转主寄生锈菌。国外研究发现，小麦叶锈菌的转主寄主有唐松草和乌头。另据报道，牛舌草属和蓝蓟属植物也是该病菌的转主寄主。在我国，小麦叶锈菌的转主寄主尚未被证实。

（五）病原生理分化

小麦叶锈菌存在明显的生理分化现象。在我国，最早鉴定出3个生理小种。2006年鉴定出79个生理小种，其中PHT和THT为优势小种。2013年鉴定出86个生理小种，其中优势小种为THTT和THTS。2017年，我国9个省份的小麦叶锈菌鉴定出52个生理小种，其中THTT和THTS为优势小种。

三、病害循环

小麦叶锈菌越夏、越冬范围广。该病菌可在我国大部分麦区收获后的自生麦苗上越夏，有的也可在春小麦上越夏，如四川地区。自生苗的病菌可为害秋播出土的冬麦苗，也可在其上进行越冬。晚播的秋麦苗，由于病菌侵入迟，病菌以菌丝体的形式潜伏于叶片组织内进行越冬（图2-5）。温度影响该病菌潜育期的长短，温度过低或过高均导致潜育期延长。25℃时，潜育期最短为5d。

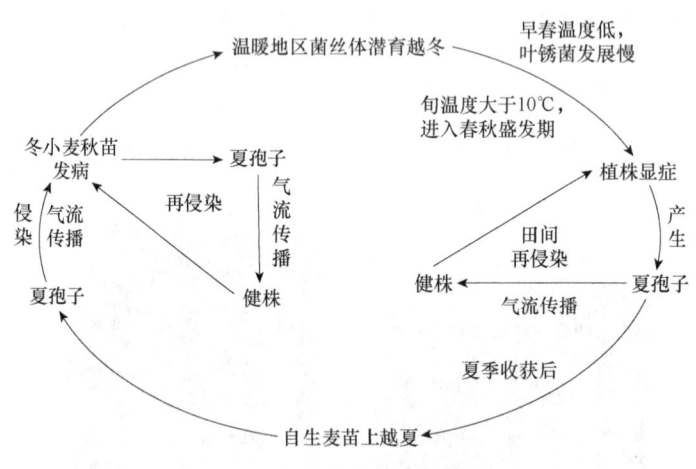

图2-5 小麦叶锈病病害循环图

田间以夏孢子为再侵染源，其以两种方式进行侵染。

（1）气孔侵入　适宜条件下，夏孢子萌发产生芽管，芽管继续沿叶片生长，直至遇到气孔，随后芽管顶部膨大，形成附着胞，附着胞产生侵入丝，侵入气孔内并形成泡囊，泡囊长出的侵染丝蔓延生长于细胞间隙，最后菌丝变态形成吸器，吸器进入寄主细胞汲取养分。6d左右侵染部位形成夏孢子堆。

（2）直接侵入　芽管顶部形成的附着胞直接侵入寄主组织。

四、发病条件

小麦叶锈病的发生与流行,主要受病菌小种种群变化、寄主的抗锈性、环境因素及栽培措施与菌源的越冬数量的影响。

(一)病菌小种种群变化

病菌小种种群变化主要指病菌生理小种群体的毒力结构的变化。据研究发现,我国贵州和云南等地的该病菌菌株毒性明显强于其他地区,且毒力谱最宽。我国小麦叶锈菌存在明显的生态地域性,种内变异导致病菌毒性强且复杂。

(二)寄主的抗锈性

寄主的抗锈性主要指小麦品种对小麦叶锈菌的抗锈性。抗叶锈病基因有 $Lr9$、$Lr19$、$Lr24$、$Lr33$ 及 $Lr38$,其中 $Lr33$ 为成株期抗叶锈基因。

(三)环境因素

在感病寄主及强毒力病菌小种同时存在的条件下,春季温度回升的早晚及降水量均是影响该病害流行的主要因素。回温早,降水量合适,该病害发生早且较重。湿度对该病害的影响发生在小麦生长的中后期。

(四)栽培措施与菌源的越冬数量

播种时期、田间种植密度、水肥管理等对该病害的发生均有影响。冬麦过早播种,病害发生越早、越重。种植密度大、氮肥的不合理使用会加重病害发生。冬季田间气温高,湿度大,有利于病菌越冬。

五、病害控制

小麦叶锈病的控制以选育和种植抗(耐)病品种为主,以加强栽培管理和化学防治为辅。

(一)选育和种植抗(耐)病品种

筛选和推广时应根据各麦区的地理位置、气候条件、病害发生情况合理利用抗(耐)病品种。注意品种的合理布局,避免抗(耐)病基因品种单一化大面积种植。根据实际情况增加品种抗(耐)病基因的丰富度,目前有100多个小麦抗叶锈病基因被发现,这些基因已被正式命名的有 $Lr9$、$Lr19$、$Lr24$、$Lr38$、$Lr45$、$Lr78$ 和 $Lr79$ 等,且具有良好的抗叶锈病的利用价值。研究发现成株期的慢锈品种有'泰山1号''平阳27''小偃6号''石特14''碧蚂4号''百农3217''烟农15''济南2号''温麦6号''晋麦2148'。

(二)加强栽培管理

田间播种密度及水肥管理要合理,合理密植,避免大水漫灌,及时排出田间多余水量,适时适量施用氮肥。及时清除田间地头的自生麦苗,减少越夏菌源。秋苗发病麦区,尽量避免早播,控制秋苗发病。

（三）化学防治

参照小麦条锈病的化学防治方法。

第三节　小麦秆锈病

小麦秆锈病（wheat stem rust）广泛分布于小麦种植地区，是一种世界范围内的小麦真菌病害。在我国历史上曾多次暴发流行，特别是在我国东北和西北的春麦区。20世纪70年代之后小麦秆锈病得到了控制，主要归因于两个方面：抗病基因的合理利用及抗病品种的合理推广与种植。另外，国外把砍伐转主寄主小檗也作为控制小麦秆锈病的措施之一。而到1999年，乌干达发现了新型小麦秆锈菌小种Ug99，它对世界范围内近30年来有效控制小麦秆锈病的基因 *Sr31* 有毒力，这是20世纪末的一次大暴发流行。迄今为止Ug99流行区域有南非、津巴布韦、莫桑比克、坦桑尼亚、卢旺达、乌干达、肯尼亚、埃塞俄比亚、苏丹、也门、厄立特里亚、埃及和伊朗13个国家，并且已发现Ug99的13个小种。2013~2014年，在埃塞俄比亚南部出现了新的小麦秆锈菌小种TKTTF，给当地的小麦产业带来重创。2016年西西里岛小麦秆锈菌新小种TTTTF暴发流行，导致数万公顷的小麦被侵染。

图2-6　小麦秆锈病症状
（Figueroa et al., 2017）

一、症状

小麦秆锈病主要发生在小麦茎秆和叶鞘部，也能为害叶片及穗部。发病部位隆起成红褐色长椭圆形的夏孢子堆（3种小麦锈病中最大）。小麦秆锈病病菌（下称小麦秆锈菌）的孢子堆具有很强的穿透力，可在同一侵染点的叶正面和叶背面同时出现。一般情况下，叶背面的孢子堆比叶正面的孢子堆大。成熟后的夏孢子堆表皮大片开裂，并像外唇状翻起，散出锈褐色的夏孢子（图2-6）。后期冬孢子堆形成，散出黑锈色冬孢子。

小麦3种锈病的症状可概括为"条锈成行叶锈乱，秆锈是个大红斑"。秆锈病和叶锈病的主要区别还在于两者孢子堆穿透叶片的情况不同：前者孢子堆穿透力较强，每一个侵入点导致叶正反两面均出现孢子堆，且叶背面孢子堆较正面的大；而后者孢子堆偶尔可穿透叶片，叶背面孢子堆小于正面。另外，在幼苗叶片上，条锈菌孢子堆有多重轮生现象，因条锈菌菌丝可由侵入点向四周扩展，生出一圈圈日龄不同的孢子堆，最外围为褪绿环；而叶锈菌的孢子堆则为多点同时侵入的同龄孢子堆。如需进一步诊断，可将夏孢子粉置于载玻片上，加一滴浓盐酸处理后在显微镜下观察，条锈菌孢子原生质收缩成数个小团，而叶锈菌孢子则收缩成一个大团。

二、病原

(一) 病原名称

小麦秆锈菌属于真菌界担子菌门柄锈菌属，禾柄锈菌小麦专化型（*Puccinia graminis* Pers. f. sp. *tritici* Eriks. et Henn.）。

(二) 病原形态及生物学特性

小麦秆锈菌在整个生活史中可以产生 5 种孢子，属于全锈型。在寄主（小麦）上产生夏、冬孢子，冬孢子萌发后产生的担孢子侵染转主寄主小檗，在其转主寄主（小檗与十大功劳）叶正面形成性孢子器，内生性孢子；对应的叶背面形成锈孢子器，内生锈孢子。锈孢子侵染寄主小麦，侵染成功后在小麦上形成夏孢子堆，成熟后散出夏孢子。

（1）性孢子（pycniospore）　由性孢子器（橙黄色、烧瓶形、埋生于叶表皮下）产生的椭圆形的性孢子，单胞。

（2）锈孢子（aeciospore）　橘黄色、球形至六角形的锈孢子链生于锈孢子器内，锈孢子器成熟后突破表皮成簇聚生，锈孢子萌发适温为 16～18℃。

（3）夏孢子（urediospore）　在显微镜下可观察到夏孢子长椭圆形、单胞、暗黄色，电子显微镜下可看到夏孢子表面有细刺，有 4 个发芽孔。夏孢子萌发适温为 18～22℃。夏孢子的萌发和侵入需要在叶表面具水滴（或水膜）或 100% 的相对湿度下进行［图 2-7（1）］。

（4）冬孢子（teliospore）　显微镜下观察到冬孢子椭圆形或长棒形，双胞，浓褐色，表面光滑，横隔处缢缩，有柄，顶壁厚（小麦 3 种锈病中小麦秆锈菌的冬孢子柄最长）［图 2-7（2）］。

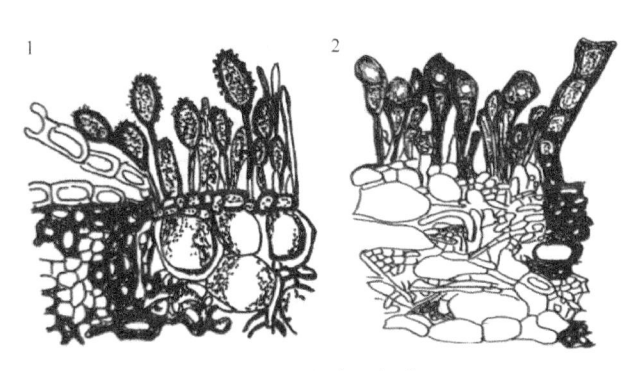

图 2-7　小麦秆锈菌
1. 夏孢子堆；2. 冬孢子堆

（5）担孢子（basidiospore）　冬孢子萌发形成先菌丝，先菌丝转化成有隔担子，担子梗上产生担孢子。

冬孢子萌发和担孢子形成的最适宜温度为 20℃。病菌只有在充足光照的条件下才能在植物上生长和发育，否则其生长和发育会受到抑制。

(三) 病原生理分化

小麦秆锈菌可通过有性杂交产生毒力变异，我国已发现转主寄主小檗上产生了有性型。小麦秆锈菌除为害小麦外，还可侵染多种禾本科植物，如黑麦、大麦、燕麦、山羊草及野生大麦等。小麦秆锈菌有明显的生理分化现象，目前我国采用复合鉴别寄主体系（国际鉴别寄主、辅助鉴别寄主及单基因系）鉴定该病菌生理小种。2008年，我国开始采用五字母命名法命名病菌生理小种。目前，21C3为我国小麦秆锈菌优势小种群。

三、病害循环

小麦秆锈病在我国主要划分为6个流行区：①小麦秆锈病易发、常发区（闽粤东南沿海及云南）；②小麦秆锈病冬麦易发区（淮南及长江中下游）；③小麦秆锈病冬麦偶发区（黄河以南和淮北）；④小麦秆锈病春麦常发区（东北平原及内蒙古乌兰察布市）；⑤小麦秆锈病春麦偶发区（内蒙古、新疆高原）；⑥小麦秆锈病冬春麦越夏偶发区（西北、西南）。

我国冬季最冷月月平均气温在10℃左右的地区（主要越冬区：东南沿海和西南局部地区；次要越冬区：长江中下游地区），小麦秆锈菌能够持续侵染，为害麦田。我国的辽东半岛及山东半岛，小麦秋苗受害，但病菌越冬率极低，仅能够为当地部分麦田发病提供少量菌源，在小麦秆锈病全国流行中的作用不大。云南、贵州、四川西部区域，由于地势复杂，海拔差距悬殊，小麦秆锈菌在该区域既能越夏又能越冬，但目前仍不清楚该地区在全国流行中的作用。

春季和夏季，越冬区菌源自南向北、向西逐步传播，经长江流域、华北平原到东北、西北、内蒙古等地的春麦区，造成全国大范围的春季、夏季流行。由于大多数地区没有或极少有本地菌源，因此外来菌源是造成春、夏两季小麦秆锈病流行的主要因素。一般情况下，田间均是大面积发生，几乎不形成发病中心。我国小麦秆锈菌在越夏区（西北、西南、东北和华北冷凉地区）的自生麦苗和晚熟冬麦上越夏，并持续侵染和蔓延。

当病菌夏孢子传播至感病寄主上，恰遇环境条件（温度和湿度）适宜时，夏孢子萌发产生芽管，沿叶片生长蔓延至气孔处，芽管顶端膨大，形成附着胞。附着胞长出侵入丝，侵入气孔，后形成泡囊，新生成的侵染菌丝沿叶肉细胞间隙蔓延，最后侵染菌丝变态为吸器，侵入寄主细胞内汲取营养。成功侵入后的菌丝，在适宜条件下，5~6d形成夏孢子堆。有的情况下，可在发病部位又生出几个小的夏孢子堆（次生孢子堆），表现出局部定植的现象。温度是影响病菌扩展的最主要因素，在最适温度22~24℃下，潜育期最短（5~6d）。

四、发病条件

小麦秆锈病的发生和流行主要受小麦秆锈菌生理小种的变化、品种的抗锈性和耕作制度与气候因素的影响。

（一）病菌生理小种的变化

所谓小麦秆锈菌生理小种的变化，可以理解为生理小种毒力谱发生改变。有性杂交、突变及异核重组，这三种途径均会产生具有新的毒力的小麦秆锈菌生理小种。其中突变与异核重组是导致我国小麦秆锈菌生理小种毒性变化的主要途径。从我国的小檗（小麦秆锈病的转主寄主）上分离并鉴定出新的小麦秆锈菌的生理小种且毒力强，说明转主寄主小檗在我国小麦秆锈菌毒力变异过程中可能起重要的作用。目前，我国尚未报道国外已出现的强毒力小种Ug99。

（二）品种的抗锈性

小麦秆锈病流行的前提条件之一是感病品种的大面积种植。目前已发现90多个抗秆锈病基因，其中 *Sr26*、*Sr31*、*Sr37*、*Sr38*、*Sr47* 和 *Tt3* 对我国小麦秆锈菌是有效的抗病基因，表现为低反应型。*Sr2* 属于慢锈型基因，*Sr6*、*Sr15* 和 *Sr17* 等属于温敏基因，如 *Sr6* 高温时感病，低温时抗病。

（三）耕作制度与气候因素

种植制度的调整，可减少初始菌源。播种时期、密度及田间的水肥管理等影响田间小气候、寄主的抗病性和秆锈病的发生。通常情况下，小麦抽穗期的温度能满足小麦秆锈菌夏孢子的萌发与侵入，所以湿度成为影响病害发生与流行的主要因素。

五、病害控制

小麦秆锈病的防治以种植抗病品种为主，并结合加强栽培管理和化学防治。

（一）种植抗病品种

最经济有效的防治小麦秆锈病的方法就是种植抗锈品种。我国科研人员一直对小麦秆锈菌小种的动态进行监测，并进行抗源筛选，推广抗锈良种。抗锈良种的推广和使用及抗锈基因的合理布局，可有效控制小麦秆锈病的大暴发。目前来看，这些抗锈品种仍能够发挥良好的抗秆锈病作用，同时有利于维持病菌小种种群稳定。此外，还应合理利用避病和耐病品种，同时注意培育多基因抗锈的优良品种。

（二）加强栽培管理

根据区域可适当调整播期，越冬区适时晚播（减少初始菌源），越夏区适时早播（减轻后期的危害）。另外，消灭自生麦苗可有效减少越夏菌源。田间合理密植，避免氮肥施用过量，合理增施磷、钾肥。

（三）化学防治

可参照小麦条锈病化学防治的相关内容。

第四节 小麦赤霉病

小麦赤霉病（wheat scab）在世界麦区均有发生，温暖潮湿的温带麦区受害严重，是一种世界性病害。在我国，小麦赤霉病曾主要发生在长江中下游麦区。20 世纪 70 年代后，该病逐渐向北扩展。20 世纪 80 年代后，该病在江淮及黄淮冬麦地区日趋严重，成为江淮、黄淮麦区的重要病害。1985 年在河南省大流行，1998 年和 2003 年在华北大流行，2012 年在陕西、河南、安徽等省份大流行，2012~2015 年，江苏省小麦赤霉病的发生面积约为 120 万 hm²/年。近年来，我国麦区约有 20%的小麦种植面积发生该病。2012 年、2016 年和 2018 年，我国小麦赤霉病的发病面积均超过 600 万 hm²。2000~2018 年因赤霉病导致我国小麦产量损失 $3.41×10^9$kg。发病田块一般减产 10%~20%，受害严重的地块减产可达 80%以上。受害的小麦籽粒干瘪皱缩并带有粉红色霉层，不仅影响小麦的产量和品质，而且病麦中含有多种引起人畜中毒（产生恶心、呕吐、腹泻和发烧等症状）的毒素，如脱氧雪腐镰孢霉烯醇（deoxynivalenol，DON）和玉米赤霉烯酮（zearalenone，ZEN）等。

一、症状

小麦赤霉病主要发生在穗期，造成穗腐，也可于苗期引起苗枯。小麦苗期至成株期均可受害，造成苗枯、茎基腐、秆腐和穗枯（腐）等症状，其中穗枯（腐）最为严重。土壤或种子带菌会引起苗枯，受害的胚芽鞘和胚根鞘出现黄褐色水渍状腐烂。发病轻者，幼苗地上部叶片发黄；严重者，幼苗死亡。幼苗出土后至籽粒成熟，均可发生茎基腐。茎基腐主要发生在茎基部，发病部位最初变成褐色，后期变软腐烂易折断。秆腐多出现在穗下第1、2节，旗叶叶鞘发病出现水渍状褪绿斑，扩展为淡褐色不规则状病斑，造成枯黄穗。小麦扬花期后出现穗腐，一至多个小穗发病。初期被害小穗基部、颖壳出现淡褐色水渍状病斑，可沿穗轴上下扩展至其他小穗。湿度大时，颖壳合缝处生出粉红色霉层（分生孢子梗、分生孢子），后期发病部位产生黑色子囊壳（颗粒状）。病害蔓延至穗轴内部，导致穗轴坏死，发病部位以上的小穗早枯。籽粒受害后干瘪皱缩，有粉红色霉层（图2-8）。

图 2-8 小麦赤霉病症状

二、病原

（一）病原名称

小麦赤霉病病原无性态为真菌界无性菌类禾谷镰孢（*Fusarium graminearum* Schw），有性态为真菌界子囊菌门赤霉属玉蜀黍赤霉[*Gibberella zeae*（Schw.）Petch.]。除禾谷镰孢外，亚洲镰孢（*Fusarium asiaticum*）、燕麦镰孢[*Fusarium avenaceum*（Fr.）Sacc.]和黄色镰孢[*Fusarium culmorum*（W. G. Smith）Sacc.]等多种镰孢菌，均可引起小麦赤霉病的发生。

（二）病原形态

禾谷镰孢可产生小型和大型的分生孢子，产生于分生孢子座内的瓶梗上。大型分生孢子顶钝，稍弯，多为镰刀形，基部足胞明显，一般有3~6个隔膜，少数存在1~2个或6~9个隔膜，单个孢子无色，孢子聚集时呈粉红色。小型分生孢子单胞，椭圆形至卵圆形，一般很少产生。子囊壳散生或聚生于病组织表面，深蓝至紫黑色，球形或近球形，表面光滑，顶端有瘤状突起的孔口。子囊两端细，无色，棍棒状，内生8个子囊孢子。子囊孢子无色，纺锤形，稍弯，大多有3个隔膜（图2-9）。

（三）病原生物学

禾谷镰孢的菌丝生长温度为3~35℃，适温22~28℃。产生分生孢子适温24~28℃，

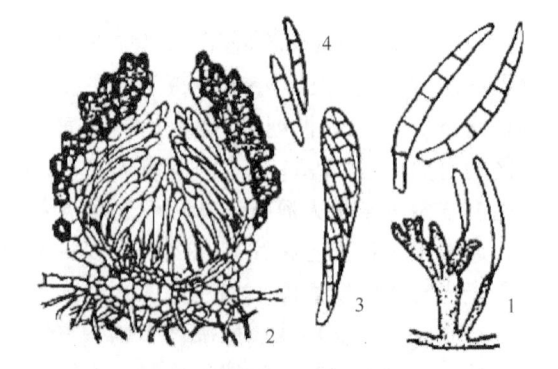

图 2-9 小麦赤霉病病菌（董金皋等，2015）
1. 分生孢子梗及分生孢子；2. 子囊壳；

萌发温度 4~37℃，适温 28℃。子囊壳形成温度 5~35℃，适温 15~20℃。子囊和子囊孢子形成温度 12~30℃，适温 25~28℃。子囊孢子萌发温度 4~35℃，适温 25~30℃。

子囊壳的形成需要光照和基质湿润，子囊壳形成与发育的基本条件是基质湿润。温度达标，同时田间湿度（表土层湿度）达到 70%~80%，子囊壳和子囊孢子很快产生于田间湿润的基质上。相对湿度达到 99%以上满足子囊孢子释放的要求，相对湿度在 96%以上满足分生孢子萌发的需求。

（四）病原寄主范围

禾谷镰孢不仅为害小麦，还侵染大麦、黑麦、燕麦、玉米、水稻、狗尾草等多种禾本科植物。同时，该病菌还能侵染棉花、大豆、茄子、甜菜等作物。

（五）病原生理分化

病菌存在生理分化，菌株间致病力有差异，分强、中、弱三种。又因致病力不稳定，所以不能区分明显的生理小种。

三、病害循环

小麦赤霉病病菌具有很强的腐生能力，收获后，可在寄主的病残体上存活，并以子囊壳、菌丝体在寄主上越冬。此外，土壤和种子也是病菌重要的越冬场所，下一个生长季的主要侵染源来自病残体上的子囊孢子和分生孢子。造成苗枯的主要原因是种子带菌，茎基腐的发生程度取决于土壤带菌量。

小麦抽穗后至扬花末期最易被侵染。花药可被病菌侵染，也可经过颖片内侧壁和小穗基部直接侵入，花药中含有的甜菜碱（betaine）和胆碱（choline）可刺激菌丝生长。子囊孢子借雨水、气流传播到小穗上，在适宜条件下萌发，菌丝侵入小穗内，以花药残骸等为营养，继续生长、繁殖和扩展，后期侵染至胚和胚乳，小穗枯萎，3~5d 显症。菌丝可水平向相邻小穗扩展，也可垂直向穗轴扩展，导致被侵染部位的上部白枯，穗轴黑褐坏死。发病组织在潮湿条件下产生粉色分生孢子，借雨水、气流传播，发生再侵染。

该病害属于多循环病害，但因为病菌侵染受到气候条件、侵染方式和侵染时期等因素影响，穗期分生孢子可发生再侵染，但次数有限，因此在当季流行中所起作用不大。在一些小麦成熟期不同的麦区，早熟的小麦的病穗，可为晚播（扬花期）和晚熟小麦的侵染提供菌源。花期的初侵染量及子囊孢子的再侵染能够决定病穗形成穗枯的程度（图 2-10）。

四、发病条件

小麦赤霉病的发生和流行，同栽培措施与收获期管理、气候条件、菌源数量、生育期、品种抗病性等有密切联系。

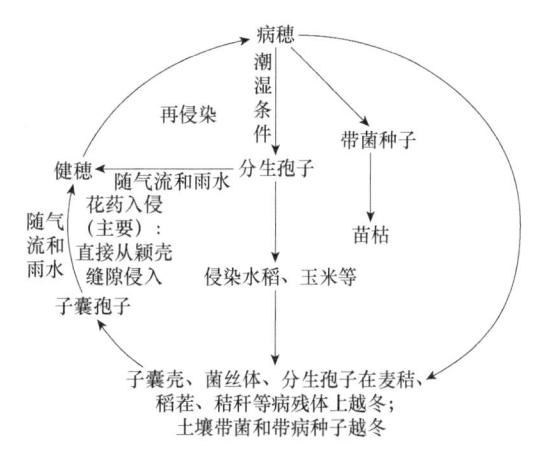

图 2-10 小麦赤霉病病害循环图

（一）栽培措施与收获期管理

扬花期田间过量灌水、氮肥施用过量、种植密度大等因素，会造成田间湿度大，植株贪青，通气透光性不好，植株晚熟，病害发生严重。低洼、排水不良的地势条件，可加重病情。另外，秸秆还田导致田间病残体增多，初始侵染源含量增加，发病概率大，病情加重。因降雨未能及时收割成熟的麦田，病害仍然持续发生。若收割后遇阴雨天气，未及时脱粒，病害在麦垛中持续发展，最终形成霉垛，或脱粒后未及时铺开晾干，会造成籽粒形成霉堆。

（二）气候条件

气候因素对小麦赤霉病前期接种体在田间基质上的产生和后期病菌的侵入、潜育及发病有显著影响。病害流行强弱受气温的影响不大，造成病害流行的主导因素是抽穗扬花期的相对湿度、降水次数、降水时长和降水量。小麦抽穗扬花期，正常情况下，温度可达到病菌生长和侵入的温度，相对湿度大利于病菌的侵入、繁殖和扩展。因此扬花期阴天多雨（日照时间短、降水量多、降雨时间长等）的气候条件，易造成病害的大发生。抽穗期露多、雾多及过量灌水，均会导致穗期田间相对湿度过高，有助于病害的发生。

（三）菌源数量

越冬菌源量和孢子萌发释放的时间与田间病害发生程度密切相关。田间初始侵染菌源量的增加加重田间病害发生程度。菌源量大的重茬地块和靠近菌源的麦田，病害发生严重，这表明菌源在田间地面存在中心效应。抽穗前，孢子萌发，为病菌在穗期的侵染提供菌源。土壤带菌与茎基部发病相关，种子带菌与烂种和苗枯的发生相关。苗期发病的主要原因是种子带菌且未对种子进行消毒处理或者种子自身大量带菌，导致播种后烂种率和病苗增加。病害发生大流行的年份，一般会发生空中孢子出现早且数量多的情况。

（四）生育期

从品种生育期影响病害发生的角度而言，虽然整个穗期均可被侵染，但同一品种不同生育期，病菌的侵入难易程度是不同的。穗期均可被侵染，扬花期最易被病菌侵染，抽穗后至乳熟期，最后至蜡熟期，病菌侵染能力逐渐下降。开花前和落花后不易被侵染，开花期最易被侵染。

（五）品种抗病性

目前，对小麦赤霉病免疫和高抗的小麦品种尚未被发现。前期研究表明，抗病菌扩展的小麦品种，如'生抗1号''苏麦3号''扬麦4号'等，可在小麦显症后抑制病菌的扩展，控制病害发展的范围（病害局限于受害小穗及周围），降低病情。相比之下，病菌在感病品种内扩展快，通常在显症后，小穗枯死，严重时全穗枯死。

五、病害控制

小麦赤霉病的防治以农业防治为主，并结合化学防治、生物防治及抗病品种推广和选育。

（一）农业防治

在保证田间产量的前提下，控制种植密度，合理密植，提高田间通气性。适时早播，避开病菌侵入最佳期。扬花期后，控制田间灌水量，注意田间及时排水，降低田间相对湿度。合理施用氮肥，适量增施磷肥和钾肥，提高植株抗倒伏的能力。及时收割和脱粒，并晒干籽粒，减少因潮湿（湿度大）而造成的籽粒霉变。收获后，及时清除田间的病残体，采用毁茬翻耕，以加速田间病残体腐烂，减少初始菌源。

（二）化学防治

播种前对种子进行消毒（拌种或包衣），可有效减少播种后的烂种和苗枯。可用苯醚甲环唑进行包衣，四冠（芸薹素内酯＋苯醚甲环唑＋噻虫嗪＋咯菌腈）进行包衣拌种，50%多菌灵（WP）进行拌种。根据小麦生育期适时喷药，做好小麦抽穗扬花期的药剂防护。可在小麦齐穗期、扬花期各施药一次，施药时间间隔7d，可选用以下药剂进行防控：15%丙硫唑·戊唑醇（SC）使用量为750mL/hm^2，40%咪铜氟环唑（SC）使用量为900mL/hm^2，20%氟唑菌酰羟胺（SC）900mL/hm^2＋25%丙环唑（EC）600mL/hm^2，48%氰烯·戊唑醇（SC）750mL/hm^2。

（三）生物防治

研究发现，枯草芽孢杆菌可产生抗菌肽，对病菌具有很好的抑制效果。解淀粉芽孢杆菌产生的环肽作用于镰孢菌，可减少赤霉病的发生。酿酒酵母和隐球酵母可与镰孢菌竞争空间、营养，从而抑制镰孢菌的生长，减少病害发生。同时木霉菌、链霉菌也对镰孢菌具有抑制作用。另外有研究报道，多黏芽孢杆菌（菌株1-8-b和W1-14-3C）能够抑制镰孢菌生长，减少DON毒素的生成。

（四）抗病品种推广和选育

在我国，小麦赤霉病抗源主要分为两大类：①小麦近缘属中发掘抗病资源，如山羊草属、偃麦草属、鹅观草属和赖草属等；②早期的地方品种和改良品种，如'海盐种''望水白''武汉1号''苏麦3号'等。利用和推广抗病品种时，必须考虑到该品种的农艺性状。有研究报道'苏麦3号'对小麦赤霉病高抗，但是农艺性状欠佳。根据各地实际情况，推广耐病（中抗）品种，如'扬麦11''宁麦9号''郑麦991''皖麦606''济麦1号''宁麦27''宁麦1529''宁麦17396''宁麦17108''宁麦17110''镇麦13322''镇麦13''镇麦12'等。

◆ 第五节　小麦黑穗病

小麦黑穗病（wheat smut）包括小麦散黑穗病（loose smut of wheat）、小麦腥黑穗病（stinking bunt of wheat）和小麦秆黑粉病（wheat flag smut），是由真菌引起的小麦重要病害。20世纪50年代初期，我国小麦黑穗病的发生十分严重，发病率在8%～10%，严重时高达70%，并在20世纪50年代末得到控制。

小麦散黑穗病俗称黑疸、乌麦、灰包、火烟包等，分布范围广，普遍发生于世界各个麦区。各地区发病程度不一样，一般来说发病较轻，我国长江流域、东北地区较华北和西北麦区发病重，发病率为1%～5%。

小麦腥黑穗病俗称鬼麦、臭麦等，世界麦区均有发生。小麦腥黑穗病包括以下三种：小麦普通腥黑穗病、小麦矮腥黑穗病和小麦印度腥黑穗病。我国主要的小麦腥黑穗病是小麦普通腥黑穗病（小麦网腥黑穗病和小麦光腥黑穗病）。其中，网腥黑穗病主要分布在华中、西南和东北，光腥黑穗病主要分布在西北和华北。小麦腥黑穗病造成小麦减产 10%～20%。被病菌侵染的小麦籽粒，加工成的面粉有鱼腥味，严重降低了小麦品质。同时，因病菌孢子含三甲胺等有毒物质，带病籽粒作为饲料喂养畜禽，可造成畜禽中毒。目前，我国暂无小麦矮腥黑穗病和小麦印度腥黑穗病的发生，这两者是我国重要的进境植物检疫对象。

小麦秆黑粉病又称铁条麦，在我国黄淮海冬麦区曾普遍发生，其中山东、河南等省发病较重。20 世纪 50 年代后，由于防治得当，除个别地区外，该病害基本得到控制。但 20 世纪 70 年代后，在河南省部分麦区地块，该病害又有一定程度回升。

一、症状

（一）小麦散黑穗病

小麦散黑穗病主要发生在穗部，偶发于茎、叶部。孕穗前症状不明显，病株较健株矮，且病株抽穗一般早于健株。初期，感病小穗被一层灰色薄膜包被，薄膜内充满黑粉（冬孢子也称厚垣孢子）。成熟后薄膜破裂，散露出黑色粉末状的冬孢子（厚垣孢子）。黑粉随风飞散，留下穗轴，立于田间（图 2-11）。

（二）小麦腥黑穗病

小麦普通腥黑穗病包括小麦网腥黑穗病和小麦光腥黑穗病，两者症状相似，主要在穗部表现症状。病株矮化，分蘖增多，因品种不同，矮化及分蘖情况也存在差异。病穗颜色深于健穗，初为灰绿色，后变灰白色。病穗短且直，发病小穗排列稀疏、不整齐，有芒品种麦芒弯而短且易脱落。后期病小穗颖片张开，露出初为暗绿色，后为灰白色的菌瘿，菌瘿外包被一层灰白色薄膜，薄膜易破裂，散出黑色粉末（冬孢子也称厚垣孢子）。

图 2-11 小麦散黑穗病症状

（三）小麦秆黑粉病

小麦秆黑粉病主要为害小麦茎秆、叶鞘和叶片，颖壳和种子上也可能发生，发生情况极为少见。苗期开始发病，拔节期后症状最明显。初期，发病部位出现淡灰色条纹状病斑，条纹状病斑逐渐发展隆起，变为灰黑色，随发病组织成熟，表皮破裂，散露出黑色粉末（冬孢子）。病株分蘖增多，明显矮小，茎叶扭曲，病穗畸形扭曲在叶鞘内，很难抽出，多不结实，严重时抽穗前全株枯死。

二、病原

（一）小麦散黑穗病

小麦散黑穗病病原属于真菌界担子菌门黑粉菌属，小麦散黑粉菌 [*Ustilago tritici*（Jens.）

Rostr.]。病株麦穗上散出的黑粉为冬孢子，也称厚垣孢子。冬孢子卵形或球形，浅黄色至褐色，一半颜色深，一半颜色浅，表面有细刺，直径为 5~9μm。冬孢子萌发时，颜色浅的一半产生先菌丝，先菌丝分隔成 4 个细胞，细胞分别长出单核菌丝，单核菌丝不产生担孢子，单核菌丝融合为双核菌丝体后具有侵染能力。成熟后的冬孢子萌发的最适温度在 20~25℃，低于 5℃或高于 35℃均不利于冬孢子的萌发。菌丝生长的适温为 24~30℃，低于 6℃或高于 34℃均不利于菌丝生长。

（二）小麦腥黑穗病

小麦普通腥黑穗病病原属于真菌界担子菌门腥黑粉菌属，小麦网腥黑穗病和小麦光腥黑穗病的病原分别为网腥黑粉菌 [*Tilletia caries*（DC.）Tul.] 和光腥黑粉菌 [*Tilletia foetida*（Waijr）Liro.]。网腥黑粉菌的冬孢子多为球形，褐色至黄褐色，表面有网纹。光腥黑粉菌的冬孢子卵圆形、椭圆形和圆形，略呈球形，褐色，表面光滑，且无网纹。

黑粉菌的冬孢子在水中可萌发，在含有营养物质的溶液中更容易萌发，如 0.05%~0.75% 的硝酸钾溶液。光照有利于冬孢子萌发，冬孢子萌发需要氧气。pH＜5 时，冬孢子不萌发。低温利于冬孢子萌发，冬孢子萌发适温在 10~20℃，低于 0℃或高于 29℃，均不利于冬孢子萌发。幼嫩的冬孢子为双核，成熟后为二倍体单核。冬孢子萌发时，先产生粗短的先菌丝（不分隔的管状担子），顶端产生 4~20 个单核的、成束的、长柱形担孢子，通常生出 8~16 个担孢子。担子上不同交配型的担孢子结合成 H 状双核体，双核体萌发成较细的双核侵入丝。双核体上可再产生肾形双核次生担孢子，双核次生担孢子萌发产生双核侵入丝。

病菌有生理分化现象，不同交配型的担孢子间的结合可形成新的生理小种。目前已知我国网腥黑粉菌有 T_1、T_2、T_3、T_4 4 个生理小种；光腥黑粉菌有 L_1、L_2、L_3、L_4、L_5、L_6 6 个生理小种。寄主有小麦、黑麦及多种禾本科杂草。

（三）小麦秆黑粉病

小麦秆黑粉病病原属于真菌界担子菌门条黑粉菌属，小麦条黑粉菌（*Urocystis tritici* Körn.）。冬孢子球形，深褐色，单胞。冬孢子外围由若干无色至褐色的不孕细胞组成椭圆形至圆形的冬孢子团，大小为（18~35）μm×（35~40）μm。冬孢子团中除不孕细胞外皆可萌发。萌发时，冬孢子产生圆柱状无色透明的先菌丝，先菌丝长 30~110μm，先菌丝经由不孕细胞伸出孢子团外。先菌丝顶端生 3~4 个长棒状，顶端尖而微弯的担孢子，担孢子长 25~27μm。冬孢子萌发需要经过后熟阶段：先在 30~34℃条件下光照处理 36h，打破休眠后，再用土壤浸液 72h，后加入植物浸液刺激冬孢子萌发。萌发的适温为 19~21℃。干燥的土壤中冬孢子可存活 3~5 年。

三、病害循环

（一）小麦散黑穗病

小麦散黑穗病是系统侵染病害，病菌由花器侵入，1 年只侵染 1 次。冬孢子在田间存活时间短（几个星期），病菌以休眠菌丝在种子内越冬越夏，种子是唯一侵染源。

扬花前 1~2d 或扬花授粉时是病菌侵入的最佳时期。田间冬孢子主要借气流（风力）

传播，落在柱头、花柱、子房壁上，24h 内萌发，产生先菌丝及单核菌丝，单核菌丝融合成具有侵染性的双核菌丝，在子房下部或籽粒的顶端冠基部，穿透子房壁表皮直接侵入，侵入表皮细胞层内，穿透果皮至珠被，再穿过珠被侵入珠心，进入籽粒基部，潜伏在胚部。侵入至最后潜伏的整个过程约 18d。籽粒成熟时，菌丝以休眠菌丝体（厚壁休眠菌丝）潜伏在种胚里，完成越冬，作为下一个生长季的侵染源。

籽粒背部侵入的病菌，从种皮—珠心—糊粉层侵入抵达盾片，再进入胚的分生组织。带病种子播种萌发后，潜伏在种胚里的菌丝随着麦苗生长而扩展，并延伸到生长点，菌丝伴随植株的生长而伸展，形成系统侵染。孕穗期到达穗部，菌丝继续在小穗内生长发育，经过一定时期后形成冬孢子，成熟后破皮散出黑色粉末状冬孢子，随气流（风力）传播到健株穗部花器上，并萌发侵入（图 2-12）。

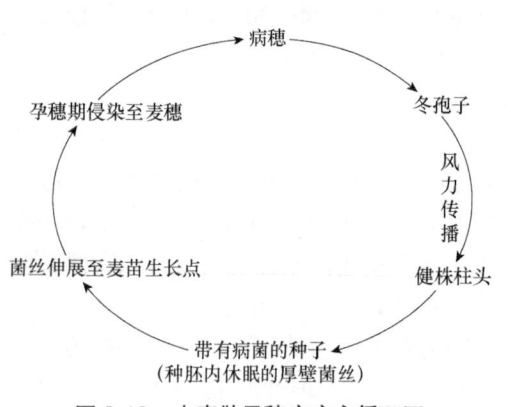

图 2-12 小麦散黑穗病病害循环图

（二）小麦腥黑穗病

小麦腥黑穗病是系统侵染单循环病害，1 个生长季只侵染 1 次。种子发芽后，冬孢子萌发产生的双核侵入菌丝，从幼苗胚芽鞘侵入，到达生长点，菌丝随植株生长而蔓延。孕穗期，菌丝侵入幼穗子房，进而发育产生冬孢子，破坏花器，受害小穗变菌瘿。

病菌的侵染来源包括种子带菌、粪肥带菌和土壤带菌。其中，种子带菌是主要传播途径，也是该病害远距离传播的途径。小麦收获时，菌瘿混入种子，或病粒被碾碎后散出冬孢子，附着在种子表面，皆可使种子带菌，成为染病来源。带菌的碎麦秆、麦糠等混入肥料，带菌的麦秆和种子作为饲料喂养家禽和牲畜，冬孢子经过消化道后没有死亡，其粪便作为粪肥，粪肥带菌成为侵染源。田间病粒散落在土壤中，或冬孢子飞散在土壤中，则土壤可成为侵染源（图 2-13）。

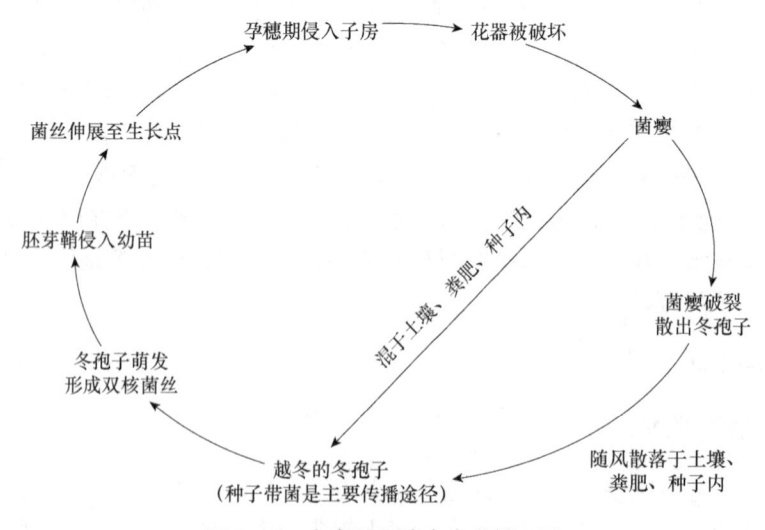

图 2-13 小麦腥黑穗病病害循环图

（三）小麦秆黑粉病

小麦秆黑粉病是系统性侵染病害，1年侵染1次。土壤中越冬的冬孢子，适宜温度、湿度等条件下萌发后，从幼苗胚芽鞘侵入，进入生长点，进行系统侵染。土壤带菌、种子带菌和带菌粪肥均可传播该病，其中以土壤带菌传播为主，可随带菌的种子进行远距离传播（图2-14）。

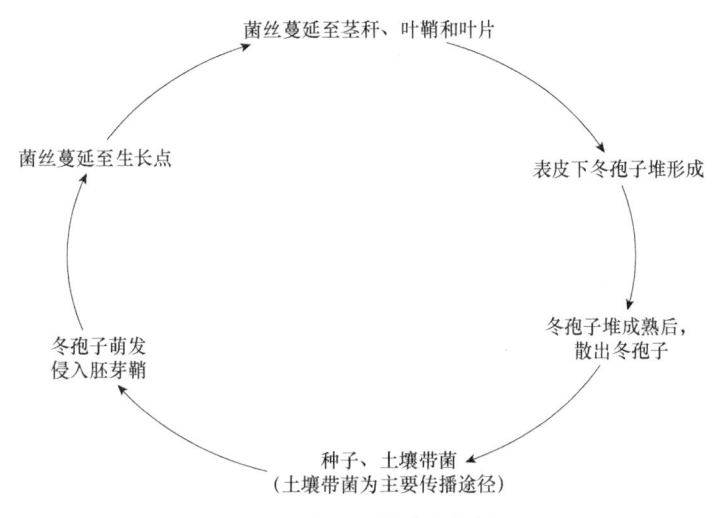

图2-14 小麦秆黑粉病病害循环图

四、发病条件

（一）小麦散黑穗病

小麦散黑穗病病菌在上一年花期的侵入率，直接影响当年小麦散黑穗病的发病率。上一年小麦扬花、抽穗期的气候条件和病菌积累量与病害发生密切相关。人工接种实验表明，相对湿度在11%～30%，发病率约为20%，湿度大（相对湿度56%～85%）的条件下，发病率可达90%以上。

小麦扬花期，遇温度高、相对湿度大（多雾、细雨、连续阴天）、微风的环境，利于冬孢子的萌发与侵入，导致种子带菌率高；若扬花期天气干旱，冬孢子萌发受阻，则种子带菌率低。扬花期遇有暴风雨，冬孢子被淋于地下土中，因在土壤中存活期短，所以不利传播，病害发生轻。抽穗后，气温已满足病菌生理活动的适温，所以相对湿度是影响该病发生的主要因素，相对湿度大，发病重；反之，病害发生轻。

（二）小麦腥黑穗病

小麦腥黑穗病病菌在幼苗出土前侵入，因此影响小麦幼苗出土的因素（土壤温度、土壤墒情、土壤通气条件等）均可影响病害发生，其中，土壤温度和土壤墒情是最主要的因素。小麦发育的适温为16～20℃（春小麦）或12～16℃（冬小麦）。温度在5～20℃时，病菌可侵入小麦幼苗，但适温为9～12℃。土壤湿度在20%～80%时，病菌可发生侵染，但最适湿度为40%左右。因此，温度在9～12℃，土壤含水量40%左右，适合孢子萌发与侵染。冬孢子萌发需要水分和氧气，土壤中过于干燥（水分不足）或湿度过大（氧气不足），均不利于冬孢子的萌发。

播种时温度低，不利于种子萌发及幼苗生长，幼苗出土时间被延长，病菌侵染概率增加，病害发生重。地势、土壤类型、播种期和播种深度与该病害的发生密切相关。地势发病程度：高山麦区＞浅山丘陵区＞川道区；阴坡地＞阳坡地。黏土和富含腐殖质的土壤利于病菌侵染，酸性土壤不利于冬孢子萌发。早播春小麦和晚播冬小麦，因温度低，延缓幼苗出土，病菌侵染期延长，所以病害发生重。播种较深、覆土过厚，麦苗出土时间长，病菌侵染机会增加，病害发生加重。

有研究发现，光照可影响小麦腥黑穗病的病情。增加光照时间，可以使小麦网腥黑穗病病菌的冬孢子萌发率增加，也能影响被侵染麦苗的病情。当光照时间从每日8h延长至24h，'马奎斯'和'希望'的发病率分别从2%和1%上升至33%和64%。在自然光照条件下，'坎纳斯'对小麦网腥黑穗病病菌的5个小种和小麦光腥黑穗病病菌的3个小种都具有抗病力，但光照时长延至24h后，'坎纳斯'对这8个小种表现为感病。

（三）小麦秆黑粉病

小麦秆黑粉病的发生与小麦发芽期时的土壤温度密切相关。病菌在土壤温度9～26℃时都可以侵染幼苗，但最适温在14～21℃。发病程度为连作麦田＞轮作麦田。另外，土壤干旱、墒情不好、施用带菌肥料都有利于病害发生。

五、病害控制

（一）小麦散黑穗病

小麦散黑穗病的防治应以种子处理、选育抗病良种为主，同时辅以农业防治。

1. 种子处理

（1）物理消毒

1）生理杀菌处理：30～35kg麦种/0.5kg生石灰兑水100kg，麦种厚度约0.6m，以水面比麦种厚度高约0.1m为宜。浸种时严禁搅拌，因为石灰水浸种时，水表面有水膜形成，可隔绝空气。无氧条件下种子产生乙酸或乙醛，可杀死种子内部潜伏的菌丝体。在此过程中石灰水起的作用仅是隔绝空气和防腐。石灰水浸种通常在夏季高温时进行，因为浸种的时长与温度有关。水温在10～15℃（浸种约7d）、15～19℃（浸种4～5d）、20～24℃（浸种3～4d）、25～29℃（浸种2～3d）、30～34℃（浸种1.5～2.0d）、35℃以上（浸种约1d）。石灰水浸种，具有安全、有效、经济和易行等优势，因此，不少麦区仍采用此法浸种。

2）温汤浸种：包括恒温和变温浸种处理。①恒温浸种处理：先在44～46℃水中浸种3h，再捞出冷却、晾干后备用。此方法操作简单、安全，防治效果良好，种子发病率可降到0.5%以下，可用于大面积处理。②变温浸种处理：先冷水预浸种4～6h，可使菌丝萌动。再49℃水温浸种1min，最后52～54℃水温浸种10min。变温浸种操作相对而言较为烦琐，需严格控温，但防治效果较好。

3）冷浸日晒处理法：南方常用此法。当地7～8月，首先冷水浸种5h，然后烈日下摊开暴晒（11时至15时即可）。但需要注意，温度在50℃以上（尤其超过55℃）可能会造成小麦发芽率下降。

（2）药剂消毒处理　　可用80g 5%烯唑醇（WP）/100kg麦种、100～150g 20%三唑酮（EC）/100kg麦种、25～100g 50%多菌灵（WP）/100kg麦种等方法拌种。需要注意的是为防止药害的产生，需要严格控制烯唑醇和三唑酮的使用量。同时为保证防治效果，拌种要均匀。烯唑醇建议用干拌法（防止药害发生），三唑酮等建议采用湿拌法。药剂使用量按种子重量的2%配成药液，均匀喷洒种子，应晾干后再进行播种。

发病重的田块可选用药剂进行土壤处理再结合药剂拌种，可选用70%甲基托布津（WP），使用量为1.0～1.5kg/667m² 细干土混拌均匀，制成毒土后均匀撒入田间地表，深耕播种。80%戊唑醇（WP）、5%己唑醇（ME）与种子的使用量比为1∶500（药与种子的质量比），拌种后，对散黑穗病的防治具有良好的效果，并有一定的增产作用。

2. 选育抗病良种 小麦散黑穗病的抗源材料丰富，病菌变异速度较慢，有利于选育抗病良种。'绵阳19'和'川育8号'等品种的病穗率低，较为抗病。

3. 农业防治 小麦抽穗后及时拔除田间病株。无病留种田的建立应与其他大田保持至少100m的距离。

（二）小麦腥黑穗病

小麦腥黑穗病的防治以种子处理为主，加强检疫，结合农业防治，选育和推广抗病品种。

1. 加强检疫 小麦腥黑穗病中的矮腥黑穗病病菌和印度腥黑穗病病菌是我国进境检疫性真菌，因此要加强检疫工作，严防病菌随原粮或种子传入我国。我国部分省份将小麦网腥黑穗病病菌和小麦光腥黑穗病病菌列为检疫性真菌，禁止疫区种子调出，严防带菌种子传入。

2. 种子处理 15%三唑醇、25%三唑酮、50%拌种双和50%多菌灵（WP），按科学剂量拌种，拌种时注意控制拌种双和三唑酮的使用剂量，严防产生药害。在以粪肥和土壤为主要传播途径的地区，可将药土与种子混播。

3. 农业防治 建立无病留种田，繁育无病种子。冬麦不晚播，春麦不早播，播种深度不宜过深，覆土不宜过厚，播种时选用硫酸铵（225kg 硫酸铵掺5倍细土/hm²），可加快幼苗出土，减轻病害发生。后期科学施用氮、磷、钾肥，达到健壮麦苗的目的，可提高自身抗病能力，减轻病情。以粪肥、土壤为主的传播地区，应及时清除田间病株及病残体，不用麦秆、麦糠等沤肥，防止肥料带菌。与非寄主作物进行轮作等对防病均有一定效果。

4. 选育和推广抗病品种 '合作1号''玉皮''偃师9号'的使用，有效控制了腥黑穗病的危害。'PL178383'可作杂交亲本，因其含有3个 *Bt* 基因，可高抗腥黑穗病。

（三）小麦秆黑粉病

可参照小麦腥黑穗病的防治方法。'郑麦366''周麦22''西农979'可抗秆黑粉病。

◆ 第六节 小麦根腐病

小麦根腐病（wheat common root rot）广泛分布于世界各地，是一种世界性病害。主要在我国北方麦区、东北和西北的春麦区发生较重，而且其病菌寄主范围较广。病害发生严重时可造成叶早枯，籽粒变瘪、小，千粒重下降，结籽率降低。带病种子比率高，影响发芽率，导致幼根腐烂，最终影响出苗率。发病轻的田块减产10%～30%，发病严重的田块减产30%～70%。

一、症状

小麦根腐病在小麦整个生育期均可发生，可为害小麦根、茎基部、叶鞘、叶、穗部及种子。典型的症状为：被病菌侵染的初生根、次生根和茎基部出现黑褐色病斑，根冠变褐，病株纤细、黄化、分蘖减少、穗小。气候因素可影响病害症状，根腐症状多发生在干旱或半干旱地区；除根腐症状外，叶枯、穗枯和黑胚等症状多发于潮湿地区。

病菌侵染严重的种子，种子不发芽或发芽后胚芽鞘即变褐腐烂。病轻的种子，虽可出苗，但根系发育不良，根、茎基部出现黑褐色病斑，造成根部腐烂，幼苗叶黄绿，长势衰弱，形成苗枯。

病菌侵染叶片后，初期，被侵染的叶片出现褐色梭形小斑，随后病斑逐渐扩大成长纺锤形或不规则形；后期，病斑中心黄色，周围有黄色晕圈，外围淡褐色。叶鞘上病斑黄褐色，且较大。湿度大时，病斑上长出黑色霉状物（分生孢子梗、分生孢子），严重时叶片提早枯死，形成叶枯。

灌浆期开始出现根腐及白穗，根部及茎基部变褐腐烂，茎基部易折断而枯死，湿度大时，发病部位长出黑色霉状物（分生孢子梗、分生孢子）。发病严重时整株枯死呈灰青色，并形成白穗，不结籽或籽粒受害呈皱缩干瘪状。病株根部根冠变褐色，主根和根毛表皮脱落。

病菌侵染籽粒后，在种皮上形成梭形或长条形病斑，病斑中部浅褐色，边缘黑褐色，但也有不规则形病斑。受害严重时，籽粒出现黑胚症状。

二、病原

（一）病原名称

小麦根腐病的病原无性态为真菌界无性菌类双极孺孢属，麦根腐双极孺孢［*Bipolaris sorokiniana*（Sacc.）Shoemaker］，有性态为真菌界子囊菌门旋孢腔菌［*Cochliobolus sativus*（Ito et Kuri.）Drechsler ex Dastur］。

（二）病原形态及生物学特性

病菌在 PDA 培养基上为深褐色菌落，白色气生菌丝，生长旺盛。褐色的分生孢子梗基部膨大，直立或屈膝状，丛生于叶片两面（主要在叶正面）。分生孢子暗褐色，椭圆形或梭形，有隔膜（3~12 个），脐点平截。假囊壳球形，有喙和孔口。子囊无色，内有子囊孢子（4~8 个），子囊孢子线形，无色至淡褐色，有隔膜。菌丝体生长最适的温度为 24~28℃，低于 0℃或高于 39℃均抑制菌丝生长。在温度 24℃，相对湿度 98%或水滴条件下，分生孢子才能萌发。分生孢子萌发不受光照的影响，且酸性条件不利于分生孢子萌发。在人工培养条件下，硝态氮利于产孢，铵态氮利于菌丝生长。

小麦根腐病病菌为害多种禾本科作物及杂草，如小麦、黑麦、大麦、燕麦、狗尾草等，也侵染非禾本科植物。该病菌具有生理分化现象，不同生理小种对各寄主的致病力不同，并且对苗期和成株期致病力也有差异。

三、病害循环

小麦根腐病病菌以菌丝体潜伏于种子内外和病残体上越冬，或以分生孢子在病残体和土壤里越冬。若病残体腐烂分解，体内菌丝体也随之消亡。田间病残体上的病菌和种子带菌均为该病害苗期侵染源。其中，种子内部带菌是主要的侵染源。小麦抽穗后，分生孢子从小穗颖壳基部侵入，造成颖壳变褐枯死。颖片上的菌丝可以蔓延侵染种子，种子带菌（外皮出现病斑或形成黑胚粒）。气温回升达到16℃以上时，病残体及病组织的菌丝体上产生分生孢子，可随农事操作、风雨传播，在适宜的气候条件（温度、湿度）下，直接侵入寄主，分生孢子萌发产生芽管与叶面接触，接触后芽管顶端膨大成球形附着胞，附着胞穿透叶角质层侵入叶片，或芽管通过伤口和气孔不形成附着胞直接侵入寄主。病害在25℃的潜育期为5d。气候条件适合，病斑上产生分生孢子梗和分生孢子，整个生长季可进行多次再侵染（图2-15）。

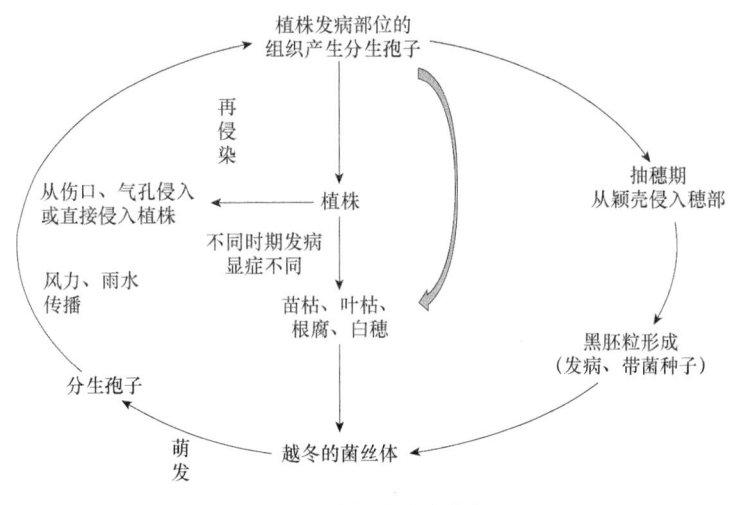

图2-15 小麦根腐病病害循环图

四、发病条件

小麦根腐病发病程度与耕作制度和栽培措施、气候条件、土壤条件、种子带菌量及寄主抗病性等多种因素有关。

（一）耕作制度和栽培措施

单一的栽培模式和连作，会造成菌量的田间积累，加重发病。种植密度过大、田间湿度增加，有利于病害发生。偏施氮肥或过度追肥，植株贪长，会降低植株自身抗病能力。冬麦过迟播种，春麦早播，播种深度过深，可导致出苗慢，病害发生加重。

（二）气候条件

苗期遇低温，幼苗受冻，导致幼苗抗病能力降低，病害加重。成株期旬平均气温达到18℃，叶枯病情指数急剧上升。小麦开花期至乳熟期，旬平均相对湿度达到80%以上，同时伴有高温，有利于病情发展，但干旱天气又会使植株根部长势弱，这也会造成病情加重。穗期，温暖且多雾、多雨的湿热天气，易引起植株枯白穗和黑胚粒。

（三）土壤条件

土壤湿度影响根腐病的发生。土壤内湿度过低（如缺水导致干旱）和土壤内湿度过高，均不利于种子萌发、出土与幼苗生长，幼苗生长衰弱，抗病力下降，病害发生加重。地势低洼，土质黏重，也会加重病情。

（四）种子带菌量

种子带菌量直接影响种子幼苗期的发病程度。带菌量低，发病轻，反之发病重。若幼苗发病重，会增加病菌再侵染的初始菌量，造成植株生长的中后期发病重，甚至流行。

（五）寄主抗病性

目前尚未发现免疫的品种，但品种（系）间抗病性差异明显。小麦形态结构与品种（系）的抗根腐病能力密切相关，小麦叶表面单位面积气孔少、茸毛多的品种较为抗病。

五、病害控制

小麦根腐病防治，可采取加强栽培管理、选用抗病品种、化学防治等综合措施。

（一）加强栽培管理

麦田收获后，为减少田间菌源，需深翻麦田，深埋麦茬利于加快病残体腐烂。合理施用肥料，利于根系生长发育，提高植株自身的抗病性。发病田块与非寄主作物轮作2年，可降低土壤带菌量。有研究表明，小麦与水稻轮作，可有效降低根腐病的发生。优选麦种，适时播种，播种不可过深，覆盖土不过厚，否则影响出苗，利于病害发生。

（二）选用抗病品种

小麦品种间，苗期与成株期、穗部与叶部抗病之间均无相关性，因此应因地制宜，根据当地病害发生的实际情况选用抗（耐）病的小麦品种（系）。苗期高度抗的小麦材料为'九三82''九三104''弗朗坦那'等。叶部时期抗根腐病的小麦材料为'望水白''华东3号'和部分小麦九三系列品系。穗部时期抗根腐病的小麦材料为'旱红3-4-1''东农78-5104'及部分九三系列的小麦品系。

（三）化学防治

种子包衣可有效防治小麦根腐病，研究表明播种前利用内吸性杀菌剂三唑醇、三唑酮拌种，可抑制病菌的侵入和扩展，也能减少根部病菌数量，有效减轻苗期病害的发生。可选用如下药剂：26%噻虫胺·咯菌腈·精甲霜灵（SC）拌种（500～700g/100kg 种子），25g/L 咯菌腈（FS）4.4～5.0g/100kg 种子，30%噻虫胺·嘧菌酯·咪鲜胺（FS）60g 兑水 20～30mL 拌种 15～25kg。还可选用叶菌唑、丙环唑氰、烯菌酯、戊唑醇、烯唑醇等进行防治。

芽孢杆菌 JPC-2 在大豆麸培养基上能够完全抑制小麦根腐病病菌的生长。芽孢杆菌 BRF-1 培养滤液对小麦根腐病病菌分生孢子的抑制率可达 100%。放线菌 LDP-18 发酵液对根腐病病菌具有良好的抑制作用。链霉菌 N18 发酵产物（浓度 500μg/mL）对根腐病病菌孢子萌发和菌丝生长均有很好的抑制作用。

◆ 第七节　小麦白粉病

小麦白粉病（wheat powdery mildew）是一种世界性病害，也是我国小麦生产上的主要病害之一，在我国各麦区均有发生，其中潮湿冷凉地区发病较重于其他地区。1927年，我国江苏省首次发现该病，20世纪70年代后，随着小麦矮秆品种推广，耕作制度变化及水肥条件的改善，病害发生面积、范围逐渐扩大，病害逐渐加重。1990～1991年，小麦白粉病在全国的发生面积超过了1.2×10^7 hm^2，小麦产量损失达2.208×10^9kg。2001～2006年，小麦白粉病在全国每年的发生面积均超过5.8×10^7hm^2，且小麦产量损失均在2.8×10^8kg及以上。目前，小麦白粉病已在我国20个省（自治区、直辖市）发生。小麦受害后，产量一般损失10%左右，严重时可达到50%以上。

一、症状

小麦白粉病在小麦的整个生育期均可发生，侵染地上部器官。主要为害叶片，严重时也为害茎秆、叶鞘和穗部，下部叶受害较上部叶片重。一般而言，叶正面病斑较叶背面多。初期，被侵染的部位出现黄色小点，随后病斑扩大呈圆形或椭圆形，病部的菌丝、分生孢子梗和分生孢子在病部表面呈现出白色粉末状霉层。后期病斑联合成长椭圆形至不规则状，病斑表面霉层转变成灰白或浅褐色，霉层上生有黑色小点（闭囊壳）。发病叶片枯黄而死，叶鞘和茎部发病后，易倒伏。严重时病株细弱且矮小，不抽穗或者穗小、籽粒少，影响千粒重，因而产量受影响。

二、病原

（一）病原名称

小麦白粉病病原无性态为真菌界无性孢子类，串珠状粉孢菌［*Oidium monilioides*（Nees et Fr.）Link］。有性态为真菌界子囊菌门布氏白粉菌属，禾布氏白粉菌小麦专化型［*Blumeria graminis*（DC.）Speer f. sp. *tritici* E. Marsh.］，异名为 *Erysiphe graminis* DC. f. sp. *tritici* E. Marsh.。

（二）病原形态

菌丝表生，无色，以吸器的形态侵入寄主表皮细胞，在细胞内形成指状吸器夺取养分。分生孢子梗垂直生于菌丝上，基部呈球形，分生孢子串生于分生孢子梗上。分生孢子无色，卵圆形，单胞。闭囊壳黑色，近球形，外有丝状附属丝（发育不全）。闭囊壳内含9～30个子囊（多数12～20个）。子囊为卵形或长椭圆形，内含8个或4个子囊孢子。子囊孢子圆形至椭圆形，单胞（图2-16）。

（三）病原生物学

小麦白粉菌为活体专性寄生菌，分生孢子在相对湿度0%～100%时均可萌发，萌发率与湿度呈正相关，但在水滴中难萌发。分生孢子萌发的最适温度为10～17℃，0.5～30.0℃均可萌发。直射阳光抑制分生孢子萌发。高温影响分生孢子活力，夏季寿命约为4d。饱和湿度条件下，温度10～20℃环境里，子囊孢子可形成并释放。

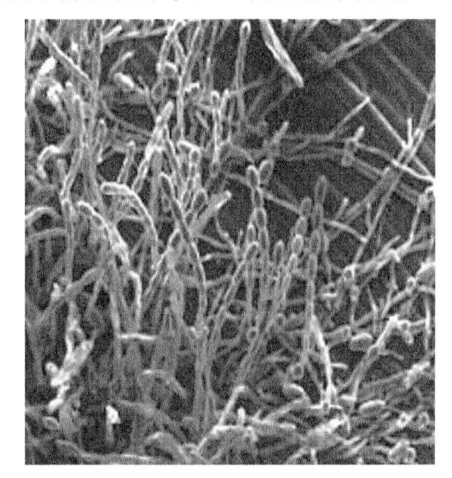

图2-16 小麦白粉病病菌分生孢子串生于分生孢子梗上的电镜图

（四）病原生理分化

病菌具有明显的生理分化现象，我国已鉴定 70 多个小种。小麦白粉病病菌主要侵染小麦，也可侵染黑麦和燕麦。

三、病害循环

（一）病菌的越夏和越冬

病菌存在两种越夏的方式。其一，夏季旬平均温度在 24℃以下地区（主要是高海拔山区），病菌以潜育菌丝或分生孢子在自生苗和夏播麦上越夏，其中以分生孢子在自生苗越夏为主。病菌不能在夏季气温高的平原地区越夏，高温不利于病菌存活，且小麦播种前，自生苗大多数已死亡。其二，干燥低温区，闭囊壳在种子和病残体上越夏，是当地秋苗受害的主要侵染源。东北麦区春小麦的初侵染源，可能主要来自黄淮和胶东地区的菌源，借气流传播而来。

越夏后的病菌侵染秋苗，秋苗受害。病菌以潜伏在叶鞘内或植株下部的菌丝体形式越冬。病菌越冬主要受两个因素的影响：一是温度，二是湿度。温暖的冬季和湿润的土壤有利于病菌越冬。

（二）病菌的传播和侵入

分生孢子、子囊孢子可借助气流进入高空，进行远距离传播。病菌孢子落于寄主上，再加上适合孢子萌发的环境条件，可萌发产生芽管，然后芽管顶端成附着胞，附着胞上生出侵染菌丝，直接透过角质层，侵入表皮细胞，侵入 18h 后在细胞中产生指状吸器夺取养分，同时次生菌丝在发病部位表面形成。温度 10～20℃和相对湿度较大时，侵入过程 1d 内即可完成。一般情况下，次生吸器在 3～4d 内产生，表生菌丝于 5d 后隆起，分生孢子梗形成。

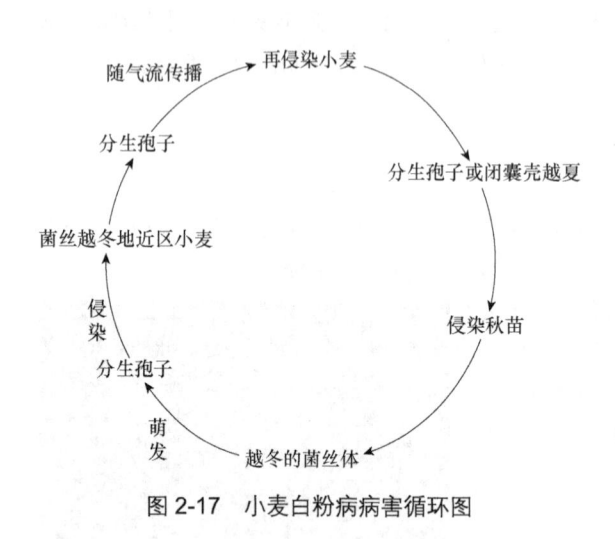

图 2-17 小麦白粉病病害循环图

（三）再侵染

小麦白粉病在温度 19～25℃时，潜育期较短，为 4～5d。通常该病在寄主下部先沿水平方向扩展，再蔓延至寄主上部。发病初期，田间存在发病中心，并以此为中心向四周扩展，引发病害流行。病害短期暴发流行的前提：一是寄主感病，二是环境条件适宜（图 2-17）。

四、发病条件

小麦白粉病的发生和流行与栽培措施、气候条件、菌源数量和品种抗病性相关。

（一）栽培措施

播期过早，密植，过量施用氮肥，麦田灌水量大，导致植株贪青，田间透气性差，透光不良，植株易倒伏，有利于病菌侵染、繁殖和扩展蔓延，病害发生较重。田间干旱，水肥不足，植株长势弱，抗病性下降，病害发生加重。

（二）气候条件

温度和湿度对病害的发生起主要作用。该病害发生的适温为 15～20℃，低于 0℃ 或高于 25℃ 病害发展就受到抑制。一定温度范围内，病害的潜育期随温度升高而缩短。19～25℃ 时为 4～5d；14～17℃ 时为 5～7d；8～11℃ 时为 8～13d；4～6℃ 时为 15～20d。温度适宜的条件下，相对湿度大（饱和湿度但不形成水滴）更易发病。降雨过量，分生孢子在水滴内难以萌发，不利于病害发生和扩展。

（三）菌源数量

越夏区菌源数量多，秋苗发病重。越冬区菌源存活率越高，越冬菌源量越大，次年病害发生越重。

（四）品种抗病性

小麦对小麦白粉病的抗性因品种不同而有差异。不同小麦品种被侵染后，可表现高感、高抗和免疫等多种表型。抗病性又可分为小种专化抗病性、非小种专化抗病性及耐病性。小种专化抗病性（低反应型抗病性）由少数主效基因控制。非小种专化抗病性（数量性状抗病性）由多数微效基因控制，出现潜育期长、侵染率低、孢子堆小且产孢量少、病害扩展慢等情况。耐病植株补偿作用强，如根系发达吸水能力强、光合作用效率高及灌浆速度快等，因而受害后产量损失较小。

五、病害控制

小麦白粉病防治，采取以利用抗病品种为主，栽培防治、化学防治和生物防治相结合的综合防治措施。

（一）利用抗病品种

选育推广抗病品种是防治该病最经济有效的措施。目前生产上推广的少数抗病品种来自 1B/1R 的黑麦衍生系，抗源材料单一，条件适宜，易造成病害的暴发与流行。我国在引进、选育、筛选和鉴定小麦抗白粉病品种方面做了大量工作，选育出了'宁麦3号''徐州22''周麦18''白兔3号''安农0841''扬麦15''内麦836''贵农001''绵麦37''石麦14''南农9918'等多个对小麦白粉病有较好抗性的品种。目前已发现 80 多个抗白粉病基因，有 68 个被正式命名 $Pm1a\text{-}1e$（$Pm1c$ 为 $Pm18$、$Pm1e$ 为 $Pm22$）、$Pm2$、$Pm2a\text{-}2b$、$Pm3a\text{-}3j$、$Pm4a\text{-}4b$、$Pm5a\text{-}5e$、$Pm6\text{-}Pm17$、$Pm19\text{-}Pm21$、$Pm23\text{-}Pm47$、$Pm50$、$Pm53\text{-}Pm54$，还有 13 个小麦白粉病抗性基因未正式命名：$MlZecl$、$MlIW72$、$Mlm80$、$Mlhubel$、$Ml3D232$、$Mlm2033$、$MlIW170$、$PmHNK54$、$PmAS846$、$Pm2026$、$PmL962$、$PmG16$ 和 PmU。小麦抗白粉病基因有 3 种来源：普通小麦、小麦近缘属和小麦近缘种。我国科研工作者从粗山羊草、野生二粒麦和簇毛麦等小麦近缘属种材料中找到了抗源。小麦白粉菌属于专性寄生菌，具有毒力变异快的特点，因此应合理布局抗病和耐病品种。

（二）栽培防治

适时适量播种，病菌越夏、秋苗发病重的地区，可以适时晚播。收获后及时清除销毁病残体，并及时拔除消灭越夏区麦田的自生苗，这些均可减少初始菌源，降低秋苗发病率。播种量可在 8~10kg/667m^2，播种量不可过大，以达到合理密植，保证田间通气性、透光性好。合理施用氮肥，根据土壤墒情合理灌溉等，有利于植株不贪青，长势好，田间湿度小，不利于病菌侵染和扩展，并且植株自身抗病能力提高。与蚕豆间作，也可显著降低病害的发生。

（三）化学防治

药剂处理是关键的防病措施。播种前利用三唑酮、苯醚甲环唑和戊唑醇进行药剂拌种，可有效减少苗期病害的发生，如用 15%粉锈宁拌种（使用量为种子量的 0.2%~0.3%）。小麦白粉病发病初期，喷施 240g/L 氯氟醚·吡唑酯（EC），用量为 50mL/667m^2，两次施药后药剂未经冲刷，药效稳定发挥，21d 后的防治效果高达 99.01%。10%的烯肟·戊唑醇（SC），用量为 20mL/667m^2，药效发挥稳定，防治效果可达 79.72%。此外，30%的肟菌·戊唑醇（SC），用量为 1750mL/hm^2，对小麦白粉病具有良好的防效。还可以选用嘧菌酯、三唑酮、丙环唑、叶菌唑及烯肟菌酯等药剂进行防治。

（四）生物防治

有研究报道，BM6（哈茨木霉）发酵液可以明显抑制小麦白粉菌孢子萌发，对小麦白粉病也有一定的防效。CC09（芽孢杆菌）对小麦白粉病具有一定的保护和治疗作用。

◆ 第八节　小麦黄矮病

小麦黄矮病（wheat yellow dwarf disease）是小麦生产上的重要病毒病，在世界各小麦产区均有不同程度的发生。我国自 1960 年在陕西、甘肃等地首次发现小麦黄矮病以来，该病害在我国北方冬麦区、春麦区多次大规模流行，造成严重的产量损失。据估算，该病害发病率每提高 1%，每公顷小麦的产量损失增加 27~45kg。

一、症状

小麦黄矮病的症状随感病时期的不同而有所差异。苗期感病，导致根系发育受阻，分蘖数减少，越冬死亡率升高，新生叶片褪绿，叶尖变黄并逐渐向叶基部扩展，病株严重矮化，不抽穗或抽穗数显著减少，结实率和千粒重均显著降低。拔节期感病，多在中部以上叶片发病，病叶尖端黄化并向基部扩展，形成倒"V"形黄化，发病部位叶片质地增厚变硬且表面光滑，植株矮化不明显，秕穗率升高，千粒重降低。穗期感病仅旗叶表现倒"V"形黄化，秕穗率升高，千粒重降低（图 2-18）。

二、病原

小麦黄矮病的病原为大麦黄矮病毒（barley yellow dwarf virus，BYDV），是黄症病毒属（*Luteovirus*）多种病毒的统称。根据国际病毒分类委员会（ICTV）2020 年分类报告，大麦黄矮病毒包括 BYDV-PAV（图 2-19）、BYDV-PAS、BYDV-MAV、BYDV-ker Ⅱ 和 BYDV-ker Ⅲ 共 5 种病毒。另外，我国主要流行的 BYDV-GAV 株系尚未归入上述任一种中。

图 2-18　小麦黄矮病症状　　彩图　　图 2-19　大麦黄矮病毒（BYDV-PAV）
（https://ictv.global/）

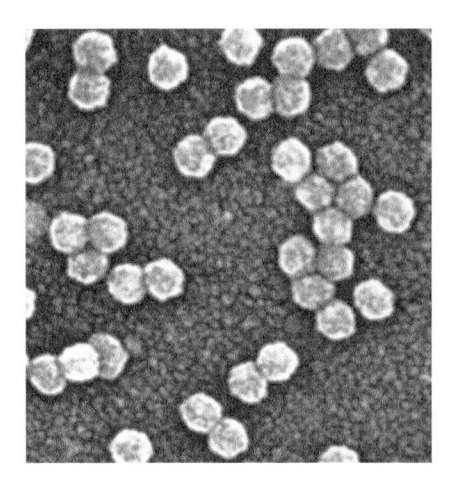

BYDV 病毒粒子为正二十面体球形，直径 25~30nm，无包膜，内含有一条长约 5.6kb 的正义单链基因组 RNA，无 5′ 帽子结构和 3′ poly（A）尾巴，目前发现共有 7 个开放阅读框，编码复制酶、外壳蛋白、运动蛋白等。BYDV 寄主范围广泛，可侵染绝大多数禾本科植物，包括小麦、大麦、燕麦、水稻、玉米粮食作物，也包括狗尾草、偃麦草、冰草等杂草。BYDV 仅能通过特定的蚜虫以循回非增殖型、持久型方式传播，即介体蚜虫在带毒植株上取食时，病毒随病汁液依次经由蚜虫口针、消化道、血淋巴、唾液腺进入蚜虫唾液，随蚜虫取食感染健康植株，但在介体蚜虫体内病毒不增殖。

三、病害循环

在冬麦区和冬春麦混种区，5 月前后小麦成熟前，带毒蚜虫转化为有翅蚜迁飞至田间禾本科杂草、自生麦苗或晚熟春麦上取食并传播病毒。病毒在上述寄主上越夏后仍然通过有翅蚜迁飞侵染秋苗，并在介体蚜虫或发病秋苗内越冬。第二年春季，以冬前感染的小麦为发病中心，通过蚜虫取食和迁飞继续传播病毒造成病害流行。在春麦区，小麦黄矮病一般无法独立完成侵染循环，由冬麦区远距离迁飞至春麦区的带毒蚜虫是春季初侵染源（图 2-20）。

四、发病条件

气象条件是影响小麦黄矮病流行与否的主导因素。气象因素通过影响介体蚜虫种群的数量及水稻品种和生育期寄主抗性等途径，影响该病害的发生发展和流行。

（一）介体蚜虫种群的数量

能传毒的介体蚜虫种群消长情况直接影响黄矮病的发病程度。一般认为越冬蚜虫数高出

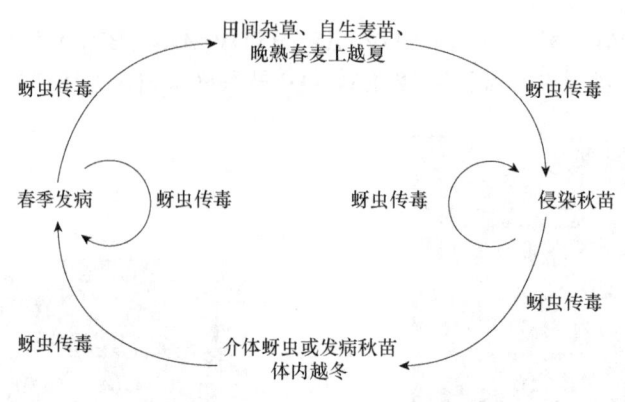

图 2-20 小麦黄矮病病害循环图

常年平均水平 2 倍以上,早春蚜虫数高出常年平均水平 10 倍以上的即可造成黄矮病大流行。

(二)气象条件

气温 16～20℃利于黄矮病发病,该条件下病毒潜育期为 15～20d,温度降低会导致潜育期延长,而温度超过 30℃则逐渐潜隐至完全不显症。冬季气温偏高有利于带毒蚜虫越冬,当年 1 月、2 月和上一年的 10 月平均气温高且降水量少,利于介体蚜虫的取食和迁飞,易造成病害流行。小麦拔节期、孕穗期遇较强低温,抗病性、耐病性降低,也能加重黄矮病的发生。

(三)水稻品种和生育期寄主抗性

虽然目前生产上尚未有对黄矮病完全免疫的小麦品种,但仍有部分品种,尤其是农家品种具有不同程度的耐病性。

五、病害控制

小麦黄矮病的防治以选育和种植抗病品种为主,以农业防治、化学防治和物理防治等手段相结合的方式来进行。

(一)农业防治

控制播种时期,冬麦区适期播种,春麦区适当早播,合理密植,加强肥水管理。强化田间栽培管理,及时清除田间地头的杂草,尤其是单子叶杂草,以控制传染源,切断病害侵染循环。

(二)化学防治

通过施用化学农药控制介体蚜虫数量,能有效防控小麦黄矮病的发生。可选用内吸性杀虫剂进行拌种,如 60%吡虫啉悬浮剂种衣剂、70%吡虫啉水分散颗粒剂、55%甲拌磷等,均匀拌种晾干后播种。小麦出苗后及时观测麦蚜发生情况,当有蚜株率达到 5%时,可用 10%吡虫啉可湿性粉剂、10%吡虫·灭多威可湿性粉剂、高效氯氰菊酯等药剂喷雾。

(三)物理防治

在化学防治蚜虫的同时,可结合悬挂黄板诱杀蚜虫,进一步降低蚜虫数量。

（四）选育和种植抗病品种

虽然目前尚没有高抗黄矮病且丰产的品种能在生产上推广，但有部分农家耐病品种可供选择。另外，目前已在小麦近缘种属材料中发现丰富的黄矮病抗源，如偃麦草属、赖草属、新麦草属、鹅观草属等，携带有中间偃麦草特定片段的小麦品种'无芒中 4'即对黄矮病具有良好抗性。因此，充分挖掘和应用抗性种植资源，培育和种植抗病品种是未来防治小麦黄矮病的努力方向。

第三章
杂粮作物病害

我国的杂粮作物主要包括玉米、高粱、谷子、小豆和绿豆等,它们不仅是重要的粮食作物,也是重要的工业原料和动物饲料。长期以来,病害是影响杂粮作物稳产、高产的主要因素。由于全球气候变暖、栽培制度的改变及繁多的新品种的应用,病害种类不断增加,其中玉米的大斑病、小斑病、丝黑穗病、谷子白发病等病害在有些地区又有所回升,并再度成为生产上的严重问题。与此同时,有些原来发生很轻或未发生的病害也逐渐加重,成为生产上亟待解决的重要问题。

玉米是我国主要粮食作物之一,又是重要的饲料作物及轻工业、医药工业不可或缺的原料,其播种面积在全国居于第一位。玉米病害是影响玉米生产的重要因素。全球已报道玉米病害有100多种,常年造成6%~10%的玉米损失。我国有玉米病害30多种,目前普遍发生的主要有大斑病、小斑病、瘤黑粉病、弯孢霉叶斑病、丝黑穗病和纹枯病等。锈病、圆斑病、褐斑病、穗腐病、粒腐病、炭疽病及几种病毒病在某些种植区发生较重。

我国谷子产区常发的病害主要有白发病、谷瘟病、锈病、纹枯病、粒黑穗病、胡麻斑病、红叶病和谷子线虫病等20多种。其中谷子白发病发生普遍,危害严重;谷瘟病虽然在一般情况下发生较轻,但流行年份常造成叶片早枯和大量白穗,减产严重;红叶病和谷子线虫病(紫穗病)也是我国谷子的重要病害,发病严重时往往造成巨大的产量损失。

◆ 第一节 玉米大斑病

玉米大斑病(corn northern leaf blight)是全球玉米产区分布较广、危害较重的病害。玉米大斑病主要分布于全球气候相对凉爽的地区,如亚洲北部、北美、南美、南欧、北欧的一些国家。1899年,首先在我国东北报道玉米大斑病,目前已遍布全国,以北方春玉米区和南方冷凉山区春玉米区发病最重。

20世纪70年代,自从引进单杂交种和双杂交种后,随着栽培制度的变化,病害在我国发生逐年加重,其中东北、西北春玉米栽培区,华北夏玉米栽培区及南方高海拔山区尤为严重,已成为玉米生产上最严重的病害之一。20世纪80年代,随着抗病杂交种的推广应用,大斑病基本得到控制。但到20世纪80年代末期,由于病菌小种的演变,大斑病又在全国玉米产区重新发生,这引起人们的极大关注。目前此病仍是北方玉米产区不容忽视的重要病害。

一、症状

玉米整个生长期均可感病,但在自然条件下,苗期很少发病,通常到玉米生长中后期,特别是抽穗以后,病害逐渐严重。此病主要为害叶片,严重时也能为害苞叶和叶鞘。病斑初期为水渍状青灰色斑点，随后病斑沿叶脉向两端扩展形成大型的梭形病斑，典型病斑一般长度为 5~10cm，宽 1cm 左右，有的可达 15~20cm，宽 2~3cm。发病严重时，病斑常汇合连片，引起叶片早枯。当田间湿度大时，病斑表面密生一层灰黑色霉状物，即病菌的分生孢子梗和分生孢子，这是田间常见的典型症状（图 3-1）。叶鞘和苞叶上的病斑开始呈水浸状，形状不一，后变为长形或不规则形的暗褐色斑块，后期也产生灰黑色霉状物。受害玉米果穗松软，籽粒干瘪，穗柄紧缩干枯，严重时果穗倒挂。

从整株发病情况看，一般是下部叶片先发病，并逐渐向上扩展，但在干旱年份也有中上部叶片先发病的。多雨年份病害发展很快，一个月左右即可造成整株枯死，籽粒皱秕，千粒重下降，同时也降低了玉米秸秆的利用价值。

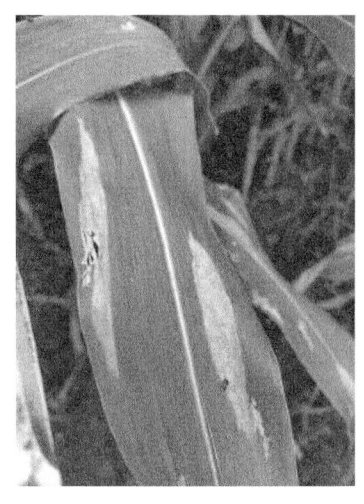

图 3-1　玉米大斑病症状

二、病原

病原无性态为玉米大斑凸脐蠕孢 [*Exserohilum turcicum* (Pass.) Leonard et Suggs]，无性类真菌凸脐蠕孢属。有性态为大斑刚毛座腔菌 [*Setosphaeria turcica* (Luttrell) Leonard et Suggs]，子囊菌门座腔菌属。

分生孢子梗多从气孔上伸出，单生或 2~6 根丛生，一般不分枝，2~6 个隔膜，由底部至顶端渐细，橄榄色。基部细胞膨大，直立或上部呈屈膝状，具孢子脱落痕迹。分生孢子梭形，2~8 个隔膜，中间粗，两端细，整体直或略向一方弯曲，灰橄榄色，顶端细胞长椭圆形，基部细胞尖锥形，具明显突出于基细胞外的脐（图 3-2）。

该菌在马铃薯蔗糖琼脂培养基上生长的菌落边缘清晰，气生菌丝无色，繁茂，从培养皿背面透过光线观察，菌落为橄榄绿色，呈放射状生长。菌丝生长的温度为 10~35℃，最适温度为 28℃。孢子萌发和侵入的适温为 23~25℃。分生孢子的形成，特别是萌发和侵入都需要高湿条件。光照对分生孢子的萌发有一定的抑制作用。该菌在 pH 2.6~10.9 时均能生长，以 pH 8.7 为最适。

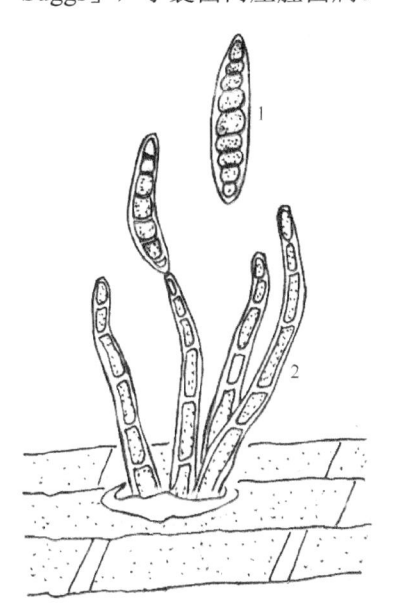

图 3-2　玉米大斑病病菌
1. 分生孢子；2. 分生孢子梗

大斑病病菌有明显的生理分化现象，根据致病力的不同将其划分为两个专化型：高粱专化型和玉米专化型，前者除侵染高粱外，还能侵染玉米、苏丹草和约翰逊草等，后者只侵染单基因玉米品系。目前在玉米专化型中，根据对玉米中含有的显性基因 *Ht1*、*Ht2*、*Ht3*、*HtN* 的致病能力的不同，又分为 5 个生理小种。据国内外报道，0 号小种对具有 *Ht1*、*Ht2*、*Ht3*、*HtN* 显性单基因的玉米无毒力，只引起褪绿斑，不形成孢子，在玉米种植区普遍发生，且为绝大多数地区的优势小种。1 号小种于 1974 年在美国夏威夷首次被发现，我国辽宁省在 1983 年也发现了 1 号小种。了解玉米大斑病病菌的生理分化和菌株的变异对指导玉米生产具有重要的意义。

三、病害循环

玉米大斑病病菌主要以菌丝体或分生孢子在田间的病残体和含有未腐烂的病残体的粪肥及种子上越冬,越冬病菌的存活数量与越冬环境有关。另外,大斑病病菌的分生孢子在越冬前和在越冬过程中,细胞原生质逐渐浓缩,形成了抗逆力很强的厚垣孢子,每个分生孢子可形成1~6个厚垣孢子,因此越冬的厚垣孢子也是大斑病病菌初侵染的来源之一。越冬病组织里的菌丝在适宜的温湿度条件下产生分生孢子,借风雨、气流传播到玉米的叶片上,在最适宜条件下可萌发,从表皮细胞直接侵入,少数从气孔侵入,叶片正反面均可侵入。大斑病病菌在叶片细胞内扩展很慢,侵入木质部导管后则扩展较快。受侵维管束的导管被菌丝堵塞,水分输送受阻,引起局部萎蔫,组织坏死,呈现典型的萎蔫斑。从侵入到显症一般需7~10d。在潮湿的环境下,病菌的分生孢子可从气孔伸出,并产生大量的分生孢子,随风雨、气流传播进行再侵染(图3-3)。在玉米生长期可以发生多次再侵染,特别是在春夏玉米混作区,春玉米为夏玉米提供更多的菌源,再侵染的次数更为频繁,且往往会在夏玉米生长后期加重病害流行程度。

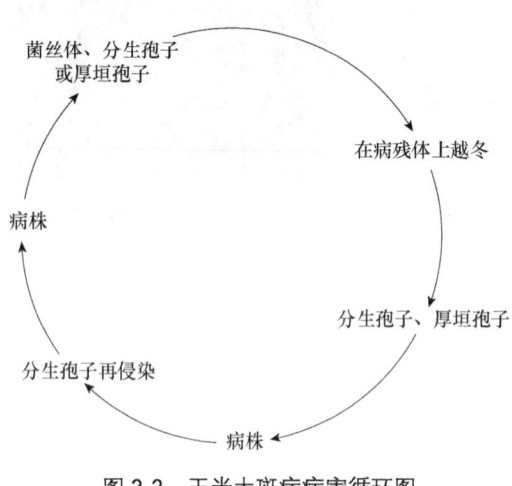

图3-3 玉米大斑病病害循环图

四、发病条件

玉米大斑病的发生流行,主要与品种抗性、气候条件及栽培管理密切相关。

(一)品种抗性

不同玉米自交系和品种对大斑病的抗性存在着明显的差异,且尚未发现免疫品种。玉米感病品种的应用,是大斑病发生流行的主要因素。例如,美国1970年小斑病大流行就是因为20世纪60年代中后期80%的地区推广T-cms玉米,遗传单一的结果使T小种上升为优势小种而导致玉米抗病性的丧失。辽宁、河北、山东、河南等省过去由于推广对大斑病感病的品种'维尔156',曾引发大斑病的流行。在选育推广抗大斑病品种后基本控制了大斑病的流行。玉米品种对大斑病的抗性分为病斑数量抗性、褪绿斑抗性、褪绿点抗性和无病斑抗性4种类型。①病斑数量抗性:多数玉米品种、杂交种和自交系都具有这种抗性。在植株叶片上的抗性表现为病斑数量的多少,其抗性是受多基因控制的水平抗性,病斑型属萎蔫斑(MR、MS和S型),其抗性幅度是从植株只有少数病斑的高水平抗性,到植株几乎完全感病的低水平抗性。抗性程度高的基因型,其叶片组织木质部中菌丝生长缓慢,病斑发育延迟,表现为病斑少,病斑小,产孢量也较少,病叶枯死也比较慢,整株发病程度低。②褪绿斑抗性:是由显性单基因控制的垂直抗性。凡具有显性单基因 $Ht1$、$Ht2$、$Ht3$、$Ht4$ 的玉米病斑通常都较小,周围只有褪绿晕圈,中间有少量坏死斑,组织坏死迟缓,孢子产生少或不产生。③褪绿点抗性:1965年,Hilu和Hooker在玉米苗期发现了一种特有的褪绿点症状,但到成株期则不明显,我国也发现了这种类型。④无病斑抗性:一个新的由 $HtN2$ 基因控制的抗病类型,

具有 *HtN2* 基因的玉米叶片上通常无病斑。抗病机制主要与植株体内产生的植保菌素（phytoalexin）、丁布（dimboa）、超氧化物歧化酶（SOD）、过氧化物酶（POX）、苯丙氨酸解氨酶（PAL）等有关。

（二）气候条件

在品种感病和有足够菌源的前提下，玉米大斑病的发病程度主要取决于温度和湿度。大斑病适宜发病的温度为20～25℃，超过28℃就不利于其发生，相对湿度则要求在90%以上。在我国玉米产区7～8月的气温大多适宜发病，因此降水的早晚、降水量及雨日便成为两种病害发生早晚及轻重的决定因素。特别是在7～8月，雨日、降水量、露日、露量多的年份和地区，大斑病发生重。6月的雨量和气温对菌源的积累也起到很大作用。

（三）栽培管理

诸多栽培因素与大斑病的发生有密切关系。玉米连作地病重，轮作地病轻；肥沃地病轻，瘠薄地病重；追肥病轻，不追肥病重；间作套种的玉米比单作的发病轻，合理的间作套种，能改变田间的小气候，有利于通风透光，降低行间湿度，从而有利于玉米生长，不利于病害发生；远离村边和秸秆垛病轻；晚播比早播病重，主要是因为玉米感病时期（生育后期）与适宜的发病条件相遇，易加重病害；育苗移栽玉米，由于植株矮，生长健壮，生育期提前，因而比同期直播玉米病轻；密植玉米田间湿度大，往往比稀植玉米病重。

五、病害控制

玉米大斑病的控制主要采取以选育和利用抗（耐）病品种为主，改进栽培技术、减少菌源，必要时进行化学防治等综合防治措施。

（一）选育和利用抗（耐）病品种

选种抗病品种是控制玉米大斑病发生流行最经济有效的途径。我国抗大斑病玉米资源极其丰富，由于不同时期及不同地区推广的品种不同，各地可根据实际情况因地制宜加以利用抗病品种。在选育和利用抗病品种时应注意：①充分利用我国丰富的抗大斑病资源；②密切注意大斑病病菌生理小种的分布和动态变化，根据生理小种的动态变化合理布局抗病品种，慎用单基因的抗病品种；③抗病品种结合优良的栽培技术，可充分发挥玉米的抗病性；④不同抗病基因的品种要定期轮换，防止强毒力小种的出现。

（二）改进栽培技术、减少菌源

1. **适期早播** 适期早播可以缩短后期处于有利发病条件的生育时期，对于玉米避病和增产有较明显的作用。

2. **增施基肥** 氮、磷、钾肥合理配合施用，及时进行追肥，尤其是避免拔节和抽穗期脱肥，保证植株健壮生长，具有明显的防病、增产作用。大/小斑病病菌为弱寄生菌，玉米生长衰弱，抗病力下降，易被侵染发病。

3. **合理间作** 与矮秆作物，如小麦、大豆、花生、马铃薯和甘薯等实行间作，可减轻发病。

4. **保持田间卫生** 玉米收获后彻底清除残株病叶，及时翻耕土地埋压病残体，是减少初侵染源的有效措施。此外,由于玉米大斑病在植株上先从底部叶片开始发病,因此可采取大面积早期摘除底部病叶的措施,以压低田间初期菌量,改变田间小气候,推迟病害发生流行。

(三)化学防治

应用化学药剂对玉米大斑病进行防治,在生产推广上有一定的难度,但在玉米喇叭口期喷施杀菌剂对玉米大斑病有一定的防治作用。玉米大斑病防治的常用药有苯醚甲环唑、苯醚甲环唑·嘧菌酯、多菌灵、代森锰锌等药剂。一般在大喇叭口期防治 1~2 次,每次间隔 7~10d。

第二节 玉米小斑病

玉米小斑病(corn southern leaf blight)又称玉米斑点病、玉米南方叶枯病,是温暖潮湿玉米产区的重要叶部病害,在世界各地玉米种植区均有不同程度的发生。小斑病在 20 世纪 70 年代以前很少造成灾害。1970 年,小斑病在美国大流行,损失玉米 165 亿 kg,经济损失高达 10 亿美元。小斑病在我国虽早有发生,但危害一直不重。20 世纪 60 年代后,由于感病自交系的引进及大面积种植感病杂交种,小斑病成为玉米生产上的重要叶部病害。目前小斑病主要分布于河北、河南、北京、天津、山东、广东、广西、陕西、湖北等省(自治区、直辖市)。据估计中等发病年份感病品种损失 10%~20%,严重时可达 30%~80%,甚至毁种绝收。

一、症状

从苗期到成株期均可发生,但苗期发病较轻,玉米抽雄后发病逐渐加重。病菌主要为害叶片,严重时也可为害叶鞘、苞叶、果穗甚至籽粒。

叶片发病常从下部开始,逐渐向上蔓延。病斑初为水渍状小点,后渐变为黄褐色或红褐色,边缘颜色较深。根据不同品种对玉米小斑病病菌不同小种的反应常将病斑分成 3 种:①病斑椭圆形或长椭圆形,黄褐色,有较明显的紫褐色或深褐色边缘,病斑扩展受叶脉限制;②病斑椭圆形或纺锤形,灰色或黄色,无明显的深色边缘,病斑扩展不受叶脉限制;③病斑为坏死小斑点,黄褐色,周围具黄褐色晕圈,病斑一般不扩展。前两种为感病型病斑,后一种为抗病型病斑。感病型病斑常相互联合致使整个叶片萎蔫,严重株提早枯死。天气潮湿或多雨季节,病斑上出现大量灰黑色霉层(分生孢子梗和分生孢子)(图3-4)。

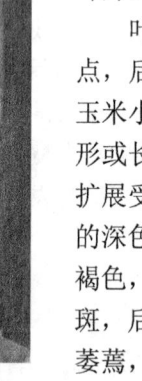

图 3-4 玉米小斑病症状

二、病原

病原无性态为玉蜀黍平脐蠕孢菌 [*Bipolaris maydis*(Nisik. et Miyake)Shoemaker],无性真菌类双极蠕孢属。有性态为异旋孢腔菌 [*Cochliobolus heterostrophus*(Drechsler)Drechsler],子囊菌门旋孢腔菌属。

分生孢子梗 2~3 根束生，从叶片气孔中伸出，直立或屈膝状弯曲，褐色，具 3~15 个隔膜，不分枝，基部细胞稍膨大，上端有明显孢痕。分生孢子在分生孢子梗顶端或侧方长出，长椭圆形，褐色，两端钝圆，多向一端弯曲，中间粗两端细，具 3~13 个隔膜，脐点凹陷于基细胞之内，分生孢子多从两端细胞萌发长出芽管，有时中间细胞也可萌发。子囊壳可通过人工诱导产生，偶尔也可在枯死的病组织中发现。子囊壳黑色，球形，喙部明显，常埋在寄主病组织中，表面可长出菌丝体和分生孢子梗。内部着生近圆筒状的子囊，子囊顶端钝圆，基部具柄。子囊内大多有 4 个线状、无色透明、具 5~9 个隔膜的子囊孢子，子囊孢子在子囊内相互缠绕成螺旋状，萌发时每个细胞均可长出芽管（图 3-5）。

菌丝的发育温度为 10~35℃，最适温度 28~30℃；菌丝发育 pH 为 2.6~10.9，最适 pH 8.7；分生孢子形成的温度为 15~33℃，最适温度 23~25℃；萌发的温度为 5~42℃，最适温度 26~32℃。分生孢子的形成和萌发均需要高湿条件。分生孢子的抗干燥能力很强，在玉米种子上可存活 1 年。子囊壳形成最适温度为 26~33℃，低于 17℃ 则不能形成子囊壳。子囊壳从形成到成熟大约需要 1 个月，成熟的子囊壳接触水分后，顶端破裂，释放出子囊和子囊孢子。

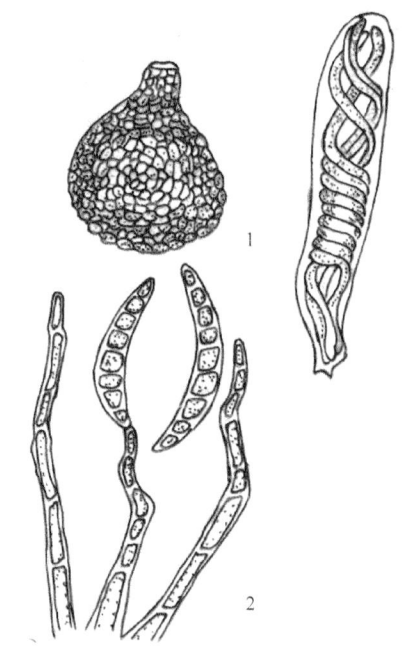

图 3-5 玉米小斑病病菌
1. 子囊壳、子囊及子囊孢子；
2. 分生孢子梗及分生孢子

玉米小斑病病菌有明显的生理分化现象。根据病菌对不同型玉米细胞质的专化性，已报道的小斑病病菌生理小种有 3 个：T 小种、O 小种和 C 小种，且在我国均有分布。

由于中国的玉米种质资源和小斑病病菌群体比较复杂，用少数细胞质类型来划分中国的小斑菌生理小种不切实际。1981 年提出了中国玉米小斑菌中包括中 T、中 C、中 S、中 N、中 O、中 TC、中 TS、中 TN、中 CS、中 CN、中 SN、中 TCS、中 TCN、中 TSN、中 CSN 和中 TCSN 共 16 个生理小种。

小斑病病菌的 3 个小种在寄主体内外均可产生致病毒素（Hm 毒素），分别命名为 HMT、HMO 和 HMC 毒素。病菌对玉米的致病作用主要由其产生的致病毒素引起。

小斑病病菌在田间条件下，除侵染玉米外，还可侵染高粱，人工接种也能为害大麦、小麦、燕麦、水稻、苏丹草、虎尾草、黑麦草、狗尾草、白茅、纤毛鹅观草、稗、马唐等禾本科植物。

三、病害循环

小斑病田间发病的主要初侵染源是上年玉米收获后遗留在田间或玉米秸秆垛中尚未分解的病残体。种子表面可黏附少量的孢子，但不是主要的侵染来源。越冬病菌存活的多少与越冬场所的环境条件有关，地面上病残体中的病菌至少能存活 1~2 年，埋入土中的病残体腐烂后病菌即死亡。越冬病菌第二年遇到适合的环境条件时即借气流和雨水进行传播侵染玉米植株，侵染方式可直接穿透寄主表皮或从气孔穿入。一般侵入后 5~7d 形成典型的病斑，并产生大量分生孢子，借气流传播进行再侵染（图3-6）。

在春夏玉米混播的地区，夏玉米因为有春玉米收获后遗留在田间的菌源，发病比春玉米时间早且重。夏玉米一般在2～3叶期就有病害发生，5～6叶期病害加重。

四、发病条件

玉米小斑病的发生和流行受寄主抗病性、气候条件、栽培管理等多种因素的影响。

（一）寄主抗病性

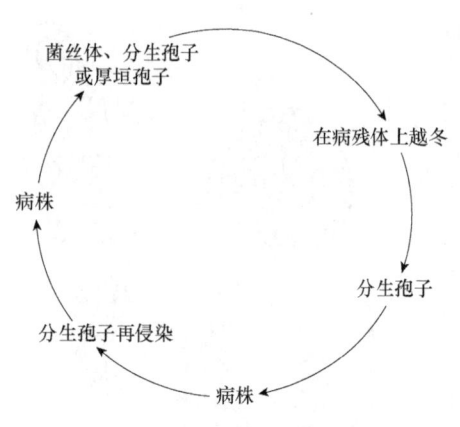

图3-6 玉米小斑病病害循环图

玉米对小斑病的抗性多数表现水平抗性，即受多基因控制的数量性状抗性；也有部分材料表现为垂直抗性，即褪绿斑抗性，抗性由单基因控制。玉米对不同小种的抗病性受不同基因的控制，对小斑病病菌O小种的抗性主要受细胞核基因控制，而对T小种的抗性主要受细胞质基因的控制。所有O小种的菌株都对T小种菌株具有高度的交互保护作用，因此在O小种占优势的地区，可有效延缓T小种群体的增长。

同一植株的不同生育期或不同叶位对小斑病的抗病性也存在差异。玉米生长前期抗病性强，后期抗病性差。一般新叶生长旺盛，抗病性强，老叶和苞叶抗病性差。因此玉米对小斑病病菌的抗性存在着阶段抗病性的问题，即玉米在拔节前期，发病多局限于下部叶片，当抽雄后营养生长停止，叶片老化，抗病性衰退，病情迅速扩展，常导致病害流行。

（二）气候条件

在品种感病的前提下，玉米小斑病的发病程度主要取决于温度和湿度。小斑病的发病适温比大斑病高，温度26～29℃有利于小斑病的流行。产生分生孢子的最适温度为23～25℃，分生孢子在适宜温度下1h即可萌发。在我国玉米产区7～8月的气温大多适宜发病，这两个月只要气温超过25℃，降水量大，相对湿度较高，就会造成玉米产区小斑病的流行。反之，则发病轻。

（三）栽培管理

玉米连作地病重，病残体留在田间可作为第二年的初侵染源，应进行轮作或收获后深翻。小斑病在田间的传播方式为气流传播，而田间菌源的数量直接决定小斑病的流行程度。7～8月玉米田间的温度一般都可以满足小斑病的发生，因此湿度决定了流行程度，降雨多、相对湿度大就会引起小斑病的流行，应合理密植及间套种。同时应施足基肥，植株生长健壮则不利于病害发生。

五、病害控制

玉米小斑病的防治应以选育和种植抗病良种为主，结合消灭初侵染菌源、加强栽培管理、化学防治等综合防治措施。

（一）选育和种植抗病良种

利用抗病、优质和高产的玉米品种或杂交种是保证玉米稳产增收的重要措施。在小斑病为主的夏玉米地区，可选用抗小斑病的杂交种。因地制宜选种抗病品种，如'中单2号''丹玉13''豫玉11''烟单14'等。

（二）消灭初侵染菌源

玉米收获后要及时翻耕，将遗留田间的病株残体翻入土中，以加速腐烂分解，秸秆不要堆在田间地头，也不要作篱笆。用秸秆堆沤肥时一定要经过高温发酵，用秸秆垫圈作肥料也要经高温发酵后再用。在第二年玉米播种前，未处理完的玉米秸秆要用泥封起来。

（三）加强栽培管理

玉米连作地病重，轮作地病轻。玉米种植应该合理密植，过密时，病害加重。可实行间套种，一般来说，玉米与中矮秆作物如大豆、花生、棉花、小麦等间作套种较好。春玉米与夏玉米套种则病害加重，间作套种如行距、带距等的安排，则视当地的具体条件而定。同时应施足基肥，提高玉米抗病力。在施足基肥的基础上，注意追肥，植株生长健壮，则不利于病害发生，特别是拔节和抽穗期追肥更为重要。注意灌溉和排水，不使田地干旱或过于潮湿。玉米收获后应及时翻耕，促进病残体腐烂。

（四）化学防治

常用药剂有苯醚甲环唑、扑海因、嘧菌酯等。从心叶末期到抽雄期，施药期间隔7~10d，共喷2~3次。

◆ 第三节 玉米丝黑穗病

玉米丝黑穗病（corn head smut）是玉米产区重要的穗部病害。1919年，在我国东北首次报道玉米丝黑穗病，现已遍布全国，尤以东北、西北、华北及长江流域以南冷凉山区的连作玉米地发病较重，病株率一般为10%~30%，严重的地区可达50%~60%。

一、症状

玉米丝黑穗病是苗期侵染的系统性侵染性病害。一般在穗期表现典型症状，主要为害果穗和雄穗，一旦发病往往全株没有收成。

多数病株比正常植株稍矮，果穗较短，基部粗顶端尖，近似球形，不吐花丝，除苞叶外，整个果穗变成一个大的黑粉包。初期苞叶一般不破裂，也不外露，后期苞叶破裂，散出黑粉。黑粉一般黏结成块，不易飞散，内部夹杂有丝状寄主维管束组织，丝黑穗因此而得名。也有少数病株，受害果穗失去原有形状，果穗的颖片因受病菌刺激而过度生长成管状长刺，呈绿色或紫绿色，长刺的基部略粗，顶端稍细，常弯曲，中央空松，长短不一，自穗基部向上丛生，整个果穗畸形，呈刺头状。长刺状物基部有的产生少量黑粉，多数则无，没有明显的黑丝。

病株雄穗症状大体分三种类型：①多数情况病穗仍保持原来的穗形，仅个别小穗受害变成黑粉包。花器变形，不能形成雄蕊，颖片因受病菌刺激变为畸形，呈多叶状。雄花基部膨大，内有黑粉。②整个雄穗受害变成一个大黑粉包，症状特征是以主梗为基础外面包被白膜，白膜破裂后散出黑粉。③雄穗的小花受病菌的刺激而伸长，使整个雄穗呈刺猬头状，植株上部呈大弧度弯曲。

病株果穗和雄穗同时受害的情况比较多，果穗受害雄穗正常的情况比较少，而果穗正常雄穗发病的情况几乎见不到。

病株在生育前期或苗期表现为不同症状类型，主要分为以下三种类型。①矮化型：当病株6~7片叶时，植株生长迟缓，节间缩短，矮小，茎基膨大，呈笋状，向一侧弯曲，叶片簇生，暗绿色，沿叶片中肋两侧出现黄白色条斑1~4条，抽出的雌雄穗为黑穗。②丛生型：病株明显矮化，节间缩短，叶片丛生，整个植株短粗繁茂，果穗增多。③多蘖型：病株比正常植株分蘖多，每个分蘖茎上均形成黑穗，且大多为顶生。这些症状并非十分稳定的典型症状，常常因玉米抗性强弱、土壤中病菌数量的多少及土壤环境的变化而变化。例如，玉米感病，土壤含菌量高，土温和墒情有利于侵染，则苗期症状表现早且典型；反之，苗期症状出现晚且不明显。本病苗期症状易与其他病毒病、生理病害、根部虫伤、机械伤害等所致症状相混淆，所以上述症状类型只能作为早期诊断的参考。

丝黑穗病和瘤黑粉病在田间诊断时，可从以下两点加以区别：①丝黑穗病主要发生在果穗部，除极特别情况下，叶片中肋生有条状黑粉外，一般不产生黑粉；而瘤黑粉病则在茎秆、叶片、果穗、雄穗甚至根部均可受害，产生病瘤；②丝黑穗病为害果穗时，受害果穗不形成黑瘤，黑粉中杂有丝状寄主维管束残余组织，而瘤黑粉病则在受害部位形成肿瘤，瘤内没有丝状物，果穗受害轻时，仅个别或少数籽粒发病（图3-7）。

图3-7 玉米丝黑穗病症状

二、病原

病原为丝孢堆黑粉菌 [*Sporisorium reilianum* (Kühn) Langdon et Full.]，担子菌门孢堆黑粉菌属。

病部黑粉为冬孢子，冬孢子黄褐色、暗褐色或赤褐色，球形或近球形，表面有细刺。冬孢子间混有不育细胞，近无色，球形或近球形，直径7~16μm。冬孢子在未成熟前集合成孢子球，成熟后分散。黑粉堆外的薄膜由菌丝组成，与瘤黑粉病不同。冬孢子萌发产生有分隔的担子，侧生担孢子。担孢子无色，单胞椭圆形。

病菌发育温度为13~36℃，28℃最适。冬孢子萌发的温度为10~35℃，适温为20~30℃。菌丝生长的温度为10~33℃，适温为25~30℃。冬孢子在pH 4.4~10.0均能萌发，最适pH为4~6。冬孢子在65℃热水中处理30min，或在110℃干热下处理30min都可死亡。冬孢子萌发需要氧气，在水中特别是在蒸馏水中萌发率极低，若在萌发液中加入一定量的麦芽糖、蔗糖、木糖、水解乳糖、甜菜糖、果糖可明显提高萌发率。

三、病害循环

玉米丝黑穗病病菌主要以冬孢子散落在土壤中越冬，有些则混入粪肥或黏附在种子表面越冬。冬孢子在土壤中能存活2~3年，也有报道认为能存活7~8年。结块的冬孢子较分散的冬孢子存活时间长。种子带菌是病害远距离传播的重要途径，带菌种子是病害的初侵染来源之一，但带菌土壤的传病作用更为重要。人工接种时，以菌粉（冬孢子）拌种，发病率很低，而用 0.1%菌土（冬孢子与土壤重量之比为 1/1000）100g 盖种，则发病率可达 70%以上。用病残体和菌土沤粪而未经腐熟，或用病株喂猪，冬孢子通过牲畜消化道并不完全死亡。施用这些带菌的粪肥可以引起田间发病，这也是一个重要的侵染来源。土壤带菌是本病最重要的初侵染源，其次是粪肥，最后是种子。此病无再侵染。

玉米播种后，冬孢子萌发产生担孢子，担孢子结合形成侵染丝，并侵入玉米。侵染部位以胚芽为主，根也可被侵染。玉米 3 叶期以前为病菌主要侵入时期，4～5 叶期以后侵入较少，7 叶期以后不再侵入。病菌侵入后蔓延到生长锥的基部分生组织中，花芽开始分化时菌丝向上进入花器原始体（图 3-8）。有时由于生长锥生长较快，菌丝蔓延较慢，所以未能进入雄穗，这就说明为什么有的病株只在雌穗上发病，而雄穗无病。

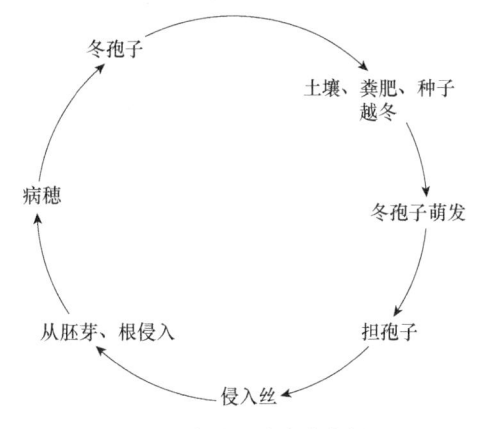

图 3-8　玉米丝黑穗病病害循环图

四、发病条件

玉米丝黑穗病无再侵染，发病轻重取决于土壤环境、品种抗病性和土壤带菌量。另外，整地和播种质量也有一定影响。

（一）土壤环境

病菌侵染的土壤温度为 15～30℃，以 25℃左右最适，且土壤含水量在 20%左右时发病率最高。玉米播种后如遇长期低温条件，则玉米萌芽生长缓慢，而幼苗长时间处于易感染阶段导致发病率升高。因此冷凉山区春玉米早播发病重，迟播病轻，夏秋玉米病很少，如玉米播种后遭遇干旱，则延迟出苗，发病重。反之，玉米催芽或播后土壤湿润，则玉米出苗快，发病轻。此外，整地粗放，覆土过深，幼苗出土慢，病害也重。

（二）品种抗病性

玉米品种间抗病性差异显著，在同一接种条件下，感病品种如'群单 105'，病株率可达 80%以上，中抗品种病株率在 5%～10%，高抗品种病株率小于 5%。抗病性表现为胚轴及胚芽植抗素含量高，抗侵染能力强，幼苗出土快。感病品种的推广是玉米丝黑穗病发生严重的基本原因。品种抗病性的强弱不仅影响当年发病，而且在很大程度上决定着土壤带菌量。

（三）土壤带菌量

土壤带菌量取决于耕作栽培制度和品种抗性，气候因素只对它有较小的间接影响。高感品种春播连作，土壤带菌量迅速增长。据现有观察资料，如以病株率来反映菌量，则每年增长 5～10 倍。即便第一年田间病株率只有 1%，在上述条件下，连作三年后即达 25%～100%。许多地方此病的严重流行都是这样造成的。

五、病害控制

玉米丝黑穗病的防治应采取以选种抗病品种为主，减少初侵染菌源，结合种子处理和农业栽培管理的综合防病措施。

（一）选种抗病品种

选育和种植抗病品种是防治此病最有效、最简便的措施。抗病品种有'丹玉13''吉单101''先玉335''中单2号''吉单141''中单4号''辽单16''辽单18'等。

（二）种子处理

机械播种玉米时，可采用含有5%烯唑醇微粉的种衣剂，在播前进行包衣处理。也可用药剂拌种。拌种的药剂有苯醚甲环唑、戊唑醇等。拌药后，不可闷种或储藏，以免发生药害。

（三）农业栽培管理

1. 合理轮作　重病区或重病田块与非寄主植物实行2～3年以上轮作，并注意不同抗性品种的轮换种植。

2. 拔除病株　结合间苗、追肥和植株抽雄以后拔除病株。植株抽雄后症状明显，而大量冬孢子又尚未形成，可集中力量在3～5d内完成，一次拔掉，把病穗、病瘿摘下，并带出田间深埋，效果好。

3. 施用腐熟的厩肥　用玉米秸秆、枝叶作肥料，必须经充分腐熟后施入田间，以防止病菌进一步扩散。

4. 适当晚播　播前晒种，出苗早，出苗好，可减轻发病。依据墒情，适当浅播，覆土均匀。

第四节　玉米瘤黑粉病

玉米瘤黑粉病又称玉米黑粉病（corn smut），是我国玉米上分布普遍、危害严重的病害之一。一般北方比南方、山区比平原发生普遍且严重。该病对玉米的危害主要是在玉米生长的各个时期形成菌瘿，破坏玉米正常生长所需的营养。病害的危害程度因发病时期、病瘤大小和数量及发病部位而异。通常发生早、病瘤大，尤其是在植株中部及果穗发病时对产量影响较大。病田病株率5%～10%，发病严重时可达70%～80%，有些感病的自交系甚至高达100%。

一、症状

玉米瘤黑粉病在全生育期均可发生，凡是玉米幼嫩器官都可受侵染，一般苗期发病少，抽雄后则迅速增多。受害部位因受病菌代谢产物刺激而形成大小和形状不等的肿瘤（图3-9）。瘤外最初包被由寄主表皮组织形成的灰白色薄膜，故名"灰包"，后变成黑色。病瘤成熟后薄膜破裂，散出大量黑粉（冬孢子）。

玉米苗长到3～5叶期，在幼苗茎基部即可显示病瘤，

图3-9　玉米瘤黑粉病症状

单生或串生。病重时，植株叶片扭曲，紊乱呈畸形，甚至枯死。叶片上病瘤多分布在叶片基部中肋两侧或叶鞘上，常密集成串成堆凸起，反面则凹入，大小如谷粒或豆粒，成熟后变干变硬，内部很少形成黑粉。茎部病瘤多在各节基部，腋芽受侵染后组织增生突破叶鞘而成，大小和数量不等，大的直径可达 15cm 左右。雄花部分小花受侵染后长出数量不等的串状或角状小瘤。雄穗轴及其以下的节也可见病瘤。有时雄花感病后可变成两性花或出现雌穗。雌穗多在上半部，少数小花受害而生病瘤，偶有整个雌穗变成病瘤而不结籽的，病瘤常突破苞叶外露。气生根也可受害生成病瘤。

二、病原

病原为玉米瘤黑粉菌［*Ustilago maydis*（DC.）Corda］，担子菌门黑粉菌属。

冬孢子球形或椭圆形，暗褐色，壁厚，表面有细刺状突起。冬孢子萌发时，产生有 4 个细胞的担子（先菌丝），担子顶端或分隔处侧生 4 个梭形、无色的担孢子。担孢子还能以芽殖的方式形成次生担孢子，担孢子和次生担孢子均可萌发（图 3-10）。

冬孢子萌发的温度为 5～38℃，适温为 26～30℃，在水中和相对湿度 98%～100%的条件下均可萌发。担孢子和次生担孢子的萌发适温为 20～26℃，侵入适温为 26～35℃。冬孢子无休眠期。自然条件下，分散的冬孢子不能长期存活，但集结成块的冬孢子，无论在地表或土内存活期都较长。在干燥条件下经过 4 年仍有 24%的萌发率。担孢子和次生担孢子对不良环境忍耐力很强，干燥条件下 5 周才死亡，这对病害的传播和再侵染起着重要作用。

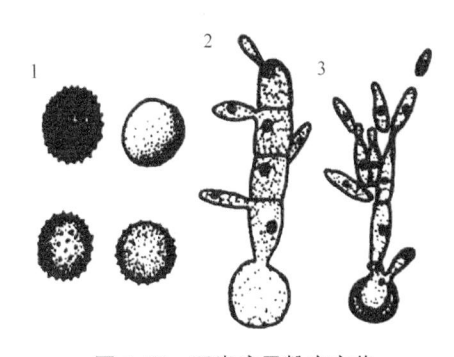

图 3-10 玉米瘤黑粉病病菌
（侯明生和黄俊斌，2006）
1. 冬孢子；2. 担子；3. 担孢子

三、病害循环

病菌主要以冬孢子在土壤和病残体上越冬，混在粪肥里的冬孢子也是其侵染来源，黏附于种子表面的冬孢子虽然也是初侵染源之一，但不起主要作用。越冬的冬孢子在适宜条件下萌发产生担孢子和次生担孢子，随风雨传播，以双核菌丝直接穿透寄主表皮，或从伤口侵入叶片、茎秆、节部、腋芽和雌雄穗等幼嫩的分生组织。冬孢子也可直接萌发产生侵染丝侵入玉米组织，特别是在水分和湿度不够时，这种侵染方式可能更普遍。侵入的菌丝只能在侵染点附近扩展，在生长繁殖过程中分泌类似生长素的物质刺激寄主的局部组织增生、膨大，最后形成病瘤。病瘤内部产生大量黑粉状冬孢子，随风雨传播，进行再侵染（图 3-11）。玉米抽穗前后为发病盛期。在春夏玉米混作区，春玉米病株为夏玉米提供更多的病菌，因此夏玉米发病重于春玉米。玉米瘤黑粉病病菌菌丝在叶片和茎秆组织内可以蔓延一定距离，在叶片上可形成成串的病瘤。

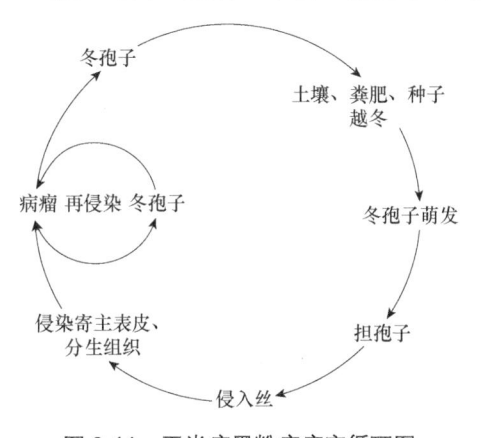

图 3-11 玉米瘤黑粉病病害循环图

四、发病条件

玉米瘤黑粉病的发生程度与品种抗病性、菌源数量和环境条件等因素密切相关。

(一) 品种抗病性

目前尚未发现免疫品种。品种间抗病性存在差异，自交系间的差异更为显著。一般杂交种较抗病，硬粒玉米抗病性比马齿型强，糯玉米和甜玉米较感病；早熟品种比晚熟品种病轻；耐旱品种比不耐旱品种抗病力强；果穗的苞叶长而紧密的较抗病。

(二) 菌源数量

玉米收获后不及时清除病残体，施用未腐熟的粪肥，多年连作田间会积累大量冬孢子，发病严重。较干旱少雨的地区，在缺乏有机质的沙性土壤中，残留在田间的冬孢子易于保存其生活力，次年的初侵染源量大，所以发病常较重；相反在多雨的地区，在潮湿且富含有机质的土壤中，冬孢子易萌发或易受其他微生物作用而死亡，所以该病发生较轻。

(三) 环境条件

高温、潮湿、多雨地区，土壤中的冬孢子易萌发后死亡，所以发病较轻；低温、干旱、少雨地区，土壤中的冬孢子存活率高，发病严重。玉米抽雄前后对水分特别敏感，是最易感病的时期。如此时遇干旱，则抗病力下降，极易感染瘤黑粉病。前期干旱，后期多雨，或旱湿交替出现，都会延长玉米的感病期，有利于病害发生。此外，暴风雨、冰雹、人工作业及螟害均可造成大量损伤，也有利于病害发生。

五、病害控制

玉米瘤黑粉病的防治措施应采取以选用抗病品种为主，减少菌源为前提，加强栽培管理、种子处理及化学防治为辅的综合防治措施。

(一) 选用抗病品种

加强培育和因地制宜地利用抗病品种是控制玉米瘤黑粉病发生危害的重要措施。目前生产上有些品种对玉米瘤黑粉病表现出较好的抗性，如'哲单37''绿单1号''丰单4号''德美亚3号'等。

(二) 减少菌源

在病瘤未破裂之前，将各部位的病瘤摘除，并带出田外集中处理；收获后彻底清除田间病残体，秸秆用作肥料时要充分腐熟；重病田实行2～3年轮作。

(三) 加强栽培管理

合理密植，避免偏施、过施氮肥，适时增施磷、钾肥。灌溉要及时，特别是抽雄前后要保证水分供应充足；及时防治玉米螟，尽量减少耕作时的机械损伤。

（四）种子处理

玉米播前可采用15%粉锈宁、3%苯醚甲环唑悬浮种衣剂或6%戊唑醇悬浮种衣剂拌种或包衣，均能有效减少瘤黑粉病的发生。

（五）化学防治

玉米未出苗前可用50%克菌丹可湿性粉剂200倍液进行土表喷雾，以减少初侵染菌源。病瘤未出现前可用15%三唑酮或50%克菌丹可湿性粉剂对植株喷雾，以降低发病率。

第五节　玉米弯孢霉叶斑病

玉米弯孢霉叶斑病（corn curvalaria leaf spot），又称黄斑病、拟眼斑病或黑霉病，目前在河南、河北、山东、辽宁、吉林等玉米产区发生严重。玉米弯孢霉叶斑病主要发生在玉米生长中后期，一般减产20%~30%，发病严重的减产50%以上。由于玉米弯孢霉叶斑病发病时蔓延迅速，严重时叶部病斑密集连成片，发病重的玉米地块病株率及病叶率可高达100%。目前，已成为我国玉米产区的重要病害之一。

一、症状

玉米弯孢霉叶斑病主要为害叶片，也可侵染叶鞘和苞叶。初生淡黄色小斑点，逐渐扩展为圆形至椭圆形褪绿透明斑，大小为（0.5~4.0）mm×（0.5~2.0）mm；病斑中央乳白色，边缘为黄褐色或红褐色，病斑外围有浅黄色晕圈。湿度大时，病斑正反两面均可见灰黑色霉状物，即分生孢子和分生孢子梗，后期叶片局部或全部枯死（图3-12）。

二、病原

病原为新月弯孢霉 [*Curvularia lunata*（Walker）Boed.] 和不等弯孢霉 [*Curvularia inaequalis*（Shear）Boed.]，均属无性孢子类真菌弯孢霉属。

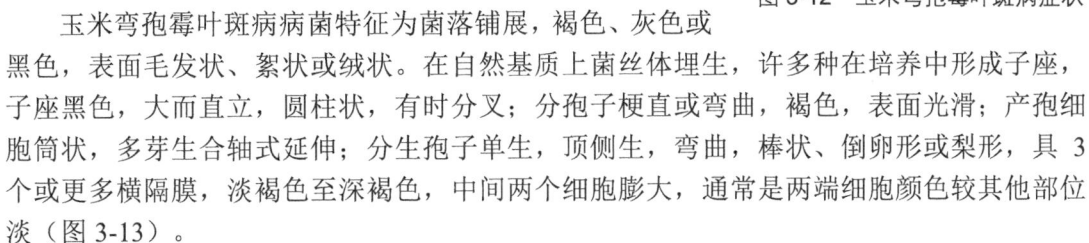

图3-12　玉米弯孢霉叶斑病症状

玉米弯孢霉叶斑病病菌特征为菌落铺展，褐色、灰色或黑色，表面毛发状、絮状或绒状。在自然基质上菌丝体埋生，许多种在培养中形成子座，子座黑色，大而直立，圆柱状，有时分叉；分孢子梗直或弯曲，褐色，表面光滑；产孢细胞筒状，多芽生合轴式延伸；分生孢子单生，顶侧生，弯曲，棒状、倒卵形或梨形，具3个或更多横隔膜，淡褐色至深褐色，中间两个细胞膨大，通常是两端细胞颜色较其他部位淡（图3-13）。

玉米弯孢霉叶斑病病菌的存活温度是9~38℃，最适温度为28~32℃。分生孢子在相对湿度大于98%时即可萌发，在水滴中萌发率高。光照不影响菌丝的生长速度，但可促进气生菌丝的生长，使菌落颜色变为灰白色。

三、病害循环

病菌以分生孢子或菌丝体在病株和病残体上越冬,翌年随风雨、气流传播侵入玉米植株叶片,在外界条件适宜的条件下,分生孢子2h就可萌发并直接侵入玉米叶片,7~10d后植株表现症状并产生分生孢子引起再侵染(图3-14)。

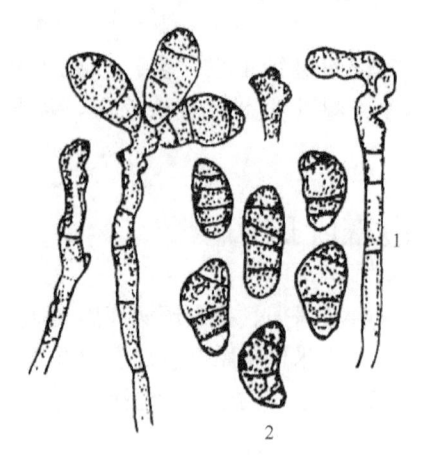

图 3-13　玉米弯孢霉叶斑病病菌(董金皋,2018)
1. 分生孢子梗;2. 分生孢子

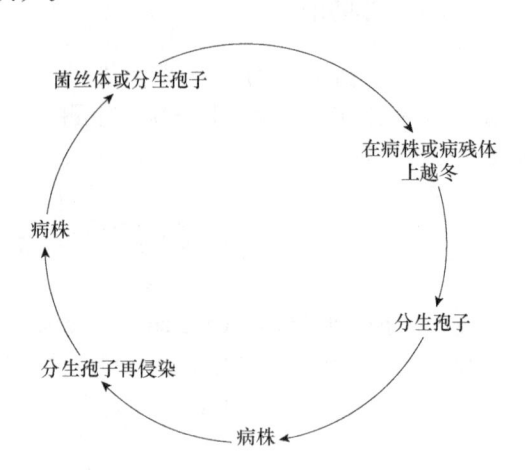

图 3-14　玉米弯孢霉叶斑病病害循环图

四、发病条件

影响田间玉米弯孢霉叶斑病发病情况的主要因素有品种抗病性、菌源数量、气候条件和栽培耕作措施等。

(一)品种抗病性

品种与病害发生轻重关系密切。目前生产中的大部分品种由于种植年限较长,抗病性减弱甚至丧失,有利于弯孢霉叶斑病病菌侵染和繁殖,造成田间发病较重。

(二)菌源数量

玉米弯孢霉叶斑病病菌能在土壤里以菌丝体或分生孢子形式越冬。玉米种植面积大,很少实行轮作或间作等栽培措施,部分农民有收获后将玉米秸秆堆放在田里的习惯,使田里堆放的玉米秸秆成为翌年的初侵染来源。

(三)气候条件

玉米弯孢霉叶斑病的发病期为6~8月,此时气候条件为高温、多雨、空气湿度大。夏天高温高湿的环境条件有利于弯孢霉叶斑病病菌分生孢子的萌发、侵染和传播,导致病害暴发流行。而近年来,冬天气温逐年升高,也有利于玉米弯孢霉叶斑病病菌的越冬。7~8月高温、高湿或多雨的季节利于该病的发生和流行。

(四)栽培耕作措施

玉米种植过密、涝洼地及连作地发病较重。玉米早播病轻,晚播发病重。

五、病害控制

玉米弯孢霉叶斑病控制以种植抗病品种为主,农业栽培措施和化学防治为辅。

(一)种植抗病品种

种植抗病品种是防治玉米弯孢霉叶斑病最经济有效的方法,抗病品种有'东单606''丹玉39''四单19''本玉9号'等。在选择玉米弯孢霉叶斑病的抗病品种时应明确当地的生理小种,针对不同的生理小种选择不同的抗病品种,并且要注意抗病品种的合理配置和轮换种植,避免大面积种植单一品种。

(二)农业栽培措施

初侵染源病菌的积累是玉米弯孢霉叶斑病流行的主要原因,玉米连作时会加重病害的发生,因此应注意适时轮作。高密度种植使得田间通风、透光条件变差,有利于弯孢霉叶斑病的侵染和流行,所以应合理密植,合理间作套种。玉米生长前期施足基肥,并配合增施磷钾肥,后期适时追肥,提高植株抗病力。施用氮肥过多、长期深水淹灌及稻株生长不良等,病害常发生较重。

(三)化学防治

病害发生初期及时喷药防治,可选用250g/L嘧菌酯悬浮剂、80%代森锰锌可湿性粉剂、25%丙环唑乳油、75%百菌清可湿性粉剂、50%克菌丹可湿性粉剂、50%多菌灵可湿性粉剂、70%甲基硫菌灵可湿性粉剂、50%福美双可湿性粉剂、10%苯醚甲环唑水分散颗粒剂等,一般田间发病率在10%时防治效果明显。

◆ 第六节 玉米茎基腐病

玉米茎基腐病(corn stalk rot)也叫茎腐病或青枯病,是典型的土传性病害,属世界性病害。美国的玉米每年因此病减产10%~20%,重病区达25%~30%,甚至超过50%,是美国玉米的首要病害。法国和英国因此病造成的损失达10%,其中甜玉米损失更大。在我国,东起浙江,南达广西,西至新疆,北至黑龙江都有发生。一般年份发病率5%~10%,严重年份可达20%~30%,个别地区可高达50%~60%,减产25%,重者甚至绝收。

一、症状

茎部症状一开始在茎基节间产生纵向扩展的不规则状褐色病斑,随后缢缩、变软,后期茎内部空松,剖茎检视见组织腐烂。维管束丝状游离,可见白色或粉红色菌丝。茎秆腐烂,自茎基第一节开始向上扩展,达第二、第三节,甚至第四节,极易倒折。叶片症状主要有三种类型:青枯型、黄枯型和青黄枯型,以前两种为主。青枯型发病后叶片自下而上迅速枯死,呈灰绿色、水烫状或霜打状,历时短;黄枯型病发后叶片自下而上逐渐黄枯。茎基腐病发生后期,果穗苞叶青干,呈松散状,穗柄柔韧,果穗下垂,不易剥离,穗轴柔软,籽粒干瘦,脱粒困难(图3-15)。

二、病原

病原主要有腐霉菌和镰孢菌。腐霉菌主要种类有瓜果腐霉 [*Pythium aphanidermatum* (Eds.) Fitzp]、肿囊腐霉 (*P. inflatum* Matth)、禾生腐霉 (*P. gramineacola* Subram)，属卵菌门腐霉属；镰孢菌主要种类有禾谷镰孢 (*Fusarium graminearum* Schawbe, 图 3-16) 和串珠镰孢 (*F. moniliforme* Sheld.)，属半知菌类镰孢属。禾谷镰孢的有性态为玉蜀黍赤霉菌 [*Gibberella zeae* (Schw.) Petch]；串珠镰孢的有性态为串珠赤霉菌 (*Gibberella moniliformis* Wineland)。

图 3-15　玉米茎基腐病症状

图 3-16　禾谷镰孢

禾谷镰孢在高粱粒或麦粒上培养易产生大型分生孢子，分生孢子多数有 3～5 个隔膜，且不产生小型分生孢子和厚垣孢子（图 3-16）。在麦粒上可产生黑色球形的子囊壳，子囊棍棒形，子囊孢子纺锤形，双列斜向排列，1～3 个隔膜。串珠镰孢分生孢子一般呈串珠状，菌落呈橘梗紫色或粉红色。

瓜果腐霉菌丝发达，白色棉絮状，游动孢子囊丝状，不规则膨大，小裂瓣状，孢子囊可萌发产生泄管，泄管顶端着生一泡囊，泡囊破裂释放出游动孢子。藏卵器平滑，顶生或间生，每一个藏卵器与一个雄器相结合，卵孢子壁平滑、不满器。

肿囊腐霉菌丝纤细，游动孢子囊呈裂瓣状膨大，形成不规则球形突起，藏卵器球形，光滑，顶生或间生，雄器异生，每个藏卵器上有 2～3 个雄器。卵孢子球形，光滑，满器或近满器。

禾生腐霉菌丝不规则分枝。游动孢子囊由菌丝状膨大产生，形状不规则，顶生或间生。藏卵器球形，光滑，顶生或间生。雄器棍棒形、卵形、亚球形或桶形，通常雌雄同丝，偶见异丝。每个藏卵器上有 1～6 个雄器，卵孢子球形，光滑。

有关玉米茎基腐病的病原学争论较多，目前多数研究认为：腐霉菌（以肿囊腐霉、禾生腐霉、瓜果腐霉为主）和镰孢菌（禾谷镰孢和串珠镰孢）均是主要的致病菌，但因生态区的不同，所以一个地区的病原以其中一种或两种为主。例如，北京、浙江地区以腐霉菌为主，镰孢菌为辅；而在河北、辽宁主要是腐霉菌和镰孢菌的复合侵染；在山西串珠镰孢和腐霉菌均是主要致病菌；广西以串珠镰孢为主，还有同色镰孢；黑龙江以禾生腐霉和禾谷镰孢为主；吉林以禾谷镰孢为主，串珠镰孢和腐霉菌为辅。由此，可把国内玉米茎基腐病病原组成分为3种类型：①以肿囊腐霉、禾生腐霉侵染为主的类型；②以禾谷镰孢、串珠镰孢侵染为主的类型；③以瓜果腐霉和禾谷镰孢复合侵染为主的类型。

三、病害循环

玉米茎基腐病属于土传病害。禾谷镰孢以菌丝和分生孢子，腐霉菌以卵孢子在病株残体组织内外及土壤中存活越冬，并成为第二年的主要侵染源。种子可携带串珠镰孢分生孢子，带有镰孢菌的植株残体可以产生子囊壳，翌年春季条件适合时释放出子囊孢子，借气流传播进行初次侵染。种子带菌也是田间初侵染来源，分生孢子和菌丝体借风雨、灌溉、机械和昆虫进行传播，在温暖潮湿的条件下进行再侵染（图3-17）。

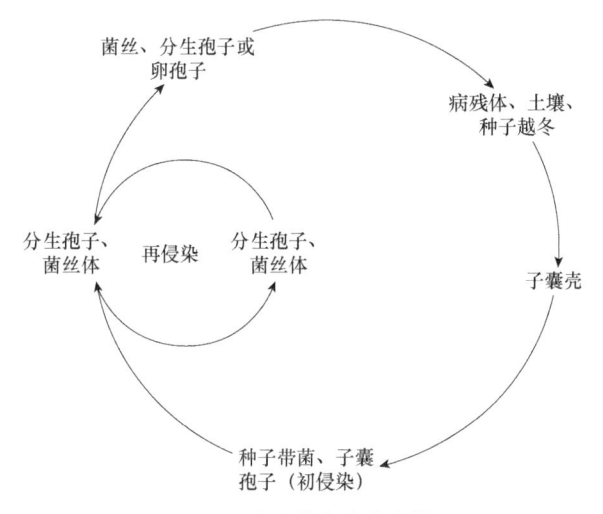

图3-17 玉米茎基腐病病害循环图

病菌自伤口或直接侵入根颈、中胚轴和根，使根腐烂。地上部叶片和茎基由于得不到水分的补充而发生萎蔫，最终导致叶片呈现黄枯或青枯、茎基缢缩、果穗倒挂、整株枯死。由于玉米茎基腐病是以苗期侵染为主，全生育期均可侵染的病害，因此前期侵染的病菌可以潜伏在病根组织内，待玉米进入散粉-灌浆期，潜伏的病菌进入基髓部，并逐渐向地上部各节扩展，甚至进入穗轴，但一般是在茎基部显症呈茎基腐状。从侵染过程来看，品种间对两种病菌的侵入时间无显著差异，而对同一品种，镰孢菌和腐霉菌的侵入所需时间不同，并受温度、湿度的制约。一般低温、低湿有利于禾谷镰孢侵染，而高湿有利于腐霉菌侵染。

四、发病条件

玉米茎基腐病的发生与品种抗病性、气象条件、耕作与栽培措施有着密切关系。

（一）品种抗病性

品种间对茎基腐病抗病性差异显著，但同一品种对腐霉菌和镰孢菌的抗病性无显著差异，即抗腐霉菌的品种也抗镰孢菌，反之亦然。

（二）气象条件

玉米灌浆期至成熟期的气候条件，特别是降水量与发病关系密切。一般认为玉米散粉期至乳熟初期遇大雨，雨后暴晴，发病重；久雨乍晴，气温回升快，青枯症状出现较多。在夏玉米生长前期干旱，中期多雨，后期温度偏高的年份发病较重。

（三）耕作与栽培措施

连作年限越长，土壤中累积的病菌越多，发病重；而生茬地菌量少，发病轻。一般早播和早熟品种发病重，适期晚播或种植中晚熟品种可延缓和减轻发病。一般平地发病轻，岗地和洼地发病重。土壤肥沃、有机质丰富、排灌条件良好、玉米生长健壮的发病轻；而砂土地、土质瘠薄、排灌条件差、玉米生长弱的发病重。

五、病害控制

防治策略采取以选育和种植抗病品种为主，以农业防治、化学防治为辅的综合防治措施。

（一）选育和种植抗病品种

选育和种植抗病、耐病优良品种是防治茎基腐病的经济有效的措施。近几年来，我国选育和鉴定出了一些兼抗自交系及兼抗杂交种和杂交组合，各地可因地制宜选用一些优良抗病品种，如'丹玉39''东单60''铁单10号''沈单10号''吉单209'等。

（二）农业防治

通过合理施肥、合理密植、改造下湿地等增强玉米抗病性，创造不利于茎基腐病发生的生态环境。不偏施氮肥，增施钾肥可明显降低发病率。在施足基肥的基础上于玉米拔节期或孕穗期增施钾肥或氮磷钾配合施用，防病效果好。严重缺钾地块，每公顷施硫酸钾100~150kg；缺钾时，每公顷可施硫酸钾75~105kg。大田试验表明，每公顷用硫酸钾18~30kg作种肥，防效可达90%以上。在保证增产的前提下，避免过早播种，使玉米感病阶段避开适宜发病的气候条件。玉米收获后彻底清除田间病残体，集中烧毁或高温沤肥，以减少侵染源。坚持每1~2年轮作倒茬一次，深翻土地，清除病残株，秸秆肥充分发酵后再施用，以减少土壤菌源量。发病重的地块可与水稻、甘薯、马铃薯、大豆等作物实行2~3年轮作。

（三）化学防治

播种前可用氰烯菌酯、甲基唪菌灵等拌种。玉米生物型种衣剂拌种（种子与种衣剂的重量比为1∶40）或木霉菌肥对玉米茎基腐病有一定的防效。及时用药防治玉米螟、黏虫等害虫，可减少茎基腐病的发生。

第七节 玉米粗缩病

玉米粗缩病是由粗缩病毒引起的一种病毒病,俗称坐坡,主要发生在捷克、意大利、以色列等国。20世纪60年代初,在我国河北省保定市郊发生了玉米粗缩病。60多年来,该病在我国东北、华北逐渐扩展,给玉米生产带来了严重损失。80年代以后,通过综合防治该病得到一定控制。90年代至今,玉米粗缩病的扩展速度逐年上升,在山东、山西、河北、北京、天津、陕西、云南等地都有发病严重甚至出现绝产的报道。玉米粗缩病已成为我国乃至世界玉米生产中的主要病害。

一、症状

玉米植株整个生育期都可被粗缩病毒侵染,特别是苗期受害最重。初期症状是在幼叶中脉两侧的细脉间有透明虚线小点,以后透明小点逐渐增多,叶背面的叶脉上产生粗细不一的蜡白色突起,手摸有明显的粗糙感。病株叶片浓绿,节间短,植株矮化,顶叶簇生,株高一般不及正常植株的一半。发病轻者雄穗发育不良,散粉少,雌穗稍短粒少。重者雄穗不能抽出或无花粉,雌穗畸形不结实或结实极少。

二、病原

病原为水稻黑条矮缩病毒(rice black-streaked dwarf virus,RBSDV),属斐济病毒属。

在病株和带毒虫体内的病毒粒体为球状,直径80~90nm(图3-18)。病毒稀释限点为$10^{-5} \sim 10^{-4}$,钝化温度为50~60℃,10min。在4℃条件下体外存活期为6d,在-35~-30℃经232d仍可保持高度侵染性。昆虫介体主要是灰飞虱,其次是白飞虱和白带飞虱。带毒飞虱可终生传毒,但不能经卵传递。

RBSDV寄主范围广泛,除玉米外,还可侵染水稻、大麦、小麦、谷子、高粱、看麦娘、稗、早熟禾、野燕麦、狗尾草、马唐等植物。

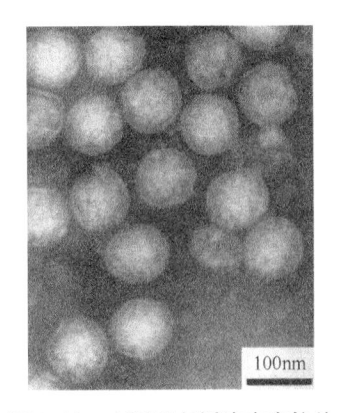

图3-18 水稻黑条矮缩病毒粒体
(洪健等,2001)

三、病害循环

水稻黑条矮缩病毒可在冬小麦上越冬,也可在多年生禾本科杂草及越冬灰飞虱的3龄和4龄若虫体内越冬,成为第二年的初侵染源。灰飞虱一年发生5~6代。玉米出苗后,灰飞虱陆续从小麦向玉米上转移,将病毒传播至玉米上。灰飞虱的活动越频繁,玉米粗缩病发生越重。第1代灰飞虱发生于4月下旬至6月下旬,主要为害春玉米和早播夏玉米。第2代和第3代发生于6月上旬至8月上旬,为害麦茬玉米。第3代和第4代迁至高粱、自生麦和稗草上越夏。至秋季小麦出土后,第5代灰飞虱成虫迁入麦田传毒。最后以第6代3龄和4龄若虫越冬(图3-19)。因玉米不是灰飞虱的适宜寄主,而在长江中下游地区玉米生长季节又有适宜灰飞虱生存的水稻寄主存在,故玉米粗缩病不像华北和西北地区那么严重,但在该地区的北部,病害有逐年加重的趋势。

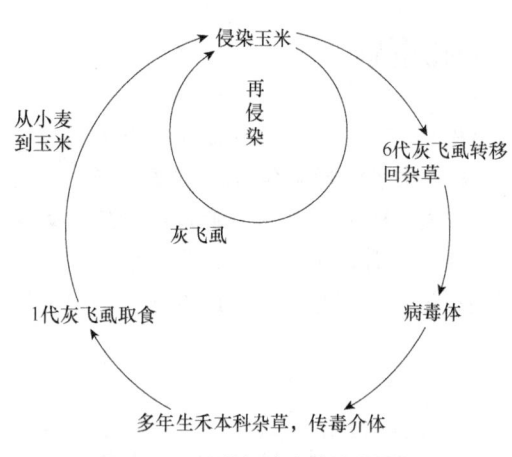

图 3-19 玉米粗缩病病害循环图

四、发病条件

玉米粗缩病的发生程度与毒源量、播期、气象条件、寄主抗病性及栽培因素有关。

（一）毒源量

各种禾本科作物和杂草是玉米粗缩病的寄主植物。近年来由于除草不利，田边、路旁、沟渠及沟边杂草丛生，为传毒的灰飞虱滋生繁衍提供了良好的条件，积累了大量的毒源。在生产中，杂草多、管理粗放的玉米田比管理精细、杂草少的发病重。前茬为小麦且丛矮病发生重的地块发病重。这是由于小麦丛矮病株中混有玉米粗缩病的病毒，而它们都是由同一种昆虫——灰飞虱传播引起的。

（二）播期

据多年调查统计，播期不同发病程度差异显著。发病轻重依次为：春播田＞麦套田＞麦后直播田，这是灰飞虱的发生活动规律导致的。

（三）气象条件

近年来，秋冬季温度偏高，灰飞虱传毒为害的时间拉长，越冬寄主毒源增多。春季多干旱，春玉米及麦田早套玉米制种田生长缓慢，长势弱，抗病能力下降。而干旱则更有利于灰飞虱的生长发育，促使其大量迁飞传毒蔓延。

（四）寄主抗病性

品种间对玉米粗缩病的抗性有一定的差异，当前所推广的品种中均未发现免疫。自交系最易感病，掖单系列杂交种也感病，'沈丹7号'和'丹玉13'等中度抗病，'京早11'和'科早7号'等一些新品种较抗病。'农大108''中育4号''中育5号''农单4号''农单7号'等品种高度抗病。一般玉米出苗至7叶期对病毒敏感，10叶期后寄主抗病性增强。

（五）栽培因素

玉米与小麦套种或与棉花、蔬菜等插花一起种植，发生重。晚播春玉米及早播夏玉米发病较重。玉米田管理粗放，田边、沟渠边、路旁杂草多，有利于灰飞虱栖息，产卵繁殖，导致虫量大，带毒率高，病害发生重。

五、病害控制

玉米粗缩病的防治应以选育和利用抗病品种为主，以合理安排茬口、调整播期，加强栽培管理和化学防治为辅。

（一）选育和利用抗病品种

品种间的抗病性差异明显，一般马齿型单交种抗病，因此种植抗病品种是防治玉米粗缩病最简单又经济有效的方法。目前较抗病的品种有'京早11''科早7号''农大108''中育4号''中育5号''农单4号''农单5号''农单7号'等。

（二）合理安排茬口、调整播期

合理安排茬口、切断传播途径是预防粗缩病发生的一种有效方法，以避开病害侵染高峰期。生产中可采用套种玉米或带苗移栽的办法，提前播种，待灰飞虱高发期时，夏玉米已生长健壮，从而大大提高了自身抗病能力和抗侵染能力。

（三）加强栽培管理

玉米除自身抗病外，必须加强栽培管理，及时中耕，结合间苗、定苗及时拔除田间病株，彻底清除田间杂草，消灭带毒寄主，减少侵染源，施足基肥，合理追肥，调节 N、P、K 的比例，适当增施 Zn、Fe 等微肥，适时浇水，以提高抗病力。

（四）化学防治

在玉米播种前后和苗期，对玉米田及其附近杂草喷施 25%吡虫啉 4000~6000 倍液或 40% 久效硫 1500~2000 倍液等杀虫剂，控制灰飞虱数量。

第四章
薯类病害

薯类作物包括甘薯和马铃薯。全世界报道的甘薯病害有 50 多种，其中我国已发现近 30 种。发生比较普遍而危害较重的有甘薯黑斑病、甘薯根腐病、甘薯瘟病、甘薯茎线虫病和甘薯软腐病等。全世界已报道的马铃薯病害有近百种，在我国危害较重，造成损失较大的有 15 种。我国马铃薯种植区大致可分为 4 类，各种植区病害的种类和分布有所不同：①一季作区，包括东北、华北北部和西北地区，主要病害有晚疫病、花叶病毒病、卷叶病毒病、黑胫病、环腐病和丝核菌病等。②四季作区，包括黄河、长江中下游地区，主要病害有花叶病毒病、细菌性青枯病、疮痂病、早疫病等。③冬作区，包括华南诸省，主要病害有花叶病毒病、细菌性青枯病，晚疫病偶有发生。④多种种植区，包括四川、云南、贵州、湖北等西南诸省，主要病害有晚疫病、病毒病、青枯病、癌肿病和粉痂病等。我国马铃薯产区因病害的危害，可减产 10%～30%，严重的可达 70%以上。

◆ 第一节　马铃薯病毒病

马铃薯病毒病是马铃薯生产上的重要病害之一。马铃薯是无性繁殖作物，因此植株一旦受到病毒侵染后，病毒会随着连年的种植通过无性繁殖材料在植株内不断积累、世代传递，导致危害不断加重，产量大幅降低。病毒病一般可造成马铃薯减产 20%～50%，严重发病时甚至能减产 80%以上。

一、症状

马铃薯病毒病是由多种植物病毒侵染引起的，不同病毒的单独侵染、复合侵染及品种间抗性的差异，均能引起不同的症状。常见的症状主要有花叶型和卷叶型。

普通的花叶症状发病轻微，植株生长发育正常，块茎也无明显症状，叶片平展无皱缩，叶脉间出现深绿浅绿相间或黄绿相间的轻花叶，有时也可在褪绿部位产生坏死斑点。温度过高和过低时可能出现"隐症"现象。

重花叶症状，初期在植株中上部叶片产生斑驳花叶症状，有时也会产生褐色枯斑。随着病情发展，叶部形成黑色坏死斑，叶脉坏死并能蔓延至叶柄、茎秆形成褐色条斑，有时伴随严重的叶片皱缩畸形，叶片逐渐坏死干枯但不易脱落，病株块茎变小（图4-1）。

卷叶型症状的典型表现为叶片边缘向上卷曲，叶

图 4-1　马铃薯 Y 病毒引起的马铃薯重花叶症状
（https://blogs.cornell.edu/potatovirus/pvy/pvy- symptoms-and-diagnosis/ ）

片呈圆筒状。植株幼嫩叶片首先显症，再向老叶扩展，叶片变浅、变小、增厚，叶背基部可呈现粉红色、红色或紫红色，病株块茎变小，薯肉有锈色网纹斑。

二、病原

侵染马铃薯的病毒种类很多，目前已报道的病毒有近 40 种，如马铃薯 Y 病毒（potato virus Y，PVY）、马铃薯卷叶病毒（potato leaf roll virus，PLRV）、马铃薯 X 病毒（potato virus X，PVX）、马铃薯 S 病毒（potato virus S，PVS）、马铃薯 A 病毒（potato virus A，PVA）、马铃薯 M 病毒（potato virus M，PVM）、马铃薯纺锤块茎类病毒（potato spindle tuber viroid，PSTVd）等，其中 PVY 和 PLRV 相对更为普遍，影响更为严重。

PVY 是马铃薯 Y 病毒科（Potyviridae）和马铃薯 Y 病毒属（*Potyvirus*）的典型成员。PVY 病毒粒子为弯曲线状，长 680~900nm，直径约 11nm，含有一条约 9.7kb 的正义单链基因组 RNA，其 5′ 端共价结合 VPg 蛋白，3′ 端存在 poly（A）尾巴，共编码一个大的多聚蛋白，后能切割成 10 个成熟蛋白（图 4-2）。PVY 主要通过蚜虫以非持久性的方式传播，主要介体为桃蚜，也可通过病株汁液摩擦和嫁接的方式传播。PVY 寄主范围广泛，可侵染茄科、豆科等 30 多个属的植物，主要为害烟草、茄子、番茄、辣椒等茄科作物。根据对寄主植物的致病性差异，我国感染马铃薯的 PVY 可分为 6 个株系：PVY^N、PVY^O、$PVY^{N:O}$、PVY^{NTN}、PVY^{NW} 和 PVY^{N-Wi}。

PLRV 是马铃薯卷叶病毒属（*Polerovirus*）的成员。PLRV 病毒粒子为球状，直径 24nm，含有一条长约 6kb 的正义单链基因组 RNA，其 5′ 端共价结合 VPg 蛋白，3′ 端没有 poly（A）尾，共编码 7 个蛋白质（图 4-3）。PLRV 主要通过介体蚜虫以循回非增殖型、持久性方式传播，主要介体为桃蚜、棉蚜和马铃薯蚜，其寄主主要有马铃薯、番茄、洋酸浆、曼陀罗等。

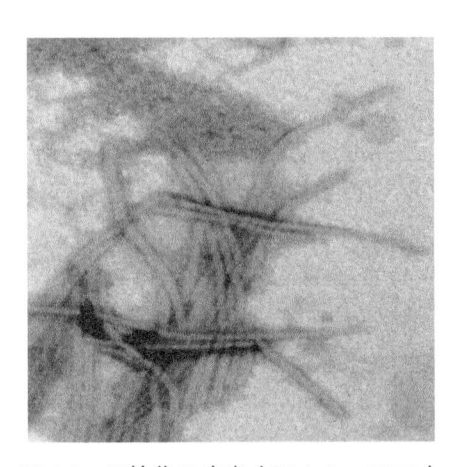

图 4-2 马铃薯 Y 病毒（El-Aziz，2020）

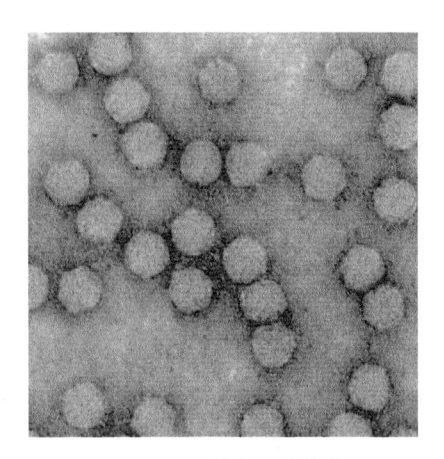

图 4-3 马铃薯卷叶病毒（van den Heuvel et al., 2011）

三、病害循环

马铃薯是无性繁殖作物，因此病毒主要在带毒种薯中越冬，并作为田间发病的初侵染源。PVY、PLRV 等病毒主要通过介体蚜虫的取食和迁飞，在病株和健株之间传播病毒。部分病毒如 PVX，也可以通过农事操作过程中农具、人员衣物等与病株、健株的摩擦进行传播（图 4-4）。

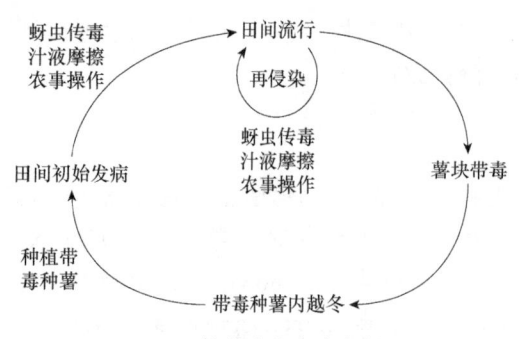

图 4-4 马铃薯病毒病病害循环图

四、发病条件

玉米大斑病的发生流行，主要与品种的抗性、气象条件密切相关。

（一）品种的抗性

带毒种薯是马铃薯病毒病最主要的初侵染源，因此选用优良无毒种薯则病害发生轻。

（二）气象条件

温暖、干旱条件下，蚜虫发生量大，利于病毒的传播蔓延，发病重；气温偏低、多雾或多降水，不利于蚜虫的繁殖，则发病较轻。另外，适当高温有利于病毒增殖，且潜育期短，显症较快。

五、病害控制

马铃薯病毒病的防控要以选用无毒种薯、选用抗病品种为核心，治蚜防病，再配合以农业防治等措施。

（一）选用无毒种薯

选用无毒种薯，控制初侵染源是防治马铃薯病毒病最为有效的措施，因此应建立统一的种薯繁育基地。可采用茎尖脱毒等技术批量生产无毒种薯，也可利用实生种子生产无毒种薯。

（二）选用抗病品种

由于马铃薯病毒种类多、株系复杂，因此很难获得对各种病毒具有广谱抗性的优良品种。可以根据种植区域的病毒优势株系的发生情况，合理选用抗病品种，如'克新 1 号''东农 303''中薯 4 号'等对 PVY 有较好抗性，'抗疫 1 号''渭会 4 号'等对 PLRV 有较好抗性。

（三）治蚜防病

田间悬挂黄板诱杀蚜虫或者利用银膜驱避蚜虫，配合喷雾施用 50%抗蚜威可湿性粉剂、50%可湿性粉剂等杀虫剂，控制田间介体蚜虫数量，减少病害的传播。

（四）农业防治

适期播种，尽量将薯块形成时期控制在低温季节，避免高温下结薯。加强田间栽培管理，及时清除田间杂草，拔除早期发病植株。合理施肥、中耕培土，增强植株抗病性。

◆ 第二节　马铃薯晚疫病

由致病疫霉（*Phytophthora infestans*）引起的马铃薯晚疫病已逐渐成为影响马铃薯产量的

重要病害，发生严重时具有毁灭性。我国每年因该病害造成巨大的经济损失，它可以侵染马铃薯的茎、叶和薯块等组织器官。马铃薯晚疫病在凡是种植马铃薯的地区都有发生。马铃薯晚疫病在低温潮湿条件下，几天内即可毁坏整个马铃薯田地。1845 年导致百万人口死亡的爱尔兰大饥荒，就是马铃薯晚疫病大暴发导致的。我国首次发现马铃薯晚疫病是在 1940 年，20 世纪 80 年代后，全国范围内的马铃薯主产区几乎每年都有晚疫病的发生，这给马铃薯生产造成了严重的经济损失。21 世纪以来，晚疫病在世界各马铃薯主产区的频频发生及其所造成危害的严重程度，引起了国际社会的极大关注。因此，马铃薯晚疫病的防治成为当前世界马铃薯生产和育种中优先考虑的目标之一。

一、症状

主要为害叶片、叶柄、茎和块茎。在田间，马铃薯晚疫病最早发生在下部叶片。为害叶片时，感病最初体现在叶尖和叶缘处可见水渍状的褪绿斑，随病害严重，病斑扩大蔓延后呈现圆形的暗绿色病斑，叶背面产生白色霉层，潮湿条件下病斑会迅速扩展，植株变黑色湿腐病斑，干燥条件下病斑干枯，容易脆裂。为害茎部时，茎秆产生褐色条斑，然后逐渐坏死并软化，潮湿条件下会产生白霉（图 4-5）。为害块茎时，病薯会出现紫色病斑和不规则凹陷，环境湿度大时，病薯腐烂，环境湿度小时，病薯干瘪硬化（图 4-5）。

图 4-5 马铃薯晚疫病症状

1. 中心植株晚疫病症状；2. 田间马铃薯晚疫病症状；3、4. 叶正反面晚疫病症状；5、6. 块茎晚疫病症状

二、病原

马铃薯晚疫病病原为致病疫霉［*Phytophthora infestans*（Mont.）de Bary］，属藻物界卵菌门卵菌纲霜霉目腐霉科疫霉属（*Phytophthora*）。

致病疫霉存在 3 种菌态，分别是菌丝、孢子囊和游动孢子、卵孢子（图 4-6）。菌丝初期无色、无隔、多核，在寄主细胞间隙生长，以吸器伸入寄主细胞吸取养分。致病疫霉无性繁殖时，从菌丝体上分化出孢囊梗，2～3 根成丛生长，从寄主茎叶的气孔或块茎的皮孔上伸出，孢囊梗细长，孢子囊柠檬形，大小为（22～23）μm×（16～24）μm，顶部有乳状突起，成熟后的孢子囊脱落随气流传播，在田间可随风飘到几米甚至几十米开外，气温降低后在田间病残体上越冬。孢子囊在其乳突位置具有排孢孔，待生长成熟后会释放出游动孢子，每个孢子囊可释放出 2~8 个游动孢子。游动孢子卵圆形，着生两根鞭毛（茸鞭式和尾鞭式），自由游动一段时间后会形成休止孢，休止孢呈圆形，可直接萌发产生芽管。

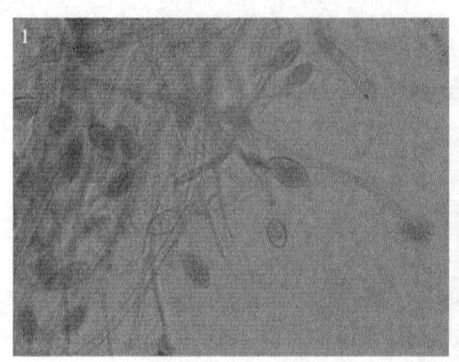

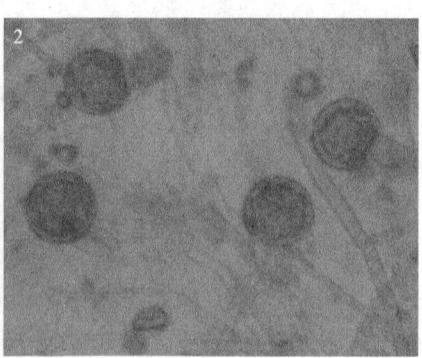

图 4-6 马铃薯致病疫霉的游动孢子（1）和卵孢子（2）

致病疫霉属异宗配合卵菌，其有性生殖需要两种不同的交配型 A1 和 A2，菌株互相杂交或自育型菌株形成具有两个细胞核的卵孢子。卵孢子圆形，直径为 24~56μm。卵孢子萌发产生芽管，在芽管的顶端产生孢子囊。卵孢子成熟后其细胞壁会逐渐加厚，以保护卵孢子抵御恶劣环境。卵孢子在通常情况下多处于休眠状态，因此有性生殖在田间侵染中不起主导作用。但在适宜的条件下，卵孢子可打破休眠，加重第二年病害的发生，并提高其后代的抗药性，使马铃薯的生产受到更大程度的威胁。

孢子囊和游动孢子需要在水中才能萌发。孢子囊的萌发方式分为直接萌发和间接萌发。通过直接萌发，孢子囊释放游动孢子的温度为 4~13℃，孢子囊直接萌发产生芽管的温度为 4~30℃，且多在 13℃以上产生芽管。菌丝生长温度为 13~30℃，最适温度为 20~23℃。孢子囊形成的温度为 7~25℃。当相对湿度达到 85%以上时，病菌从气孔向外伸出孢囊梗。孢子囊需要达到 95%~97%的湿度才能大量形成。

晚疫病菌是一种寄生专化性很强的卵菌，一般在活的植株或薯块上才能生存，但在特定的培养基，如在黑麦、白芸豆、V8 蔬菜汁和番茄汁等培养基上生长，可形成孢子囊。

晚疫病菌存在生理分化现象，有许多生理小种。生理小种的检测是采用一套具有 11 个单抗性基因（$R1$~$R11$）和不具任何抗性基因（$R0$）的共 12 个标准鉴别寄主来进行活体鉴定。目前，国内外马铃薯晚疫病的防治主要采取抗病品种和化学防治，而培育抗病品种的关键是查清当地生理小种类型及对抗病亲本材料的筛选和鉴定。另外，明确马铃薯晚疫病菌生理小种的组成与分布，对本地区有针对性的引进和繁殖抗病品种也同样具有重要意义。因此，为了培育抗病品种，有必要查明病菌的生理小种组成及了解毒性变异和遗传变异规律。

三、病害循环

我国马铃薯主产区，病菌主要以菌丝体在病薯中越冬，也可以卵孢子在无寄主的条件下在土壤中越冬，但病株叶上的菌丝体及孢子囊都不能在田间越冬。在二季作薯区，前一季遗留土中的病残组织和发病的自生苗也可成为当年下一季的初侵染源，因此番茄也可能是初侵染源之一或成为病菌的中间寄主。

病菌的孢子囊可以借助气流传播，使病害在田间迅速蔓延。轻微感染的种薯在播种后，由于病薯内菌丝的侵染，除一部分病芽失去发芽力或未出土即死亡外，个别病芽出土后可形成病苗。当温湿度适宜时，病部表面产生孢子囊，形成中心病株。这种方式形成中心病株的数量较少，在大田的出现率一般不会超过0.1%。感病植株上的部分孢子囊落到地面，并借助雨水或灌溉水渗入土壤后萌发而侵入健康薯块。土壤内的病菌可通过起垄、耕地等农业操作传至地表，被风雨传到附近植株下部的叶片上侵染底部叶片。

马铃薯晚疫病病菌孢子囊可通过以下两种方式侵染寄主植物。

1）当气候条件适宜，叶片表面有水且温度低于13℃时，成熟的孢子囊释放大量游动孢子，随水的流动向四处扩散，尤其在下雨天，借助雨水的飞溅，游动孢子可快速扩散，并附着到健康植株上。数小时后，游动孢子休止并形成休止孢。休止孢在合适条件下产生芽管侵入叶部和茎部的皮层，还可以经过伤口或皮孔侵入块茎组织。因为病菌不能在寄主组织外长期存活，如果没有适当的寄主，游动孢子就会死亡。孢子囊也可以在湿度较低的情况下，直接萌发产生芽管。

2）中心病株上的孢子囊借助气流传播，萌发后从气孔或表皮直接侵入周围植株，经过多次重复感染引起大面积发病。病株上的孢子囊也可随雨水或灌溉水进入土中，从伤口、芽眼及皮孔等处侵入块茎，形成新病薯，尤其地表下5cm以内分布较多（图4-7）。

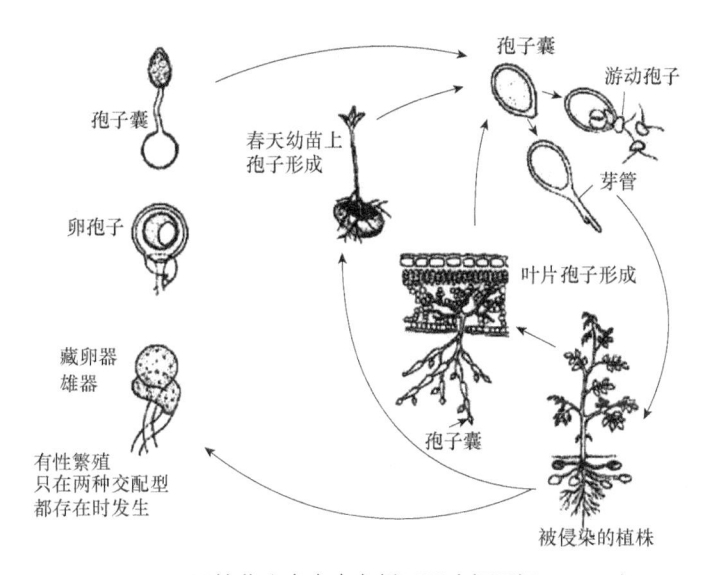

图 4-7 马铃薯晚疫病病害循环图（杨丽娜，2022）

四、发病条件

马铃薯晚疫病的发生和流行受气候条件、品种抗病性及耕作与栽培措施等多种因素的影响。

（一）气候条件

马铃薯晚疫病是典型的流行性病害。晚疫病的发生与流行是病菌、气温、雨日、雨量、相对湿度及品种抗病性的综合效应。当气候条件适合发病时，晚疫病迅速暴发，几天内便可以毁坏整个马铃薯田。晚疫病在多雨年份容易流行成灾，忽冷忽暖、多露、多雾或阴雨有利于发病。病菌孢囊梗的形成要求相对湿度不低于85%，孢子囊的形成要求相对湿度在90%以上。因此，孢囊梗常在夜间大量形成。孢子囊在叶片上必须有水滴或水膜才能萌发侵入。孢子囊的萌发与温度有关，温度为4~13℃时，孢子囊间接萌发产生游动孢子，3~5h即可侵入；温度高于13℃时，则直接萌发产生芽管，但速度较慢，需5~10h才能侵入。病菌侵入寄主体内后，20~23℃时菌丝在寄主体内蔓延最快，潜育期最短；温度低，菌丝生长发育速度减缓，同时也减少孢子囊的产生。因此，当夜间较冷，温度为10℃左右，重雾或有雨，可促进菌丝的生长发育，病害极易流行。反之，如雨水少，温度高，则病害发生轻。

我国大部分马铃薯种植区生长期的温度均适合于该病的发生，所以病害的发生轻重主要取决于湿度。华北、西北和东北地区，马铃薯是春播秋收，因此7~8月的降水量对病害发生影响很大。雨季早、雨量多的年份，病害发生早而重。长江流域各省一年两季，前季正遇梅雨季节，病害常严重发生。

（二）品种抗病性

马铃薯的不同品种对晚疫病的抗病性有很大差异。马铃薯对晚疫病病菌的抗病性有两种类型：一种是寡基因遗传的小种专化型抗病性（即垂直抗性），其表现形式为过敏性坏死反应，由 R 基因所控制，这种抗病性容易利用，但不持久，而且较易因病菌突变或有性重组而被克服；另一种类型是非小种专化型的，多基因遗传的部分抗病性或田间抗病性，抗性持久稳定。

（三）耕作与栽培措施

地势低洼、排水不畅和土壤黏重的地块发病重，平地比垄地重。密度大或株形大可使小气候湿度增加，也利于发病。施肥与发病有关，偏施氮肥引起植株徒长，土壤瘠薄、缺氮或黏土等使植株生长衰弱，有利于病害发生。增施钾肥可减轻危害。

五、病害控制

目前，马铃薯晚疫病的防治主要采取选用抗病品种、建立无病留种地、选用无病种薯、加强栽培管理、化学防治和生物防治等措施。

（一）选用抗病品种

选用抗病品种是最经济、有效的防治方法。但是，目前培育的抗病品种大多为单基因控制的垂直抗性，生产中缺乏有效的持久抗病品种，而且目前在商业上推广使用的农业性状好的品种大多都是感病品种。这些因素的存在给马铃薯抗病品种的培育和推广带来了困难，因此化学防治在晚疫病的防治中仍然占有重要的地位。目前常用的抗病品种有克新系列'克新13'和陇薯系列'陇薯3号''延薯4号''东农312'等。各地应根据本地区的开花期、发病时间、气候条件等因素选择适宜的播种期，播种越早，病害越轻，产量越高。

同时不断产生致病疫霉的复合生理小种导致抗病品种抗性的丧失，因此晚疫病的抗病育种不能仅仅是对垂直抗性品种的培育，而应培育具有多种抗性基因的水平抗性品种。

（二）建立无病留种地、选用无病种薯

由于带菌种薯是主要的初侵染源，因此严格选用无病种薯对马铃薯晚疫病的防治具有重

要的研究意义。建立无病种薯田、无病留种地应与大田相距 2.5km 以上，以减少病菌传播侵染的机会，并严格实施各种防治措施。

（三）加强栽培管理

选土质疏松、排水良好的田块种植马铃薯。合理使用氮肥，增施钾肥，保持植株健壮，增强抗病力。开花前后加强田间调查，一旦发现中心病株，立即拔除，并摘除附近植株上的病叶，就地深埋，撒上石灰。

（四）化学防治

做好病害预测、预报工作，消灭中心病株是大田防治晚疫病的关键。马铃薯晚疫病的防治药剂可以分为保护性杀菌剂和治疗性杀菌剂。保护性杀菌剂有代森锰锌、氟啶胺；治疗性杀菌剂有甲霜灵（该药剂因为容易产生抗药性，所以单剂禁止使用）、烯酰吗啉、银法利、增威赢绿、凯特等。为避免病菌对杀菌剂产生抗药性，建议轮换使用治疗性杀菌剂。

（五）生物防治

为了生产绿色食品，很多农户采用不同生物制剂来防治马铃薯晚疫病。目前，常用的生物防治药剂分为植物提取物（丁子香酚和萨谱特）、有益微生物（枯草芽孢杆菌）和抗病诱导剂（β-氨基丁酸）。为了提高防治效果，还可用 β-氨基丁酸和不同化学药剂混合来防治马铃薯晚疫病。

第三节 马铃薯环腐病

马铃薯环腐病又称轮腐病，俗称转圈烂、黄眼圈，是一种检疫性病害。最早发生于德国，目前在欧洲、北美、南美及亚洲的部分国家均有发生，是一种由细菌引起的世界性维管束病害。目前全国大部分马铃薯产区普遍发生，一般年份减产 10%～20%，重病年份减产可达 60% 以上。

一、症状

马铃薯环腐病是一种细菌性维管束病害，其症状特点是病株地上部发生萎蔫和地下块茎维管束呈环状腐烂。发病初期症状为叶脉间褪绿，呈斑驳状，之后叶片边缘或全叶黄枯，并向上卷曲，从下部叶片开始发病，逐渐向上发展至全株。植株症状因环境条件和品种抗病性不同有很大差别。马铃薯环腐病可以引起地上部茎叶萎蔫和枯斑，地下部块茎维管束发生环状腐烂。病薯播种后，严重的不能出土，轻者植株矮小，生长缓慢。生长期发病田间表现有两种症状类型，即枯斑型和萎蔫型。①枯斑型：在植株基部复叶的顶端小叶先发病，叶尖和叶缘褐色，叶脉间呈黄绿色或灰绿色，具明显斑驳症状，同时叶尖渐枯并向叶面纵卷，病害逐步向上扩展，致全株枯死。②萎蔫型：初期从顶端复叶开始萎蔫，叶缘稍内卷，似缺水状，病情向下扩展，最后遍及全株而枯死。中期从下部叶片开始黄化、枯萎，最终自下而上发生萎蔫枯死，但叶片不脱落，茎秆仍呈绿色，维管束黄色至黄褐色，有时挤压有斑形症状，下部叶片叶缘呈褐色，叶脉间失绿，产生明显的斑驳，以后叶尖干枯并向上蔓延，最后全株枯死（图 4-8）。

图 4-8 马铃薯环腐病症状

1. 萎蔫型病斑；2. 枯斑型病斑；3. 薯块病斑；4. 纵切后薯块上的环状病斑

新收获的病薯和健薯，外表上无明显区别，但储藏后病薯薯皮变暗，脐部红褐色。纵切病薯可见维管束有不同程度的乳黄色病变腐烂，重者呈环状或半环状，用手挤压薯块，可见维管束中有乳白色或黄色菌浓溢出，且皮层与髓部易于分离。

二、病原

病原为密执安棒形菌环腐亚种 [*Clavibacter michiganense* subsp. *sepedonicum*（Spieckermann & Kotthoff）Davis, Gillaspie, Vidaver and Harris]，异名 [*Corynebacterium sepedonicum*（Spieck & Kotthoff）Skap-tason & Burkholder]，属原核生物界厚壁菌门棒状杆菌属（*Clavibacter*）细菌。菌体呈短杆状，大小为（0.4～0.6）μm×（0.8～1.2）μm，无鞭毛，没有芽孢和荚膜，好气性。在营养培养基上菌落圆形，白色，表面光滑，有光泽，在 PDA 及牛肉汁蛋白胨培养基上生长缓慢，而在酵母蛋白胨葡萄糖培养基上生长较快。革兰氏染色反应为阳性，生长温度为 1～33℃，最佳生长温度为 20～23℃，致死温度为 50℃，10min 内即可死亡，生长最适 pH 8.0～8.4。

病菌不还原硝酸盐，也不产生吲哚、氨和硫化氢，可利用葡萄糖、乳糖、果糖、蔗糖、麦芽糖、糊精、阿拉伯糖、木糖、甘露糖、甘油、甜醇等，但不能利用鼠李糖，且很少水解淀粉。环腐病病菌对寄主的专化性较强，在自然条件下只侵染马铃薯，在人工接种条件下可以侵染 30 余种茄科类植物。侵染番茄和茄子可产生萎蔫症状，但不能交互侵染。茄苗对环腐病病菌侵染敏感，在接种后 7～12d 即表现症状，因此可作为鉴别寄主。

三、病害循环

马铃薯环腐病一般发生在植株现蕾末期到开花初期。在适宜温度下，环腐病病菌能够生长和发育，但在土壤中，其不具备较强的生命力。环腐病的初侵染源是带菌种薯，采用切块播种时，切刀传病是扩大再侵染的主要途径，切一刀病薯能传染 20～40 个健薯。病菌只能从伤口侵入，潮湿时也可从皮孔侵入。病菌可以在盛放种薯的容器上存活，这些容器也是薯块感病的来源之一。环腐病病菌在土壤中不能长期存活，前一年收获遗留田间的病薯不能成为来年初侵染源，因此连作不增加发病率和发病程度。有时昆虫可将病株内细菌传到健株上而发病，但是这种再侵染的病株很少传入地下部分使薯块带病。气流、灌溉水或雨水可将当年早期病薯腐烂释放出的细菌传到健薯或健株根茎上造成感染（图4-9）。

该菌在马铃薯块茎内达到一定数量后，可通过维管束进入马铃薯植株茎部，从而引起地表部分发病，生育期后其又能传入新生的块茎。

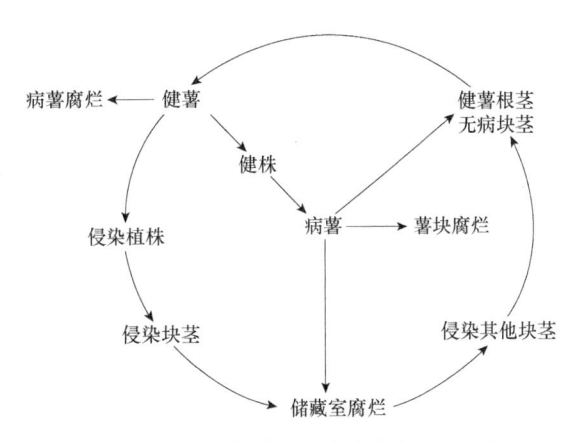

图4-9 马铃薯环腐病病害循环图

四、发病条件

马铃薯环腐病的发生与土壤温度和湿度有关。大田温度在18～20℃时，环腐病发病很快，而在超过30℃的高温和干燥的条件下，环腐病发生停滞，病状出现推迟。细菌在pH为6～7时存活繁殖最好，在pH 5.2以下很少发病，而马铃薯适宜高产的pH为5.5～7.0。

土壤自身带菌和种薯带菌传入土壤，继而繁殖。马铃薯收获后，通过病残体及土壤存活，有的细菌通过不断繁殖存活长达十年且难以根除。

人工浇水或集中降雨，细菌因为有充足的水源而快速繁殖或转移，低洼地块积水较多往往发病较重。细菌具有好氧特征，在透气良好的砂壤土、沙质土中繁殖快。因此，雨量多、夏季较凉爽的年份或者高温干燥天气，非酸性的砂壤土发病重，地下害虫严重的地块发病也重。

五、病害控制

马铃薯环腐病的防治有培育和种植抗病品种、产地检疫、清除初侵染源、切刀消毒和化学防治等防治措施。

（一）培育和种植抗病品种

只要做到种薯不带菌，就能达到彻底防治的目的。马铃薯品种间抗性有差异，目前生产上种植的抗马铃薯环腐病的品种分别是'克新1号''东农303''郑薯5号''津引8号''荷兰7号'等。

（二）产地检疫

环腐病病菌为进境检疫性有害生物，调种要严格进行产地检疫和种薯检验，禁止从病区调种。

（三）清除初侵染源

环腐病的初侵染源是带菌种薯，只要做到种薯不带菌，就可以控制或减少危害，因此生产上要建立无病留种田，尽可能采用整薯播种。为了避免切刀传染，采用小整薯播种的方法，连续实施 3 年可大大减轻危害。

播种种薯前要堆放在室内晾种或催芽晒种，促使带病薯块症状的发展和暴露，以淘汰带病种薯。此外，用 50μg/kg 硫酸铜浸泡种薯 10min 有较好效果。施用磷酸钙作种肥，在开花后期，加强田间检查，拔除病株并及时处理，防治田间地下害虫，可减少传染机会。

（四）切刀消毒

环腐病主要通过切刀传染，所以切薯要做好切刀消毒。切薯时要准备两把切刀和一盆药水，在淘汰外表有病薯块的基础上先削去尾部观察，有病的淘汰，无病的切掉，每切一薯块换一把刀，刀用药水消毒，消毒药水可用 5%苯酚、0.1%高锰酸钾、0.5%食盐水、5%来苏尔、75%乙醇。

（五）化学防治

播种前，药剂浸种可采用 200mg/kg 土霉素液、链霉素液或氯化汞溶液浸薯块。薯块用 50%多菌灵可湿性粉剂 800～1000 倍液浸种 5min 或 80%乙蒜素乳油 1500 倍液、新植霉素 2000 倍液、47%加瑞农（春雷霉素＋氧氯化铜）可湿性粉剂 500 倍液浸种 10min。尽可能采用整薯播种，有条件可利用杂交实生苗。

田间发生病害可喷洒 72%农用链霉素（AS）4000 倍液、2%春雷霉素（WP）500 倍液、77%可杀得（MG）500 倍液、25%络氨铜（AS）300 倍液灌根。每株灌配好的药液 500mL，隔 10d 灌 1 次，连续灌 2～3 次。

第四节　马铃薯早疫病

马铃薯早疫病（potato early blight）又称夏疫病、轮纹病，也是马铃薯上常见的一种病害。马铃薯早疫病不仅侵染马铃薯，还可侵染其他作物。近几年，早疫病在各个马铃薯产区频繁发生，造成很大的经济损失。一般年份减产 10%左右，严重年份减产达到 50%以上。早疫病不仅在马铃薯生育期发生，还在贮藏期发生，可造成马铃薯块茎腐烂，甚至有些贮藏过程中由腐烂造成的损失可达 30%。

一、症状

马铃薯早疫病为害叶片、叶柄、植株的茎部及薯块。早疫病先发生在植株下部的老叶片，叶片表面产生褐色、凹陷、与健部分界明显的病斑，随后病斑扩大形成直径为 3～4mm、具明显同心轮纹的近似椭圆形，病健交界处明显有一圈黄色晕圈。湿度大时，病斑上会形成黑褐色的霉层，即分生孢子梗和分生孢子。发病严重时病斑互相连接成片，受叶脉限制形成不规则形状伴有穿孔，整片叶褪绿变黄、坏死、干枯脱落。茎或叶柄分节处形成的病斑稍凹陷、呈梭形、褐色，扩大后呈灰褐色，长椭圆形，具有同心轮纹。块茎受害时，薯块表面产生暗褐色的凹陷病斑，病斑形状为圆形或近圆形，并与健康组织分界明显，受害的薯块内部呈浅褐色海绵状干腐，在贮藏期易受到微生物侵染而腐烂（图 4-10）。

二、病原

马铃薯早疫病的病原是茄链格孢 [*Alternaria solani*（Ellis et Martin）Sorauer]，属无

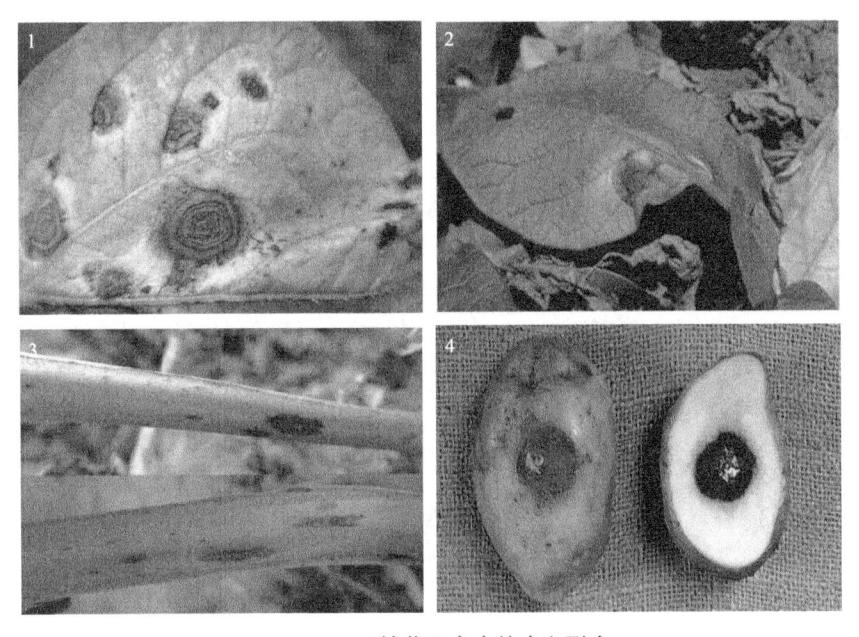

图 4-10 马铃薯早疫病的病斑形态
1、2. 马铃薯叶片上的早疫病斑；3. 马铃薯茎上的早疫病斑；4. 马铃薯薯块上的早疫病斑

性菌类丝孢纲丛梗孢目暗色孢科链格孢属真菌。成熟的菌丝有分枝和隔膜，颜色为暗褐色。分生孢子梗单生或丛生，圆筒形，从病斑坏死组织的气孔中抽出，淡褐色，不分枝或罕生分枝，有1~7个隔膜。分生孢子常单生，产生于分生孢子梗顶端，形状为倒棍棒形至长椭圆形，直或稍弯曲，颜色为黄褐色，大小为（102.7~115.0）μm×（15.0~25.3）μm，一般具横隔膜5~12个，0至数个纵、斜隔膜，隔膜处有缢缩，有喙长80.5~110.6μm。有两个喙的分生孢子大小是（82.5~105.0）μm×（16.7~20.5）μm，喙长分别是60.0~84.7μm、62.8~85.5μm（图4-11）。

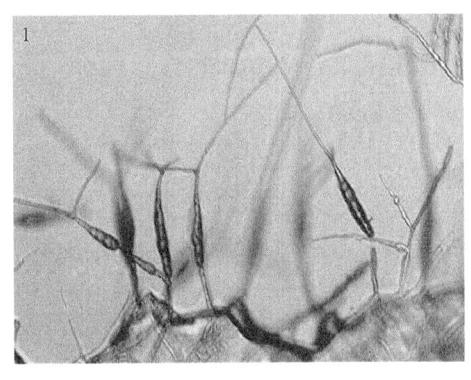

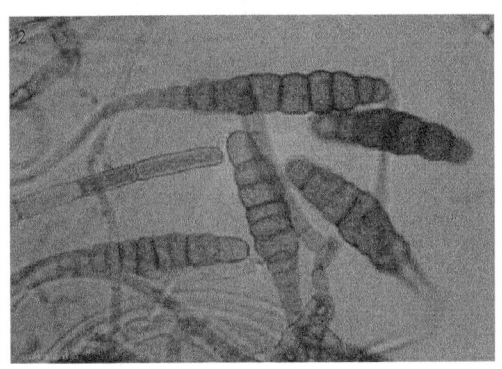

图 4-11 茄链格孢分生孢子梗及分生孢子形态
1. 分生孢子梗及分生孢子着生状态；2. 分生孢子

马铃薯早疫病病菌在PDA、黑麦、燕麦和玉米粉培养基上均能较好生长，最适培养基为PDA，最适生长温度为25℃，最适pH为6~8。光照和一定的紫外光照射能促进菌丝生长，且不同菌株对光和pH的反应不完全一致。形成分生孢子的温度为15~33℃，最适温度为19~23℃；分生孢子萌发适温为25~30℃，在50℃条件下10min可导致分生孢子的死亡。

马铃薯早疫病病菌的寄主范围十分广泛，除侵染马铃薯外，还可侵染其他茄科作物如番茄、辣椒、茄子、烟草、龙葵等。

三、病害循环

马铃薯早疫病病菌是以分生孢子或菌丝体在病薯块、植株病残体或其他茄科作物上越冬。在生长季节初期，感病薯块或病残体上的菌丝进行营养生殖，在适宜条件时产生分生孢子，随风或通过雨水、灌溉水滴溅传播到植物表面，形成初侵染。初侵染通常发生在植株下部的老叶片上，产生的病斑可在条件适宜时生成分生孢子进行再侵染，病菌通过叶片的气孔、伤口或表皮直接侵入。早疫病病菌具有主动侵染叶片的能力，可通过表皮直接侵入叶片组织，也可通过叶片表面的气孔或伤口侵入叶片组织，残存在土壤或病残体上的分生孢子可以在马铃薯块茎的收获期间通过块茎表面的伤口、皮孔或芽眼侵入薯块（图4-12）。

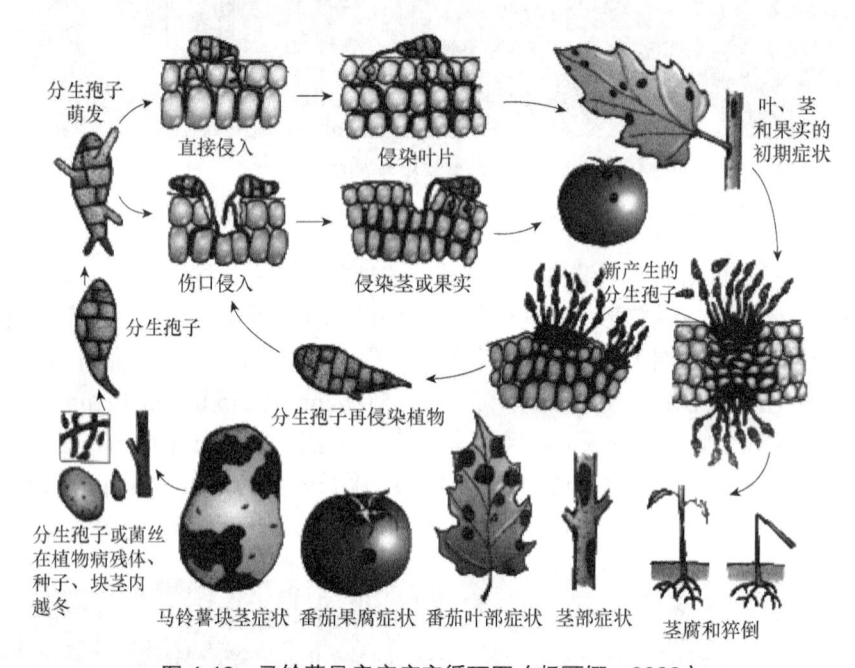

图4-12 马铃薯早疫病病害循环图（杨丽娜，2022）

四、发病条件

马铃薯早疫病的影响因素较多，气候因子往往是造成该病发生和流行的关键因素。

1）马铃薯早疫病易在高温干燥和多雨潮湿的天气频繁交替时发生，有利于菌丝生长的温度为26～28℃，有利于分生孢子萌发的最适温度为28～30℃，通常温度达到15℃以上，相对湿度大于80%，早疫病就可发生侵染。

2）风、雨水和灌溉水都有利于早疫病病菌分生孢子的传播。

3）沙质疏松的土壤若有机质含量较少、氮肥施用不足，土地连作或有其他病菌侵染马铃薯植株，都会导致植株的抵抗力下降，有利于早疫病的发生。

五、病害控制

马铃薯早疫病防治方法主要包括抗病品种的选育和使用、农业防治、化学防治和生物防治等，每种方法都各有优缺点，因此在生产中应根据病害的发生情况及时采取适宜的防治方法。

（一）抗病品种的选育和使用

抗病品种的选育和使用是最经济有效的防治措施，既可以有效地防治一些其他方法难以控制的病害，又可以降低农药的使用量。通常晚熟品种比早熟品种抗早疫病。目前已筛选出的抗性品种有克新系列（如'克新1号''克新4号''克新12''克新13''克新18''克新19'）、晋薯系列（'晋薯7号'和'晋薯14'）、陇薯系列（'陇薯3号'和'陇薯6号'）、中农系列（'中农3号'和'中农9号'）、同薯系列（'同薯20'和'同薯23'）等。

（二）农业防治

农业防治通过利用和改良耕作栽培技术，调整改善作物生长环境的土、肥、水、气、温、光等外界条件，创造有利于植物生长发育和抗性潜能表达，不利于病原侵染、繁殖的农业生态环境，从而达到防治病害的目的。注意保持田间卫生、及时清理病株、轮作、合理施肥、控制田间湿度、增加培土厚度及加大株行距等方法均能减少马铃薯早疫病的发生。田间水分和肥料供应好，种植密度小，马铃薯植株生长健壮，也可以预防早疫病的发生。

（三）化学防治

化学防治是使用化学药剂抑制、杀灭病原或钝化病原的有毒代谢产物，也是防治马铃薯早疫病最有效、最常用的措施之一。防治早疫病的杀菌剂分为两大类：保护性杀菌剂，主要有波尔多液、铜制剂、代森锰锌、百菌清和敌菌丹等；内吸性杀菌剂，主要有苯醚甲环唑、嘧菌酯、腐霉利、异菌脲、戊唑醇等。

（四）生物防治

生物防治是利用有益生物和其代谢产物对植物病害进行有效防治的技术与方法。研究发现许多植物源提取物对早疫病病菌的生长具有抑制作用，其中包括田蓟（*Cirsium arvense*）、啤酒花（*Humulus lupulus*）、月桂（*Laurus nobilis*）、鼠尾草（*Salvia officinalis*），尤其月桂提取物对茄链格孢菌丝生长的抑制率高达79.35%。对茄链格孢具有拮抗作用的分别有枯草芽孢杆菌（*Bacillus subtilis*）、海洋芽孢杆菌（*Bacillus marinus*）等细菌和木霉菌（*Trichoderma*）等真菌。

◆ 第五节　马铃薯疮痂病

马铃薯疮痂病是由致病链霉菌感染而引起的一种世界性病害，几乎在所有马铃薯产区均有发生。该病害主要为害马铃薯块茎，并在块茎表面上形成浅表层、凸起、凹陷、网状或其他类型木栓状坏死病斑，从而影响马铃薯的外观和品质，降低薯块的商品价值。严重时可延迟马铃薯出苗，甚至减少马铃薯产量。

一、症状

马铃薯疮痂病主要为害块茎。发病初期症状为块茎表皮上产生小型褐色斑点，随着病菌在病部不断繁殖，病情加重，病斑开始不规则蔓延，形成圆形分散的褐色小点或者连片褐色斑块，发病部位形成木栓化组织，使块茎表面变得粗糙。根据病斑类型不同可以产生浅表型病斑、凸起型病斑和凹陷型病斑。浅表型病斑［图 4-13（1）］和凹陷型病斑［图 4-13（3）］在发病后期，表皮从中央裂开，产生深浅不一的裂痕，严重时病斑裂痕可深入薯肉，病斑凹陷。凸起型病斑［图 4-13（2）］的特点是病部隆起，发病后期病斑不破裂，仅在块茎表皮上，且不蔓延至表皮薯肉。

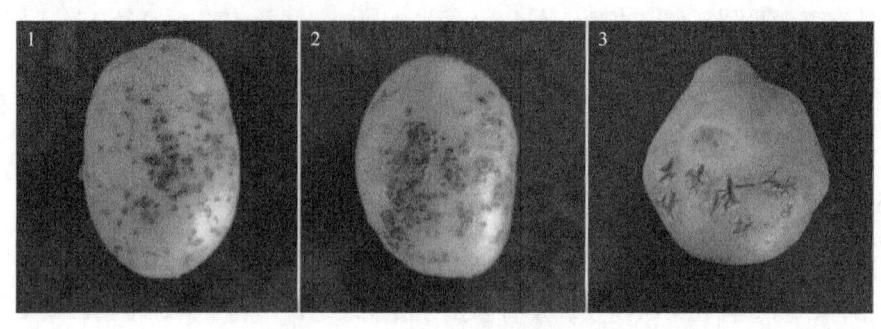

图 4-13　马铃薯疮痂病块茎症状
1. 浅表型病斑；2. 凸起型病斑；3. 凹陷型病斑

二、病原

马铃薯疮痂病是由一种或几种致病链霉菌侵染而引起的土传性病害。不同地区致病菌种类可能有差异，同一地区不同地块病菌的组成可能不同，甚至同一地块不同年份环境条件的差异，也能导致致病菌种类发生变化。常见报道的种类主要有 3 种：酸疮痂链霉菌（*Streptomyces acidiscabies*）、疥链霉菌（*S. scabies*）和肿痂链霉菌（*S. turgidiscabies*）。疥链霉菌是第一个被报道的链霉菌种类，是全球引起疮痂病的主要病原，且被认为是分布最广的一种，其次是肿痂链霉菌和酸疮痂链霉菌。

三、病害循环

链霉菌可以在马铃薯块茎及土壤中越冬。病菌一般在块茎膨大初期通过马铃薯块茎的皮孔、气孔或伤口侵入，一旦形成木栓层就较难侵入。土壤中水分过大引起链霉菌大量繁殖，低洼积水多时疮痂病较严重。土壤温度是引发马铃薯疮痂病的重要因素之一，土壤温度为 25～30℃时，马铃薯疮痂病极易发生。除此之外，位于河滩旁或碱性砂壤土、过多施用增加土壤碱性的化肥等，都会为马铃薯疮痂病的发生创造有利条件。疮痂病病菌适合生长的 pH 为 6～7。因此在高温、透气较好、土壤碱性又极为干燥的情况下，发病通常会较为严重（图 4-14）。

四、发病条件

马铃薯疮痂病是典型的细菌性土传病害。第一，土壤温度是引起马铃薯疮痂病的重要因素之一，土壤温度为 25～30℃时疮痂病容易发生。第二，种植地处于河滩旁或碱性砂壤土、过多施用化肥等都会给马铃薯疮痂病的发生创造环境条件。第三，在高温环境、通气较好、土壤碱性又干燥的环境下，马铃薯疮痂病发病较重。第四，马铃薯疮痂病的发生与品种也有密切关系，疮痂病多发生于白色薄皮品种。第五，马铃薯疮痂病的发生与土壤中的硼、钙等微量元素的含量也有相关，如土壤中硼、钙肥等含量缺乏易导致马铃薯生长不良，造成抵抗病菌能力下降，最终导致马铃薯疮痂病容易发生。

图 4-14　马铃薯疮痂病病害循环图（杨丽娜，2022）

五、病害控制

马铃薯疮痂病的病害控制主要为农业防治，辅以化学防治。

（一）农业防治

1. 选用无病种薯　种薯带菌是病害传播的重要途径。因此，在马铃薯生产中，一定选用表面光滑、完整、无病的薯块作种薯。

2. 选用抗病品种　筛选与培育抗马铃薯疮痂病的马铃薯品种是从根本上减少病害发生的有效途径。

3. 深翻田块　冬季深翻土壤，耕地深度达到 25～35cm，深翻后使土壤冻晒，以破坏病菌的滋生环境，达到杀灭土壤中病菌的目的。

4. 实行轮作　实行 5 年以上轮作，轮作时避开茄科作物，与豆科、百合科、葫芦科作物轮作较好。

5. 施用腐熟有机肥　多施充分腐熟的农家肥或有机肥、绿肥。

（二）化学防治

1. 土壤处理　利用疮痂净进行土壤处理。

2. 选用无病种薯　用 0.2%福尔马林溶液在播种前浸种 2h，或 0.1%对苯二酚溶液浸种 0.5h。

3. 选用无病种薯　利用百菌清烟雾剂熏蒸马铃薯种薯。

4. 叶面喷雾防治　发病后可采用氢氧化铜、中生菌素、春雷霉素、喹啉铜、琥胶肥酸铜、噻菌铜、辛菌胺、噻霉酮和乙蒜素进行叶面喷雾。

第六节　甘薯黑斑病

甘薯黑斑病（sweet potato black rot）又名黑疤病，是一种主要为害甘薯根部及茎基部的重要病害，世界各甘薯产区均有发生。该病最早于 1890 年在美国发现，1905 年传入日本，1937 年由日本鹿儿岛传入我国辽宁省盖县后逐渐蔓延，成为我国甘薯产区危害普遍且严重的病害之一。我国每年因该病造成的产量损失为 5%～10%。此外，黑斑病病菌侵染薯块后，在病斑及其周围组织中可产生甘薯酮（ipomeamarone）等呋喃萜类有毒物质，人误食病薯后出现头昏症状，家畜食用病薯后引起中毒死亡。用病薯作发酵原料时，病菌的代谢产物能抑制酵母菌和糖化霉菌的活性，延缓发酵，影响乙醇的产量和质量。

一、症状

甘薯在苗床、大田和贮藏期均可受害，从而引起死苗和薯块腐烂。受害薯块的病斑多发生于虫伤和鼠伤等各种伤口处，黑褐色，圆形或不规则形，中央稍凹陷，轮廓清楚，直径 1～5cm，病斑上往往产生灰色霉层（菌丝体和分生孢子）和黑色刺状物（子囊壳）。黑色刺状物顶端常出现黄白色蜡状小粒（子囊孢子团）。病斑下组织呈黑色或墨绿色，薯肉有苦味。贮藏期薯块上的病斑多发生在机械伤口和根眼上，初为黑色小点，逐渐扩大成圆形或梭形黑斑，中间产生黑色刺状物，贮藏后期，病斑可深入薯肉达 2～3cm，与其他真菌和细菌并发，引起腐烂。甘薯幼苗基部受病菌侵染后，产生凹陷的圆形或梭形小黑斑，逐渐扩大后，环绕薯苗基部，使幼苗基部变黑腐烂，地上部叶片发黄。温度和湿度适宜时，病部也可产生灰色霉状物。带病薯苗移栽大田 1～2 周后，基部叶片发黄脱落，病重时，根部腐烂，仅残存纤维状的维管束，薯苗枯死。轻病株在接近地面处还能长出少量病根，但植株衰弱，抗逆性差，即使成活，结薯也少。

二、病原

病原为甘薯长喙壳（*Ceratocystis fimbriata* Ell. & Halsted），属子囊菌门长喙壳属。菌丝寄生于寄主细胞间或偶有分枝伸入细胞内，初无色，老熟时深褐色。无性繁殖时产生内生分生孢子和内生厚垣孢子。内生分生孢子产生于菌丝或侧生的分生孢子梗内，无色，单胞，圆筒形、杆状或哑铃状，两端平截；内生厚垣孢子大量产生在病薯皮下维管束圈附近，一般着生在分生孢子梗内，成熟的厚垣孢子暗褐色，球形或椭圆形，具有厚膜。子囊壳呈长颈烧瓶状，基部球形，其长喙顶端裂成须状。子囊梨形或卵圆形，内含 8 个子囊孢子。子囊孢子无色、单胞，钢盔状，成熟时子囊壳吸水产生膨压，将子囊孢子排出孔口，成团聚集于喙端，初为白色，后呈黄白色蜡状小颗粒。内生分生孢子形成后，可立即萌发生成一串次生内生孢子，如此可连续产生 2～3 次，然后萌发产生菌丝，也可在萌发后形成内生厚垣孢子。厚垣孢子抵抗不良环境能力强，需经一段时间休眠后才能萌发。条件适宜时，子囊孢子可不经休眠立即萌发，在病害传播上起重要作用。

菌丝体生长的适宜温度为 9～36℃，最适温度为 23～28℃。菌丝及 3 种孢子的致死温度为 51～53℃（10min）。病菌在 pH 3.7～9.2 均可生长，最适 pH 为 6.6。3 种孢子在薯汁、薯苗茎汁或 1%蔗糖溶液中和薯块伤口上很易萌发，在清水中则很少萌发。病菌分生孢子寿命极短，在室温干燥条件下存活约 2 个月，而厚垣孢子和子囊孢子的寿命较长，在室温 25℃以上的干燥条件下能存活 5 个月。在自然条件下，土壤表层的病菌经过 1 年后大多死亡，而埋在土层 7～9cm 处的病菌则可存活 34 个月。病菌能侵染多种旋花科植物，其中包括许多野生种。在自然条件下，病菌主要侵染甘薯，人工接种时可侵染牵牛花、多种豆类植物及橡胶树、椰子、菠萝等植物。

病菌有生理分化现象，存在强致病株系及弱致病株系。

三、病害循环

病菌主要以厚垣孢子、子囊孢子和菌丝体在贮藏病薯、大田和苗床土壤及粪肥中越冬，成为翌年病害的主要侵染源。病薯病苗是病害近距离及远距离传播的主要途径，带菌土壤、肥料、流水、农具及鼠类、昆虫等都可传病，病菌主要从伤口侵入。甘薯收刨、装卸、运输及虫、鼠、兽等造成的伤口均是病菌侵染寄主的重要途径。病菌也可从芽眼和皮孔等自然孔口及幼苗根基部的自然裂伤等处侵入。育苗时，病薯或苗床土中的病菌直接从幼苗基部侵染，形成发病中心，病苗上产生的分生孢子随喷淋水向四周扩展，加重秧苗发病。病苗栽植后，病情持续发展，重病苗短期内即可死亡，轻病苗上的病菌可蔓延并侵染新结薯块，形成病薯。收刨过程中，病种薯与健种薯间相互接触摩擦也可传播病菌，运输过程中造成的大量伤口有利于薯块发病。贮藏期间温度和湿度条件适宜时可造成烂窖（图 4-15）。

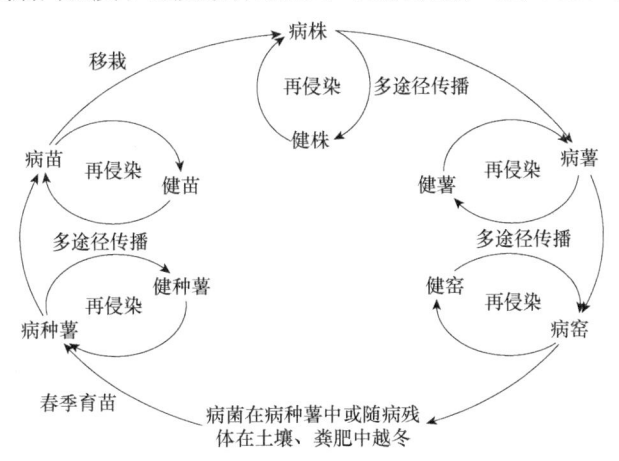

图 4-15 甘薯黑斑病病害循环图

四、发病条件

甘薯黑斑病发生的轻重与温度、湿度、薯块伤口、耕作制度及寄主抗病性等有密切关系。

（一）温度、湿度

甘薯受病菌侵染后，土温在 15～30℃ 均可发病，最适温度为 25℃。甘薯贮藏期间，最适发病温度为 23～27℃，10～14℃ 时发病较轻，15℃ 以上有利于发病，35℃ 以上病情受抑制。

贮藏初期，薯块呼吸强度大，散发水分多（俗称发汗）。如果通风不良，高于 20℃ 的温度持续 2 周以上，则病害迅速蔓延。

病害潜育期的长短受温度和病菌侵染途径等影响。温度低，则潜育期长；25℃ 左右时潜育期最短，一般为 3～4d。贮藏期薯块上的黑斑病潜育期可长达几个月。病菌从伤口侵入时潜育期短，直接侵入时潜育期长。

土壤含水量在 14%～60%，随湿度的增加病害加重。当土壤含水量超过 60% 时，又随湿度的增加而发病减轻。多雨年份发病重。

地势低洼、土质黏重的田块发病重；地势高燥、土质疏松的田块发病轻。

（二）薯块伤口

伤口是病菌侵入的主要途径。因此，在收获和贮运过程中，受伤多或鼠害、虫害严重造成大量伤口的薯块发病重。在大田生长结薯，后期遇多雨天气，薯块生理开裂多，地下害虫多，病菌也易侵入，加重病情。在甘薯贮藏入窖时，因操作粗放造成的伤口也有利于病菌侵入，入窖后也易加重发病。

（三）耕作制度

连作甘薯发病较重，春薯发病比夏薯和秋薯重。

（四）寄主抗病性

对黑斑病尚无免疫品种，但品种间抗病性有差异。薯块易发生裂口或薯皮较薄易破损、伤口愈合较慢的品种发病较重。薯皮厚、肉坚实、含水量少、虫伤少、愈伤木栓层厚且细胞层数多的品种发病较轻。

所有品种的甘薯块根组织受到病菌侵染后，均能产生甘薯酮、莨菪素和香豆素等植保素。病菌侵入后，抗性较强的品种迅速产生足量的植保素抑制病菌菌丝的生长繁殖和孢子的萌发，使病情减轻；而感病品种不能迅速产生足量上述化合物以阻止病菌的繁殖扩展，因而发病就重。

寄主的抗病性在一定程度上还受温度的影响。在20～35℃，寄主的抗病性随温度的升高而增强，这主要与木栓层的形成和植保素的产生有关。

此外，植株不同部位感病性也存在明显差异。薯苗基部白色幼嫩部分，尤其是地下白色幼嫩组织易感染病菌，而地上绿色部分，组织比较坚韧，病菌难以侵入，通常很少受害。

五、病害控制

甘薯黑斑病危害期长，病菌来源广，繁殖能力强，传播途径多，病害防治难度大。因此，应采取以繁殖无病种薯为基础，培育无病壮苗为中心，安全贮藏为保证的策略，采取一系列的综合治理措施。

（一）严控初侵染源

严格控制病薯和病苗的传入或传出是防止黑斑病蔓延的重要环节。加强保护无病区，做到自繁、自育、自留、自用，严禁从病区调进种薯种苗。必须引种时，只引进从春薯田所剪的薯蔓，引入后先在无病地繁殖无病种薯，翌年再推广。在病区，种薯出窖、育苗、薯苗栽植、薯块收获、晒干和耕地等农事活动中，勤检查，彻底清除病残体，并集中深埋。不用病薯块喂牲口，不用病土或旧苗床土垫圈或积肥。

（二）建立无病留种地

一般选择3年以上未曾种植过甘薯的地块作留种地，选用无病、无伤种薯育苗，使用无病秧蔓和无病菌肥料，灌溉无病菌水，注意防止农事操作传入病菌，并注意防治地下害虫。

苗床采用无菌土，栽插秧苗要采用二次高剪苗。

（三）培育无病壮苗

1. 精选种薯　严格剔除病、虫、伤及受冻薯块。

2. 种薯消毒　在51～54℃温水中浸种薯10min，可杀死附着在薯块表面及潜伏在种皮下的病菌，或用50%代森铵水剂200～300倍液、50%甲基硫菌灵可湿性粉剂800倍液或10%多菌灵可湿性粉剂300～500倍液浸种10min，不仅防病效果好，还有促进出苗及生长的作用。

3. 加强苗床管理　采用新苗床育苗。如用旧苗床，应对床土喷药消毒，或更换新土，施用无病菌肥料。采用高温育苗时，在种薯上苗床后立即把床温升到35～38℃，并保持4d，以促进伤口愈合，控制病菌的侵入。此后将床温降至28～32℃，出苗后保持床温在25～28℃。采用高剪苗，或在春薯蔓上剪蔓作苗，栽插夏薯。

（四）种苗处理

移栽前，将薯苗基部10cm左右在下列药液中浸蘸10min，具有较好的防治效果：50%甲基硫菌灵可湿性粉剂1500倍液或50%多菌灵可湿性粉剂800～1000倍液。

（五）安全贮藏种薯

做好安全贮藏是防止种薯传病的关键措施。

1. 适时收获　在霜冻前选晴天收获，并避免薯块受伤，减少感染机会。薯块在入窖前应严格剔除病薯和伤薯。

2. 薯窖处理　无病留种地的薯块应单收并用新窖贮藏，或对旧窖打扫干净，对旧窖土做见新处理，铲除菌源。种薯入窖前，对窖按30～40L/m³的用量喷施1%福尔马林液，并密闭3～4d。或采用熏蒸法对种薯消毒，即每100kg鲜薯使用乙蒜素有效成分10～14g，加水1.0～1.5kg，混匀后喷洒在一层稻壳上，然后加一层未喷药的稻草或谷壳，上面放薯块，再用麻袋等物盖在薯块上面并密闭，熏蒸3～4d后敞窖。

3. 薯窖管理　推广大屋窖高温处理，促使薯块愈伤组织形成。愈伤组织形成的快慢与温度、湿度和通气等条件有关。在高温、高湿和氧气充足的情况下，愈伤组织形成快，反之则慢。愈伤组织形成的最适温度为34～37℃，在加温过程中必然要经过适宜病菌繁殖的温度（20～30℃），如果在此温度范围内滞留时间过长，不仅容易引起病害的发生，还会促进薯块发芽。窖温不能超过40℃，否则会因高温发生烂薯事故。因此，尽量争取在薯块进窖后15～20h内将窖温升到34～37℃，并保持4d。之后应尽快使窖温迅速降至12～15℃，但窖温也不能低于9℃，否则易造成冻害。

（六）选用抗病品种

抗病性较强的品种有'苏薯9号''徐薯23''豫薯4号''豫薯12''渝苏303''渝苏153''鄂薯2号''冀薯99''鲁薯7号''烟薯18''烟94-62'等。

（七）加强栽培管理

重病区实行水旱轮作或旱旱轮作3年以上。不能轮作的田块，增施未发酵的豆饼粉

15～25kg/667m², 有减轻病害和增产的效果。合理施肥用水,防止薯块生理开裂。及时防治地下害虫和田鼠,减少病菌侵染机会。

第七节　甘薯茎线虫病

甘薯茎线虫病(sweet potato stem nematode disease)又称糠心病、空心病等,是甘薯上的一种毁灭性病害,甘薯茎线虫为我国植物检疫性有害生物。美国于1930年在贮藏期甘薯上首次发现甘薯茎线虫。在我国,以山东、河北、河南、北京和天津等地发病较重。该病在育苗期引起烂床,在田间直接为害地下薯块和地上茎蔓,在贮藏期引起烂窖,受害后减产10%～50%,严重时绝收。

一、症状

病原为迁移型内寄生线虫,主要为害甘薯匍匐茎和地下部块根。

育苗时,发病重的薯块很少出苗,薯苗短小,叶片黄化,在薯苗基部渐变为青灰色斑驳,茎基部组织褐色,有空隙,髓部变褐色干腐,折断处不流乳液。

大田生长前期薯蔓无明显病状,中期和后期在薯蔓近地面的主蔓基部呈褐色裂隙,髓部由白色干腐变为褐色干腐,呈糠心状。重病株糠心可达薯蔓顶端,叶片由基部向叶尖部逐渐黄化,生长迟缓,最后主蔓枯死。

薯块上的症状有3种类型。①糠心型:初期薯块纵剖面上有条点海绵状空隙,其后薯块内部组织干腐,褐白相间,表皮完好,外形与健薯无异,但重量明显减轻。②糠皮型:薯块表皮褪色,不久变青,有的稍凹陷或呈小裂口,造成薯块表皮龟裂,皮层组织黑褐色。③混合型:糠心和糠皮两种症状在同一薯块上发生。

二、病原

病原为垫刃目茎线虫属毁坏茎线虫(*Ditylenchus destructor* Thorne)。其最早在马铃薯上被发现,可导致马铃薯腐烂,故又称马铃薯腐烂茎线虫。雌虫和雄虫均呈线形,虫体细长,两端略尖,表面角膜上有细环纹,侧带区刻线6条,唇区低平,稍缢缩,头骨架中度骨化,口针较细小,食道垫刃型,中食道球纺锤状,有瓣,峡部细,排泄孔位于食道腺与肠连接处。雌虫单卵巢,前伸,有时可达食道区。卵椭圆形,后阴子宫囊明显,长度约为阴门到肛门距离的2/3,尾圆锥状,稍向腹面弯曲,尾端钝尖。雄虫单睾丸,精原细胞单行排列,交合刺一对,略弯,上生两个指状突起,有引带,交合伞不包到尾端,约达尾长的3/4。线虫在2℃时即开始活动,7℃以上时雌虫可产卵,卵可孵化。发育适温为25～30℃。线虫耐低温能力强,但不耐高温,在-15℃低温下虽停止活动,但不死亡,在-25℃条件下经7h才死亡。田间薯块中越冬的线虫死亡率仅为10%左右。35℃以上时线虫即停止活动。薯苗中病原线虫在48～49℃温水中处理10min,死亡率达98%以上。毁坏茎线虫存在生理分化现象,通过测定并分析rDNA-ITS1序列,发现我国甘薯茎线虫的大部分地理种群属于S型,仅山东省费县的4个地理种群为L型。毁坏茎线虫的寄主植物达70多种。在我国,除为害甘薯外,还为害马铃薯、薄荷和当归等。在其他国家主要为害马铃薯和鸢尾。此外,该线虫还能在植物愈伤组织和毛壳菌(*Chaetomium* spp.)和青霉等60多种真菌上取食繁殖。当缺少高等植物时,该线虫可以通过取食土壤真菌存活。

三、病害循环

毁坏茎线虫以卵、幼虫和成虫在薯块中越冬。带虫薯块是最主要的初侵染源。此外,带有线虫的土壤和粪肥也是重要的初侵染源。收获时遗留在田间的病薯及切晒薯干时遗留的病薯干等携带大量线虫进入土壤或混入粪肥中,成为大田发病的主要侵染源。当无病薯苗移栽到大田后,土壤、粪肥中的线虫即可从薯苗末端侵入或从新结薯块表皮直接侵入,引起糠皮症状。病薯和病苗是病害田间和远距离传播的重要途径。薯块内的线虫可在贮藏期间继续为害。春季育苗时,线虫随病薯进入苗床,侵染薯苗。薯苗移栽后,有的线虫可以进入土中,但多数是在蔓内寄生并由薯蔓基部进入薯块内繁殖,形成糠心型病薯。病原线虫抗干燥能力较强,贮存1年的薯干中线虫存活率仍达75%以上。因此,薯干也可作为病原线虫远距离传病的媒介。

四、发病条件

甘薯茎线虫病的发生危害与越冬线虫的数量、土壤温度和湿度、土壤质地及寄主抗病性等有密切关系。

(一)越冬线虫数量

病种薯和苗床土壤中的线虫是薯苗感病的前提,也是引起大田发病的重要因素。种薯带虫率高、苗床土壤中线虫量多、施用带虫肥料等往往使薯苗大量感病,条件适宜时,病薯苗移栽大田后,发病较重。

(二)土壤温度、湿度

毁坏茎线虫在2~35℃均可活动,以25~35℃最适。甘薯整个生长期和贮藏期的温度均适于线虫生长活动及侵染危害。毁坏茎线虫既耐水淹又耐干燥,在土壤中多集居在干湿适中的表土层(10~15cm)中,干燥的地表层中数量很少。线虫在水中浸半个月仍能存活。薯干含水量在13%时,其中的线虫死亡率仅为24%,1年后有50%以上的线虫存活,2年后仍有2%左右的线虫存活。

(三)土壤质地

土壤质地对病原线虫的活动和繁殖有一定影响。砂壤土通气良好,线虫活动范围大,繁殖力强,发病重。黏质土壤有机质含量较高,不利于线虫的活动和繁殖。

(四)寄主抗病性

不同品种对茎线虫病的抗性有差异,'北京553'等品种较抗病。

五、病害控制

在加强检疫的基础上,采取以选用抗病品种为主,配合农业防病的综合措施。

(一)加强检疫

加强对种薯及种苗的检疫工作,严禁从病区调运种薯与种苗。

（二）选用抗病品种

选用'华北 52-45''烟 252''徐州 781''北京 553''DZ''徐薯 25''洛薯 966'等抗病品种。

（三）农业防治

1．清除病残体　　育苗、栽植和收获时，应清除病薯、病蔓和病苗，集中处理，减少初侵染源，防止病害传播蔓延。

2．轮作　　重病区或重病地可与高粱、玉米或棉花进行轮作，轮作 3 年以上可基本控制病害的发生。

3．建立无病留种地、培育无病壮苗　　选 3 年以上未种过甘薯的地块作无病留种田，从春薯地剪取无病薯蔓扦插作无病留种田薯苗。育苗时，种薯应严格挑选，剔除糠心薯块和薯皮呈污紫色的带病薯块，采用温汤浸种或药剂浸种处理。薯苗移栽前，用 50%辛硫磷乳剂 100 倍液浸根部白色部分 10min，防效可达 80%以上。需注意的是辛硫磷见光易分解失效，处理时应在室内进行。结合防治甘薯黑斑病进行高剪苗，也有较好的防病效果。

4．土壤处理　　采用土壤药剂处理是防治重病地块茎线虫病的一项重要措施，但目前尚无可用的对环境友好的低毒药剂。

第五章

油料作物病害

大豆是我国重要的油料作物，播种面积逐年增加，但病害导致的减产严重。目前世界上已经报道的大豆病害种类有120多种，其中，真菌病害60多种，病毒病害28种，线虫病害20种，细菌病害10种，植原体病害3种，高等寄生性种子植物2种。在我国，已报道的大豆病害有52种。其中，发生普遍、危害严重的有大豆胞囊线虫病、花叶病、霜霉病、根腐病和一些叶斑类病害。每年因病害造成的损失在10%左右，严重的高达30%以上。

我国栽培的其他油料作物还有向日葵、油菜、花生和芝麻等。全世界已知的向日葵病害有90多种，因病害造成的损失为10%左右。我国报道的向日葵病害有30多种，其中发生普遍、危害严重的有10余种，主要有菌核病、黑斑病、霜霉病和锈病等，以及向日葵列当。全世界报道的花生病害有50多种，其中，真菌病害30余种，细菌病害2种，病毒病害10余种，线虫病害11种。我国已发现的花生病害有30多种，危害较重的有北方根结线虫病、叶斑病、病毒病、网斑病、茎腐病和青枯病等，造成的产量损失为10%左右。全世界报道的油菜病害有108种，我国发现34种，其中，真菌病害22种，病毒病害4种，细菌病害4种，线虫病害2种，生理性病害2种，主要有菌核病、病毒病、萎缩不实病、霜霉病和白锈病等。严重年份造成产量损失30%以上。

◆ 第一节　大豆根腐病

大豆根腐病（soybean root rot）是大豆生产上的重要病害，也是东北大豆产区的主要根部病害，在黑龙江省各地均有发生，其中黑龙江省东北部发生最重，尤其在黑龙江省三江平原地区。近几年，在黑龙江省松嫩平原、吉林大豆产区发生也较重。苗期发病影响幼苗生长，甚至造成死苗，使田间保苗数减少；成株期根部受害，影响根瘤的生长和数量，造成地上部发育不良甚至矮化，使结荚数减少、粒重降低，从而导致减产甚至绝产毁种。

一、症状

大豆根腐病是各种根部腐烂性病害的统称。由镰孢菌、丝核菌和腐霉菌等多种病菌侵染引起，不同病菌引起的病害症状不尽相同，但共同点是根部腐烂。

大豆根腐病从幼苗到成株均可发生，幼苗期主要为害茎基部和根系，其中主根受害最重。病斑初为褐色小点，扩大后呈梭形、长条形或不规则形大斑，病斑稍凹陷。严重时甚至整个主根的病斑变成铁锈色、红褐色或黑褐色，皮层腐烂呈溃疡状，病部缢缩，重病株的主根受害而使侧根和须根腐烂脱落，造成"秃根"。成株期发病，病株根部产生褐色病斑，病斑形状不规则，大小不一，病部无须根，病重时根系开裂，木质纤维组织露出。

因根部受害，重病株死亡，轻病株地上部长势弱，较健株瘦少，叶片变黄甚至提早脱落，分枝少，结荚少。大豆根腐病在田间发生常呈"锅底坑"状分布，圆形或椭圆形。

> 大豆根腐病症状易与大豆疫霉根腐病、大豆胞囊线虫病混淆，主要不同点如下：大豆根腐病与大豆疫霉根腐病相比，大豆根腐病可侵染须根，而大豆疫霉根腐病不会侵染须根；大豆根腐病与大豆胞囊线虫病相比，大豆胞囊线虫病的主根和侧根发育不良，但须根增多，可使整个根系变成发状须根，根上有白色至黄白色球状胞囊。
>
> 它们的共同点是根部腐烂。大豆4~5片复叶期开始田间点片发病，病株从叶缘向内变黄，叶脉仍为绿色，最后整株黄化、变矮，根部变褐腐烂，最后变黑，地上部枯死。

二、病原

引起大豆根腐病的病菌种类较多，主要有以下几种。

1）无性真菌类镰孢属的有尖孢镰孢芬芳变种 [*Fusarium oxysporum* var. *redolens* (Wouenum)]、茄腐镰孢（*F. solani*）、禾谷镰孢（*F. graminearum*）和燕麦镰孢（*F. avenaceum*）。

2）无性真菌类丝核菌属的立枯丝核菌（*Rhizoctonia solani* Kühn）。菌丝粗大，粗细不等，有多个分隔，多分枝，分枝处缢缩且有隔膜。

3）卵菌腐霉属的终极腐霉（*Pythium ultimum* Trom）。菌丝纤细，无色，无隔膜。卵孢子近球形，壁厚。

黑龙江省大豆根腐病的病原以镰孢菌和丝核菌为主，大豆根腐病病菌大多属于土壤习居菌，可在土壤中腐生。

三、病害循环

病菌以菌丝、菌核在土壤中和病株体内越冬，并可在土壤中腐生。条件适宜时，越冬病菌直接侵染幼苗，引起幼苗根腐。病菌也可通过雨水、灌溉水及人、畜或农机具传播。大豆种子萌发后4~7d病菌即可侵染胚茎和胚根，虫伤和其他自然孔口也有利于多种菌侵入。

四、发病条件

大豆根腐病的发生与菌源数量、土壤理化性质、土壤温度和湿度、虫害及药害和耕作方式关系密切。

（一）菌源数量

连作可使土壤中菌源数量增多，发病重。连作年限越长，发病越重。

（二）土壤理化性质

土壤质地疏松，通透性好的砂壤土、轻壤土、黑土等较土壤黏重、通透性差的白浆土、黏土地发病轻。土壤肥沃地较土壤瘠薄地发病轻。

（三）土壤温度和湿度

播种期土壤温度低，发病重。土壤含水量大，特别是低洼潮湿地，大豆幼苗长势弱，抗病力差，易受病菌侵染，发病重。土壤含水量过低，久旱后突然连续降雨，使大豆幼苗迅速生长，根部表皮易纵裂，伤口增多，也有利于病菌侵染，发病重。

（四）虫害及药害

根部受根潜蝇为害，可造成伤口，有利于根腐病病菌的侵染，发病重。大豆幼苗若因除草剂使用不当造成药害，幼苗生长受阻，也可加重根腐病的发生。

（五）耕作方式

垄作比平作发病轻，大垄比小垄栽培发病轻。大豆播种过深，地温低，幼苗生长慢，组织柔嫩，地下根部延长，根易被病菌侵染，发病重。氮肥用量大，幼苗组织柔嫩，发病重，增施磷肥可减少发病。

五、病害控制

大豆根腐病的控制可采取以下几种防治措施。

（一）选种抗（耐）病品种

选种抗（耐）病品种是控制大豆根腐病发生和流行最经济有效的方法。

（二）合理轮作

合理轮作，避免迎茬种植。最好的措施是与禾本科作物轮作2年以上，前茬为玉米、线麻、亚麻最好。

（三）适时播种

距土表0~5cm处的土温稳定在6~8℃时播种，勿播种过早，适期晚播。

（四）控制播深

一般播深不要超过5cm，以加快幼苗的生长速度，增强抗病性。注意墒情，湿度大时，宁可稍晚播也不能顶湿强播。

（五）加强田间管理

深松土，及时排除田间积水，改善土壤通气条件，做好中耕培土。及时防治地下害虫。

（六）种子处理

每100kg大豆种子用2.5%咯菌腈（适乐时）悬浮种衣剂150~200mL（或35%多克福1500mL）＋益微100~150mL，或每100kg大豆种子用2.5%咯菌腈（适乐时）悬浮种衣剂150mL＋20%甲霜灵拌种剂40mL拌种。

每100kg大豆种子用2.5%咯菌腈（适乐时）150~200mL（或35%多克福1500mL）＋35%精甲霜灵20mL＋益微100~150mL拌种。

用种子重量0.3%~0.5%的50%多菌灵可湿性粉剂或50%福美双可湿性粉剂拌种，或用种子重量0.4%的50%多福合剂可湿性粉剂拌种。

用50%多菌灵可湿性粉剂和50%福美双可湿性粉剂按1∶1混匀，用种子重量0.4%的混合剂拌种。

用 2%水剂宁南霉素（菌克毒克）按种子量的 1%拌种。

（七）化学防治

1）大豆保根菌剂，用量 1500mL/hm^2，将菌剂与大豆种子充分混合，使菌剂均匀包衣在种子上，阴干后（一般 30min）即可播种。

2）生物制剂埃姆泌（为海洋放线菌 MB-97 和细黄链霉菌的新变种），对大豆重迎茬主要障碍因素——紫青霉菌及其分泌的毒素和大豆根腐病致病菌——镰孢菌 F6 均有极强的抑制作用，每亩[①]用 3~5kg 与大豆种子混播，重茬大豆田用量高。

第二节　大豆疫霉根腐病

大豆疫霉根腐病（soybean phytophthora root rot）又名大豆疫病、大豆疫霉病，是我国重要的对外植物检疫对象。在我国主要分布于黑龙江省及黄淮地区，一般减产 10%~30%，在有利于病害发生的环境条件下可导致大豆绝产。黑龙江仅发生在长期积水的黏土和高感品种上，且有逐年加重趋势。

一、症状

出苗前可引起种子腐烂，出苗差。出苗后由于根或茎基部腐烂而萎蔫或立枯，根软化、变褐，直达子叶节。真叶期茎上出现水渍斑，叶片变黄萎蔫、死苗。侧根腐烂，主根变为深褐色并可沿主茎向上延伸几厘米。成株期受害，上部叶片褪绿，下部叶片脉间变黄，植株逐渐萎蔫，叶片凋萎但仍悬挂于植株上，后期病茎的皮层及维管束组织变褐。未死亡的病株荚数明显减少，空荚、瘪荚较多，籽粒缢缩。耐病品种仅根部受害、病苗生长受阻，抗病品种仅茎部出现下陷的褐色条斑。

二、病原

病原为大豆疫霉（*Phytophthora sojae* Kaufmann et Gerdemann.），属卵菌疫霉属。异名为大雄疫霉菌（*P. megasperma* Drechsler f. sp. *glycine* Kuan & Erwin）。

卵孢子球形，壁厚而光滑。在不良条件下能长期存活，条件适宜时可萌发形成芽管，发育成菌丝或孢子囊。孢子囊萌发形成芽管或产生游动孢子。孢囊梗分化不明显，顶生单个孢子囊。孢子囊单胞、无色、卵形、无乳突。

菌丝的生长适温为 24~28℃，孢子囊直接萌发的最适温度为 25℃，间接萌发的最适温度为 14℃。卵孢子形成和萌发的最适温度为 24℃。病组织中可形成大量卵孢子，卵孢子有休眠期，形成后 30d 才能萌发。病菌寄生专化性很强，除为害大豆外，也可侵害菜豆、豌豆、羽扁豆属。大豆疫霉根腐病病菌生理小种分化十分明显。

三、病害循环

大豆疫霉根腐病是典型的土传病害。病菌主要以卵孢子在土壤中的病残体上越冬或混在

---

① 1 亩≈666.7m^2

种子上越冬。卵孢子在土中可存活多年，条件适宜时萌发形成孢子囊，当土壤水分饱和时孢子囊产生大量的游动孢子，游动孢子随水传播，附着于种子或幼苗根部，并萌发侵染引起发病。条件适宜时病组织上可不断形成孢子囊，孢子囊萌发形成游动孢子进行多次再侵染。大豆苗期最易感病，随着植株生长发育，寄主的抗病性也随之增强。

四、发病条件

大豆疫霉根腐病的发生与流行主要取决于品种抗病性、土壤湿度和耕作栽培措施等。

（一）品种抗病性

品种抗病性对发病的流行程度影响很大，但品种抗病性极易丧失。

（二）土壤湿度

土壤湿度是影响该病流行的重要因素。土壤含水量饱和是卵孢子萌发形成孢子囊的必要条件。孢子囊必须在有水的条件下才能释放出游动孢子，有水时间越长，释放的游动孢子越多。因此地势低洼、土质黏重、排水不良的地块易发病，土壤温度达15~20℃时，遇大雨田间积水，发病严重；排水良好、没有积水的地块发病轻。

（三）耕作栽培措施

耕作栽培措施会影响土壤的含水量和排水及通风透光，从而直接影响发病。试验表明，灌溉会加重病害的发生。及时耕地、排水，发病轻；少耕和免耕板结地，发病重。轮作与发病关系不大，大豆与非寄主作物轮作4年也不能明显减轻病害，这可能与卵孢子休眠时间长短不一有关。

五、病害控制

大豆疫霉根腐病的防治应采取以农业防治为主，加强检疫，并辅以化学防治等的综合防治技术措施。

（一）加强检疫

此病是重要的植物检疫对象，并可随种子远距离传播，因此要做好种子调运的检疫工作。

（二）农业防治

利用抗（耐）病品种是最有效的防治手段。早播、少耕或免耕、窄行、除草剂使用量增加、连作和一切降低土壤排水性、通透性的措施都将加重病害的发生和危害。适期播种，保证播种质量，合理密植，宽行种植，及时中耕，增加植株通风透光是防治病害发生的关键措施。采用垄作，降雨后及时排水，避免长时间的田间积水。合理施肥，加强田间管理，深翻，清除病残体。

（三）化学防治

播种时沟施、带施或撒施甲霜灵（瑞毒霉）颗粒剂 0.28~1.12kg/hm^2，使大豆根吸收药剂，可防止根部侵染。播种前用种子重量0.3%的35%甲霜灵粉剂拌种，可控制早期发病，但对后期无效。后期可喷洒或浇灌 25%甲霜灵可湿性粉剂 800 倍液、58%甲霜灵•锰锌可湿性粉剂 600 倍液、64%噁霜•锰锌可湿性粉剂 500 倍液、72%霜脲•锰锌可湿性粉剂 700 倍液、69%烯酰吗啉•锰锌可湿性粉剂 900 倍液。

第三节 大豆胞囊线虫病

大豆胞囊线虫病（soybean cyst nematode）是大豆胞囊线虫侵染引起的一种重要的根部病害，世界各大豆产区均有发生。在我国的东北和黄淮海大豆主产区，如黑龙江、吉林、辽宁、山西、安徽、河南、山东等省普遍发生，危害严重。该病可使大豆减产 5%～10%，重者可达 30%～50%，某些产区因大面积严重发生而毁种。

一、症状

大豆受害后，植株明显矮化，生长缓慢，叶片褪绿变黄，似缺水或缺肥状。受害植株根系不发达，根瘤减少并形成大量须根，须根上附着比小米粒还小的白色肉质小颗粒，即大豆胞囊线虫的成熟雌虫，后期颜色逐渐变黄、变褐，并脱落于土中。病株根部表皮常先被雌虫胀破后又被其他腐生菌侵染，引起根系腐烂，最终使植株提早枯死。病株叶片常脱落，结荚少或不结荚，籽粒小而瘪，产量和品质严重下降。

二、病原

大豆胞囊线虫（*Heterodera glycines* Ichinohe）属线虫门异皮线虫属。卵形成于雌虫体内，初为蚕茧形，（95～118）μm×（39～47）μm。幼虫有 4 个龄期：1 龄幼虫在卵内；2 龄幼虫破壳而出，在土中找到寄主后从根尖侵入；3 龄雄虫线形，雌虫腹部膨大成囊状；4 龄幼虫形态与成虫相似。幼虫蜕皮 4 次后变成成虫，雄成虫线形，体长 1.2～1.4mm；雌成虫柠檬形或梨形，大小为 0.21～0.58mm（图 5-1）。

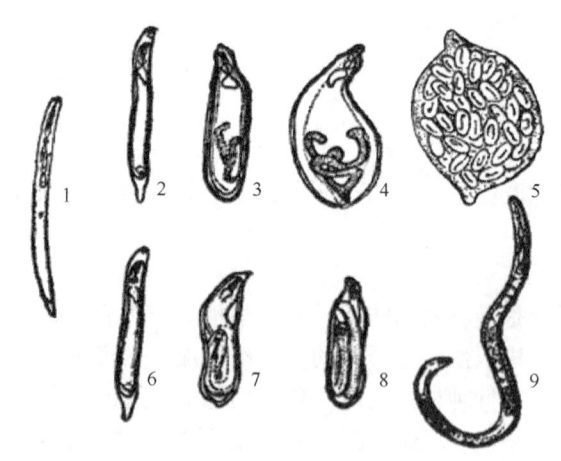

图 5-1 大豆胞囊线虫形态（董金皋，2015）
1. 2 龄幼虫；2. 3 龄雌幼虫；3. 4 龄雌幼虫；4. 雌虫；5. 胞囊；
6. 3 龄雄幼虫；7. 4 龄雄幼虫；8. 成熟前的雄虫；9. 雄成虫

大豆胞囊线虫的发育温度为 10～35℃，适温为 17～28℃，10℃以下幼虫不能发育，31℃以上幼虫发育受影响，35℃时幼虫不能发育为成虫。大豆胞囊线虫对干旱的抵抗力较强而对高温的抵抗力较弱。发育湿度以土壤湿度 60%～80%为宜，土壤湿度过大，氧气不足，线虫容易窒息死亡。大豆胞囊线虫的生殖方式为雌雄交配，交配后雌虫产卵于体内，一般可产卵200～500 粒。

大豆胞囊线虫的寄主范围较窄，除为害大豆外，还可为害菜豆、绿豆、赤豆等豆科植物。大豆胞囊线虫有 14 个生理小种，其中，美国报道有 12 个生理小种（1～10 号、12 号、14 号），我国报道有 8 个生理小种（1～7 号、14 号）。

三、病害循环

大豆胞囊线虫主要以胞囊（cyst）在土中越冬，带有胞囊的土块也可混杂在种子间成为初侵染源。线虫在田间主要通过农事操作传播，其次为排灌水和未经充分腐熟的肥料。线虫的活动范围极小，在土壤中 1 年仅能移动 30～65cm。种子中夹杂的胞囊在贮存条件下可存活 2 年。通过种子远距离传播是该病传至新病区的主要途径。美国还发现鸟类可远距离传播线虫，因胞囊和卵粒经过鸟的消化道后仍可存活。

春季气温变暖时，胞囊中的卵开始孵化，具有侵染活性的 2 龄幼虫突破卵壳进入土壤中寻找植物的根尖，再侵入根内的维管束中柱取食，同时刺激取食点及其周围细胞，形成合胞体。经 3 龄、4 龄期幼虫的发育后进入成虫期。雌虫体随着卵的形成而肥大呈柠檬状，胀破寄主表皮露出，初期为白色或淡黄色，后期雌虫体壁加厚，呈褐色（即越冬胞囊）。雄成虫突破根表皮进入土壤中，寻找雌成虫交尾后死去（图 5-2）。

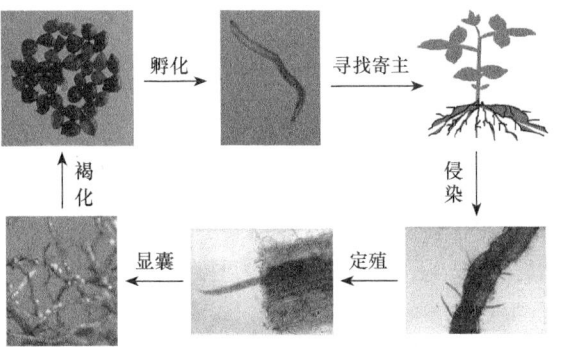

图 5-2 大豆胞囊线虫病病害循环图

大豆胞囊线虫每年发生的代数因土温差异而不同，完成一个世代需 25～35d。黑龙江省中南部和吉林省中北部地区一年发生 3 代，辽宁省大多地区一年发生 4 代。

四、发病条件

大豆胞囊线虫病的发生和流行主要取决于土壤条件、耕作制度、作物种类和品种抗性等。

（一）土壤条件

通气良好的砂土和砂壤土，或干旱瘠薄的土壤有利于线虫生长发育；黏重土壤，氧气不足，线虫死亡率高。碱性土壤更适于线虫的生活。据调查，当 pH<5 时，线虫几乎不能繁殖；pH 高的土壤中，胞囊数量远高于 pH 低的土壤。土壤温度影响线虫的发育速度，适温范围内，温度越高，发育越快。

（二）耕作制度

连作地发病重。禾谷类作物的根系能分泌刺激线虫卵孵化的物质，致使幼虫从胞囊孵化后找不到寄主而死亡，因此，与禾本科作物轮作可使土壤中的线虫数量急剧下降。与小麦轮作 3 年的大豆田，每株只有胞囊 0～15 个，而 2 年连作的地块，每株胞囊为 50～90 个，多年连作的地块，每株胞囊数高达 70～150 个。

(三）作物种类和品种抗性

不同的大豆品种间发病程度有一定的差异，种植抗病品种可以减轻大豆胞囊线虫病的危害，如'抗线1号'至'抗线12'等一系列抗线大豆品种。

五、病害控制

大豆胞囊线虫病的防治策略是种植抗病耐病品种，加强栽培管理、及时消灭虫源，辅以化学防治和生物防治。

（一）种植抗病耐病品种

种植抗病耐病品种是防治大豆胞囊线虫病最经济有效的措施。种植抗大豆胞囊线虫的大豆品种不但可以避免大豆胞囊线虫造成的严重损失，还可以大大降低土壤中胞囊线虫的种群密度，缩短轮作年限。1992年，我国育成了第一个抗大豆胞囊线虫品种'抗线1号'，继而又培育了'抗线2号'至'抗线12'等一系列抗线品种。目前，生产上大面积推广种植的抗线品种还有'中黄13''齐黄29''齐黄31''晋豆31''沧豆11''庆豆13'等。

（二）加强栽培管理、及时消灭虫源

轮作是防治大豆胞囊线虫病的主要农艺措施之一。与禾本科、十字花科、茄科、葫芦科、棉花、蓖麻、万寿菊等非寄主植物轮作的年限一般不能低于3年，轮作年限越长，效果越好，若实行水旱轮作效果会更好。在大豆种植面积较大的地区，轮作还可与种植抗病耐病品种相结合。适当增施生物有机肥，提高土壤肥力，促进植株生长，减轻线虫的危害。在高温干旱年份注意适当灌水，效果尤为明显。

（三）化学防治

化学药剂虽然能够有效地控制大豆胞囊线虫的危害，但由于其对人畜有毒害作用，且存在污染环境等问题，因此化学药剂在大豆生产上的应用受限制。目前，生产上可用3%克百威颗粒剂，防治效果可达70%。

（四）生物防治

利用厚垣轮枝孢菌、淡紫拟青霉、明尼苏达被毛孢、球孢白僵菌、巴斯德杆菌等制成的微生物制剂，对大豆胞囊线虫均有一定的防治效果。

第四节 大豆灰斑病

大豆灰斑病又名蛙眼病，世界各地大豆产区均有发生。多数不造成危害，但在有的年份可造成严重危害。1947年，在美国印第安纳州曾流行此病。1985~1986年在我国黑龙江省造成严重危害，全省受害面积达134hm^2，病粒率一般在20%以上，重者达50%~70%，每年因灰斑病减产2.5亿kg。病害不仅影响产量，籽粒斑还影响外观，使其品质变劣，商品豆降价，出口受限制。病粒发芽率降低，含油量降低约2.9%，蛋白质含量降低约1.2%。

一、症状

大豆灰斑病主要为害叶片，也可侵染幼苗、荚、茎和种子。带菌种子长出幼苗，子叶上病斑明显，多是半圆形、圆形，稍凹陷，深褐色。多雨年份病斑可蔓延至生长点，使幼苗枯死，但这种情况较少见。天气干旱，病斑不发展，仅限于子叶。叶片发病，初为褪绿小圆斑，后逐渐扩展为边缘褐色、中央灰色或灰褐色、直径为1～5mm的蛙眼状病斑。

二、病原

病原为大豆尾孢菌（*Cercospora sojina* Hara），属无性真菌类尾孢属。分生孢子梗5～12根成束从寄主气孔伸出，不分枝，淡褐色。有膝状屈曲，孢痕明显。分生孢子圆柱形或倒棍棒状，无色透明，基部钝圆，顶端尖细，具1～9个隔，（19～80）μm×（3.5～8.0）μm。分生孢子萌发时从两端细胞长出芽管，有时也从中部细胞长出。病菌生长温度为15～32℃，适温25～28℃。孢子萌发温度为10～40℃，适温28～30℃，适温下分生孢子在水中1h即可萌发。病菌在PDA培养基上生长缓慢，产孢量少。在利马豆琼脂培养基上的产孢数量比在PDA培养基上高10倍。蔬菜浸汁培养基经110～115℃灭菌，病菌生长及产孢量均显著提高。灰斑病菌寄主范围较窄，除大豆外，仅能侵染野生大豆。病菌有明显的生理分化现象，在美国采用16个鉴别寄主，共鉴定出11个生理小种。我国黑龙江省筛选出6个鉴别寄主，鉴定出11个小种，并初步确定它们在黑龙江省分布。其中1号、7号和10号分布最广，出现频率分别为50%、22%和9%。

三、病害循环

病菌以菌丝体在种子或病残体上越冬。种子带菌与病害流行关系不大，且病残体为主要初侵染源。表土层的病残体越冬后遇适宜环境可产生分生孢子并进行初侵染，田间主要靠气流传播。带菌种子长出幼苗，子叶上可出现病斑，温暖潮湿时病斑上长出分生孢子或土表层病残体上产生大量分生孢子侵入寄主引起发病。分生孢子寿命较短，在干燥情况下，叶面降落的分生孢子2d后侵染率降低26%，4d后降低94%，6d后失去侵染力。初侵染产生的病斑上产生大量分生孢子，借气流传播，成为田间再侵染源。在适宜条件下，再侵染频繁，造成病害大流行。

四、发病条件

大豆灰斑病的发生流行与品种抗病性、气候条件及栽培条件有关。

（一）品种抗病性

品种抗病性对发病程度有明显的影响，如高感品种'红丰3号''荆山璞'，大豆在田间发病早、蔓延快、病斑多。籽粒的抗性与叶部反应不一致，如'合丰24'叶部病情比'合丰22'严重，但籽粒感病率却比较轻，前者为33.3%，后者为68.2%。其原因可能与荚部感病时期的长短及所遇环境条件有关。灰斑病病菌适应性较强，生理分化现象明显，抗病品种的抗性容易发生变化。

（二）气候条件

气候对灰斑病的发生与流行影响较大。春季平均气温达17℃以上、病残体表面湿润时就可产生分生孢子。温度影响潜育期，20℃时潜育期为12～16d，25℃为7～8d，30℃为6～7d。病菌孢子只能在水中萌发，在田间只有当叶面湿润并保持一定时间，孢子才能侵入寄主。侵染要求的叶面湿润时数与温度有关，适温下要求叶面湿润时数短，温度越低，要求的叶面湿润时数越长。最适温度25～28℃下叶面湿润2h即可侵入。在适温范围内，湿度98%以上4h开始形成孢子，湿度保持时间越长，形成孢子数量越多。

（三）栽培条件

地势低洼易积水，田间湿度大，发病重，病叶与病粒率均高于平地和岗地。连作地一般发病较重。在大流行年，由于条件特别适合，轮作的作用也不明显。老病区发病普遍重于偶发区。大豆灰斑病病粒率的高低和轻重与大豆豆荚受侵染的时间有关，占总病粒率的70%左右，甚至可占90%左右，而在结荚盛期前或鼓粒中后期感病的，病粒率只占总病粒率的10%左右。

五、病害控制

防治策略是选育和利用抗（耐）病品种，加强农业防治措施和化学防治。

（一）选育和利用抗（耐）病品种

在美国、巴西等国抗灰斑病育种工作已开展，并在生产上推广应用。我国抗灰斑病的抗性资源丰富，黑龙江省已培育出较多抗病品种，有的已在生产上大面积推广，对控制病害流行起显著作用。但抗病性很不稳定，且持续时间短，需经常监测各地病菌生理小种组成的变化，以便选择新的抗（耐）病品种并合理布局，防止抗病性退化。

（二）加强农业防治措施

因病菌随病残体在土壤越冬，因此需合理轮作，避免重茬，清除病残体，收获后及时翻耕，减少越冬菌量。合理密植，加强田间管理，控制杂草，降低田间湿度。

（三）化学防治

根据气象预报和病情发展，在大豆结荚期前后的发病初期需及时喷药。常用的药剂有40%多菌灵、70%甲基硫菌灵、50%退菌特等。

◆ 第五节 大豆菌核病

大豆菌核病又称白腐病，全国各大豆产区均有发生，是一种毁灭性的茎部病害，黑龙江、内蒙古受害较重。由于向日葵、油菜、马铃薯、麻类、小杂豆等的种植面积不断扩大，因此菌核病在大豆的发生逐年加重。一般流行年份减产20%～30%，严重地块减产达50%～90%，甚至绝产。大豆菌核病除侵染大豆外，还可侵染茄科、十字花科、豆科等64科300多种植物，常见的如白菜、甘蓝、向日葵、马铃薯、辣椒、菜豆、莴苣等。

一、症状

苗期至成株均可发病，主要为害地上部分，花期、结荚后受害重，产生苗枯、叶腐、茎腐、荚腐等症状。共同特征是病部初为深绿色湿腐状，潮湿时可产生白色棉絮状菌丝体，并逐渐使病部变白，最后在受害部内外产生黑色鼠粪状菌核。

苗期受害，茎基部褐变，呈水渍状，湿度大时长出白色棉絮状菌丝，后病部干缩呈黄褐色，幼苗倒伏枯死，表皮撕裂状。叶片受害，从植株下部开始，初叶面产生暗绿色水浸状斑，后扩展为圆形至不规则形，病斑中心灰褐色，四周暗褐色，有黄色晕圈，湿度大时产生白色菌丝，叶片腐烂脱落。茎秆染病多从主茎中下部分杈处开始，病部水浸状，后褪为浅褐色至近白色，病斑形状不规则，常环绕茎向上、向下扩展，致病部以上枯死或倒折。湿度大时在菌丝处形成黑色菌核，病茎髓部变空，菌核充塞其中。干燥时，茎皮纵向撕裂，维管束外露呈乱麻状，严重时全株枯死，颗粒不收。豆荚受害，病斑水渍状不规则形，荚内、外均可形成较茎内菌核稍小的菌核，多不能结实，或结实的种子粒小，甚至腐败干缩。

症状识别要点：病株茎秆腐烂，苍白色，内部中空，易折断，有黑色鼠粪状菌核。

二、病原

病菌为核盘菌 [*Sclerotinia sclerotiorum* (Lib.) de Bary]，属子囊菌门核盘菌属。菌核圆柱状或鼠粪状，内部白色，外部黑色。子囊盘盘状，褐色，棒状子囊排列成栅状。子囊孢子椭圆形，单胞，无色。侧丝丝状，无色，夹生在子囊间。

菌丝生长适温 20~25℃，菌核萌发适温 20℃。菌核萌发不需光照，而子囊盘形成需散射光。病菌寄主范围广泛，能寄生于 64 科 225 属的 383 种植物上，其中，以十字花科、菊科、豆科、茄科及伞形科植物为主。

三、病害循环

病菌主要以菌核在土壤中、病残体内或混杂在种子中越冬。第二年条件适宜时，越冬菌核萌发产生子囊盘，并弹射出子囊孢子，子囊孢子借气流传播蔓延进行初侵染。病健部通过菌丝接触传播蔓延，形成再侵染，但再侵染机会少。

四、发病条件

菌核在田间土壤深度 3cm 以内能正常萌发，3cm 以上不能萌发，1~3cm 时，随深度的增加菌核萌发的数量递减。菌核从萌发到弹射子囊孢子需要较高的土壤温度和相对湿度。但土壤持水量过大（过饱和状态）也不利于菌核萌发，会加快菌核腐烂。

病害发生流行的适温为 15~30℃、相对湿度 85% 以上。当旬降水量低于 40mm、相对湿度小于 80% 时，病害流行明显减缓；旬降水量低于 20mm、相对湿度小于 80% 时，子囊盘干萎，菌丝停止增殖，病斑干枯，流行终止。一般菌源量大的连作地或栽植过密、通风透光不良的地块，发病重。

五、病害控制

病害控制采取以种植抗病品种为主，合理轮作与邻作，加强栽培管理，辅以化学防治的综合管理措施。

（一）种植抗病品种

减少菌源是防病的最主要措施。精选种子，汰除混杂在种子中的菌核，可避免大豆菌核病的远距离传播。秋季深翻，将田间菌核埋入土壤深层，可抑制菌核萌发，减少初侵染菌源数量。

（二）合理轮作与邻作

与禾本科作物实行3年以上轮作是防治此病的关键措施。避免在豆田周围种植向日葵、油菜等，以防交互感染。

（三）加强栽培管理

选用株型紧凑、尖叶或叶片上举、通风透光性能好的耐病品种。及时排出田间积水、降低田间湿度、适量少施氮肥可减轻发病。菌核萌发期及时铲趟，能破坏子囊盘，减轻发病。收获后及时清除病残体。

（四）化学防治

最好在发病前10～15d用药，已发病的地块用药效果不佳。发病初期可选用40%菌核净可湿性粉剂800～1200倍液、50%速克灵（腐霉利）可湿性粉剂2000倍液、2%宁南霉素（菌克毒克）水剂200～250倍液、40%多·硫悬浮剂600～700倍液、70%甲基硫菌灵可湿性粉剂500～600倍液、80%多菌灵可湿性粉剂600～700倍液、50%异菌脲（扑海因）可湿性粉剂1000～1500倍液、50%复方菌核净1000倍液等喷雾防治。隔7～10d喷一次，连喷2～3次。

第六节 大豆霜霉病

大豆霜霉病（soybean downy mildew）是东北霜霉侵染引起的一种重要的叶部病害，广泛分布于世界各大豆产区。1921年，首先发现于我国的东北地区，尤以气温冷凉的东北和华北地区发生普遍，黑龙江和吉林受害最严重，严重时引起早期落叶，叶片凋枯，豆粒霉烂，大豆产量和品质下降，一般减产6%～15%。

一、症状

幼苗、叶片、豆荚及籽粒均可受害。带菌种子长出的幼苗，可系统发病。病苗子叶无症状，第1对真叶从基部开始出现褪绿斑块，沿主脉及支脉蔓延，直至全叶褪绿。花期前后遇到多雨潮湿天气时，病斑背面密生灰白色霉层，最后病叶变黄转褐而枯死。受害重的叶片干枯，早期脱落。豆荚受害，外部无明显症状，但荚内有很厚的黄色霉层（卵孢子）。受害籽粒无光泽、发白，表面附有一层黄白色粉末状物（卵孢子）。

二、病原

病原为东北霜霉［*Peronospora manschurica*（Naum.）Syd.］，属藻物界卵菌门霜霉属。卵孢子近球形，黄褐色，厚壁，表面光滑或有突起物。孢囊梗二叉状分枝，末端尖锐，顶生1个无色、椭圆形或卵形的孢子囊（图5-3）。

图5-3 大豆霜霉病病菌
（陈庆恩等，1987）

病菌除为害大豆外，还为害野生大豆。病菌有生理分化现象，美国鉴定出 32 个生理小种，我国已鉴定出 3 个小种。发病最适温度为 20~22℃，10℃以下或 30℃以上不能形成孢子囊，卵孢子形成适温为 15~20℃。

三、病害循环

病菌以卵孢子在种子、病残体内越冬，种子上附着的卵孢子是最主要的初侵染源，卵孢子可随大豆萌芽而萌发，形成孢子囊和游动孢子，侵入大豆胚轴，进入生长点，蔓延全株成为系统侵染的病苗。病苗、病叶上长出大量孢子囊，成为再侵染的菌源。孢子囊寿命短，借气流、雨水传播，可引起再侵染。孢子囊萌发形成芽管，从寄主气孔或细胞间侵入，并在细胞间蔓延，形成吸器吸收寄主养分。结荚后病菌以菌丝侵入荚内，种子上黏附卵孢子（图 5-4）。

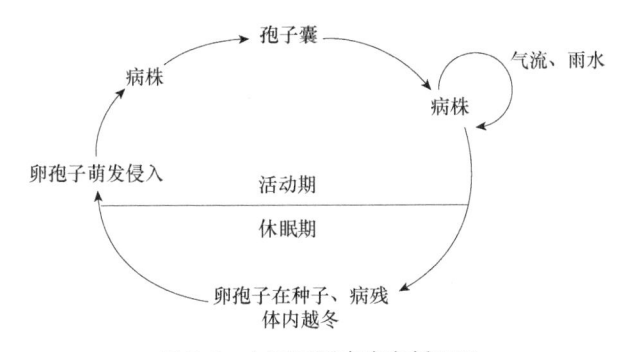

图 5-4　大豆霜霉病病害循环图

四、发病条件

大豆霜霉病的发生和流行与种子带菌率、气象条件及耕作与栽培措施有关。

（一）种子带菌率

种子带菌率的高低、田间菌源的多少直接影响病害的发生程度。种子带菌率高，病害发生重，大豆连作有利于发病。

（二）气象条件

大豆霜霉病的发生和流行与发病时的温度、湿度和降水量有关。孢子囊的形成需要叶面有露水，叶面结露时间 10h 以上，可形成大量孢子囊。因此，雨多、湿度大的年份病害发生重。孢子囊形成适温为 10~25℃，菌丝生长却要求高于孢子囊形成的温度。7~8 月东北、华北平均温度为 20~24℃，且昼夜温差大，正值雨季，有利于病害流行；若 7~8 月雨水少，干旱年份，则发病轻。

（三）耕作与栽培措施

品种间的抗病性有显著差异，大面积种植感病品种为病害流行创造了条件。

五、病害控制

大豆霜霉病的防治策略主要是进行农业防治和化学防治。

（一）农业防治

因地制宜地选育和推广抗病良种，如'吉育101''吉育102''吉育609'等。精选种子，淘汰病粒，选用无病种子。实行2～3年轮作。大豆收获后进行深翻，清除田间病叶残体，减少菌源。增施磷、钾肥。增加中耕次数，促进植株生长健壮，提高抗病力。结合铲地及时除去病苗，消减初侵染源。

（二）化学防治

种子可用嘧菌酯、吡唑醚菌酯、甲霜灵、三乙膦酸铝、烯酰吗啉等药剂拌种或包衣处理，有效成分用量为种子重量的 0.1%～0.3%。发病初期，可用 25%甲霜灵、64%噁霜·锰锌、72%霜脲·锰锌、68%精甲霜·锰锌、69%烯酰·锰锌喷雾，间隔 7～10d 喷洒 1 次。生物药剂寡聚糖与多菌灵配合施用，对大豆霜霉病也有很好的防治效果。

第七节　大豆花叶病毒病

大豆花叶病毒病是大豆生产上的一类重要病害，目前已发现近百种植物病毒都可以侵染大豆，如大豆花叶病毒（soybean mosaic virus，SMV）、黄瓜花叶病毒（cucumber mosaic virus，CMV）、苜蓿花叶病毒（alfalfa mosaic virus，AMV）、菜豆豆荚斑驳病毒（bean pod mottle virus，BPMV）、烟草环斑病毒（tobacco ringspot virus，TRSV）等，其中 SMV 侵染引起的大豆花叶病毒病（soybean mosaic disease）是在世界范围内地域分布最广、生产上危害最为严重的一种大豆病毒病。

一、症状

大豆花叶病毒病的症状（图 5-5）随病毒株系和寄主品种的差异而有所不同。叶部症状主要包括花叶型和坏死型两大类。花叶型症状发病初期在嫩叶上出现明脉，后陆续出现黄绿相间的轻花叶、花叶、黄斑花叶症状，叶片外围向下卷曲，叶表皱缩畸形，质地变硬变脆，有时还会出现疱叶，植株矮化；坏死型症状发病初期在叶片上出现褐色的小坏死斑或较短的叶脉坏死，后坏死部分扩大并连成一片，有时可造成叶片脱落，也可能出现顶芽、侧芽的坏死。除叶部症状外，SMV 侵染后某些病毒蛋白干扰了种皮内查耳酮合成酶基因 mRNA 的组织特异性降解而造成色素沉积，病株种子常伴随有种皮斑驳的症状，即种皮上出现轮纹状、放射状或不规则状的淡褐色至黑褐色斑纹，也叫褐斑粒。虽然种皮斑驳的有无与种子是否带毒并无相关性，但种皮斑驳也严重影响了大豆的商品价值。

图 5-5　大豆花叶病毒病症状（Hajimorad et al.，2018）

二、病原

大豆花叶病毒（soybean mosaic virus，SMV）是马铃薯 Y 病毒科马铃薯 Y 病毒属（*Potyvirus*）的成员（图 5-6）。SMV 病毒粒子为长线形，长 630～750nm，宽 13～19nm，包

含一条长约 10kb 的正义单链基因组 RNA，其 5′端共价结合 VPg 蛋白，3′端存在 poly（A）尾巴，共编码 11 个蛋白质。SMV 通过介体蚜虫以非持久性的方式传播，也可通过种子或病株汁液进行传播。SMV 寄主范围较窄，自然环境中主要侵染大豆，人工接种也可侵染菜豆、羽扇豆等部分豆科植物及苋科、藜科、茄科的部分植物。根据不同分离物在不同大豆品种上的毒性差异，SMV 又被分为多个株系，如美国鉴定的 G1～G7 株系，我国南方地区的 SC1～SC21 株系及东北地区的 N1～N3 株系等。

三、病害循环

SMV 主要在带毒的种子中越冬。带毒种子播种后长成的幼苗即携带有病毒，成为当年病害流行的初侵染源，主要通过介体蚜虫的迁飞、取食完成病害的传播和再侵染，健株和病株通过病汁液的摩擦接触也可以传播 SMV。病毒侵染大豆后在寄主植物体内增殖、运动，再次侵入病株种子的胚内，形成带毒种子。带毒种子的调运是该病害远距离传播的主要途径（图 5-7）。

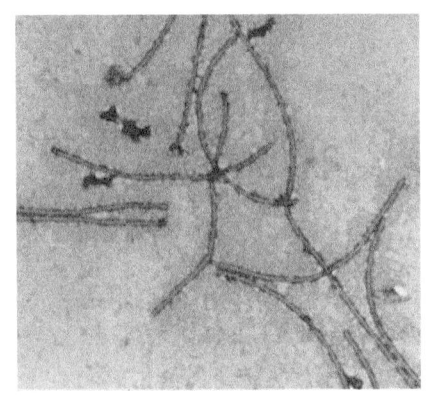

图 5-6　大豆花叶病毒（Hajimorad et al., 2018）

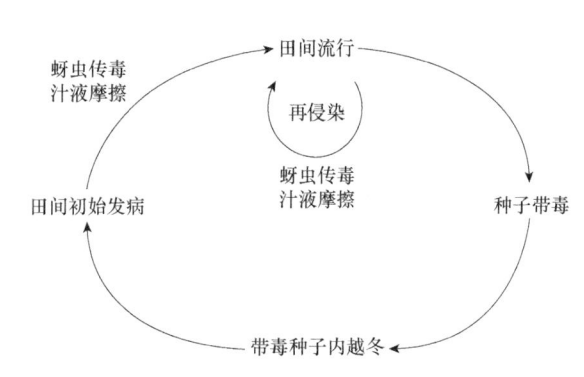

图 5-7　大豆花叶病毒病病害循环图

四、发病条件

大豆花叶病毒病的发生程度与种子带毒率、介体蚜虫数量、气象条件及寄主抗病性有关。

（一）种子带毒率

由于 SMV 主要在带毒种子中越冬，且带毒种子长成的幼苗是病害流行的初侵染源，因此种子带毒率的高低是影响该病害发生严重程度的重要因素。种子带毒率与大豆品种抗病性、病毒侵染时期等因素相关，感病品种种子带毒率往往高于抗病品种。对于同一大豆品种，一般病毒侵染时期越早，种子带毒率越高。

（二）介体蚜虫数量

大豆蚜（*Aphis glycines*）、豆蚜（*Aphis craccivora*）、桃蚜（*Myzus persicae*）均能传播该病害，蚜虫取食获毒时间仅需 30～60s，传播距离一般不超过 15m，因此蚜虫种群数量、迁飞时间及其着落植株的频率均对病害产生较大影响。

（三）气象条件

温度对 SMV 的致病性有较大影响，该病害发生的最适温度为 20～30℃。气温直接影响该病害的潜育期，在30℃以下时随着温度降低潜育期逐渐延长，而超过30℃时病害症状则会减轻甚至消失。气温和降水量也可通过影响介体蚜虫的数量和迁飞情况而间接影响大豆花叶病的发生发展，高温干旱利于蚜虫繁殖，促使病害流行。

（四）寄主抗病性

大豆品种对SMV的抗性有不同类型，抗侵染品种对病毒侵染免疫或不产生系统症状；抗扩展品种虽然不能对SMV免疫，但是可以减缓病毒在植株体内的运动速度，延长发病潜育期，降低病害发病程度。也有研究表明，大豆种粒斑驳抗性与地上部抗侵染、抗扩展抗性都是由不同基因控制的性状。

五、病害控制

大豆花叶病毒病的防治以选用无毒种子、控制介体蚜虫为中心，并尽可能选育和种植抗病品种。

（一）选用无毒种子

建立无病留种田或种子繁殖基地，减少带毒种子的播种以减少初侵染源；苗期及时巡查幼苗生长情况，及时拔除带毒种子长出的发病幼苗。

（二）控制介体蚜虫

苗期可用银灰膜覆盖，或将银灰膜条插在田间以驱避蚜虫。成株期及时观测田间蚜虫的虫口数量，及时喷施杀虫剂，如10%吡虫啉可湿性粉剂800~1000倍液、50%抗蚜威可湿性粉剂2000倍液、3.5%啶虫脒2000倍液等。应注意不同药剂的交替使用，防止出现抗药性。

（三）选育和种植抗病品种

选育和种植抗病品种是公认的防治病毒病的有效途径。长期以来，国内外学者对大豆抗SMV基因进行了持续的研究，且已命名和定位了多个抗性基因位点，如 *Rsv1*、*Rsv3*、*Rsv4* 和 *Rsv5* 位点。目前已有部分携带这些抗病基因位点的优良种质资源应用到大豆遗传育种工作之中，如含有 *Rsv1* 的'齐黄1号'对我国的21个SMV株系中的17个株系均有抗性；含有 *Rsv3* 的大豆品系'大白麻'对我国的SC1~SC8及SC11株系均有抗性；含有 *Rsv4* 的'科丰1号'对我国18个SMV株系均有良好抗性。

第八节 向日葵菌核病

向日葵菌核病（sunflower sclerotinia rot）又称白腐病、烂盘病，是一种世界上普遍发生的病害。我国的东北三省、内蒙古、山西和西北等地受害十分严重。例如，黑龙江省在1987年一般地块发病率在30%~60%，严重地块在90%以上；同年，吉林省发病严重的地块发病率达55%以上。1989年，内蒙古的翁牛特旗的发病率最高达67.8%，个别地块甚至绝产。向日葵感染菌核病后，产量降低46%以上，皮壳率增加，籽仁蛋白质及含油率下降，油质有苦味，发病后籽实失去了使用价值和商品价值。

一、症状

整个生育期都可发病，主要为害根茎部和花盘，形成根腐型和盘腐型症状。

根腐型症状从苗期一直到收获期都可发生。一般多在开花后发病，是由菌核产生的菌丝侵染植株的根及根茎部，逐渐蔓延到茎基部、茎上。病斑褐色，半椭圆形，湿度大时在病斑边缘产生白色菌丝，后形成菌核。病斑多纵向向上扩展，造成植株萎蔫，茎秆表皮露出纤维，茎内部产生白色菌丝及黑色菌核，遇风易倒伏。干燥后茎基部收缩，细缢，植株死亡。种子带菌也可产生根腐型症状。

盘腐型症状是子囊孢子侵染所致，在开花后多在花盘背面出现水渍状淡褐色圆形病斑，逐渐扩大到部分或全部花盘，组织变软，腐烂。潮湿时病部产生白色菌丝，最后形成黑色菌核。菌丝可从花盘的背面侵入，再扩展到花盘的正面，菌丝密生于籽粒之间，形成"井"字形黑色菌核网覆盖花盘，后期组织腐烂，花盘落地或籽粒落地，花托仅存丝状维管束。花盘内蔓延的菌丝直接为害籽实，受害的籽实皮壳变白，易破碎，侵入到种子内部的菌丝使种仁变褐，在其中形成菌核。

此外，在茎秆的中部形成茎腐，绕茎呈现大的溃疡斑，最后造成植株的倒伏或死亡。

二、病原

核盘菌 [*Sclerotinia sclerotiorum* (Lib.) de Bary]，属子囊菌门核盘菌属。菌核黑色，形状、大小因部位而异。子囊盘肉褐色，碟状，直径达 2~6mm。一个菌核最多可形成 75 个子囊盘，一般 4~5 个。子囊棍棒状，无色，侧丝丝状，无色。子囊孢子单胞，无色，椭圆形。菌核形成后，只要条件适宜，1 个月左右即可萌发，产生子囊盘的适宜温度是 10℃ 左右，pH 4~6 为宜。子囊盘形成需要一定的光照。据报道，蓝、橙光和乌光只能形成子囊盘原体，只有在自然光或红、黄、绿光下，同时还需要有 230lx 以上的光强和 8h 以上的光照才可形成。子囊孢子在 20℃，且有水滴和相对湿度 100% 时发芽最好。

病菌寄主范围十分广泛，除为害向日葵外，还可为害大豆、黄瓜、甘蓝、茄子、番茄、胡萝卜、油菜等 64 科 360 多种植物。

三、发病条件

此病以菌核在土壤中、病残体及种子间越冬，种子内的菌丝及菌核也是该病的主要初侵染源之一。种子带菌率在 3%~13%，菌核常混杂于种子间，果皮、种皮、子叶和胚均可带菌。播种后重者幼苗死亡，轻者病菌可侵染幼苗根部或根茎部，形成根腐型症状。土壤中的菌核以 0~10cm 处居多，土表至 3cm 的菌核可产生子囊盘，子囊孢子弹射出来，侵入茎、叶或花盘便产生茎腐、叶腐及花腐。子囊孢子随风雨、气流传播到花盘，可直接或从伤口侵入。菌核萌发的菌丝可直接或从伤口侵染根或根茎。菌核在土中的位置、数量及离根部的远近直接影响发病的程度。此外，向日葵的感病期与子囊孢子的弹射期是否吻合及吻合时间的长短也影响其发病程度。病菌侵入后分泌草酸、果胶酶、多聚半乳糖醛酸酶，使组织腐烂。条件适宜，蔓延到整个花盘需 10~20d。有人认为菌核在土壤中存活 5 年以上，甚至 10 年时仍有存活能力，但也有试验表明仅存活 3 年。

目前在向日葵品种及野生资源中尚未发现免疫品种，但发病程度有差异。国外报道，在 1500 个品种中，带抗菌核的仅有 '创 Odesskii19'。国内对 233 个品种和原始材料测定发现，只有3份原始材料抗病：'既矮113''苏29''CM90RR'。根腐型和花腐型的抗性由4个主效基因控制，如具3个主效基因就表现为高度耐病。国内外先后育成一批抗（耐）病的品种应用于生产，但多数国家尚未普及推广。此外，连作年限长，地势低洼，播种密度较大，开花期降水较多时发病较重。

四、病害控制

对于向日葵菌核病常采取以下几种措施进行防治。

（一）轮作

与禾本科作物实行2～3年的轮作，且避免与大豆、烟草、油菜等作物进行轮作。

（二）种植抗（耐）病品种

种植适合当地的抗（耐）病品种，如'龙葵1号''R0924''辽葵2号'等。

（三）清除病残体及深翻地

秋收后，清除田间病残体和落地花盘籽粒，集中深埋或烧掉。结合秋翻地把地表菌核翻到地下，深翻地要超过7cm，可减轻发病程度。

（四）种子处理

从无病的花盘收集种子，经筛选，除去夹在种子中间的菌核，使用50%速克灵按种子重量的0.3%～0.5%拌种，有较好的防治效果。

（五）适期晚播

依据当地情况适期晚播，使开花期与降雨期错开，可减少病害的发生，如吉林省在5月20～25日播种，不仅发病轻而且产量也比正常播种的高。

（六）加强栽培管理

增施钾肥可提高植株抗病力，减轻花腐型菌核病的发病程度，一般施钾肥75kg/hm^{2}为宜。

（七）花期及时喷药

开花后降雨集中时有利于发病，有条件的可喷施50%速克灵、50%菌核净、50%菌霜、50%农利灵等杀菌剂，盛花后连续喷2～3次，每7d喷1次。

第九节 向日葵黑斑病

向日葵黑斑病（sunflower alternaria black spot）自1943年在乌干达首次报道以来，迅速遍及世界各向日葵产区。我国于1966年首次在吉林省的向日葵上发现黑斑病。20世纪70年代随着向日葵种植面积的扩大，黑斑病已遍及我国各产区，特别是东北等地发生较重，且现在已成为向日葵生产上危害严重的流行病害。一般年份减产10%～20%，严重者可减产50%以上，个别地块甚至绝收。

一、症状

整个生育期都可发病。病菌侵染叶片、叶柄、茎、花、花盘和果实等部位。首先在植株的下部叶片开始发病,并逐渐向上扩展。叶片上的病斑初期呈黄色小点,后逐渐变成深褐色,病斑中央有一灰白色小点。病斑圆形或近圆形,有不明显的同心轮纹,病斑边缘带有黄绿色晕圈,病斑背面的褐色比正面的颜色深。相邻的病斑常相互汇合,形成大的枯斑,老的病斑多破裂穿孔。叶柄上的病斑圆形、近圆形、梭形,黑褐色,常造成叶柄的枯死。茎秆上的病斑多为梭形或不规则形,病斑连片茎秆变成褐色。花瓣、花萼上的病斑与叶片上的病斑症状相仿。病斑上生一层灰褐色的霉状物(分生孢子及分生孢子梗)。除典型症状外,因品种不同还有叶脉角斑、梅花斑、大轮纹斑、穿孔斑及不规则形斑等。注意黑斑病与褐斑病的区别,褐斑病主要发生在叶上,以叶尖和叶缘较多,病斑中心无灰白色小点,无轮纹,病斑背面灰褐色,发病时期比黑斑早 10~20d。

二、病原

病原为向日葵链格孢 [*Alternaria helianthi* (Hansf.) Tubaki et Nishihasra.],属于无性真菌类链格孢属,异名为 *Helminthosporium helianthi* Hansf.,分生孢子梗浅橄榄褐色,单生或 2~4 根束生,直立或屈膝状。分生孢子初期浅橄榄褐色,成熟时深橄榄褐色,圆柱形或长圆形,多正直,个别稍弯曲。有 4~12 个横隔膜,0~2 个纵隔膜;脐点显著,凹入基细胞内。菌丝生长和分生孢子萌发的温度范围为 5~35℃,分生孢子萌发和侵入适温为 25~30℃,菌丝生长适温为 30℃。分生孢子萌发的湿度为 45%~100%,最适相对湿度为 95%以上,对 pH 的要求不严格。

三、发病条件

此病以菌丝体和分生孢子在病残体及种子上越冬,种子的带菌率较低,在 0.9%左右,在病害的初侵染中不起主导作用,而病残体是向日葵黑斑病的主要初侵染源。春季湿度大时,病残体上产生分生孢子,借助风雨、气流传播到向日葵植株上造成初侵染。温湿度适宜,在一个生长季节里有多次再侵染。研究发现,所有一年生的向日葵都是感病的,只有在多年生的向日葵属里存在着抗病材料。在种植大量感病品种和有足够菌源的前提下,气象条件是影响发病程度的决定因素。一般温度在 22℃左右,相对湿度在 95%以上有利于病害的发生发展。在我国北方 7~8 月的降水量和降雨频度与发病程度关系密切。据吉林省白城的试验,7~8 月中旬降水量超过 185mm,相对湿度大于 80%的天数超过 14d,黑斑病即可大流行。相对湿度低于 70%不发病或不表现症状。连作地发病较重,早播地块发病也重。

四、病害控制

防治策略应以选用抗(耐)病品种为主,加强栽培管理,必要时进行化学防治。

(一)选用抗(耐)病品种

生产上使用的 'HA89' × '049'、'沈葵杂 1 号'、'74102A' × '181' 等杂交种较抗病,各地可因地制宜。

（二）加强栽培管理

秋季深翻地，消灭病残体，减少初侵染源。适当晚播，使植株感病阶段与雨季错开。

（三）化学防治

向日葵黑斑病在高温多雨季节流行迅速，潜育期短，特别是向日葵植株高大，生产中使用化学防治还有一定的困难，目前只在制种田和试验田中使用。有效的药剂有 50%扑海因、12.5%烯唑醇、70%三环唑、50%多菌灵等。

◆ 第十节　油菜菌核病

油菜菌核病又称菌核杆腐病，在世界油菜生产国家和地区均有分布。在我国各油菜产区也均有发生，其中以长江流域和东南沿海地区最为普遍和严重，发病率一般为 10%～30%，严重田块达 80%以上。病害不仅导致减产 10%～70%，还会使病株种子的含油量锐减，严重影响油菜的产量和品质。

一、症状

油菜各生育阶段均可感病，以开花结果期发病最重。病菌能侵染油菜植株地上各部分，尤以茎秆发病后造成的损失最大。

受害幼苗的茎与叶柄初生红褐色斑点，扩大后变为白色，组织湿腐，上面长出白色菌丝。病斑绕茎后幼苗猝倒死亡，病部形成黑色菌核。

成株期叶片发病多自植株下部的衰老叶片开始，初生暗青色水渍状斑块，扩展后成圆形或不规则形大斑。病斑灰褐色或黄褐色，有同心轮纹，外围暗青色，外缘具黄色晕圈。干燥时病斑破裂穿孔，潮湿时则迅速扩展，全叶腐烂，上面长出白色菌丝。

茎部病斑多自主茎中下部开始发生，初呈水渍状，浅褐色，椭圆形，后发展成长椭圆形、梭形至长条状绕茎大斑，略凹陷，中部白色，有同心轮纹，边缘褐色，病健交界明显。在潮湿条件下，病斑扩展迅速，上面长出白色絮状菌丝。病害发展后期，茎髓被蚀空，皮层纵裂，维管束外露如麻，极易折断，茎内形成黑色鼠粪状菌核。病株常从病茎部以上早熟枯死。

花瓣极易感染，产生水渍状斑，易脱落。潮湿时，病花瓣迅速腐烂。掉落在植株其他部位的病花瓣可引起新的病斑。角果感病后产生不规则白色病斑，内、外部均可形成菌核，但较茎内菌核小。病角果内的种子多成瘪粒，少数种子表面也裹有菌丝。

二、病原

病原为核盘菌 [*Sclerotinia sclerotiorum* (Lib.) de Bary]，属子囊菌门核盘菌属成员。

菌核不规则形，鼠粪状，表面黑色，内部粉红色，全部由菌丝组成，外表无绒毛，萌发时先产生针状肉质的子囊盘柄，其后柄的顶端膨大并逐渐形成子囊盘。每个菌核萌发产生子囊盘的数目因不同菌系、菌核大小及萌发条件的不同而异，大多为 1～4 个，少数可多达 10 个以上。子囊盘肉质，浅肉色至褐色，初呈杯状，展开后呈盘状，表面为由子囊和侧丝所构成的子实层。子囊棍棒状或圆柱形，顶部纯圆，无囊盖，无色，内生 8 个子囊孢子。子囊孢子单胞，无色，椭圆形，具 2 个核，萌发时产生芽管，长成菌丝。菌核有时也可萌发直接产生菌丝。菌丝白色，丝状，有分枝，具隔膜。

病菌在 5~30℃均可形成菌核，最适温度为 15~25℃。菌核萌发形成子囊盘需要适宜的温度 10~20℃、湿度和充足的散射光。在无光或光照不足时，只能长出子囊盘柄，而不能形成子囊盘。

病菌菌核抵抗干旱和低温的能力强。在长江流域地区，病菌能在冬季低温干旱条件下安全越冬，但夏季的湿热条件易使菌核被其他微生物寄生致腐，对菌核的越夏不利。在水浸条件下，一个月内菌核全部死亡。

病菌在 5~30℃均可形成菌核，适温为 15~25℃。菌核萌发产生子囊盘柄的适宜温度为 10~20℃，产生子囊盘的最适温度为 15~18℃。除适宜的温度外，子囊盘的形成还需要有一定的湿度和充足的散射光。在无光或光照不足时，只能长出子囊盘柄，而不能形成子囊盘。

子囊孢子对温、湿度的适应性较广。在 5~30℃，孢子萌发率均可超过 50%，一般在 24h 内完成萌发。在 15~20℃时，16~18h 内孢子萌发率即可达 90%~100%。孢子萌发时不需要水膜，在相对湿度 85%以上时，萌发率即可达 100%。子囊孢子在直射日光下 4h 丧失萌发能力。

病菌的寄主范围很广，可侵染 64 科 396 种植物。我国报道的该菌自然寄主有 36 科 214 种植物。常见的重要寄主除多种十字花科植物外，还有莴苣、向日葵、胡萝卜、大豆、蚕豆和豌豆等。栽培油菜的 3 个类型 5 个种均可受害。病菌有生理分化现象，不同地理来源的菌系在培养性状、生理特性和致病力等方面均有差异。

三、病害循环

病菌以菌核在土壤、病残株和种子中间越夏（冬油菜区）、越冬（冬、春油菜区）。病残株、种子中的菌核随着施肥、播种等农事操作进入土壤中。春季，在旬平均气温超过 5℃、土壤湿润的条件下，土壤中的菌核陆续萌发。油菜抽薹开花期间、旬平均气温 8~14℃时，大量形成子囊盘。子囊盘初现至终止历时 20~50d。每个子囊盘喷射子囊孢子的持续时间为 8~15d。子囊孢子随气流传播最远可至数千米。通常情况下，子囊孢子萌发侵染花瓣，带菌花瓣脱落至叶片上引起叶片发病，叶片病斑扩大蔓延至茎，或病花瓣黏附茎秆，而诱发茎部发病。

孢子在寄主上萌发产生侵入丝，借机械压力从寄主表皮细胞间隙或伤口、自然孔口侵入，在寄主体内发育成菌丝。菌丝也可直接侵染寄主。子囊孢子和菌丝主要侵染处于衰老阶段的器官或组织。在寄主体内，菌丝分泌多种果胶酶、纤维素分解酶、蛋白质分解酶及草酸等，分解和杀死寄主细胞，导致发病。

菌核除萌发形成子囊盘外，有时也可萌发产生菌丝，由地表侵染油菜植株。油菜成熟期，当田间相对湿度大时，病株各部均可形成菌核，尤以茎秆内的菌核数量最多。收获前和收获时，菌核大多遗落于土壤和根茬内，部分随病株携出田外，落在堆垛和脱粒场所，混杂在植株残屑及种子中，以后又随病残体沤制的肥料进入大田。混在种子中的菌核随种子的调运而传播。

油菜菌核病一般没有再侵染，但在下述情况下病菌可以对寄主进行再侵染：①在四川盆地等秋季温暖潮湿地区，菌核在油菜苗期萌发产生子囊盘或菌丝，侵染油菜后再形成菌核，翌春这些菌核又萌发侵染；②油菜植株生长茂密，枝叶相互毗连时，特别是在油菜倒伏时，菌丝可通过毗连枝、叶进行再侵染。

四、发病条件

菌核病的发生和流行主要取决于越冬菌核的数量、气象因素、栽培管理和品种等。

（一）越冬菌核的数量

越冬菌核是病害的初侵染源。越冬的菌核数量越多，引起初侵染的子囊孢子数量越大，发病越重。

菌核在土壤中的存活量随着时间的延长而锐减，且在高湿、长期泡水的田中死亡更快。一般连作油菜较水旱轮作油菜的发病率高一倍以上。轮作油菜的发病率还与轮作年限和换茬作物等有关，与禾本科作物轮作年限越长，病害越轻。此外，施用未腐熟的油菜病残体作肥料和播种带菌种子，都会增加田间菌源的数量，从而加重发病。

菌核在土壤中可因多种微生物寄生而腐烂死亡，已知寄生菌核的真菌、细菌和放线菌有30余种。土壤寄生菌在有机质含量高、潮湿的土壤中最为活跃，寄生率也高。

（二）气象因素

降水量、雨日数、相对湿度、气温、日照和风速等气象因子与病害的发生均有关系，其中影响最大的是降水量和湿度。在发病较重年份，油菜开花期和角果发育期的降水量均大于常年雨量，特别是油菜成熟前20d内大量降雨，是病害大流行的主要原因。在长江流域冬油菜区，油菜开花期平均旬降水量在50mm以上时发病重，30mm以下时发病较轻，10mm以下时病害极少发生。在病害发生期内，大气相对湿度超过80%时病害发展较快，超过85%时危害严重，在75%以下时发生较轻，低于60%则很少发病。在雨日、雨量、湿度等条件适宜的情况下，病害发生的迟早和轻重主要取决于温度。长江上游地区发病早，中下游地区发病迟，江南地区发病早，江北地区发病迟。

气象因素同时作用于病菌和寄主而影响病害的发生与流行。当气象因素对病菌的发育、侵染有利而对寄主的生长发育不利时，病害将会流行；反之，病害将受到抑制。在长江流域地区，春季常有寒潮、低温，伴随降雨和大风，较有利于病菌子囊盘的形成、孢子的发射、传播及侵染，但对油菜的生长发育不利，而且大风还会引起油菜倒伏和增加机械伤口等，因而病害容易发生和流行。

（三）栽培管理

播种期和施肥水平等也影响病害的发生。冬油菜区早播油菜发病重于晚播油菜，其主要原因是早播油菜长势旺、开花早。氮肥用量大，油菜植株高大，枝、叶毗连，田间郁闭、湿度高，病害重。尤其当薹肥施用迟和施用量大时，常造成油菜贪青倒伏，病害更重。春、夏季多雨地区，未及时清沟的油菜地，开花结果期田间积水，也加重发病。

（四）品种

油菜类型间和品种间感病性差异很大。分枝部位高、结构紧凑、茎秆紫色、坚硬、蜡粉多的品种较抗病。在冬油菜区，开花迟、花期集中或无花瓣的油菜因错开了子囊孢子发生期或减少了子囊孢子的侵染机会，病害较轻。能耐受草酸毒害的品种耐病性也较强。

五、病害控制

油菜菌核病的治理策略是以农业防治为主，辅以化学防治和生物防治。

（一）农业防治

1. 选用抗（耐）病品种　甘蓝型、芥菜型较白菜型抗病。在甘蓝型中品种间抗（耐）性差异也很大，已知'汇油50''中双5号''中双6号''中双7号'等具有较强的抗性，'中油821'和'中双2号'等品种耐病性较好，可因地制宜选用。

2. 减少初侵染源　与禾本科作物轮作可显著减少田间菌核的积累，尤以与水稻轮作防病效果最佳。不宜在当年的油菜地、油菜堆垛和脱粒场所种植油菜。选留无病株的主轴种子。在油菜抽薹至开花前，连作油菜地和上年发病重的油菜地要进行中耕、松土、除草。油菜收获后，应及时处理病残体，以减少越冬、越夏菌源。

3. 适时播种、合理施肥　根据品种特性、气象因素，适时播种和移栽，避免早播早栽，以缩短花期与子囊孢子释放期的吻合时间，减轻发病。应重施基肥，早施蕾薹肥，避免薹花期过量施用氮肥。应配合施用氮、磷、钾肥，增施硼、锰、锌、钼等微量元素，促使油菜苗期健壮、薹期稳长、花期茎秆坚硬，不易倒伏。用混有病残体的油菜制作有机肥时应充分腐熟。

4. 改善田间小气候　长江流域地区春季常多雨，油菜田整地时应作深沟窄畦，以便于清沟排渍，做到雨住沟干，降低地下水位和田间湿度。油菜盛花期，摘除植株中下部的病叶、黄叶、残败叶，对减少病菌通过病叶搭附引起的再侵染、改善株间的通风透光条件、降低田间湿度，从而减少发病均具有良好作用。

（二）化学防治

化学防治主要适用于长势旺、每公顷产量在1500kg以上的丰产田块，或病害有可能大发生的地块。当油菜进入盛花期后，叶病株率达10%以上、茎病株率在1%以下时开始进行防治。可选用40%菌核净可湿性粉剂1000～1500倍液或50%腐霉利可湿性粉剂2000倍液等，防治1～3次。

（三）生物防治

具有田间防治效果的寄生性真菌有盾壳霉（*Coniothyrium minitans*）、绿色木霉（*Trichoderma viride*）、钩状木霉（*T. hamatum*）、哈茨木霉（*T. harzianum*）和绿黏帚霉（*Gliocladium virens*）、伞形黏帚霉（*G. deliguescens*）等。这些真菌均可寄生病菌菌核，其中盾壳霉和木霉还可寄生或抑制菌丝，防病效果可达40%～80%。上述寄生真菌培养方便，在谷粒、麦麸、麦粒、棉籽壳、稻草上均可生长良好，产生的孢子与菌丝可以和培养基质一起施入田中，也可制成丸剂、液剂、粉剂施用，且使用期较长。木霉从油菜播种至抽薹期均可施用，而以早期施用者效果更佳。此外，这些寄生菌在土壤中通常能存活1年以上，其后效期相当长。红蛋巢菌（*Nidula* spp.）的部分菌株能产生多种抗生物质，对油菜菌核病具有良好的防治效果。

第六章
烟草和糖料作物病害

烟草是我国最重要的经济作物之一，全国有26个省（自治区）种植烟草，其中云南、贵州、福建、湖南、湖北、河南、山东、安徽等地种植面积较大。烟叶是卷烟生产的主要原料，也是轻工业和医药业的重要原料。国外报道的烟草病害有116种，我国约有70种，以烟草病毒病、烟草赤星病、烟草野火病、烟草黑胫病、烟草立枯病与猝倒病、烟草蛙眼病、烟草角斑病等分布广、危害重。糖用甜菜是我国北方的主要糖料作物之一，也是重要的制糖工业原料。世界上报道的甜菜病害有110种，我国已发现30多种，其中，发生普遍或危害较大的有甜菜褐斑病、甜菜蛇眼病、甜菜根腐病、甜菜丛根病等。发病严重时，不仅造成减产，而且降低含糖量。

◆ 第一节　烟草花叶病

烟草病毒病（tobacco viral disease）是烟草生产上的重要病害，在世界范围内广泛分布，普遍发生，严重影响烟草的产量和品质。目前已发现的自然界可以侵染、为害烟草的植物病毒种类多达数十种，其中最为常见的是烟草花叶病毒（tobacco mosaic virus，TMV）、黄瓜花叶病毒（cucumber mosaic virus，CMV）和马铃薯Y病毒（potato virus Y，PVY）。TMV、CMV和PVY单独或复合侵染烟草可引起烟草花叶病。

一、症状

烟草花叶病毒病的症状因侵染的病毒种类不同而异，同时也受寄主抗病性差异的影响。

TMV侵染烟草主要表现为烟草叶片深绿、浅绿相间的花叶症状，有时可造成叶片皱缩畸形、边缘背卷、产生缺刻，甚至叶尖变细长呈带状。生长早期被TMV侵染，还可导致节间缩短，植株矮化（图6-1）。

CMV侵染烟草初期产生"明脉"，进而发展成黄绿相间的花叶症状，叶片变窄，叶边缘上卷，叶尖变细长呈"鼠尾"状，叶表面茸毛减少，粗糙无光泽。早期侵染还可致根系发育不良，植株矮化。

PVY侵染烟草的症状因病毒株系的差异而明显不同，常见的类型有两种：①脉带花叶型，即叶部呈黄绿相间的花叶，叶脉颜色变浅，叶脉两侧颜色加深形成暗绿色脉带，叶边缘向内卷曲，植株矮化；②叶脉坏死型，即叶脉坏死呈暗褐色至黑色，叶片逐渐转为黄褐色，严重时病叶大面积皱缩，植株死亡。

图6-1　TMV引起的烟草花叶病毒病症状（Creager，2022）

二、病原

烟草花叶病毒（tobacco mosaic virus，TMV）是烟草花叶病毒属（*Tobamovirus*）的典型成员，也是人类历史上最早认识的病毒（图 6-2）。TMV 病毒粒子为杆状，长约 300nm，直径约 18nm，含有一条长约 6.4kb 的正义单链基因组 RNA，5′端存在帽子结构，共编码 4 个蛋白质。TMV 病毒粒子极其稳定，其体外存活期可长达 3 个月，抗逆性很强，广泛存在于活体寄主、病株残体和大田土壤甚至水环境中。TMV 主要通过病株汁液摩擦传播，另外也可通过一些咀嚼式口器的昆虫传播。TMV 寄主范围广泛，可侵染茄科、豆科、十字花科、菊科、唇形科等 30 多个科的植物，主要为害烟草、番茄、辣椒、马铃薯、茄子等作物。

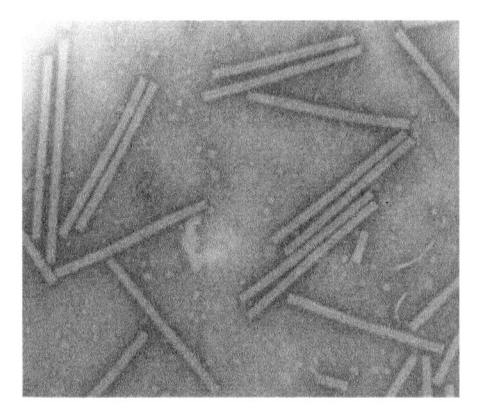

图 6-2　烟草花叶病毒

黄瓜花叶病毒（cucumber mosaic virus，CMV）是雀麦花叶病毒科黄瓜花叶病毒属（*Cucumovirus*）的典型成员（图 6-3）。CMV 病毒粒子为正二十面体球状，直径约 29nm，包含 3 条正义单链基因组 RNA，5′端为甲基化帽子结构，无 poly（A）尾巴，总共编码 5 个蛋白质。CMV 主要通过蚜虫以非持久性方式传播，传毒介体以棉蚜和桃蚜为主，一般在感病植株上取食 1min 即可获毒，获毒后可保持约 4h 的传毒能力。CMV 也可通过病株汁液摩擦进行传播。CMV 寄主范围极其广泛，可侵染茄科、葫芦科、十字花科等 50 多个科的上千种植物，能为害烟草、辣椒、番茄、黄瓜、甜瓜、玉米等各种蔬菜、粮食、果树、花卉等作物。

马铃薯 Y 病毒（potato virus Y，PVY）是马铃薯 Y 病毒科马铃薯 Y 病毒属（*Potyvirus*）的典型成员（图 6-4）。PVY 病毒粒子为弯曲线状，长 680~900nm，直径约 11nm，含有一条约 9.7kb 的正义单链基因组 RNA，其 5′端共价结合 VPg 蛋白，3′端存在 poly（A）尾巴，共编码一个大的多聚蛋白，后能切割成 10 个成熟蛋白。PVY 主要通过蚜虫以非持久性方式传播，主要介体为烟蚜和棉蚜，也可通过病株汁液摩擦和嫁接方式传播。PVY 寄主范围广泛，可侵染茄科、豆科等 30 多科的植物，主要为害烟草、茄子、番茄、辣椒等茄科作物。

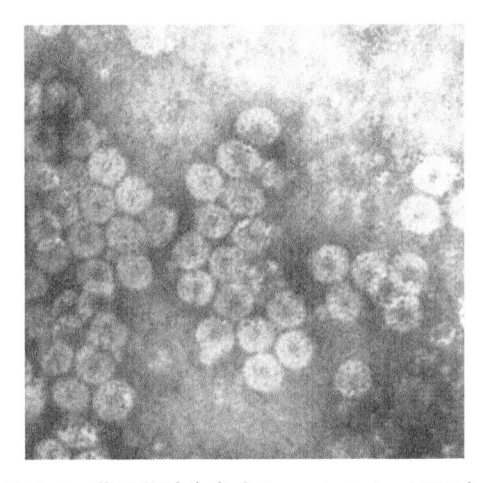

图 6-3　黄瓜花叶病毒（Samad et al.，2008）

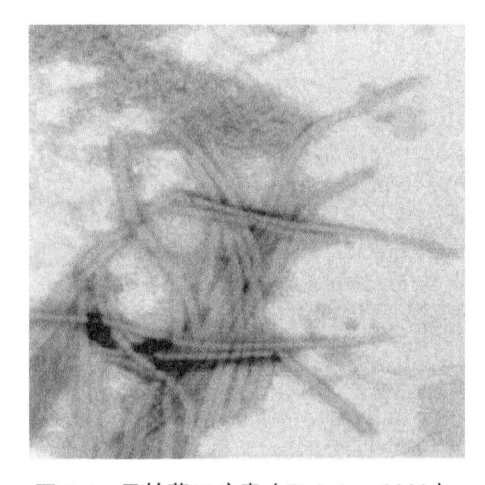

图 6-4　马铃薯 Y 病毒（El-Aziz，2020）

三、病害循环

TMV 具有很强的抗逆性，其能在病残体中长期存活并保持侵染活性。混杂有病残体的土壤、肥料，甚至被病残体污染的水源，均可以作为初侵染源。田间病株发病后，通过病株与健株的接触摩擦，或者农事操作过程中人员和工具的黏带、摩擦进行再侵染，造成病害蔓延。同时，TMV 也可借助烟青虫、蝗虫等咀嚼式口器的昆虫进行再侵染（图 6-5）。

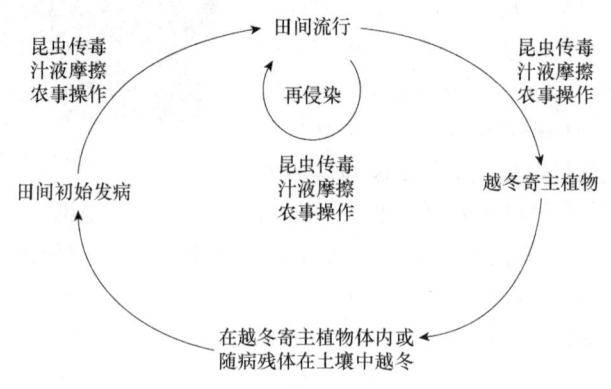

图 6-5 烟草花叶病病害循环图

CMV 和 PVY 均不能在病残体上越冬，而是在田间杂草、棚室蔬菜，甚至木本寄主植物上越冬。翌年带毒的介体蚜虫是田间主要的初侵染源。田间病株发病后，主要通过蚜虫在病株和健株间的取食完成再侵染，造成病害蔓延。同时，在育苗、移栽、日常栽培管理过程中也可能通过汁液摩擦传播。

四、发病条件

（一）耕作制度和田间管理

对于以 TMV 为主要毒源的病区，TMV 极强的抗逆性使其可在土壤中积累，因此连作田块发病重，轮作田块发病轻。烟草与单子叶作物套种，可减弱病害的传播蔓延，发病轻，而与茄科作物套种则发病较重。偏施氮肥、土壤贫瘠、田间积水等情况均能导致烟草长势异常，抗病性降低，田间病情加重。另外，由于 TMV 极强的机械摩擦传播特性，田间栽培管理不严、人员操作不规范或在田间反复走动均可加重病害发展。

（二）介体蚜虫数量

对于以 CMV 和 PVY 为主要毒源的病区，介体蚜虫的数量和行为直接影响病害的传播蔓延，一般情况下大田发病盛期在蚜虫迁飞高峰期后的 10d 左右。

（三）气象因素

对于以 CMV 和 PVY 为主要毒源的病区，气象因素通过影响介体蚜虫的种群数量、迁飞行为等来影响病害的发生发展。高温、干旱并伴有微风的气象条件利于介体蚜虫的繁殖、取食和迁飞，因此能加重病情。对于以 TMV 为主要毒源的病区，风雨天气有助于增强烟草植株间的相互摩擦碰撞，加重病情传播蔓延。

五、病害控制

防治烟草花叶病应注重培育和种植抗病品种、加强田间栽培管理和治蚜防病。

（一）培育和种植抗病品种

研究表明，我国保存的烟草种质资源中，有许多对 TMV 有良好的抗性，但目前应用于抗病育种的材料仍然很少。来自心叶烟（*Nicotiana glutinosa*）的 N 基因已广泛应用于抗 TMV 的烟草育种中，如我国培育的'辽烟 8 号''辽烟 10 号''云烟 201''云烟 202''云烟 203''CV87'等，对 TMV 具有较好的抗性。但是，针对 CMV 和 PVY，我国烟草品种中尚缺乏免疫或高抗的材料。

（二）加强田间栽培管理

加强田园卫生管理，及时清除病株残体，铲除田间杂草，以减少初侵染源，切断传播途径。合理施肥，避免使用未经腐熟的有机肥料，避免偏施氮肥，适当增施钾肥，提高植株抗病性。

（三）治蚜防病

在田间蚜虫迁飞高峰期前，可采用黄板诱蚜、银灰膜驱蚜等物理方法，减少田间蚜虫数量，并配合施用吡虫啉、氯氰菊酯等化学杀虫剂。

第二节　烟草赤星病

烟草赤星病（tobacco brown spot）是烟草生长中后期发生的叶斑病，对烟叶的产量和品质影响很大。一般发病率为 5%～10%，重病田达 10%～20%，严重发病田块可达 50%以上。随着施肥量的增加和烟株大田生长期的延长，病害的发生率及严重程度呈上升趋势，这是限制烟草生产的主要因素之一。发病烟叶品质下降，香气质差、量少，刺激性杂气增加，给生产造成了严重的经济损失。

一、症状

主要在烟草生长中后期发生，自烟草打顶期开始发病。首先下部叶片上先出现深褐色小圆点，扩大后呈圆形或不规则形，具有同心轮纹，病部周缘有一狭窄的鲜黄色晕圈。条件适宜时，病斑相互联合，枯焦脱落，进而造成整个叶片破碎。随着烟草植株的成熟，病害逐渐向上部扩展蔓延。

此病常在烟茎、叶中脉、花梗与蒴果上产生大量深褐色或黑色斑点。潮湿条件下，病斑表面产生深褐色至近黑色霉状物（分生孢子梗及分生孢子）。

二、病原

病原为链格孢［*Alternaria alternate*（Fries）Keissler］，属于无性真菌类链格孢属。

菌丝无色透明，有分隔，有分枝。分生孢子呈浅褐色，单生或丛生，接近孢子梗的分生孢子较大，多胞，呈倒棒锤形，略弯曲或直，在孢子链末端的分生孢子较小，双胞，椭圆形或豆形，分生孢子大小差异较大，为（6.0～22.0）μm×（7.0～70.5）μm，分生孢子梗大小为（5.0～

12.5) μm×（3~6）μm。

分生孢子和菌丝在冰冻条件下可存活 100d 以上。叶片病斑上的菌丝经烘烤和复烤仍能保持活力。病叶上的孢子在干燥条件下，在 5~25℃可存活达 1 年之久。菌丝体的致死温度为湿热 50℃（5min）、干热 115℃（5min）。分生孢子的致死温度为湿热 50℃（5min）、干热 125℃（5min）。

温度 21~28℃、相对湿度 100%条件下最适宜菌株生长和产孢，适宜的光照对病菌的生长具有促进作用，暗处理能抑制菌株生长。叶片组织中病菌形成的分生孢子，在温度适宜、有水膜的条件下，1h 内即可萌发，产生芽管，并从茸毛的基细胞或伤口处侵入。在烟草生长的早期，病菌通常只能从老叶或叶片的衰弱区侵入；烟草生长后期，分生孢子萌发后可直接侵入叶片和植株的其他部位。

三、病害循环

烟草赤星病病菌以菌丝体在病残体上越冬，并成为翌年的初侵染源。此外，未经充分腐熟的粪肥也可传病。翌年春季，当环境条件适宜时病残体上的菌丝体开始产生分生孢子。分生孢子通过气流传播到大田烟株上。落在烟株上的分生孢子在适宜温度和湿度下萌发产生芽管，从伤口或叶缘处侵入寄主。烟株下部的衰弱叶片易被病菌侵染。受侵染的烟草植株细胞死亡后，病菌在坏死组织上生长，条件适宜时即产生分生孢子。潜育期一般为 3~5d，在最适温度条件下仅为 2d，在低温下，潜育期可达 5~8d（图 6-6）。

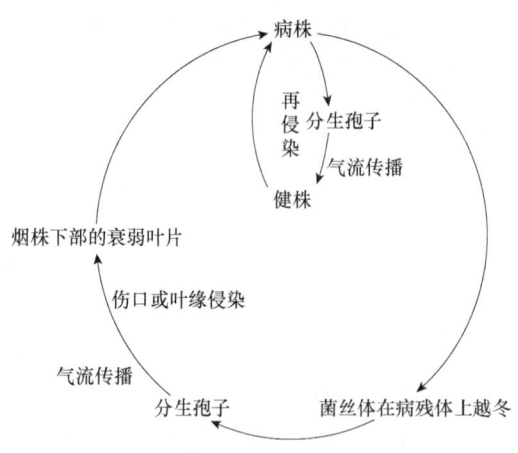

图 6-6　烟草赤星病病害循环图

7月下旬至 8 月下旬是烟草赤星病发生流行的关键时期，主要是由于这个时期气温偏高，病害潜育期缩短。如果此时降雨次数多、雨量大，尤其是暴雨过后，烟田湿度大，往往导致病害暴发，造成严重经济损失。

四、发病条件

烟草赤星病的发生与寄主品种抗病性、气象因素、栽培管理及菌源量等因素密切相关。

（一）寄主品种抗病性

烟草不同品种及不同生育期对赤星病的抗病性有差异。由于病害主要发生在烟草生长中期和后期，如果烟草生育期较长，植株在田间遭受病菌再侵染的概率增加，病害发生通常较为严重。当前生产上种植的烟草品种中尚未发现对赤星病免疫的品种，但品种间抗性存在明显差异。

（二）气象因素

烟草生长后期的田间湿度、降水量、日照和温度与病害发生轻重、流行与否及造成损失的严重程度密切相关，其中，降水量与病情关系最为密切。当气温 24℃左右、旬降水量在 20mm 以上、相对湿度 80%以上、旬日照时数 30h 以下时，烟叶表面易形成水膜，最适合于病害的发生和流行。在烟草生长的后期，雨量大、湿度高、日照时数少、赤星病往往严重发生。

（三）栽培管理

病菌的侵入和繁殖与烟株生长状况有关，合理的栽培管理可促进烟株健壮生长，提高抗病性。而施肥不当，氮、磷、钾配比失调，特别是偏施、晚施氮肥，易造成烟叶贪青、晚熟，往往加重病情。

（四）菌源量

遗留在田间病株上的病菌是主要侵染源，翌年在适宜条件下病株上的病菌即可产生分生孢子，侵染烟株。因此，历年发病重的烟田，田间菌源基数大，发病也重。

五、病害控制

防治烟草赤星病应采取以因地制宜、合理选用抗（耐）病品种及以加强栽培管理为主、化学防治为辅的综合措施。

（一）因地制宜、合理选用抗（耐）病品种

根据各烟区不同的特点，选择合适的抗（耐）病品种。目前，我国抗赤星病的烤烟品种有'单育3号''革新3号''净叶黄''庆胜2号''歪把子''中卫1号''厚节马''辽烟10号''4062'等。

（二）加强栽培管理

早育苗，早移栽，早成熟，使烟草感病阶段避开高温高湿季节，则发病较轻。实行烟、粮、油间作或轮作。合理密植、科学施肥，结合当地情况适当增加株行距，改善田间通风条件，降低田间湿度，减少病菌传播机会，可减轻赤星病的发生。采取氮、磷、钾配方施肥，适当增施钾肥，可增强烟株的抗病能力，有利于减轻病害。

适时采烤既可减少病菌可侵染的叶片，又可减少病菌菌量的积累，同时可降低株间温度和湿度，使田间小气候条件不利于病害的发生。适当提前移栽，起垄栽培，地膜覆盖，可促进烟株早发，对控制和减轻赤星病的发生具有明显作用。

（三）化学防治

在做好病害预测预报的基础上，适时进行化学防治。一般在脚叶采收后病害发生初期开始施药，每隔10~15d喷药1次，共喷2~3次。如喷药时遇雨，应在雨后立即补喷。可选药剂有多菌灵、退菌特、纹枯利等。

第三节　烟草野火病

烟草野火病（tobacco wildfire）是烟草上的一种毁灭性细菌性病害。沃尔夫（Wolf）和福斯特（Foster）于1917年在美国北卡罗来纳州最先发现该病，目前该病遍布世界主要产烟国。20世纪40年代末期，我国云南烟区有零星发生，现已遍及全国各烟区，烟田发病率高达40%以上，有的甚至高达100%，造成绝产。

一、症状

在苗期和大田期均可发生，主要为害叶片，也能侵染地上部其他器官。

叶片为水渍状圆形褪色的小斑点，后来斑点扩大变成一个圆形或近圆形的褐色病斑，直径达1~2cm，中心变成褐色，周围有一圈很宽的黄绿色晕环，后遇气温较高、多雨高湿的天气时，褐色病斑会急速扩展增大，相邻的病斑愈合成不规则的大斑，其上伴有不规则轮纹和一层白色黏稠菌脓。干燥后病斑褐色部分枯焦破碎，形成穿孔。嫩茎、蒴果、萼片和茎上发病后产生不规则的褐色小斑，周围晕圈不明显。果实后期因病斑较多而坏死、腐烂、脱落。在南方烟区，野火病易于在苗床期流行，造成整畦幼苗坏死，似焚烧状毁床。

二、病原

病原为丁香假单胞菌烟草致病变种［*Pseudomonas syringae* pv. *tabaci*（Wolf et Foster）Young, Dye Wikie］，属变形菌门假单胞菌属。

丁香假单胞菌体杆状，无荚膜，不产生芽孢，单生，两端钝圆，革兰氏阴性菌，极生鞭毛1~4根。在肉汁胨培养基上，菌落白色略隆起，边缘半透明，中央暗黄色，均匀光滑。在PDA培养基上，菌落圆形，灰白色至乳白色。在金氏B培养基、Clara及孔氏培养液中均产生绿色荧光，好气。病菌生长温度为2~34℃，最适温度为24~28℃。病菌致死温度为50℃（10min）。病菌抗青霉素，但对链霉素和氯霉素敏感。

病菌在致病过程中能产生一种与甲硫氨酸硫脂结构相近的野火毒素。野火毒素使侵染点周围的叶肉组织中毒产生褪绿黄色晕圈。

根据病菌对黄花烟（*Nicotiana rustica*）及长花烟（*N. longiflora*）的抗病性可将其分为两个生理小种，即小种0和小种1。小种0仅能侵染不具抗性的普通烤烟品种，小种1能侵染具长花烟遗传背景的所有烤烟品种。两个小种都不能侵染由黄花烟衍生而来的抗病品种。美国和津巴布韦还分离出小种2，该小种能侵染抗小种1和小种0的烤烟品种。

野火病病菌除侵染烟草外，人工接种时还能侵染番茄、辣椒、马铃薯、曼陀罗、龙葵、豇豆、大豆、菜豆、黄瓜和白菜等。

三、病害循环

带菌种子及病残体是野火病病菌的主要初侵染源。病菌可在种子内存活2年，在病残体上存活9~10个月，也可在干烟叶、烟草废料及其他烟草制品中越冬。病菌还可在田间杂草上越冬。春季，病菌通过带菌种子、带菌肥料和灌溉水等污染苗床，造成烟苗发病。田间病菌主要依靠雨水、气流或昆虫传播，从伤口或自然孔口侵入，引起再侵染。在叶片湿润、气孔上有雨水时，病菌也能从气孔侵入（图6-7）。

四、发病条件

该病的发生与寄主抗病性、气象因素、栽培管理及虫害关系密切。

（一）寄主抗病性

烟草品种之间抗病性存在差异，目前没有发现免疫品种。生产上推广的品种对野火病都具有中等程度的抗病性。高抗品种有'白肋21''安徽大白梗'等，高感品种有'Ti54''H8101'

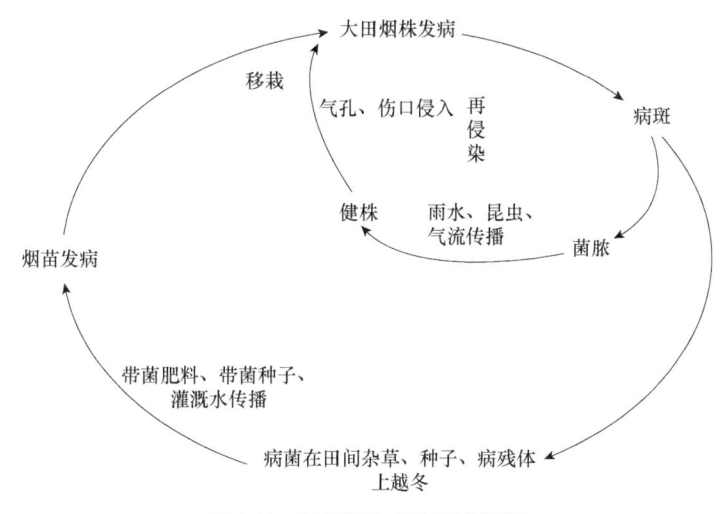

图 6-7 烟草野火病病害循环图

'231'等。

(二)气象因素

烟草野火病属于高温高湿病害。在 28~32℃，暴风雨多或雨夹冰雹，病害就可能流行。暴风雨有利于病菌随雨水飞溅、传播，同时烟株间相互摩擦而造成大量伤口，有利于病菌的侵入和扩展。

(三)栽培管理

烟苗带菌是引起大田烟株发病的重要原因。连作地比轮作地发病重，连作年限越长，发病越重。偏施氮肥而磷、钾肥不足会降低烟株对野火病的抗性。因此，农家肥、氮肥用量过多的烟田野火病发生严重。

(四)虫害

斜纹夜蛾幼虫、金龟子、烟青虫等害虫的活动或取食造成的伤口，有利于病菌的传播和侵入，从而加重病害流行。

五、病害控制

烟草野火病的控制应采取选用抗（耐）病品种，控制侵染源，实行轮作和间作套种，加强栽培管理和辅以化学防治的综合措施。

(一)选用抗（耐）病品种

烟草野生种（*N. mudicualis*）对野火病免疫，白肋烟中的'白肋 21'品种高抗野火病，可作为抗源材料。现有部分中抗品种也可以利用，如'G80''庆胜 2 号''辽烟 1 号'等，其中'G80'还兼抗黑胫病。

(二)控制侵染源

及时摘除病叶、清除病株、收集和处理病残体，杜绝病残体污染水源途径，收获后及时清洁田园并深翻土地，减少侵染源。选用无病种子，育苗前进行种子消毒，可将种子用 1% 硫酸铜溶液、50℃恒温浸种 10min。苗床或营养钵土在 93℃下处理 30min 进行消毒。

（三）实行轮作和间作套种

与禾本科作物和其他非寄主作物轮作 3 年以上，或烟草与薯类间作，可减轻发病。

（四）加强栽培管理

适期早栽，适时适度打顶，提早收获。合理施肥灌水，防止后期氮肥过多，并适当增施磷、钾肥。防治害虫，减少病菌从伤口侵入。

（五）化学防治

在烟苗大"十"字期喷施 1 次 1：1：180 波尔多液，移栽大田前再喷施 1 次 50%琥胶肥酸铜（DT）可湿性粉剂 400 倍液，以抑制苗期发病。移栽后的团棵期、旺长期和烟株封顶后各施 1 次 50%琥胶肥酸铜（DT）可湿性粉剂 400 倍液，均能达到良好防效。当烟田遭受暴风雨或冰雹袭击后，及时喷施 50%琥胶肥酸铜等药剂，可减轻病害。

第四节　烟草黑胫病

1896 年，烟草黑胫病（tobacco black shank）最早于印度尼西亚的爪哇岛发现，目前遍布 40 多个国家和地区。1950 年，在我国黄淮烟区首次发现该病害，其中安徽、山东、河南、云南、贵州和福建等地发生较为普遍，危害较重。一般发病率为 5%～12%，重病田块发病率可高达 75%。在多雨年份，发病后病情扩展蔓延迅速，往往在 1～2 周内可导致植株死亡，致整田毁灭，造成绝收。

一、症状

从苗床期到大田生长期均可发生，主要为害大田烟株，以成株的茎基部和根部受害为主，发病后通常整株死亡。

苗期发病常引起猝倒，导致烟苗成片死亡。茎的基部或上部形成黑色腐烂病斑，呈黑胫状；病菌沿叶片主脉和叶柄蔓延侵染茎秆，造成茎中部出现黑褐色坏死，呈"腰漏"或"腰烂"症状；病株叶片自下而上变黄萎蔫，最后全株枯死，或在高温季节、大雨后，叶片会突然发生不可逆萎蔫，俗称"穿大褂"；病茎髓部变黑褐色、干缩，收缩成碟片状，犹如笋节；植株中下部叶片发病时，病斑暗褐色，中央褐色，直径 4～5cm，俗称"黑膏药"。潮湿时，茎、叶病部表面或髓部片层之间均有白色稀疏絮状物（菌丝体、孢囊梗和孢子囊）。病株主根和支根也可腐烂。

二、病原

病原为寄生疫霉烟草致病变种 [*Phytophthora parasitica* var. *nicotianae*（Breda de Hean）Tucker]，属于卵菌门疫霉属。

菌丝体无色透明，无隔膜，有分枝。孢囊梗与菌丝相似，粗细不匀，从病组织气孔伸出，单生或 2～3 根束生。孢子囊顶生或侧生，梨形或椭圆形，初为白色，突起不明显，老熟时为灰白色至淡黄色，顶端有乳状突起，每个孢子囊可产生 5～30 个游动孢子。游动孢子无色，圆形、椭圆或肾形，直径达 7～11μm，侧生 2 根不等长的鞭毛，遇寄主时鞭毛脱落，萌发产生芽管侵入寄主。在较高温度下，孢子囊可直接产生芽管侵入寄主。在病残体或老培养基上，病菌可产生圆形或卵形黄褐色的厚垣孢子以抵抗不良环境。在我国自然条件下，尚未发现卵孢子。

黑胫病病菌喜高温高湿。菌丝生长温度为 10～36℃，最适温度为 28～32℃，不同菌系略有差异。孢子囊形成的温度为 13～35℃，最适温度为 25～30℃。游动孢子活动与萌发的温度为 7～34℃，最适温度为 20℃。孢子囊萌发对湿度的要求非常严格，相对湿度为 97%～100% 时，经 5h 即萌发；相对湿度 91% 时，45～70h 才能萌发。光线有抑制孢子囊萌发的作用。病菌在 pH 4.4～9.6 均能发育，以 pH 7～8 最适。

黑胫病病菌有明显的生理分化现象。病菌有 4 个生理小种，我国主要有 0 号和 1 号小种，0 号是优势小种。南非有 0 号、1 号和 2 号小种，美国有 0 号、1 号、2 号和 3 号小种。

在自然条件下，黑胫病病菌只侵染烟草，但人工接种时，黑胫病病菌尚可侵染番茄、辣椒、茄子、马铃薯、蓖麻和蚕豆等作物。

三、病害循环

病菌主要以菌丝体和厚垣孢子随病残体遗落在土壤或混杂在堆肥中越冬，病土和带菌肥料被带入田间后成为第二年的初侵染源。厚垣孢子接触寄主后，在适宜条件下萌发，从寄主伤口或表皮侵入。病部形成的成熟孢子囊，借风雨等传播，萌发产生游动孢子或在高温等不适宜条件下，直接萌发产生芽管侵入寄主，进行多次再侵染。风雨、流水、灌溉水、粪肥、病土、病苗、农事操作等均可传播病菌，远距离传播主要借助烟苗调运等人为途径。病菌在土壤中能营死体生活。在土壤和堆肥中，厚垣孢子一般可存活 3～5 年（图 6-8）。

四、发病条件

烟草黑胫病的发生及危害与气象因素、耕作制度和栽培管理、品种抗病性及线虫的危害等关系密切。

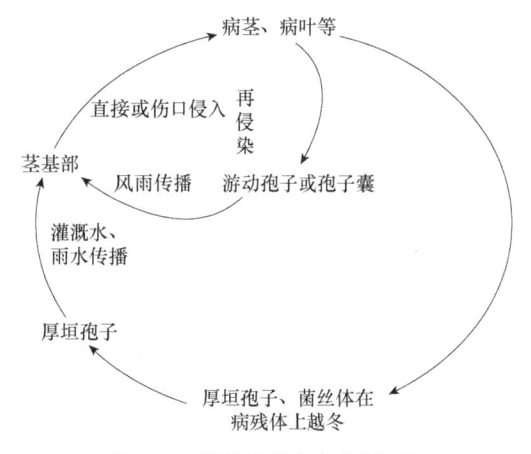

图 6-8 烟草黑胫病病害循环图

（一）气象因素

黑胫病属高温高湿型病害。温度主要影响发病的早晚，平均气温 25～32℃ 最适合病菌的侵染，28～32℃ 时病害发展快，低于 20℃ 时病害发展很慢或很少发病。在适宜发病的温度条件下，湿度影响黑胫病发生的轻重程度。空气相对湿度高，发病重。雨日、雨量多时，有利于游动孢子的形成、释放和传播，往往可造成病害流行。

（二）耕作制度和栽培管理

连作时间长，土壤中病菌积累数量大，发病重。茄科作物的不合理间作、套作、轮作均有利于发病。苗床中播种过密、浇水过多、用病残体直接作肥料、排水不良等都容易诱发病害。低垄栽培的烟草比高垄栽培的烟草发病重。地膜覆盖栽培较露天栽培有利于发病。偏施氮肥可加重病情。

烟田土壤条件对病害的发生也有一定影响。地势低洼、黏性较重的土壤有利于发病。砂性土壤通透性较好，不易积水，发病较轻。土壤偏碱有利于发病。

（三）品种抗病性

烟草品种间对黑胫病的抗感病性存在明显差异，如'K346'等品种较抗病。但感病品种不同的生育阶段其抗病性也有明显差异。一般苗期至旺长期为感病阶段，烟株现蕾后，由于木质化程度的提高，病菌难于从茎基部侵入，因而抗病性显著增强。

（四）线虫的危害

根结线虫造成的伤口常有利于病菌的侵入，可加重烟草黑胫病的发生。

五、病害控制

对烟草黑胫病的治理应采取以种植抗（耐）病品种为主，加强栽培管理、杜绝菌源和适时化学防治相结合的综合管理措施。

（一）杜绝菌源

收割后应全面、彻底搜集病残体并烧毁。选择没有被病菌污染的苗床、营养土和粪肥育苗，不用烟茬地、老苗床地育苗，避免烟苗带菌。若用原有苗床育苗，宜在播种前进行土壤消毒，移栽前仔细剔除病苗，严防烟苗把黑胫病病菌传入大田。

（二）种植抗（耐）病品种

美国烤烟品种'Coker 371-Gold''NC71'等高抗黑胫病，我国的烤烟品种'NC82'和'NC89'等抗性较好。其他较抗病的品种还有'中烟90''许金1号''K394'等。

（三）加强栽培管理

适时早育苗，及时间苗、定苗、炼苗，促进烟苗健壮生长，并适时早栽，尽可能使烟株感病阶段错开高温多雨季节。重病区或重病田块应与水稻、高粱、玉米等禾本科植物或甘薯、大豆等作物轮作3年以上，勿与茄科作物轮作。选择土质疏松、排水良好的烟田，高垄栽培，清沟排渍，增施有机肥和磷肥，提高抗病能力。田间操作要避免伤及烟株根茎，在晴天及时清除基部病叶及病残体，并带出田外烧毁或深埋。烟株旺长初期应揭去地膜、降低土壤湿度，减轻发病。

（四）化学防治

常用药剂有25%甲霜灵可湿性粉剂。播种前按$1g/m^2$苗床的用量拌1.2kg干细土，播种时分层撒施，或播种2~3d后按$2kg/hm^2$的用量加水喷洒苗床。移栽前7d左右可用400~500倍药液喷洒1次，使烟苗带药移栽。一般于移栽后7d或发病初期，按$1.5~1.8kg/hm^2$的用量，稀释500~800倍后喷施，或浇淋茎基部，30~50mL药液/株，共施药2~3次。

第五节　烟草立枯病与猝倒病

烟草立枯病与猝倒病是黑龙江省烟草育苗床上常发生的两种病害，对幼苗的成活影响很大。立枯病多发生于床土黏重、透气性差的苗床。猝倒病在苗床的发生最严重，此病也可为害大田烟草，造成茎基腐。

一、症状

（一）立枯病

主要发生于幼苗接近地面的茎基部，初期在患部表面产生暗褐色斑点，逐渐扩大到茎的四周，病部凹陷变细，呈收缩状，进而使幼苗萎黄而死，该病发展速度较猝倒病慢。

（二）猝倒病

幼苗出土至大"十"字期最易感病。初期茎部似开水烫状，呈暗绿色，继而病部软腐或近地面处呈水渍状，暗褐色，腐烂处渐渐干缩收缢，猝然萎垂枯死，倒伏。在苗床内常形成明显的发病中心，并向四周扩展，出现一块块圆形"补丁"病区。早晨刚打开棚膜或床土湿润时，病区床土表面可见白色蜘蛛网状的菌丝。

二、病原

立枯病的病原为立枯丝核菌（*Rhizoctonia solani* Kühn），属无性真菌类无孢目真菌。菌丝粗大，有隔，幼时无色，菌丝交角为45°，老熟时棕黄色，菌丝交角90°，菌丝分枝处突然变细，有时病株上可见菌核，直径3～5mm。

猝倒病的病原为瓜果腐霉［*Pythium aphanidermatum*（Eds.）Fitzp.］，属藻物界霜霉目真菌。菌丝无色不分隔，有不规则的分枝，孢子囊产生于菌丝顶端或在中间形成球状体，内生双鞭毛游动孢子。该菌具有特殊形态的藏卵器和雄器，二者结合成卵孢子。

三、发病条件

立枯病病菌以菌丝体或菌核在土壤中营腐生生活，次年由伤口、自然孔口侵入烟苗茎基部而发病。

猝倒病病菌是土壤习居菌，以卵孢子或厚垣孢子在土壤中越冬。越冬后产生游动孢子或菌丝在烟苗土表部位侵染茎基部，在潮湿天气或早晨床内湿度较大时，菌丝生长或借助浇水进行扩展和传播。

低温、干燥的环境条件有利于立枯病的发生，苗床温度低于20℃时易发病，中度湿度即可满足发病的湿度条件，酸碱度对立枯病影响不大。

猝倒病的发病程度主要取决于苗床温度、播种密度、床土通透性和床内湿度。该病可在烟苗生长的任何条件下发生，特别是在温度低于烟苗最适生长温度时发病重。苗床持续低温，烟苗长势弱，生长速度慢，可增加病菌的侵染机会。播种密度过大、烟苗幼嫩，易于病菌侵入。床土通透性差将影响根系的呼吸，利于发病。床内水分大，湿度高，利于病害发生。

四、病害控制

（一）加强苗床管理

苗床土要疏松、通透性好，富含腐殖质。床土应进行熏蒸消毒，苗期要注意通风、排湿。

（二）化学防治

将病苗连同周围的健苗挖出，用甲霜灵（或 50%甲基托布津）可湿性粉剂 1000 倍液灌入病穴，湿透为止。一般每 7～10d 灌根 1 次，可防病害蔓延。甲霜灵是防治猝倒病的特效药，而甲基托布津对猝倒病和立枯病均有防治作用。

第六节　烟草蛙眼病

烟草蛙眼病又名白星病。该病在黑龙江烟区发病较轻，主要发生于大田生长期和烤房内。采收前为害烟叶产生病斑，装入烤房后该病可继续扩展蔓延，使烤出的烟叶产生烘斑，缺乏弹性且极易破碎，严重影响烟叶质量。

一、症状

主要为害叶片。叶片上产生病斑，圆形，较小，直径多在 10mm 以下，病斑外层为褐色狭窄边缘，中层褐色或茶色，中心呈灰白色羊皮纸状，似蛙眼，病斑偶尔呈梭形，无白色中心。病斑中央散布灰色霉状物，即病菌的分生孢子梗和分生孢子。一般下部叶片和成熟叶片较易感病。在多雨潮湿天气，幼嫩的叶片也可被侵染，接近采收期，上部叶片可突然发生大型坏死斑，如不及时采收，会被迅速毁掉。

叶片在采收前 2～3d 遭受病菌侵染进入烤房前病斑极小，多呈黄绿色，或很难观察到，经烘烤后，病斑可能发生扩展，形成小至针尖、大到直径 6mm 的黑斑，病斑数量较多时会严重降低烟叶品质。

二、病原

烟草蛙眼病的病原为烟草尾孢（*Cercospora nicotiana* Ellet），属于无性真菌类丝孢目真菌。分生孢子梗 3～10 根束生，褐色，膝状弯曲，不分枝，多隔膜，顶端生分生孢子。分生孢子细长，鞭形，基部较粗大，向上逐渐变细，直或略弯曲，多分隔，无色透明。

三、发病条件

病菌主要以病株残体上的菌丝体在土壤中越冬，是初侵染的主要来源，带病的烟苗也是大田病害的主要再侵染源之一。越冬场所的病残体产生的分生孢子借风雨传播，落到烟叶上，在潮湿的条件下萌发产生芽管，通过气孔进入叶片组织内，不断生长，形成有分枝的网状菌丝，随菌丝的伸长病斑扩大，直到变成肉眼可见的蛙眼状病斑，之后菌丝穿透叶表长出一束分生孢子梗，其上产生分生孢子，经风雨传播，可以开始新的侵染。

烟草蛙眼病的发生程度与品种抗性、烟叶成熟度、气象条件和农业技术措施有关。一般收获不及时，过度成熟的烟叶极易受害，尤其 7～8 月多雨往往可加重此病的发生。如夏季遇到暴风雨，则更加助长此病的发生。此外，施肥不足地段、底叶采收不及时和打顶、打杈过迟的植株，由于生长衰弱，病害发生也重。

四、病害控制

（一）农业技术措施

合理密植，改善烟田小气候，可减轻危害。科学施肥，氮、磷、钾肥合理配合使用，增强烟株的抗病能力，及时采收，防止叶过熟，及时摘除病叶，可减少烟田病原的群体数量。

（二）化学防治

常用的杀菌剂有 1∶1∶160 的波尔多液，50%的多菌灵可湿性粉剂或 50%敌菌灵可湿性粉剂，每公顷用药量 1.5kg。历年发病严重地区在病害初发生时喷药防治。

第七节 烟草角斑病

烟草角斑病在黑龙江省烟区发生极为普遍，近年来有上升趋势。该病主要发生于烟草生育中后期，对烟草产量和质量影响很大。

一、症状

主要为害成株叶片，蒴果、花萼上也可发生。

（1）叶片　　一般在病叶上形成多角形，黑褐色小斑点，边缘明显，四周无明显的黄色晕环，之后叶上病斑可扩大到 1～2cm 及以上，多角形或不规则形，黑褐色或边缘黑褐色而中央呈灰褐色、污白色，并常出现多种云状轮纹。潮湿时病斑表面有菌脓，干燥时病斑破裂脱落，叶片被毁。

（2）茎、蒴果、萼片　　病斑与烟草野火病相似。

二、病原

烟草角斑病的病原为角斑假单胞菌［*Pseudomonas angular*（Fronneet Murray）Holland］，属于假单胞菌属细菌。

细菌短杆状，无荚膜，不产生芽孢，革兰氏阴性反应，单极生，鞭毛 1～6 根。在牛肉汁培养基上菌落初呈透明状，后为浑白色，微突起，边缘似透明，中心暗黄色。

病原细菌的生长适温为 24～28℃，致死温度（湿热）为 52℃（6min）。在 5℃下，可存活 0.5～3.0 年。此菌不能产生毒素，所以病斑周围无黄色晕环。

三、发病条件

病菌除在种子及病株残体上越冬外，还能在许多作物（小麦、大麦等）和杂草根系附近生存，但不能引起病变。因此，在自然情况下，侵染来源更为复杂。病菌主要来自土壤，通过雨水反溅，由叶片气孔侵入而导致发病。叶片发病部位的病斑溢出菌脓，菌脓借雨水反溅进行传播，进行再侵染，此病可有多次再侵染。

一般夏季多雨，尤其暴风雨后，造成大量伤口，并有利于病菌传播和侵染，叶片发病严重。在28~32℃条件下有利于该病流行。此外，寄主抗病性和栽培条件对病害发生程度影响很大，一般认为施用氮肥过多、施用钾肥过少，烟株生长过旺，感病性高，发病则重。

四、病害控制

（一）农业技术措施

实行3年以上轮作。处理病株残体，通过深翻，将病残体埋入土壤深层，减少菌源。合理施肥，防止施用氮肥过多，并注意增施磷肥和钾肥。

（二）化学防治

早期发现病叶时，应立即摘除，并及时进行化学防治。一般采用1∶1∶160波尔多液或400倍的DT杀菌剂喷雾防治。

第八节 甜菜褐斑病

甜菜褐斑病（sugar beet cercospora leaf spot）是影响甜菜生产的重要病害之一。1893年，波兰首先发现该病，现已广泛分布于全世界甜菜产区。其中，以中欧受害严重，其次为东欧、美国北部、加拿大南部、俄罗斯和中国。我国甜菜产区均有不同程度的发生与危害，一般可使块根减产10%~20%，严重地块减产30%~40%。

一、症状

主要为害叶片、叶柄、种球和花枝。叶片病斑褐色或紫褐色，圆形或不规则形，直径3~4mm，边缘褐色或深紫色，中央色浅、较薄、易破碎。高湿时病斑上出现灰白色霉层（分生孢子梗和分生孢子）。茎秆上的病斑褐色，梭形。

病菌一般不侵染生育旺盛的幼龄叶片，只侵染达到一定成熟度的叶片，病害自外层叶片向内层叶片扩展，导致老叶陆续枯死脱落，长出的新叶也不断被害。病株根冠粗糙肥大，青头很长。

二、病原

病原为甜菜生尾孢（*Cercospora beticola* Sacc.），属于无性真菌类尾孢属。尚未发现其有性态。

菌丝橄榄色，生于寄主细胞间，在寄主表皮细胞下集结成垫状菌丝团。分生孢子梗从气孔伸出，基部为黄褐色，顶部灰白或透明，多不分枝。分生孢子着生在分生孢子梗顶端，无色，鞭形或披针形，具有6~12个隔膜（图6-9）。

病菌分生孢子发育的最适温度为25~28℃，高于37℃或低于5℃时停止发育，45℃处理10min即死亡。分生孢子萌发最适的相对湿度为98%~100%，在水滴中最好。在高温高湿情况下，分生孢子很快萌发产生菌丝或死亡，菌丝团生命力强，在种球或叶片上能存活2年。在室内较干燥的情况下，可存活1年。

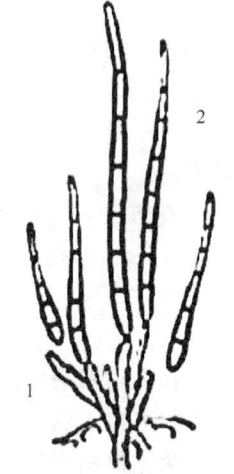

图6-9 甜菜褐斑病病菌
1. 分生孢子梗；2. 分生孢子

病菌有生理分化，以色列最早报道该病菌有 3 个生理小种。美国报道有 2 个生理小种，即 C1（Texas）和 C2（California）小种。日本不存在生理小种分化现象，但不同来源的菌株致病力有差异。我国甜菜褐斑病病菌的变异较小，仅存在致病力有差异的生理型，尚不存在明显的生理分化现象。

病菌除为害糖用甜菜外，还能侵染叶用、饲用和食用甜菜，寄主范围包括 12 个科 16 个属的 26 种作物。

三、病害循环

病菌以菌丝团在种球、母根根头或病残体上越冬，成为翌年初侵染来源。春季温度和湿度适宜时产生分生孢子，借风雨传播，传播距离可达 1km。分生孢子在叶片上的水滴或露滴中萌发产生芽管，次日在气孔处形成附着胞，第三日由侵入丝从气孔侵入，形成吸器伸入到活细胞中，在细胞间隙扩展蔓延，经过一定的潜育期便形成病斑（图 6-10）。

四、发病条件

甜菜褐斑病的发生和流行，主要取决于气象因素、初侵染源和寄主抗病性。

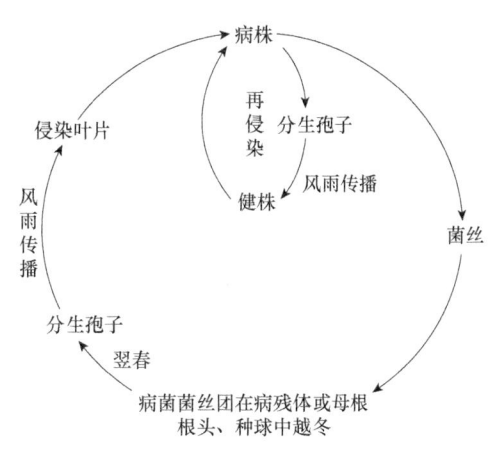

图 6-10 甜菜褐斑病病害循环图

（一）气象因素

温度影响甜菜褐斑病潜育期的长短，当气温在 19～23℃时，潜育期最短，为 5～8d。平均气温升高或降低，都可使潜育期延长。

降水量影响病菌孢子的形成和传播。98%以上的相对湿度有利于分生孢子的形成，水滴有利于孢子的萌发和侵入，雨滴飞溅有利于孢子的飞散传播。连续降雨后 15～20d，可出现一个发病高峰。田间灌溉（尤其是漫灌、串灌）次数多，造成田间相对湿度高，有利于病害发生。

（二）初侵染源

病菌的越冬基数直接影响发病的严重程度。甜菜重茬或连作田块存在大量的病残体，病菌越冬基数大，翌年发病重。

（三）寄主抗病性

甜菜品种的抗病性有明显差异，种植感病品种是褐斑病大流行的主要原因。

五、病害控制

应采取以种植抗病品种为主，农业防治结合化学防治为辅的综合措施。

（一）种植抗病品种

种植抗病品种是防治甜菜褐斑病的一项重要措施。我国抗病或较抗病的甜菜品种有'甜研 301''甜研 302''甜研 303''甜研 201''双丰 8 号''范育 1 号'等。

(二）农业防治

1. 清除初侵染源 秋季甜菜收获后,彻底清理田间遗留的病叶残株,集中烧毁或深埋,消灭越冬侵染源,减少第 2 年病菌的初侵染来源。

2. 合理轮作 重病田实行 4 年以上轮作。为了减少病菌孢子的传播,当年的甜菜地应与前一年的甜菜地相距 500~1000m。

3. 加强栽培管理 提早中耕管理,追肥时控制氮肥施用量,增施磷、钾肥,可提高植株的抗病性。在阴雨天,及时开沟排水,降低地下水位。摘除下位老叶,清除田间杂草,增加株间通透性,降低田间湿度,从而减轻病害的发生程度。

(三）化学防治

目前防治甜菜褐斑病的化学药剂较多,防病效果较好的药剂有甲基硫菌灵、多菌灵、异菌脲等。喷药时期掌握在田间首批病斑出现时,开始第 1 次防治,以后每隔 10~15d 喷 1 次,连续喷药 3~4 次。

第九节 甜菜蛇眼病

甜菜蛇眼病在黑龙江省的一些地区也有发生,但在甜菜生长期不如褐斑病发生普遍和严重。此病是甜菜块根贮藏期的严重病害,常引起烂窖。

一、症状

主要为害幼苗、叶片、块根、种子及花梗。

（1）幼苗 根及茎基部等变褐以至变黑,进而病部变细以至倒伏,故有黑脚病或立枯病之称。受害轻的幼苗,主根虽死,但可生很多侧根继续存活,对后期生育不利。

（2）叶片 病斑初为圆形褐色,小点,以后逐渐扩大形成近圆形,黄褐色,病斑上有明显的同心轮纹,其上并生有轮生小黑点（病菌的分生孢子器）,重者可使全叶变黄枯死。

（3）块根 一般从根头往下腐烂,进而由内往外腐烂而穿透表皮,造成裂口。病根除导管外全部变黑,表面干燥呈云纹状,其上也轮生小黑点。

二、病原

甜菜蛇眼病病菌为甜菜茎点霉（*Phoma betae* Frank）,属无性真菌类球壳孢目真菌。病斑上的小黑点为病菌的分生孢子器。分生孢子器为球形或扁球形,暗褐色,顶端呈乳头突起,埋生于寄主表皮下,直径 125~635μm。分生孢子无色,单胞,椭圆或球形,大小为（3.8~9.3）μm×（2.6~4.9）μm。

三、发病条件

蛇眼病病菌以菌丝及分生孢子器在病株残体、种子及母根上越冬。翌年种子上或土壤中病菌首先为害幼苗,引起黑脚病（立枯病）。病苗上形成分生孢子器,分生孢子借风、雨传播进行扩大再侵染。母根上病菌,当抽薹时直接为害茎和叶片。收获时如切顶叶时,若根头受伤，病菌便可由伤口侵入，引起根腐烂，一般缺肥地发病较重。但不同生育时期影响发病的因素也不同。

（一）幼苗时期

种子带菌多，发病重；土壤干旱、幼苗生长衰弱也易感病；迟播、温度高时病害发病也重。

（二）成株期

叶片发病的轻重，除与幼苗发病轻重有关外，主要受气象因素的影响，如甜菜生长的中后期植株生长茂密，气温高、湿度大，叶片发病重。

（三）贮藏期

病害发病程度主要受温、湿度影响大，如窖内温度超过 4℃易引起烂窖，在高湿条件下腐烂速度随窖温升高而加速。

四、病害控制

甜菜蛇眼病的控制可采取以下几种措施。

（一）种子处理

参见甜菜立枯病的防治方法，或从无病采种株上选种子留作播种用。

（二）播期与施肥

适时播种，不宜过迟，注意播后保墒，以利幼苗及早出土，并增施磷肥以促进植株后期生长健壮，增强抗病性。

（三）轮作与耕翻

实行轮作，病田应进行秋翻，播前将病叶和病根等从田间清除出去，或将病叶或病根用作青贮或堆肥之用，以减少菌源。

（四）化学防治

参见甜菜褐斑病的化学防治方法。

（五）贮藏期管理

严格控制窖温在 1~2℃，保持干燥环境条件。

第十节 甜菜根腐病

甜菜根腐病（sugar beet root rot）是由多种真菌和细菌侵染引起的甜菜块根腐烂病的总称。德国于 1887 年首次报道镰孢菌根腐病。目前，美国、俄罗斯、日本等甜菜种植国均有发生。我国主要分布于东北甜菜产区，尤以黑龙江和吉林受害较重。一般可造成块根减产 10%~20%，严重地块发病率高达 60%~100%，在多雨年份或低洼下湿地区发生更为严重，个别严重地块甚至绝产。

一、症状

病害发生在甜菜定苗以后的植株旺盛生长期。症状因病原的不同而异。

（一）镰孢菌根腐病

镰孢菌根腐病（fusarium root rot）又称镰孢菌萎蔫病，是一种块根维管束病害。先在根部表皮产生褐色水渍状不规则形病斑。病斑向根部蔓延，根维管束环浅肉桂色至深黄褐色。病组织黑褐色干腐，发生纵、横裂缝，根内出现空腔，表面现浅粉红色霉层（菌丝体）。受害主、侧根死亡后，可产生密集丛生的次生须根。轻病株生长缓慢、叶片萎蔫，重病株块根腐烂、叶片枯死。

（二）丝核菌根腐病

丝核菌根腐病（rhizoctonia root rot）又称根颈腐烂病。根冠部、根体部或叶柄基部形成褐色斑点，由上而下扩展蔓延。病组织腐烂，褐色至黑褐色，腐烂处稍凹陷，并形成裂痕（纵沟）。裂痕内可见稠密的褐色霉层（菌丝体）。块根由表及里腐烂解体，地上部叶片萎蔫。在高温高湿的情况下，还能蔓延到叶柄上，在感病严重的植株根茎处或叶柄着生处，有时可看到褐色的菌丝体。

（三）蛇眼菌黑腐病

蛇眼菌黑腐病（phoma root rot）是根体或根冠处出现褐色云纹状病斑，稍凹陷，根组织由内向外逐渐腐烂。表皮腐烂后出现裂口，除导管外的病组织均变黑、死亡。

（四）白绢型根腐病

白绢型根腐病（athelia root rot）又称菌核菌白绢病。受害部位从根头部开始向下蔓延。病组织软化、凹陷，呈水渍状腐烂，表皮上附有白色绢丝状霉层（菌丝体），后期产生油菜籽大小的茶褐色球形颗粒（菌核）。高湿时，菌丝可沿地面向邻近植株蔓延。

（五）细菌性尾腐根腐病

细菌性尾腐根腐病（erwinia root rot）又称根尾腐烂病。受害根组织呈暗灰色至铅黑色水渍状软腐，由下向上扩展蔓延，造成全根腐烂，常溢出黏液，有腐败酸臭味。

二、病原

（一）镰孢菌根腐病

病原主要为黄色镰孢［*Fusarium culmorum*（W. G. Smith）Sacc.］，无性真菌类镰孢属成员。分生孢子镰刀形，无色，具 3~5 个隔膜。厚垣孢子间生或顶生。此外，病原还有茄腐镰孢［*F. solani*（Mart.）App. et Wollenw.］、尖孢镰孢（*F. oxysporum* Schlecht.）、串珠镰孢（*F. moniliforme* Sheld.）和燕麦镰孢［*F. avenaceum*（Fr.）Sacc.］。

（二）丝核菌根腐病

病原为茄丝核菌（*Rhizoctonia solani* Kühn），无性真菌类丝核菌属成员。菌丝体初期无色，后期淡褐色或深黄褐色，多呈直角分枝，分枝处缢缩，并有一分隔。菌核深褐色，扁圆形，表面较粗糙，大小不等。在一般的条件下，不形成担子和担孢子（图 6-11）。此外，紫色丝核菌（*R. violacea* Tul.）也可以引起甜菜根部腐烂。

（三）蛇眼菌黑腐病

病原为甜菜茎点霉（*Phoma betae* Frank），无性真菌类茎点霉属成员。分生孢子器球形至扁球形，暗褐色，埋生在寄主表皮下。分生孢子单胞，无色，圆形至椭圆形。该菌还可引起甜菜蛇眼病（图 6-12）。

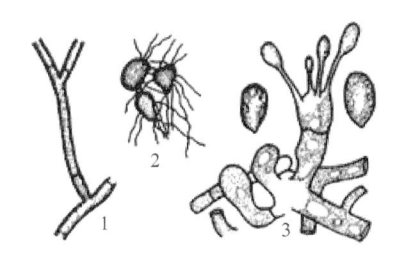

图 6-11 茄丝核菌
1. 成熟菌丝；2. 菌核；3. 担子和担孢子

图 6-12 甜菜茎点霉

（四）白绢型根腐病

病原有性态为罗耳阿太菌 [*Athelia rolfsii*（Curzi）Tu et Kimbrough]，担子菌门阿泰菌属成员；无性态为齐整小核菌（*Sclerotium rolfsii* Sacc.），无性真菌类小核菌属成员。菌丝体白色、茂盛，疏松或集结成线形紧贴于基物上，呈辐射状扩展。菌丝分枝不成直角，具隔膜。菌核初为乳白色，后变浅黄色至茶褐色，球形至卵球形，表面光滑，有光泽。

（五）细菌性尾腐根腐病

病原为胡萝卜软腐欧文氏菌甜菜亚种（*Erwinia carotovora* subsp. *betavasculorum*），变形菌门欧文氏菌属成员。菌落圆形，灰白色。菌体短杆状，单生、双生或链生，周生 2~6 根鞭毛，无荚膜、无芽孢，G^-，兼厌气性（图 6-13）。

图 6-13 胡萝卜软腐欧文氏菌甜菜亚种

三、病害循环

甜菜根腐病是由多种真菌和细菌侵染引起的。引起甜菜根腐病的病原真菌主要以菌丝、菌核或厚垣孢子在土壤、病残体上越冬；病原细菌在土壤或病残体中越冬。病菌多由伤口或植株生长衰弱部位侵入，干旱造成的主根、侧根的裂口有利于病菌的侵入。翌春，病菌借助雨水、气流和灌溉水等传播（图 6-14）。

四、发病条件

病害的发生主要与土壤条件、栽培管理措施、气象因素和品种抗病性密切相关。

（一）土壤条件

根腐病主要发生在黑土和黑黏质土壤上。地势低洼、排水不良、土质黏重、透水性差、

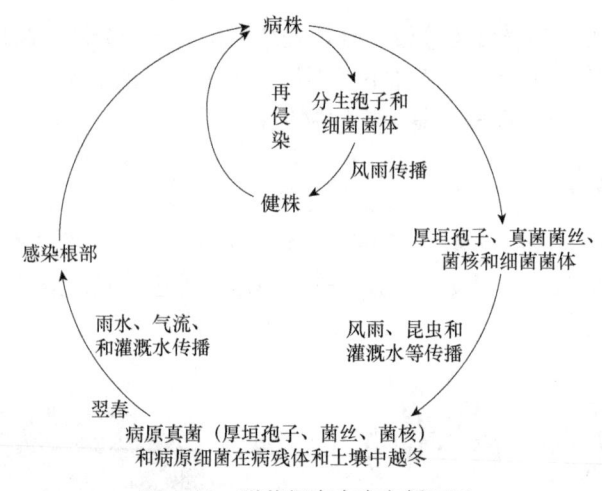

图 6-14 甜菜根腐病病害循环图

土壤肥力低下的田块发病较重。春季土温低、土壤干旱或长期浸水，都易诱发根腐病。在甜菜定苗后至封垄前，土壤干旱时，部分细小的侧根、支根、须根和根毛因失水枯死，有利于镰孢菌等病菌从这些死亡组织处侵入，引发病害。

（二）栽培管理措施

施肥水平低下，植株生长不良，根系生长缓慢或停滞，地下害虫的危害严重，造成根部损伤等均能加重根腐病的发生。连作或轮作年限短，田间病残体清理不及时，病菌在田间积累量大，也会加重病害发生。

（三）气象因素

高温高湿是病害发生的重要条件。根腐病的发生盛期为 7~8 月，此时正值雨季，降雨次数频繁，雨量集中，土壤含水量的增加，有利于发病。镰孢菌根腐病在干旱季节发生也较严重，病害发生较早。

（四）品种抗病性

甜菜品种间的抗病性有明显的差异，但我国绝大多数品种不抗病。

五、病害控制

应采取以农业防治为主，辅以选用抗（耐）病品种和化学防治相结合的综合措施。

（一）选用抗（耐）病品种

目前较耐病的品种有'甜研 301''甜研 302''甜研 303''甜研 304''范育 1 号''范育 2 号'等。

（二）农业防治

1. 选择田块 选择地下水位较低、排水良好、土壤肥沃的平地种植，不要在低洼、排水不良的地块种植甜菜。

2．轮作　　种植甜菜年久的老区，必须实行合理的轮作 4 年以上。切忌重茬和迎茬，以减少土壤中病菌的数量。

3．科学施肥　　以足够的农家肥料作基肥，播种时使用磷酸二铵作种肥，可促进幼苗生长季根冠的形成，增强植株抗病能力，对减轻根腐病有较好作用。在钾素缺乏的地块，每亩施硫酸钾 10~15kg 作种肥或基肥，也可以减轻根腐病的发生。

4．加强田间管理　　中耕松土、行间深松，可增强土壤的通气透水性，有利于调节土壤湿度，防止过旱或过湿，促进植株生长旺盛，促进根系发育，提高抗病力。

(三) 化学防治

用种子重量 0.8%的敌磺钠拌种可有效消灭种子上传带的侵染源。也可用 70%恶霉灵可湿性粉剂或 50%福美双可湿性粉剂拌种，每 100kg 种子用药剂有效成分 800g 拌种；或用 70%恶霉灵可湿性粉剂 800 倍液灌根，每株 150mL。防治地下害虫，减少伤口，可减少细菌性根腐病的发生。

第七章
十字花科蔬菜病害

十字花科蔬菜种类很多，主要包括白菜、油菜、甘蓝、花椰菜、芥菜、芜菁、萝卜、紫菜薹等。其中以白菜的栽培面积和产量为最大，是我国主栽的蔬菜作物之一，在蔬菜的周年供应中占重要地位。为害十字花科蔬菜的病害种类很多，目前已发现40余种，其中以病毒病、霜霉病、软腐病分布较广、危害较大，是十字花科蔬菜的三大病害。此外，各地的常发病害还有黑斑病、细菌性黑腐病、白斑病、根肿病等。

第一节 十字花科蔬菜病毒病

病毒病是十字花科蔬菜的三大病害之一，也称花叶病、抽风病等，主要为害大白菜、小白菜、油菜、萝卜、甘蓝、花椰菜等多种蔬菜，在世界各地普遍发生，且严重影响蔬菜产量和品质。

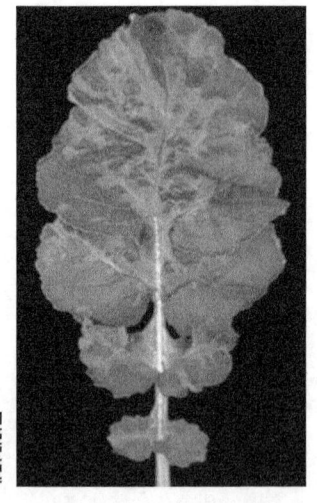

一、症状

大白菜、小白菜、萝卜、芥菜等蔬菜病毒病的症状类似，苗期、成株期均能发病，且苗期发病受害更重。心叶较早出现明脉症状，从叶片基部向叶尖端扩展，叶脉附近组织褪绿，逐渐发展成深绿浅绿相间的花叶症状。叶片皱缩，扭曲畸形，质地变脆，有时在叶脉上出现褐色坏死斑点。发病重时根系发育受阻，植株矮缩，不能包心，最终失去商品价值。留种田发病，植株不抽薹或抽薹延迟，花薹缩短、弯曲，花瓣色淡，角果密集、弯曲畸形，籽粒减少且不饱满，发芽率降低（图7-1）。

甘蓝型油菜发病可产生黄斑型症状和枯斑型症状。①黄斑型症状：叶片初期形成1～5mm直径的黄色圆形或不规则形斑块，进而发展成褐色枯斑。②枯斑型症状：病叶出现0.5～3.0mm的深褐色枯斑，可伴随叶脉变黑、坏死。发病重时植株茎秆、花梗、种荚上均能产生黑褐色的坏死条纹，可致植株死亡。

图7-1 芜菁花叶病毒引起的萝卜病毒病症状
（Hu et al., 2019）

二、病原

多种病毒单独侵染或复合侵染都可引起十字花科蔬菜病毒病，如黄瓜花叶病毒（cucumber mosaic virus，CMV）、烟草花叶病毒（tobacco mosaic virus，TMV）、苜蓿花叶病毒（alfalfa mosaic virus，AMV）、花椰菜花叶病毒（cauliflower mosaic virus，CaMV）等。其中，芜菁花叶病毒（turnip mosaic virus，TuMV）是最主要的病原（图7-2）。

TuMV 是马铃薯 Y 病毒科马铃薯 Y 病毒属（*Potyvirus*）的成员。病毒粒子线状，长 680～754nm，直径 13～15nm，含有一条正义单链基因组 RNA，长约 9.8kb，其 5′端共价结合 VPg 蛋白，3′端存在 poly（A）尾巴，编码 1 个大的多聚蛋白，可切割成若干小的成熟蛋白。TuMV 寄主范围广泛，除侵染十字花科植物外，人工接种还可侵染豆科、茄科、菊科等 300 多种植物。TuMV 通过介体蚜虫以非持久性方式传播，也可以通过汁液摩擦传播。

三、病害循环

在南方地区，田间终年种植十字花科蔬菜，TuMV 主要通过介体蚜虫的取食、迁飞，并在不同寄主上完成周年循环。在北方地区，TuMV 在人工窖藏的白菜、甘蓝、萝卜等留种植株上越冬，或者在多年生作物的宿根及田间杂草上越冬，成为春季的初侵染源，春季发病后仍然通过介体蚜虫的取食和迁飞造成病害的蔓延（图 7-3）。

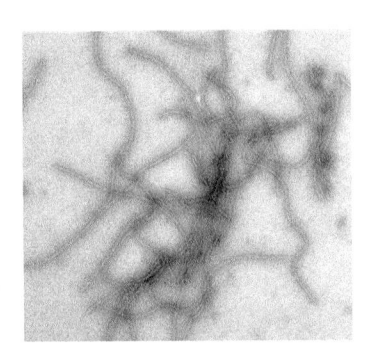

图 7-2 芜菁花叶病毒

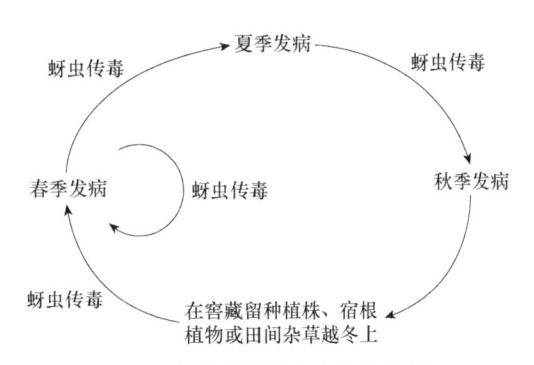

图 7-3 十字花科蔬菜病毒病病害循环图

四、发病条件

病害的发生与气象因素、耕作制度与栽培管理及品种抗性有关。

（一）气象因素

十字花科蔬菜在 6 叶期前最易感病，且侵染越早发病越重。这一时期持续高温、干旱的天气有利于介体蚜虫种群的繁殖和迁飞，但不适合植株的正常生长，导致抗病性下降，从而有利于病害的发生。另外，温度偏高能缩短病毒的潜育期，如 28℃下潜育期仅 3～14d。

（二）耕作制度与栽培管理

同种或不同种的十字花科蔬菜作物连作或邻作，使病毒相互传播蔓延，导致病害加重。苗期肥水不足，或者成株期偏施氮肥，导致植株抗性减弱，也能加重症状。

（三）品种抗性

研究表明，芸薹属植物中广泛存在对 TuMV 有抗性的材料，不同的栽培品种间对 TuMV 的抗性也存在显著差异，如青帮白菜品种一般比白帮白菜品种抗性强，杂交品种比普通品种抗性强，甘蓝型油菜比芥菜型油菜抗性强。

五、病害控制

十字花科蔬菜病毒病的防控,应以选育和种植抗病品种为中心,结合农业防治及治蚜防病。

(一)选育和种植抗病品种

种植抗病品种是防治十字花科病毒病最为有效的措施,因此具有对病毒病的抗性已成为我国十字花科蔬菜育种的重要指标。目前已选育了一批优良的抗病毒病蔬菜品种,如油菜品种中的'中双 6 号''中双 7 号''中油 821'等,大白菜品种中的'辽白 1 号''天津绿''山东 1 号''包头青'等。

(二)农业防治

优化耕作制度,合理调整蔬菜种类布局,合理间作、套种、轮作,避免十字花科蔬菜连作或邻作。适期播种,适当晚播,避开高温和蚜虫种群高峰期。合理水肥,增施磷、钾肥,培育壮苗。加强田园卫生管理,及时清除病株和田间杂草。

(三)治蚜防病

田间可悬挂诱蚜黄板或驱蚜银灰膜,尤其注意苗床驱蚜。配合喷施吡虫啉、苦参碱等杀虫剂控制介体蚜虫数量,减少病害传播。

第二节　十字花科蔬菜霜霉病

十字花科蔬菜霜霉病是白菜、油菜、甘蓝、萝卜等蔬菜上普遍发生的一种病害,尤以北方地区大白菜霜霉病的危害最重。特别是秋季气候冷凉,昼夜温差较大的地区,此病发生严重。病害严重时发病率可达 80%~90%,减产 30%~50%。

一、症状

十字花科蔬菜在整个生育期都可受害,主要为害叶片,其次为害茎、花梗和种荚等。白菜幼苗受害,叶面症状不明显,叶背产生白色霜霉,严重时幼苗变黄枯死。叶片受害初,在叶正面产生淡绿色水渍状斑点,病斑逐渐扩大,色泽由淡绿色转为黄色至黄褐色,受叶脉限制呈多角形或不规则形病斑,边缘不明显,背面产生白色霜霉。包心期后,环境条件适宜时,病情加剧,病斑连片,使叶片变黄、干枯、皱卷,从外叶向内层发展,层层干枯,最后仅存中心的包球。在采种株上发病,症状出现在叶、花梗、花器及种荚上。受害花梗肥肿,弯曲畸形,丛聚而生,呈龙头拐状,俗称"老龙头",病部也长出白色稀疏的霉层,花器肥大畸形,花瓣变绿色,久不凋落。种荚受害,细小弯曲,结实不良,有的种荚呈油渍状不规则形病斑,病斑黄褐色,常未成熟先开裂或不结实,病部长满白色的霉层(图 7-4)。

图 7-4　白菜霜霉病症状

甘蓝和花椰菜发病后,幼苗也可受害产生霜霉,变黄枯死。成株叶片正面表现微凹陷的黑色至紫黑色点状或不规则形病斑,病斑背面长出霜状霉层,但多呈现灰紫色。花椰菜的花球受害后，顶端变黑，重者延及全花球，使其失去食用价值。萝卜上叶部症状与白菜相似，根部则为黄色或灰褐色的斑痕，贮藏中极易引起腐烂。其他如油菜、芥菜和榨菜上的症状均与白菜相似。

二、病原

病原为寄生霜霉［*Peronospora parasitica*（Pers. Fries）Fries.］，属藻物界卵菌门霜霉属。菌丝体无隔、无色，寄生于细胞间隙，以吸器伸入寄主细胞内吸收养分。吸器初为梨形或圆形，后变为圆柱形或棒形。无性繁殖产生孢子囊，着生于孢囊梗上，孢囊梗由菌丝直接产生，从气孔伸出，长260～300μm，无色，无隔，状如树枝，具6～8次二叉状分枝，顶端的小梗尖细，向内弯曲，略呈钳状，上着生一个孢子囊。孢子囊无色，单胞，长圆形至卵圆形，大小为（24～27）μm×（25～30）μm，孢子囊萌发时直接产生芽管。有性生殖产生卵孢子，在感病的叶、茎、花薹和荚果中都可形成，尤以花薹等肥厚组织中为多。卵孢子黄色至黄褐色，近球形，壁厚，表面光滑或有皱纹，直径30～40μm。卵孢子萌发直接产生芽管（图7-5）。

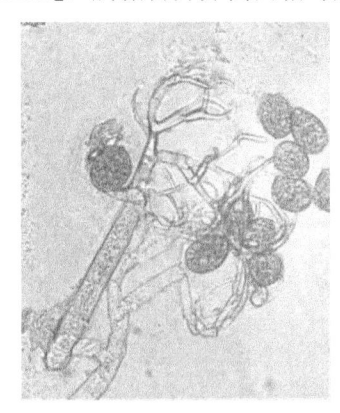

图7-5 十字花科蔬菜霜霉病病菌
（https://www.forestryimages.org/browse/detail.cfm?imgnum=5454392）

病菌发育要求较低的温度和较高的湿度。菌丝的发育适温20～24℃；孢子囊形成适温8～12℃，孢子囊萌发温度3～35℃，适温7～13℃，在水滴中和适温下，孢子囊经3～4h即可萌发。病菌侵染适温16℃，在10～15℃的温度和70%～75%的相对湿度条件下，有利于卵孢子的形成，萌发的温度要求大致与孢子囊一致。

寄生霜霉菌为专性寄生菌，存在明显的寄生专化性。国外认为有不同的生理小种，而国内认为有3个变种。

1. 芸薹属变种（*P. parasitica* var. *brassicae*） 对芸薹属蔬菜侵染力强，对萝卜侵染力较弱。根据其致病力差异，又分为3个生理小种：①甘蓝类型，侵染甘蓝、花椰菜等，对大白菜、油菜、芜菁、芥菜等侵染能力极弱；②白菜类型，侵染白菜、油菜、芜菁、芥菜等能力强，侵染甘蓝能力弱；③芥菜类型，侵染芥菜，对甘蓝侵染能力很弱，有的菌株可侵染白菜、油菜和芜菁。

2. 萝卜属变种（*P. parasitica* var. *raphani*） 对萝卜侵染力强，对芸薹属蔬菜侵染力极弱，不侵染芥菜。

3. 芥菜属变种（*P. parasitica* var. *capsellae*） 只侵染芥菜，不侵染萝卜属和芸薹属蔬菜。

三、病害循环

在北方寒冷或海拔高、冬季不生长十字花科作物的地区，病菌主要以卵孢子随病残体在土壤中，或以菌丝体在采种母株或窖贮白菜上越冬。卵孢子只要经过1～2个月休眠，春季温湿度适宜时就可萌发侵染。在发病部位可产生孢子囊，不断重复侵染，因此北方地区卵孢子是春季十字花科蔬菜霜霉病的主要初侵染源。南方地区冬季气温较高，田间终年种植十字花科蔬菜，病菌借助不断产生的大量孢子囊在多种作物上辗转为害，致使该病周而复始，终年不断，故不存在越冬问题。长江下游地区，病菌的卵孢子随病残体在土壤中越冬，春季条件适宜时萌发侵染春菜，也可以菌丝体潜伏于秋季发病的植株体内越冬。越冬后病株体内的菌丝体形成孢囊梗和孢子囊，经传播侵染无病植株。因此，这一地区病害的初侵染源为卵孢子和孢子囊。卵孢子和孢子囊主要靠气流和雨水传播，萌发后从气孔或表皮直接侵入，可多次再侵染，病害逐步蔓延。植株生长后期，病株组织内菌丝分化成藏卵器和雄器，有性结合后发育成卵孢子。直到秋末冬初条件恶劣时，才以卵孢子在寄主组织内越冬。此外，病菌也可附着在种子上越冬，播种带菌种子可直接侵染幼苗，引起苗期发病（图7-6）。

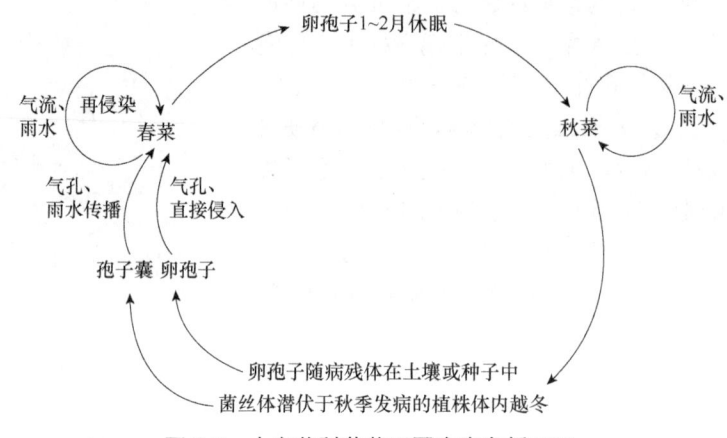

图7-6 十字花科蔬菜霜霉病病害循环图

四、发病条件

十字花科蔬菜霜霉病的发生和流行主要与气候条件、栽培条件和品种抗病性有关。

（一）气候条件

温湿度对十字花科蔬菜霜霉病的发生和流行起重要作用。温度决定病害出现的早晚和发展的速度，湿度决定病害发展的严重程度。气温低于18℃、昼暖夜凉、温差较大和多雨高湿或雾大露重的条件，有利于此病的发生和流行。这是因为病菌孢子囊的产生和萌发以7～13℃最适，侵入寄主的适温为16℃。此外田间小气候的影响也很大，田间郁密高湿，夜间经常结露，即使无雨，病情也会发展。

（二）栽培条件

十字花科蔬菜连作，有利于卵孢子在土壤中的积累，初侵染源量大，发病多而重；轮作特别是水旱轮作，有助于病残体腐烂分解，发病轻。北方秋白菜播种过早，包心期提早，病害发生早且危害重。另外，播种过密，间苗过迟，蹲苗过长，地势低洼积水，整地不平，通风不良，基肥不足、追肥不及时或偏施氮肥导致抗病力下降，都利于病害发生。

（三）品种抗病性

不同白菜品种间抗病性差异明显，但对病毒病和霜霉病的抗病性较为一致。疏心直筒形品种，因外叶直立，叶片不易积水，垄间通风透光好，发病轻；圆球形品种外叶张开，株间叶片重叠，相对湿度高，发病重。柔嫩多汁的白帮品种发病较重，青帮品种发病轻。另外，感染了病毒病的植株更易感染霜霉病。

五、病害控制

采取利用抗病品种、加强栽培管理为主，结合化学防治的综合防治措施。

（一）利用抗病品种

抗病品种往往有地方性，要因地制宜选用适合当地栽培的抗病品种。白菜高抗霜霉病品种有'中白76''中白85''多抗3号''多抗4号''多抗5号''多抗6号''多抗春秋''新乡903''绿抗70''秋香80'等。抗病品种有'中白60''中白65''中白66''中白80''中白83''秋绿55''秋绿80'等。普通白菜（白小菜、油菜、青菜）抗病品种有'京绿2号''春秀'。

（二）加强栽培管理

1）选种及种子消毒。无病株留种或播种前用25%的甲霜灵可湿性粉剂或75%百菌清可湿性粉剂拌种，用药量为种子重量的0.3%。

2）合理轮作。应与非十字花科作物进行隔年轮作，最好是水旱轮作，因为淹水不利于卵孢子存活，可减轻前期发病。

3）适期播种。秋白菜不宜播种过早，常发病区或干旱年份应适当推迟播种。

4）合理密植，注意及时间苗。

5）前茬收获后，清洁田园，进行秋季深翻。

6）加强田间肥、水管理。施足底肥，增施磷、钾肥，合理追肥。大白菜包心期不可缺肥，不可偏施过量氮肥。苗床要注意通风透光，选择排水良好的地块育苗、种植。低洼地宜深沟、高畦种植，雨后及时排除积水，合理灌溉，降低田间湿度。

（三）化学防治

加强田间检查。重点检查早播地和低洼地，发现中心病株要及时喷药，控制病害蔓延。常用药剂有687.5g/L霜霉威盐酸盐·氟吡菌胺悬浮剂、10%氟噻唑吡乙酮可分散油悬浮剂、50%嘧菌酯水分散粒剂、58%甲霜灵·锰锌可湿性粉剂、69%烯酰·锰锌可湿性粉剂、72%霜脲·锰锌可湿性粉剂等。每隔7~10d施药1次，连续2~3次。

第三节 十字花科蔬菜软腐病

十字花科蔬菜软腐病又称水烂、烂疙瘩，全国各地都有发生，为大白菜和甘蓝包心后期的主要病害之一，与霜霉病和病毒病统称为十字花科蔬菜的三大病害。在北方地区个别年份可造成大白菜减产50%以上，甚至绝收。在窖内，可引起全窖腐烂，损失极大。此外在运输和销售过程中也可发生腐烂。此病除为害十字花科外，还可以为害马铃薯、番茄、莴苣、黄瓜、胡萝卜、芹菜、葱类等蔬菜，造成不同程度的损失。

一、症状

软腐病的症状因十字花科蔬菜寄主、器官和环境条件的不同而略有差异，其共同特点是发生部位从伤口处开始，初期呈浸润状半透明，以后病部扩大而发展成明显的水渍状，表皮下陷，有污白色细菌溢出。病部内部组织除维管束外，全部腐烂呈黏滑软腐状，并发出恶臭。

白菜和甘蓝在田间多在包心后开始发病，初期植株外围叶片在烈日下表现萎蔫，但早晚仍能恢复。随着病情的发展，其外叶不再恢复，露出叶球。发病严重的植株结球小，叶柄基部和根茎处心髓组织完全腐烂，充满灰黄色黏稠物，臭气四溢。病株一踢即倒，一拎即起。也有的从外叶边缘或心叶顶端开始向下扩展，或从叶片虫伤处向四周蔓延，最后导致整个菜头腐烂。腐烂的病叶，在晴暖干燥的环境下，失水变成薄纸状、透明状。

萝卜、芜菁受害初期，根冠污白色，呈水浸状，叶柄则如热水烫过般软化。发病严重时，萝卜髓部腐败软化、消失变空，并产生恶臭味，叶片也软化腐败。

二、病原

病原为胡萝卜欧文氏菌胡萝卜致病变种（*Erwinia carotovora* pv. *carotovora* Dye），薄壁菌门欧文氏菌属。菌体短杆状，周生鞭毛2~8根，大小为（0.5~10.0）μm×（2.2~3.0）μm，无荚膜，不产生芽孢，革兰氏染色反应阴性。培养基上菌落为灰色圆形或不定形，稍带荧光性，边缘清晰，埋在肉汁培养基中的菌落多为圆形或长圆形。有的菌株使糖发酵产气，有的不产气，但如延长人工培养时间，常会由产气变为不产气。病菌生长温度9~40℃，最适温度25~30℃；对氧气要求不严格，在缺氧情况下也能生长发育；在pH 5.3~9.3时都能生长，最适pH为7.2。病菌生长要求高湿度，不耐干旱和日晒，在室内干燥2min或在培养基上暴晒10min即会死亡，致死温度为50℃（10min）。在培养基上，其致病性不易丧失。在土壤中未腐烂寄主组织中可存活较长时间。但当寄主腐烂后，只能单独存活两个星期左右。病菌通过猪的消化道后能全部死亡。

三、病害循环

我国南方终年种植十字花科蔬菜的地区，不存在越冬问题。在北方，软腐病病菌主要在带病的采种株、病残体、土壤、未腐熟粪肥和害虫体内越冬。通过昆虫、施肥、雨水和灌溉水传播，从伤口（包括虫伤口、病痕和机械伤口）或自然裂口处侵入寄主。此外，土壤中残留的病菌还可从幼芽和整个生育期的根毛区侵入，通过维管束向地上部运转，或潜伏在维管束中，成为生长后期和贮藏期腐烂的主要菌源（图7-7）。由于病菌的寄主范围十分广泛，因此病菌可从春到秋在田间各种蔬菜上传播繁殖，不断造成危害，最后传到白菜、甘蓝、萝卜等秋菜上。病菌侵入寄主后，迅速繁殖并分泌果胶酶使寄主组织细胞中胶层分解，细胞分离，组织崩溃，病菌借高渗透压从这些分离的细胞中吸收养分，导致细胞死亡腐烂形成软腐症状。后期再次侵入的腐败细菌可分解蛋白胨产生吲哚类的物质，散发出腐败的臭味。

四、发病条件

（一）伤口

植株的生育后期常有自然裂口、虫伤、病伤和机械伤等。其中，最常引起软腐病的是叶柄上的自然裂口，其次为虫伤。自然裂口以纵裂为主，多发生在久旱降雨之后。病菌从裂口侵入后发展迅速，损失最大，但通常以虫伤侵入为主。

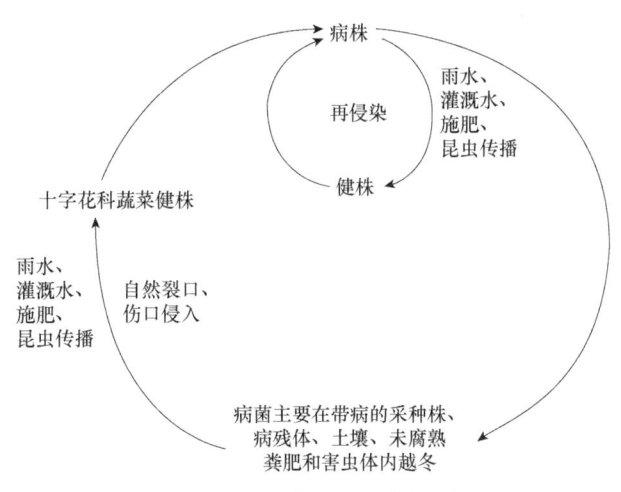

图 7-7 十字花科蔬菜软腐病病害循环图

(二) 愈伤能力

寄主愈伤能力强，速度快，发病轻，否则发病严重。软腐病多发生在白菜包心期以后，主要原因是白菜在不同生育期的愈伤能力不同，一般苗期较强，而莲座期愈伤能力减弱。大白菜苗期受伤后 3h 伤口即开始木栓化，24h 后木栓化即可达到病原细菌不易侵入的程度；而莲座期受伤后 12h 才开始木栓化，72h 后木栓化才能达到阻止细菌侵染的程度。此外，不同品种的愈伤能力也有差异，直立型、青帮型品种愈伤能力较强。

(三) 昆虫

昆虫与软腐病的发生关系密切。一方面昆虫取食造成伤口，有利于病菌的侵入；另一方面一些昆虫携带大量细菌，可直接起到传播作用。很多为害十字花科蔬菜的昆虫体内、外均可携带软腐病病菌，虫口密度高的田块发病重。黄条跳甲、蝇类、地下害虫等均与软腐病的发生密切相关，其中以麻蝇、花蝇传菌能力最强，并可远距离传播，危害性极大。

(四) 气候条件

气候条件中以雨水和温湿度影响最大。雨水和温湿度影响着病菌的传播和发育、媒介昆虫的繁殖和活动、寄主植物的愈伤速度等三方面。白菜包心后久旱遇雨往往发病重，因为多雨使叶片基部处于浸水和缺氧状态，伤口不易愈合，且利于病菌繁殖和传播蔓延。伤口木栓化需要两个条件：一是要有充足的氧气，二是伤口组织分泌愈伤激素。长期降雨或伤口浸渍于雨水中，缺少氧气，又冲洗掉了伤口上的愈伤激素，故发病重。温度对苗期的愈伤能力影响较小，但对成株期组织的愈伤能力影响较大，在 26~32℃时，伤口 6h 后开始木栓化，而 15~20℃时要 12h，7℃时则需 24~28h 才能达到同等程度。

(五) 栽培管理

高垄栽培土壤中氧气充足，不易积水，利于寄主愈伤组织的形成，可减少病菌侵染的机会，故发病轻；而平畦地面易积水，土壤缺乏氧气，不利于寄主根系或叶柄基部愈伤组织的形成，故发病重。白菜与大麦、小麦、豆类等轮作发病轻，与茄科和葫芦科蔬菜等轮作发病重。适当晚播可避开包心期传病昆虫的高峰期，减轻病害的危害。播种期早，生育期提前，包心早，感病期提早，会加重发病，尤其雨水多而早的年份影响更明显。氮肥施用过多可导致植株柔嫩多汁，发病重。大量施用未腐熟有机肥发病重。

（六）品种抗病性

白菜品种间抗病性差异明显。白菜圆球形品种叶片易积水，外叶张开，株间重叠，发病重。疏心直筒品种外叶直立，垄间不郁蔽，通风良好，故比外叶下垂贴地的球形、牛心形品种发病轻。青帮型品种抗病性优于白帮型品种。抗病毒病和抗霜霉病的品种也较抗软腐病。

五、病害控制

应采取以选用抗病品种、加强栽培管理、治虫防病为主，化学防治为辅的综合措施。

（一）选用抗病品种

选用抗病品种进行栽培，一般早熟白帮类型的品种容易感病，青帮类型的品种抗病性较强；直筒类型的品种比球形、平头类型的品种抗病性强。因此，各地可因地制宜选用。

（二）加强栽培管理

合理轮作，前茬选择麦类、豆类、韭菜或葱类作物可减轻危害；施足基肥，肥料应充分腐熟；适期播种；雨后及时排水，防止大水漫灌；清洁田园，发现病株立即拔出深埋处理，病穴应撒上石灰粉消毒；精细翻耕整地，促进病残体分解；采用高畦或半高畦栽培，减少病菌传播和侵入的机会。

（三）治虫防病

从幼苗期开始经常检查，发现有地下害虫、黄条跳甲、菜青虫、甘蓝蝇等害虫为害时，立即喷药防治，药剂有2.5%溴氰菊酯、21%增效氰马、40%乐果等。

（四）化学防治

发病初期及时喷药防治。常用药剂有3%中生菌素可湿性粉剂、14%络氨铜水剂、20%噻菌铜悬浮剂、30%琥胶肥酸铜可湿性粉剂、20%噻唑锌悬浮剂等。每隔5~7d用药1次，连续用药2~3次，还可兼治黑腐病。

第四节　十字花科蔬菜黑斑病

黑斑病是十字花科蔬菜常见的一种真菌病害，全国各地分布广泛。该病可侵染白菜、甘蓝、花椰菜、芜菁、芥菜、萝卜等十字花科蔬菜。以春秋两季发生普遍，流行年份可减产20%~50%。华北、东北地区受害逐年加重，该病不仅可造成减产，而且使茎叶味变苦，品质低劣。

一、症状

该病能为害十字花科蔬菜的叶片、叶柄、花梗及种荚等各个部位。不同种类的蔬菜病斑大小不同。叶片受害，多从外叶开始发病，病斑圆形，灰褐色、褐色或黑褐色，有或无明显的同心轮纹，病斑周围有时有黄色晕环，病斑上长有黑色霉状物。白菜上病斑较小，直径2～6mm；甘蓝、花椰菜上病斑稍大一些，直径5～30mm；萝卜上病斑较圆，呈黑褐色。后期病斑上产生黑色霉状物（分生孢子梗及分生孢子），在适宜发病的高温高湿条件下，病部穿孔。发病严重的，多个病斑可相互愈合成大的斑块，导致半叶或整个叶片枯死，全株叶片由外向内干枯。茎或叶柄上病斑长梭形，呈暗褐色条状凹陷。采种株的茎或花梗受害，病斑椭圆形，暗褐色。种荚上病斑近圆形，中心灰色，边缘褐色，略凹陷，湿度大时生暗褐色霉层，有别于霜霉病（图7-8）。

图7-8 白菜黑斑病症状

二、病原

病原为芸薹链格孢［*Alternaria brassicae*（Berk.）Sacc.］和芸薹生链格孢［*A. brassicola*（Schw.）Wiltshire（＝*A. oleracea* Milbr.）］，属无性真菌类链格孢属。两者分生孢子形态相似，倒棍棒状，有纵横分隔，分生孢子有3～10个横隔，1～25个纵隔，深褐色。两种病菌的主要区别：前者分生孢子梗单生或2～6根丛生，分生孢子多单生，较大，（42～138）μm×（11～28）μm，淡橄榄色，喙长，顶端近无色，具15个隔膜，主要为害白菜、油菜、芥菜等。后者分生孢子常串生，8～10个连成一串，较小，（50～75）μm×（11～17）μm，色较深，无喙或喙短，主要为害甘蓝和花椰菜（图7-9）。

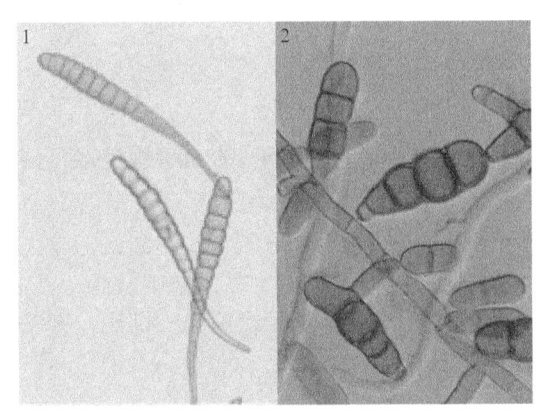

图7-9 十字花科蔬菜黑斑病病菌
（https://www.insectimages.org/browse/detail.cfm?imgnum=5505162）
1. 芸薹链格孢；2. 芸薹生链格孢

两种病菌都要求高湿度。在高湿条件下，黑斑病病菌产孢量大，分生孢子萌发要有水滴存在。芸薹链格孢在0～35℃的温度下均能生长发育，最适温度是17℃，孢子萌发的适温为17～22℃，菌丝和分生孢子在48℃下处理5min可被致死；芸薹生链格孢在10～35℃都能生长发育，菌丝生长适温为25～27℃，孢子萌发温度是1～40℃。

三、病害循环

病菌主要以菌丝体和分生孢子在田间病株、病残体种子或采种株上越冬。分生孢子在土壤中一般能存活3个月，但在水中只存活1个月，遗留在土表的孢子经1年后才死亡。翌年环境条件适宜时产生分生孢子，分生孢子从气孔或直接侵入，潜育期3～5d。在春夏季，该病菌可以连续侵染当地油菜、小白菜、甘蓝等十字花科蔬菜，并在病斑上产生分生孢子，分生孢子随气流、雨水传播，进行多次再侵染，使病害不断扩展蔓延，秋季传播到大白菜上造成危害（图7-10）。

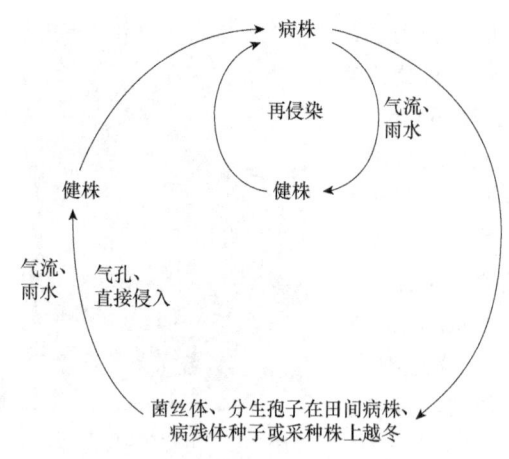

图 7-10 十字花科蔬菜黑斑病病害循环图

四、发病条件

黑斑病发生的轻重及早晚与阴雨天持续的时间长短有关，多雨高湿有利于黑斑病的发生。发病温度为 11～24℃，最适温度为 12～19℃。孢子萌发要有水滴存在，在昼夜温差大，湿度高时，病情发展迅速。雨水多、易结露的条件下，病害发生普遍，危害严重。病情的轻重和发生的早晚与降雨的迟早、雨量的多少呈正相关。此外，品种间抗病性有差异，但未见免疫品种。

五、病害控制

十字花科蔬菜黑斑病的控制以种子消毒、加强栽培管理及选用抗病品种为主，辅以化学防治。

（一）种子消毒

种子可用 50℃温水浸种 25min，冷却晾干后播种，或用种子重量 0.4%的 50%福美双可湿性粉剂拌种，或用种子重量 0.2%～0.3%的 50%异菌脲可湿性粉剂拌种。

（二）加强栽培管理

与非十字花科蔬菜轮作 2～3 年，深耕、清除病残体，合理施肥，增施磷、钾肥，有条件的地方可采用配方施肥，施用腐熟的有机肥，提高植株抗病性。

（三）选用抗病品种

尽可能选用适合当地的抗黑斑病品种，目前白菜抗黑斑病的品种有'中白 50''中白 76''新乡 903''京翠 55''琴萌 8 号''鲁白 15''青研 5 号''青研 8 号'等。

（四）化学防治

发现病株时及时喷洒 50%异菌脲可湿性粉剂、10%苯醚甲环唑水分散粒剂、50%腐霉利可湿性粉剂、25%溴菌腈可湿性粉剂等。每隔 7～10d 施药 1 次，连续防治 3～4 次即可。

第五节 十字花科蔬菜黑腐病

十字花科蔬菜黑腐病是一种细菌性病害，俗称半边瘫，是蔬菜生产中的重要病害之一。全国各地菜区均有发生，可为害白菜、绿菜花、甘蓝、花椰菜、萝卜、芥菜和芜菁等多种十字花科蔬菜，其中以甘蓝、萝卜和花椰菜受害普遍。该病在不同年份间的危害程度不同，重病年份或地区损失严重。除在生长期外，在贮藏期也可继续为害，加重损失。

一、症状

幼苗期和成株期均可发病，典型症状表现为可引起维管束坏死变黑，但不腐烂、不发臭。

幼苗出苗前发病则不能出土，幼苗出土后发病子叶呈水渍状，逐渐枯死或蔓延至真叶，使真叶的叶脉上出现小黑斑或细黑条。

成株发病多从叶缘和害虫为害的伤口处开始，出现"V"形的黄褐斑，病斑周围的叶组织呈淡黄色，与正常叶组织界限不明显，有时病菌可沿叶脉向里发展，形成网状黄脉。十字花科蔬菜叶帮染病，叶脉坏死变黑。病菌沿维管束向上扩展，呈淡褐色，造成部分菜帮干腐，使叶片歪向一边，有时产生离层而脱落。此病与软腐病并发时多加速病情的扩展，造成茎及茎基腐烂，严重者植株萎蔫、倒伏。采种株发病，仅表现为叶片脱落，花薹髓部变暗，最后枯死。根茎部被侵害时，外部症状常不明显，但切开后可见维管束环变黑，严重时内部组织干腐，根茎内生出空洞，变为空心。

二、病原

病原为野油菜黄单胞杆菌野油菜黑腐病致病变种［*Xanthomonas campestris* pv. *campestris*（Pammel）Dowson］，属薄壁菌门黄单胞菌属。菌体短杆状，极生单鞭毛，无芽孢，不产生荚膜，大小为（0.7~3.0）μm×（0.4~0.5）μm，菌体单生或链生，革兰氏染色反应阴性，好气性。在牛肉琼脂培养基上，菌落灰黄色，圆形或稍不规则形，表面湿润有光泽，但不黏滑。在马铃薯培养基上，菌落呈浓厚的黄色黏稠状。病菌生长温度5~39℃，适温为25~30℃，致死温度51℃。对酸碱度的适应范围为pH 6.1~6.8，对干燥抵抗力强。

三、病害循环

病菌随种子、病残体在土壤中、采种株上越冬。带菌种子是主要的侵染来源，播种后病菌从幼苗子叶叶缘的水孔和气孔侵入，引起发病。病菌在土壤中的病残体上可存活2~3年及以上，经雨水、灌溉水、农事操作及昆虫等传播蔓延。种子调运还会造成病害远距离传播。病菌先侵染少数薄壁细胞，然后进入维管束组织，由此上下扩展，造成系统性侵染。带病采种株栽植后，病菌可从果柄维管束进入种荚或种皮，使种子表面带菌，并可从种脐侵入使种皮带菌。病菌在种子上可存活28个月，是病害远距离传播的主要途径（图7-11）。

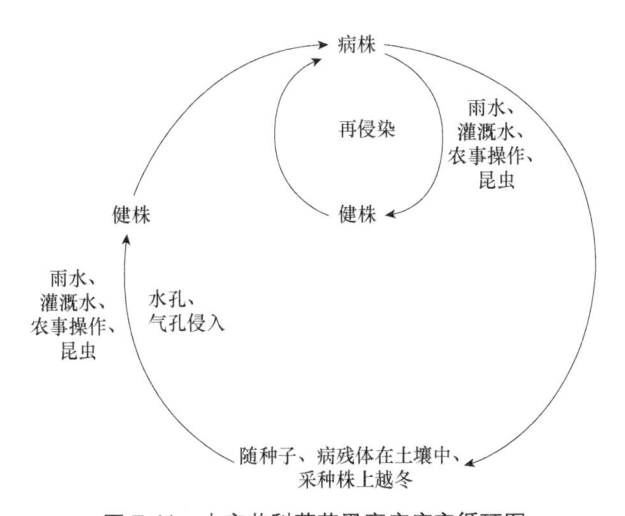

图7-11 十字花科蔬菜黑腐病病害循环图

四、发病条件

病菌喜高温、高湿，生长适温 25～30℃，耐干燥；高温多雨、叶面结露、大雾天气、叶缘吐水，均利于病菌侵入而发病。地势低洼、排水不良和浇水过多的田块发病重。播种过早、与十字花科蔬菜连作、种植过密、施用未腐熟的带菌粪肥、中耕伤根严重、害虫较多的地块均发病重。环境条件适宜时，病菌大量繁殖，侵染频繁，遇暴风雨后，病害极易流行。

五、病害控制

病害控制策略应采取以使用无病种子、加强栽培管理为主，辅以化学防治的综合措施。

（一）使用无病种子

从无病田和无病株上采种，必要时进行种子消毒。可温汤浸种，种子先用冷水预浸 10min，再用 50℃温水浸 30min；或用药剂消毒，以 30%琥胶肥酸铜可湿性粉剂、14%络氨铜水剂等药剂浸种。

（二）加强栽培管理

与非十字花科蔬菜进行 2～3 年轮作，以减少田间菌源。施用腐熟肥料，高畦栽培，适时播种，不宜过早，密度适宜，适期蹲苗，合理施肥，雨后及时开沟排水，防止田间积水。注意减少伤口，及时防虫，清洁田园，及时拔除病株、摘除病叶，减少田间病菌重复侵染的机会。收获后清洁田园，把病残体带至田外深埋或烧毁。深翻土壤，加速病残体的腐烂分解，减少再侵染菌源。

（三）化学防治

发病初期及时喷施 3%中生菌素可湿性粉剂、20%噻唑锌悬浮剂、20%噻菌铜悬浮剂、14%络氨铜水剂等。每隔 7～10d 喷一次，连喷 2～3 次，交替使用药剂。注意对铜制剂敏感的品种不可随意提高浓度，以防药害。

第六节 十字花科蔬菜白斑病

白斑病是十字花科蔬菜发生较普遍的一种病害，东北、华北、华东、华南和西南等区均有分布。此病除为害白菜外，还为害甘蓝、油菜、花椰菜、萝卜、芥菜、小青菜、乌塌菜等十字花科蔬菜，分布十分广泛。该病害主要为害寄主叶片，在叶上产生斑点，严重时叶片长满病斑，叶片逐渐枯黄脱落，对品质和产量影响很大，可减产 20%～30%。它常与霜霉病同时发生，引起叶片早期枯死，加重产量的损失。

一、症状

白斑病主要为害叶片。从植株基部的成熟叶片开始发病，逐渐向上部叶片发展。发病初期叶面上散生灰褐色微小的圆形斑点，后渐扩大，成为圆形、卵形病斑，直径 6～10mm。中央变成灰白色，有 1～2 圈不明显的轮纹，周缘有苍白色或淡黄绿色的晕圈，稍凹陷。叶背病斑与叶正面相同，但周缘微带浓绿色。多数病斑连片后即成不规则形，引起大片枯死。空气潮湿时，在病斑背面产生淡灰色的霉状物，即病菌的分生孢子和分生孢子梗。末期病斑呈白色，半透明，易破裂穿孔，似火烤状。

二、病原

该病由白斑小尾孢（*Cercosporella albo-maculans* Sacc.）侵染所致，该菌为无性真菌类小尾孢属真菌，菌丝体蔓延于寄主细胞间，无色，有隔。分生孢子梗数根至数十根成簇，从叶背气孔伸出，短小、正直或稍弯曲，顶端圆形，着生一个分生孢子；分生孢子无色，呈线形或鞭状，正直或稍弯曲，有3~4个横隔，大小为（40~65）μm×（2.0~2.5）μm（图7-12）。

三、病害循环

病菌以菌丝体，特别是分生孢子梗基部的菌丝块在病叶中越冬，或以分生孢子附着在种子上越冬。环境合适时，从这些病组织上产生分生孢子，随风雨传播。落在寄主叶面上的分生孢子发芽后自气孔侵入，引起初次侵染。发病以后，病斑上继续产生分生孢子进行重复侵染。

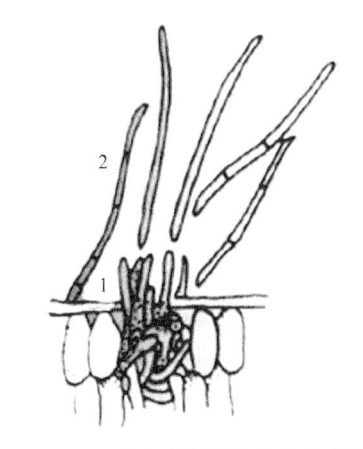

图7-12 十字花科蔬菜白斑病病菌
1. 分生孢子梗；2. 分生孢子

四、发病条件

5~28℃均可发病，最适温度为11~23℃。该病在北方多从8月中下旬开始，9月为发病盛期，长江两岸，春秋两季均有发生，但以秋季发病较重。秋季多雨潮湿，植株生长衰弱，容易发病。播种早，连作年限长，地势低洼，基肥不足或生长期缺肥，植株长势弱，生育中后期遇连续阴雨，发病重。

五、病害控制

白斑病的控制应采取在种子消毒、利用抗病品种及加强栽培管理的基础上，辅以化学防治的综合防治措施。

（一）种子消毒

50℃温水浸种20min后，立即移入冷水中冷却，晾干后播种。

（二）利用抗病品种

品种间抗病性差异显著，各地可采用适于当地的抗病品种。

（三）加强栽培管理

选择地势较高、排水良好的地块种植。及时清除病叶，收获后进行深耕，促进病残体腐解，减少菌源。与非十字花科蔬菜实行隔年轮作。增施腐熟有机肥和磷、钾肥，以提高十字花科蔬菜的抗病性。

（四）化学防治

发现病株时及时防治。可选用50%异菌脲可湿性粉剂、25%嘧菌酯悬浮剂、75%百菌清可湿性粉剂、25%溴菌腈可湿性粉剂等药剂。

第七节　十字花科蔬菜根肿病

十字花科蔬菜根肿病又称大根病，是一种世界性的重要病害。该病早于13世纪在欧洲发现，1874年俄国的沃罗宁（Woronin）首先对该病进行描述。1936年，我国台湾报道在大白菜上发生根肿病，目前在全国均有分布。

一、症状

主要为害根部，发病初期地上部植株生长发育迟慢，植株矮小。基部叶片常在中午萎蔫，早晚恢复。后期叶色逐渐变黄、枯萎。轻病株地上部症状不明显，重病株可致死亡。该病的典型症状是在根部形成肿瘤。病根受病菌刺激，薄壁细胞大量分裂，体积增大，形成肿瘤，白菜、甘蓝等叶菜类多发生在主根或侧根上，肿瘤呈纺锤形或不规则形，大的如鸡蛋大小，小的似小米粒。萝卜、芜菁等根菜类，肿瘤多发生在侧根上，主根不变形或根顶端生肿瘤。受侵染的根，初期表面光滑，后期表面粗糙、龟裂。发病后期病部易被软腐细菌等侵染而腐烂，散发臭气。

二、病原

病原为芸薹根肿菌（*Plasmodiophora brassicae* Woronin），原生动物界根肿菌门根肿菌属。病菌的营养体是没有细胞壁的原生质团，在寄主根细胞内形成休眠孢子囊（图7-13），散生，密集成卵块状，单个休眠孢子囊单细胞，球形、卵圆形或椭圆形，壁薄，表面较光滑，无色或浅灰色，（4.6~6.0）μm×（1.6~4.6）μm，胞壁含有几丁质，抗逆性强，能在土中休眠存活多年。休眠孢子囊密生于寄主细胞内，呈鱼籽状排列。休眠孢子囊萌发产生游动孢子，梨形或球形，直径2.5~3.5μm，在水中能游动片刻。环境潮湿有利于休眠孢子囊的萌发及游动孢子的侵入，休眠孢子囊的萌发温度为6~30℃，适宜温度为18~25℃，pH为5.4~6.5。

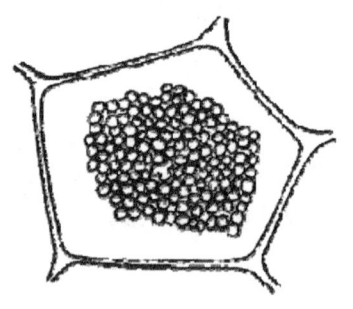

图7-13　十字花科蔬菜根肿病病菌休眠孢子囊

三、病害循环

病菌以休眠孢子囊随病残体在土壤中或黏附在种子上越冬或越夏。病根肿大的细胞内含有大量的休眠孢子囊，后期病组织龟裂或腐解后即散落到土壤中，病菌可在土壤中存活6~7年，土壤、病残体和未腐熟的肥料等都能带菌，成为田间发病的初侵染来源。病菌靠流水和土壤中的线虫、昆虫的活动及农事操作等传播，还可随带病根的菜苗、菜株的调运或带菌泥土的转移传播。休眠孢子囊形成后若遇适宜的环境条件，不需经过休眠也能萌发，但仍以休眠后萌发侵染的为多。休眠孢子囊萌发后，产生游动孢子，从寄主的根毛或侧根的伤口侵入寄主，刺激寄主细胞分裂，体积增大，根部出现肿瘤。地上部生长迟缓、萎蔫。一般病菌侵染后9~10d根部长出肿瘤。植株受侵染越晚，受害越轻。

四、发病条件

该病的发生与土壤酸碱度密切相关。酸性土壤适于病菌侵入、发育，土壤pH为5.4~6.5

时发病重，最适 pH 为 6.2，pH 7.2 以上发病轻。酸性土壤适于根肿病病菌的侵入和发育。土壤温湿度，特别是湿度对该病影响很大，土壤含水量为 50%~98% 都能发病，以 70%~90% 最为适宜。土壤含水量低于 45%，病菌容易死亡，高于 98% 也会影响病菌的发育。根肿病的发生要求温度为 9~30℃，适宜范围为 19~25℃。在适宜条件下，病菌经 18h 即可侵入。雨水多或雨天移植，有利于病害的发生。地势低洼或水改旱的菜地发病较重。大白菜在苗期易感病；植株染病早受害重；菜株包心后染病，对产量影响不大。土壤休眠孢子的含量也与发病有关。

五、病害控制

十字花科蔬菜根肿病的控制应采取以实行检疫及封锁发病区、土壤处理和加强栽培管理为主，并辅以化学防治的综合防治措施。

（一）实行检疫及封锁发病区

虽然根肿病已在世界许多地区发现，但就我国而言，主要在南方发生，在北方有些地区只在局部小范围发生。因此要加强检疫，封锁病区，严禁从病区调运蔬菜和种苗到无病地区。

（二）土壤处理

育苗移栽时，要用无病土育苗或进行苗床土壤消毒。可采用福尔马林等进行床土消毒。适当增施石灰，调整土壤酸度，使其变成为弱碱性，这样可以减轻发病，具体使用量应依土壤的酸碱度而定。一般每亩施用 75~100kg。在定植前 7~10d 均匀撒施土表，然后整地种植，也可以在定植时再施。

（三）加强栽培管理

病田实行水旱轮作或与非十字花科蔬菜轮作 4~5 年，并结合深耕，可有效地减轻病害。合理施肥，增施有机肥，施用充分腐熟的堆肥。定植菜苗要选择晴天，最好定植后 1~2 周内天气晴朗。发现病株及时拔除并妥善处理，在病穴周围撒消石灰，以防病菌蔓延。此外，低洼地要注意排水。

（四）化学防治

用 75% 五氯硝基苯可湿性粉剂 500~800 倍液灌根，每株 250~500mL 或用 40% 五氯硝基苯 2~3kg 拌 40~50kg 细土，开沟施于穴中再定植。

第八章
茄科蔬菜病害

茄科蔬菜种类很多，主要有番茄、辣椒和茄子等，国内已发现的茄科蔬菜病害有 80 余种。有些病害在茄科蔬菜上普遍发生，如苗期猝倒病、立枯病、青枯病等；有些病害在生产上危害严重，如病毒病、茄子黄萎病、辣椒疫病和根腐病等，目前这些已成为茄科蔬菜生产上的严重问题。近年来，随着保护地蔬菜栽培面积不断扩大，番茄的灰霉病、晚疫病、叶霉病和早疫病等危害逐年加重；枯萎病在局部地区有时严重发生；溃疡病是我国检疫性病害；茄子褐纹病和绵疫病等近年也呈上升趋势；辣椒病毒病、炭疽病的发生也很普遍。此外，茄科蔬菜根结线虫病近年来发生严重，局部地区已造成较大损失。

第一节 茄科蔬菜苗期病害

猝倒病、立枯病和根腐病等是茄科蔬菜苗期的主要病害，在全国各地均有不同程度的发生，其中，茄科和葫芦科蔬菜幼苗受害较为严重。在冬春季苗床上发生较为普遍，轻者引起少量死苗、缺株，严重时可引起大量死苗。

一、症状

（一）猝倒病

幼苗出土前后均可受害。幼苗发病，茎基部初呈水渍状，后病部变黄褐色，纵向缢缩成线状。此病病情发展迅速，常在子叶尚未凋萎枯黄仍呈青绿色时幼苗即倒伏于地面，故称其为猝倒。在苗床上，开始时单株幼苗发病，几天后即引起成片幼苗猝倒，病苗及其附近的土壤上长出一层白色棉絮状丝状物。

（二）立枯病

刚出土幼苗和大苗均可受害，多发生在育苗中后期。患病幼苗茎基部产生暗褐色病斑，早期病苗中午萎蔫，傍晚恢复。病部横向绕茎一周，最后病部缢缩，植株枯死。因病苗大多直立而枯死，故称其为立枯。后期病部产生淡褐色、稀疏的蛛网状菌丝。

（三）根腐病

幼苗期或移栽后幼苗，根部和根茎部病斑初呈水渍状、锈褐色，不缢缩，后逐渐变褐色腐烂，地上部叶片变黄，萎蔫，生长停滞，幼苗极易拔起。

二、病原

（一）猝倒病

由多种腐霉菌引起。以瓜果腐霉［*Pythium aphanidermatum*（Eds.）Fitzp.］为主（图8-1），属藻物界卵菌门腐霉属。

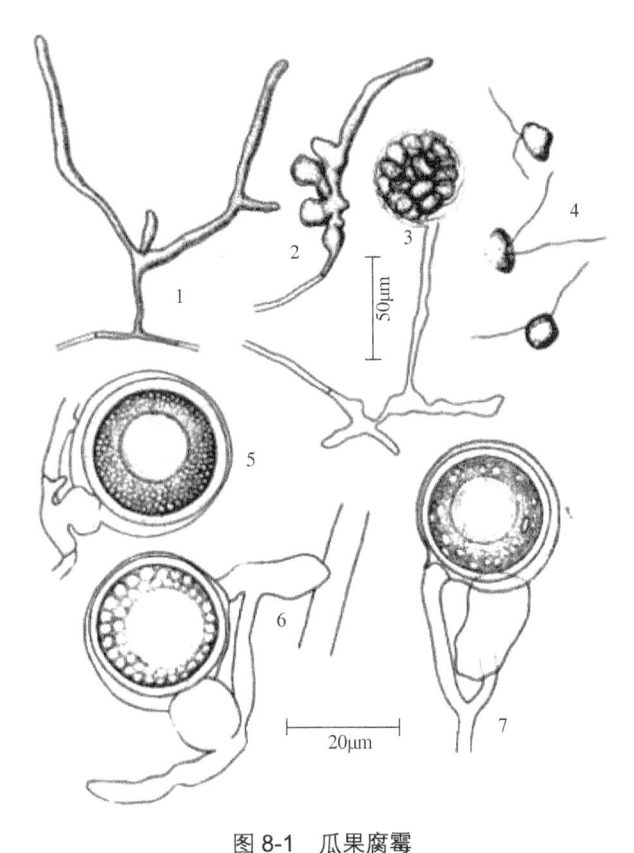

图 8-1　瓜果腐霉
1、2. 孢子囊；3. 泡囊；4. 游动孢子；5～7. 藏卵器、雄器和卵孢子

菌丝体发达，多分枝，无色，无隔膜，孢囊梗分化不明显。孢子囊着生于菌丝顶端或中间，与菌丝间有隔膜，有的为膨大的管状，有的具裂瓣状的分枝，大小为（24～624）μm×（4.9～14.9）μm。孢子囊成熟后产生一排孢管，逐渐伸长，顶端膨大成球形的泡囊。孢子囊中的原生质通过排孢管进入泡囊内，在其中分化形成6～50个游动孢子。游动孢子双鞭毛，肾形，在水中短时游动后，鞭毛消失，变成圆形的休眠孢子，萌发产生芽管侵入寄主。有性阶段，每个藏卵器内形成一个卵孢子，卵孢子球形，光滑，生于藏卵器内，直径13.2～25.1μm。

此菌喜低温，10℃左右可以活动，15～16℃下繁殖较快，30℃以上生长受到抑制。瓜果腐霉寄主范围广。茄子、番茄、辣椒、黄瓜、莴苣、芹菜、洋葱、甘蓝等蔬菜的幼苗都能受害。此外，还能引起茄子、番茄、辣椒、黄瓜等果实腐烂。

（二）立枯病

立枯病由茄丝核菌（*Rhizoctonia solani* Kühn）侵染引起，属无性真菌类丝核菌属。

菌丝体初期无色，后期逐渐变淡褐色，分枝处呈直角，分枝基部微缢缩，近分枝处有一隔膜。菌丝交错纠结形成菌核，菌核大小不等，淡褐色至黑褐色，质地疏松，表面粗糙。病菌不产生无性孢子。

病菌对温度要求不严格，一般在10℃下即可生长，最高为40～42℃，最适温度为20～30℃。

茄丝核菌可寄生160多种植物，主要的寄主为茄子、番茄、辣椒、马铃薯、黄瓜、菜豆、甘蓝、白菜及棉花等。

（三）根腐病

病菌为几种镰孢菌（*Fusarium* spp.），其中以茄腐镰孢（*F. solani*）为多，属无性真菌类。菌丝无色，较细，有隔膜，可产生大、小两型分生孢子。大型分生孢子无色，镰刀形，稍弯曲，具3～5个分隔；小型分生孢子无色，单胞，椭圆形至卵圆形。病菌的菌丝和大型孢子可产生圆形、厚壁的厚垣孢子。

三、病害循环

腐霉菌以菌丝体和卵孢子、丝核菌以菌丝体及菌核、镰孢菌以菌丝体和厚垣孢子越冬。3种病菌的腐生性均很强，一般可在土壤中存活2～3年及以上，并均可通过雨水、流水、农事操作及使用带菌粪肥传播蔓延。腐霉菌的卵孢子可萌发产生游动孢子或直接生出芽管侵染寄主；镰孢菌可由伤口侵入；立枯病病菌则可直接侵入。侵入后，病菌又可产生新的子实体，进行再侵染，因此田间以中心病株为基点，向四周蔓延辐射，形成斑块状发病区。

四、发病条件

3种病害的发生均与苗床管理、气候条件有直接关系。此外，还受寄主的生育期等因素的影响。

（一）苗床管理

苗床管理不当如播种过密、间苗不及时、浇水过量而导致苗床湿度大、加温不匀等，使床温忽高忽低，均不利于菜苗的生长，易诱使病害发生。苗床保温不良、土壤黏重、地下水位高，易引起病害发生。

（二）气候条件

影响蔬菜苗病害发生的主要因素是苗床土壤的低温、高湿条件，另外，与外界的气候条件也有关系。

适于大多数蔬菜幼苗生长的气温为20～25℃，土温为15～20℃。此时，幼苗生长良好，抗病力强；反之，温度不适则易诱发病害。如若阴雨或雪天，影响苗床光照，床温过低，长期处于15℃以下，不利于幼苗生长，则猝倒病容易发生。另外，床温较高，幼苗徒长柔弱时，则易发生立枯病和根腐病。

空气及床土的湿度大则病害重，尤其是猝倒病和根腐病。腐霉菌生长、孢子萌发及侵入均需水分，床土湿度大，又妨碍根系的生长和发育，降低抵抗力，故有利于病害的发生和蔓延。苗床浇水过大，种植过密，通风不良等，病害极易发生。

光照充足，幼苗光合作用旺盛，则生长健壮，抗病力强；反之，幼苗生长衰弱，叶色淡绿，抗病力差，则易发病。

（三）寄主的生育期

幼苗子叶中养分耗尽而新根尚未扎实及幼茎尚未木栓化期间是感病的危险期，抗病力最弱，尤其对猝倒病最敏感。这个时期若天气低温、阴雨，根系生长不良，幼苗生长缓慢，感病期延长，有利于病菌侵入，造成病害严重发生。

五、病害控制

应采取以加强苗床管理为主，床土消毒、种子处理、化学防治为辅的综合防治措施。

（一）加强苗床管理

苗床应设在地势较高、排水良好的向阳处，要选用无病新土作床土。如使用旧床，床土应进行消毒处理。播种不宜过密，播种后盖土不要过厚，以利出苗。苗床要做好保温、通风换气和透光工作，防止低温或冷风侵袭，以促进幼苗健壮生长，提高抗病力。避免低温、高湿条件出现，苗床浇水应视土壤湿度和天气情况，阴雨天不要浇水，以晴天上午浇水为宜，每次水量不宜过多。

（二）床土消毒

1）甲霜灵 $1g/m^2$，加细土拌匀成药土。播种前 1 次浇透底水，待水渗下后，取 1/3 药土撒床面上作为垫土，另外 2/3 药土均匀撒在种子上作覆土，下垫上覆，使种子夹在中间，预防病害发生。

2）甲霜灵与 50%多菌灵或 50%福美双等量混匀，按 $8\sim10g/m^2$，加细潮土 15kg 拌匀，播种时按 1/3 用量垫床，2/3 用量覆种。处理后，要保持苗床土表湿润，以防发生药害。

（三）种子处理

可用 2.5%咯菌腈悬浮种衣剂进行包衣，或用 25%甲霜灵与 70%代森锰锌以 9∶1 混剂拌种，或加水 1500 倍液浸种，待风干后播种。

（四）化学防治

如苗床已经发现少数病苗，应及时拔除，并喷药保护，防止病害蔓延。常用药剂有 72%霜脲·锰锌可湿性粉剂、70%噁霉灵水剂、50%烯酰吗啉可湿性粉剂、70%代森锰锌可湿性粉剂、70%甲基硫菌灵可湿性粉剂、20%氟酰胺可湿性粉剂等。苗期病害若以猝倒病为主，可用噁霜灵·锰锌或甲霜灵喷雾。苗床喷药后，往往造成湿度过大，可撒草木灰或细干土以降低湿度。

第二节　番茄病毒病

番茄病毒病是番茄生产上的重要病害之一，在我国分布十分广泛，几乎遍布所有番茄产区。春番茄每年因此病减产 30%左右，夏、秋番茄损失更为严重，有的年份或有的地块几乎绝收，严重影响番茄生产。

一、症状

番茄病毒病田间症状多种多样。在同一植株上有时会同时出现两种或两种以上不同的症状类型。常见的症状类型有花叶型、条斑型和蕨叶型 3 种，其中以条斑型对产量影响最大，其次为蕨叶型。另外，两种或两种以上不同病毒的复合侵染也相当普遍。

（一）花叶型

花叶型是最常见的症状类型，苗期和成株期均可出现。田间常见的花叶型有两种类型：一种是轻型花叶，叶片平展、大小正常，植株不矮化，多在新生叶片上出现深绿与浅绿相间的斑驳，呈花叶状，对产量影响不大；另一种是重型花叶，叶片凹凸不平，扭曲畸形，叶片变小，嫩叶上花叶症状明显，植株矮化，果小、质劣，多呈花脸状，对产量影响较大。

（二）条斑型

可侵染茎、叶和果实。叶片发病，上部叶片呈现或不呈现花叶症状。茎部发病，茎秆上、中部初生暗绿色下陷的短条纹，后变为深褐色下陷的油渍状坏死斑，逐渐蔓延扩大。植株主茎上的黑色枯斑由上向下蔓延至 20~30cm 时，病株即可整株枯萎死亡。果实发病，果面散布不规则形褐色下陷的油渍状坏死斑，病果畸形。

（三）蕨叶型

症状多发生在植株上部。上部新叶细长呈线状，生长缓慢，叶肉组织严重退化，甚至完全退化，仅剩下主脉。病株一般明显矮化，中下部叶片向上卷起。发病早时，植株不能正常结果。

二、病原

此病由多种病毒引起，主要为番茄花叶病毒（tomato mosaic virus，ToMV）、烟草花叶病毒（tobacco mosaic virus，TMV）、黄瓜花叶病毒（cucumber mosaic virus，CMV）、马铃薯 X 病毒（potato virus X，PVX）、马铃薯 Y 病毒（potato virus Y，PVY）、烟草蚀纹病毒（tobacco etch virus，TEV）和苜蓿花叶病毒（alfalfa mosaic virus，AMV），也可由多种病毒引起复合侵染。

（一）花叶型

主要由烟草花叶病毒（TMV）侵染引起，这种病毒的寄主范围很广，有 36 科 200 多种植物，并且是抗性最强的植物病毒。TMV 的钝化温度为 92~96℃，稀释限点为 10^{-7}~10^{-6}，体外保毒期 60d 左右，在干燥病组织上可存活 30 年以上。在指示植物上的反应，普通烟表现系统花叶，心叶烟、曼陀罗为局部枯斑，不为害黄瓜。病毒粒体杆状，大小为 280nm×15nm。在寄主细胞内能形成不定型的内含体。

（二）条斑型

主要由番茄花叶病毒（ToMV）侵染所致。该病毒属于烟草花叶病毒属（*Tobamovirus*），病毒粒体短杆状，其物理性状与烟草花叶病毒相似，主要特点为在番茄、辣椒上表现系统条纹症状。

(三) 蕨叶型

该病主要由黄瓜花叶病毒（CMV）侵染引起。CMV 粒体球状，大小 28~30nm。CMV 的钝化温度为 50~60℃，稀释限点为 $10^{-4} \sim 10^{-2}$，体外保毒期为 2~8d。这种病毒的寄主范围也很广，除番茄外，辣椒、黄瓜、甜瓜、南瓜、莴苣、萝卜、白菜、胡萝卜、芹菜等蔬菜都可侵染，还能为害多种花卉、杂草及一些树木。在指示植物普通烟、心叶烟、曼陀罗等上均表现系统花叶；黄瓜呈现花叶；苋色藜、豇豆（黑籽品种）、蚕豆呈现局部枯斑。CMV 有明显的株系分化现象，但尚无统一的株系鉴定方法。

三、病害循环

烟草花叶病毒具有高度的传染性，极易通过接触传染，但蚜虫不传毒。番茄花叶病和条纹病主要通过田间各项农事操作（如分苗、定植、绑蔓、整枝、打杈、2,4-D 蘸花等）传播，番茄种子附着的果肉残屑也带毒。种子催芽时胚根伸长接触种皮，可能是病毒侵染幼苗的一种途径。由于这种病毒的寄主范围很广，因此可以在许多多年生野生寄主和一些栽培作物内过冬。此外，烟草花叶病毒还可在干燥的烟叶和卷烟及寄主的病残体中存活相当长的时间。所以，带毒的卷烟和寄主的病残体也可成为病害的初侵染源。烟草花叶病毒的土壤传播是以土中残存的病毒通过植物、茎、叶的伤口直接侵入的接触传播。

黄瓜花叶病毒由蚜虫和汁液接触传播，如桃蚜、棉蚜等多种蚜虫都可传染，但以桃蚜为主，种子和土壤都未发现有传病的现象。黄瓜花叶病毒主要在多年生宿根植物或杂草上越冬，如鸭跖草、紫罗兰、马利筋、反枝苋、刺儿菜、苣荬菜、酸浆等。这些植物在春季发芽后蚜虫也随之发生，通过蚜虫吸毒与迁移，将病毒传带到附近的番茄地里，引起番茄发病。

四、发病条件

(一) 气象因素

病害的发生、发展与气温关系密切。一般气温达到 20℃时，病害开始发生，25℃时，病害进入盛发期。

番茄条斑病与降水量有关，番茄定植后若遇连续阴雨直至 5 月初，期间的降水量只要达到 50mm，这一年就有可能是重病年。如果 5~6 月再有较大的降水量，并且雨后连续晴天，则会促进病害的流行。这是因为阴雨造成了土壤湿度大，地面板结，土温降低，影响了番茄根系的生长发育。在发根不好、长势弱的条件下，遇到雨后高温，番茄植株生理机能失调，抗病力降低，就会导致病害的流行。

高温干旱的气候条件有利于蚜虫的大量繁殖和有翅蚜的迁飞传毒，蕨叶病发生严重。

(二) 栽培管理

番茄花叶病和条纹病主要是由汁液传染，能导致病健株相互摩擦的栽培措施可增加病株汁液的传染机会。蕨叶病由蚜虫传播，尤其是桃蚜。番茄与黄瓜地邻近时，蕨叶病的发生常较重。

番茄定植期的迟早与发病也有关系。春番茄定植早的发病轻，定植晚的发病重。番茄定植时苗龄过小，幼苗徒长，或栽后接连灌水，或果实膨大期缺水受旱，发病也较严重。

（三）土壤

土壤中缺少钙、钾等元素，有利于花叶病的发生。土壤排水不良、土层瘠薄、追肥不及时，番茄花叶病的发生常较重；反之，发病就轻。用硝酸钾作根外追肥，可减轻花叶病的发生。

五、病害控制

采用以农业防治为主的综合防治策略。

（一）选用抗（耐）病品种

选用抗（耐）病品种是防治番茄病毒病的根本措施。目前国内先后培育出了许多抗（耐）TMV 和 CMV 的品种，如'强丰''丽春''中蔬 4 号''中蔬 5 号''佳红''早丰''佳粉 10 号''毛粉 802'等，各地可因地制宜选用。

（二）种子处理

种子在播种前先用清水浸泡 3～4h，再放在 10%磷酸三钠溶液中浸种 20～30min，捞出后用清水冲洗干净，催芽播种。这样可以去除黏附在种子表面的病毒。

（三）加强栽培管理

适时播种，培育壮苗。育苗定植前 7～10d 可用矮壮素灌根。定植后适当蹲苗，促进根系发育。施足底肥，增施磷、钾肥，实施根外追肥，提高植株抗病性。在发病初期用 1%过磷酸钙或 1%硝酸钾作根外追肥，可减轻花叶病发病。坐果期避免缺水、缺肥。避免人为传播，农事操作时，剔除病苗，及时用肥皂水或 10%磷酸三钠溶液消毒，以免在分苗定植、整枝打杈时传播病毒。秋冬深翻，避免与茄科蔬菜连作。苗期、缓苗后和坐果初期，喷增产灵，促使植株健壮生长，提高抗病力。

（四）避蚜治蚜

高温、干旱年份注意早期防蚜避蚜。利用黄板诱杀蚜虫或利用银灰膜反光驱避蚜虫。银灰膜全畦或畦梗覆盖，或将 8～10m 的银灰膜条拉在棚架上，以减少蚜传 CMV。从苗床期开始，尤其是在蚜虫迁飞盛期，及时喷药治蚜，以减少 CMV 的初侵染和再侵染。防治蕨叶病应抓好苗期灭蚜和避蚜工作。同时，要及时清除田边杂草，邻作蔬菜也要及时喷药灭蚜。

（五）弱病毒的利用

近年来，国内外在番茄病毒病的生物防治方面有了新的进展，如 TMV 弱毒株系 N14 和 CMV 的卫星 RNA S51、S52、S514 等，在苗期用高压喷枪接种喷雾，或移栽期蘸根接种，可预防病毒病发生。

（六）化学防治

发病初期喷施植病灵、病毒 A、抗毒剂 1 号等。

第三节　番茄叶霉病

番茄叶霉病俗称黑毛，是保护地番茄上的重要叶部病害，在我国大部分番茄种植区均有发生。番茄发病后叶片变黄枯萎，严重影响光合作用和营养合成，可降低番茄产量和品质。

一、症状

主要为害叶片，严重时也可为害茎、花和果实。叶片发病，初期叶片正面出现不规则形或椭圆形、淡黄色、边缘不明显的褪绿斑，叶背面出现灰白色霉层，后变淡褐色至深褐色。湿度大时，叶片表面病斑也可长出霉层。植株发病，叶片自下而上，逐渐蔓延，使整株叶片呈黄褐色干枯，发病严重时可引起全株叶片卷曲。嫩茎和果柄上也可产生相似的病斑，并可延及花部，引起花器发病。果实发病，果蒂附近或果面形成黑色圆形或不规则形斑块，硬化凹陷，不能食用。

二、病原

病菌为黄褐孢霉 [*Fulvia fulva* (Cooke) Cif]，属无性真菌类褐孢霉属，异名为黄枝孢菌 (*Cladosporium fulvum* Cooke)。分生孢子梗成束从气孔伸出，稍有分枝，初无色，后呈褐色，有 1~10 个隔膜，大部分细胞上部偏向一侧膨大。其上产生分生孢子，产孢细胞单芽生或多芽生，合轴式延伸。分生孢子串生，孢子链通常分枝。分生孢子圆柱形或椭圆形，初无色，单胞，后变为褐色，中间长出一个隔膜，形成 2 个细胞，分生孢子大小为（14~38）μm×（5~9）μm（图 8-2）。

病菌发育温度为 9~34℃，最适温度 20~25℃。在适宜的温度下，分生孢子在 5~30℃均能萌发产生芽管，其中以 20~25℃最适宜。在一定温度下，空气相对湿度在 85%以上时分生孢子能够萌发，随着湿度增大，萌发率提高，且在水中萌发率最高。番茄叶霉病病菌具有生理小种分化现象。

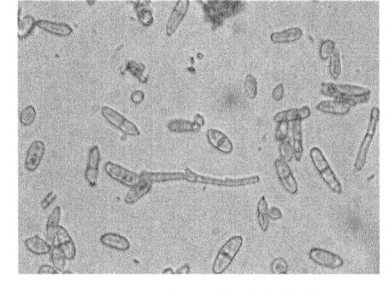

图 8-2　番茄叶霉病病菌
（https://www.forestryimages.org/browse/detail.cfm?imgnum=5430061）

彩图

三、病害循环

病菌以菌丝体或菌丝块在病残体内越冬，也可以分生孢子附着在种子表面或菌丝潜伏于种皮内越冬。翌年条件适宜时，病残体上越冬的菌丝体产生分生孢子，通过气流或雨水传播，引起初侵染。此外，播种带菌的种子也可引起初侵染。病菌萌发后，从寄主叶片背面的气孔侵入，形成病斑。环境条件适宜时，病斑上又产生大量分生孢子，不断进行再侵染（图 8-3）。

图 8-3　番茄叶霉病病害循环图

四、发病条件

温湿度是病害发生的主要因素。相对湿度高于90%，有利于病菌繁殖，发病重；相对湿度在80%以下，影响孢子的形成和萌发，也不利于侵染及病斑的扩展。气温低于10℃或高于30℃，病情发展可受到抑制。

保护地过于密植，整枝搭架不及时，浇水过多，通风不良，郁闭、高湿，发病严重。阴雨天气或光照弱有利于病菌孢子的萌发和侵染，易诱发病害发生。

五、病害控制

叶霉病流行性强，一旦发生，扩展迅速，病害防治应在加强栽培管理的基础上，选用抗病品种，选用无病种子及进行种子处理，加强栽培管理，及时进行化学防治，以控制病害的发生。

（一）选用抗病品种

番茄品种间对叶霉病的抗性有明显差异。例如，'沈粉3号''佳红'等抗病性较强；'双抗2号''佳粉3号'对叶霉病病菌的1、2号生理小种具有抗性。因此，选择抗叶霉病的番茄品种时，应注意生理小种的消长，并及时更换品种。

（二）选用无病种子及进行种子处理

从无病株上采种；进行种子处理，52℃浸种15min，晾干播种；用2%武夷霉素浸种，或用2.5%咯菌腈悬浮种衣剂拌种。

（三）加强栽培管理

对棚室番茄采用生态防治法。控制棚内温湿度，适时通风，适当控制浇水，及时排湿，降低温湿度。摘除下部老叶、病叶，以利通风透光，增加光照，温度控制在28℃以下，相对湿度控制在75%以下，是防治此病的关键措施。露地番茄要注意田间的通风透光，不宜种植过密，增施充分腐熟的有机肥，并适当增施磷、钾肥，提高植株的抗病能力。雨季及时排水，降低田间湿度；滴灌可降低棚室的相对湿度，并且不能大水漫灌。连作发病重的地区，应与其他作物实行3年以上轮作。

（四）化学防治

病害始发期，保护地番茄可用45%百菌清烟雾剂熏蒸，间隔8～10d喷1次。发病初期，摘除下部病叶后及时喷药。可选用50%异菌脲悬浮剂、25%嘧菌酯悬浮剂、40%氟硅唑乳油、70%代森锰锌可湿性粉剂、75%百菌清可湿性粉剂、30%醚菌酯悬浮剂等药剂。

第四节 番茄灰霉病

番茄灰霉病是20世纪80年代初期在北方保护地蔬菜生产中发展起来的最重要的病害，茄科蔬菜以番茄、辣椒和茄子受害最重。保护地的条件非常适宜病害的发生流行，因此造成大量的烂果，尤其是早春第一穗果受害重，一般损失20%～30%，流行时损失更重，重病棚室损失可达 80% 以上。此病不仅在植株生长期严重发生，而且在采后的储藏、运输过程中还可继续造成严重危害。

一、症状

病害主要发生在成株期，主要为害花、果实、叶片及茎。病菌多数先侵害青果上残留的花瓣、花托和残存的柱头，进而向果实和果柄上蔓延。果实受害，果面呈灰白色、水渍状软腐，后期表面密生灰色霉层。病果一般不脱落，发病后相互接触感染，扩大蔓延，严重时，导致整个果实全部腐烂。叶片受害病斑大小不一，多数为大型的枯斑。病斑多从叶尖端开始出现淡黄褐色病斑，逐渐向上成"V"形扩展，有隐约可见的轮纹，湿度大时，病部产生灰色霉层，致叶片枯死。茎部发病，开始为水渍状小斑，后发展为长椭圆形或长条形斑，湿度大时，病斑上长出灰褐色霉层，严重时引起病部以上枯死。

二、病原

病菌为灰葡萄孢（*Botrytis cinerea* Pers.），属无性真菌类葡萄孢属。孢子梗数根丛生，有隔，褐色，顶端呈 1~2 次分枝。分枝顶端稍膨大，呈棒头状，其上密生小柄，并着生大量分生孢子（图 8-4）。分生孢子梗的长短与着生部位有关。分生孢子圆形至椭圆形，单胞，近无色，大小为 (6.25~13.75) μm×(6.25~10.00) μm。寄主上通常少见菌核，但当田间条件恶化后，则可产生黑色片状菌核。

除茄科蔬菜外，灰霉病病菌还可侵染黄瓜、菜豆、莴笋、生菜、芹菜、韭菜、大蒜、草莓等多种蔬菜作物。

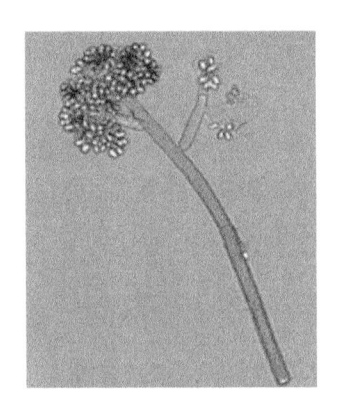

图 8-4　番茄灰霉病病菌
（https://www.ipmimages.org/browse/detail.cfm?imgnum=5405264）

三、病害循环

病菌主要以分生孢子、菌丝体或菌核在病残体和土壤中越冬。分生孢子存活期较短，仅 4~5 个月。第 2 年早春条件适宜，菌核萌发，产生菌丝体和分生孢子。分生孢子借助气流、雨水和农事操作进行传播，是灰霉病的主要传播途径，菌核可以通过带有病残体的粪肥进行传播。分生孢子在适宜的温度和湿度下萌发产生芽管，通过伤口或衰老器官侵入寄主植物。蘸花是重要的人为传播途径，花期是侵染高峰期，尤其在穗果膨大期浇水后，病果剧增，是烂果的高峰期，在病部可产生大量分生孢子，借气流传播进行再侵染（图 8-5）。

灰霉病病菌是寄生性较弱的病菌，当寄主植物生长健壮时，植株抗病性较强，不易被侵染；当寄主处于生长衰弱的状况下，抗病性较弱，则最易感病。

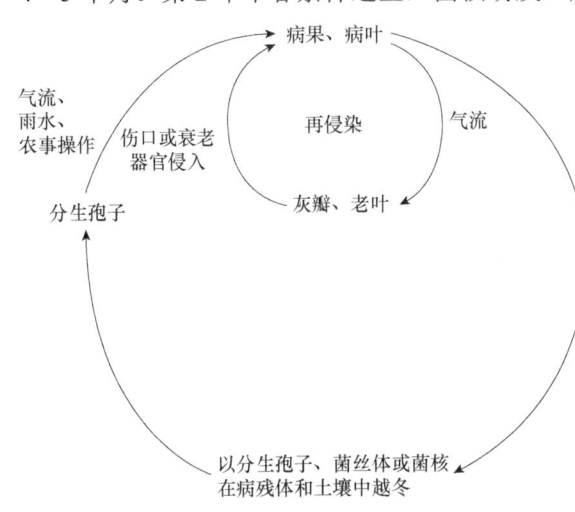

图 8-5　番茄灰霉病病害循环图

四、发病条件

低温、高湿是影响灰霉病发生的主要因素。灰霉病病菌发育的温度范围广，在 2~31℃ 均可萌发，最适温度为 18~22℃，其中以偏低温度最合适。分生孢子的抗旱能力较强，但分生孢子的萌发对湿度要求很高，在水中最易萌发，相对湿度低于 95%时，分生孢子不能萌发。一般 12 月至翌年 5 月，如遇连续阴雨天气，不能及时放风，特别是加温温室刚停火时，棚室内气温低，相对湿度持续 90%以上，气温 20℃左右，病害发生严重。密度过大、管理不当、通风不良，都会加快此病的扩展蔓延。

五、病害控制

灰霉病的危害以保护地为主，应进行生态防治，加强栽培管理，并结合化学防治，防止病害蔓延。

（一）生态防治

加强通风，实施变温管理。可以从初花期开始，早上开棚通风，晴天上午 9 时关棚，从而使棚温迅速升高。当棚温超过 33℃时再开始放顶风，31℃以上的高温可降低病菌孢子的萌发速度，推迟产孢，降低产孢量。当棚温为 25℃以上时，中午继续放风，使下午棚温保持在 20~25℃。棚温降至 20℃时，关闭通风口，以减缓夜间棚温下降，夜间棚温保持在 15~17℃。阴天中午也要打开通风口换气。进行变温管理的大棚，发病较轻。

（二）加强栽培管理

定植时施足底肥，促进植株发育，增强抗病能力。严格控制浇水，尤其在开花期应减少用水量及次数。浇水宜在上午进行，发病初期适当节制浇水，防止过量，浇水后防止结露，避免阴天浇水。发病后及时摘除病果、病叶和病枝，集中烧毁和深埋。在番茄蘸花后 15~25d 用手摘除幼果残留的花瓣及柱头，防病效果明显。

（三）化学防治

发病初期及时喷药。苗床可用 50%腐霉利可湿性粉剂或 25%啶菌噁唑乳油，预防灰霉病的菌核萌发产生分生孢子侵染幼苗。蘸花时加入 50%腐霉利可湿性粉剂或 50%异菌脲可湿性粉剂。在保护地可选用 10%腐霉利烟剂或 45%百菌清烟剂熏烟，也可采用 50%腐霉利可湿性粉剂、50%异菌脲可湿性粉剂、40%嘧霉胺悬浮剂、50%嘧菌环胺水分散粒剂等杀菌剂喷雾。

第五节 番茄早疫病

番茄早疫病又称轮纹病，是番茄生产上的常见病害，全国各地均有发生。该病除直接为害茎、叶、果外，还可抑制番茄生长和果实形成，露地和保护地受害都较重，常年减产 20%~30%，严重时可达 50%以上，甚至绝产。

一、症状

主要为害叶片、茎和果实。叶片发病初期出现针尖大的小黑点，后扩大为深褐色或黑色、圆形至椭圆形的病斑，直径 1~2cm，有同心轮纹，有时边缘有黄色晕圈。潮湿时，病斑上长出黑色霉状物。病斑常从植株下部叶片开始，逐渐向上蔓延，发病严重时植株下部叶片全部枯死。茎部发病，多数在分枝处发生，产生褐色至深褐色椭圆形或不规则形病斑，具同心轮纹，表面生灰黑色霉状物，发病严重时可造成断枝。果实发病，病斑多发生在蒂部附近和有裂缝的地方，圆形或近圆形，褐色或黑褐色，稍凹陷，有同心轮纹，病部较硬，有时提早变红。病部有黑霉，病果易脱落。

二、病原

病菌为茄链格孢 [*Alternaria solani* (Ell. & Mart.) Jones & Grout]，属无性真菌类链格孢属。分生孢子梗自气孔伸出，单生或簇生，圆筒形或短棒形，具 1~7 个分隔，暗褐色，大小为 (40~90) μm×(6~8) μm。分生孢子顶生，倒棍棒形，顶端有细长的喙，黄褐色，具纵横隔膜，大小为 (120~296) μm×(12~20) μm（图 8-6）。

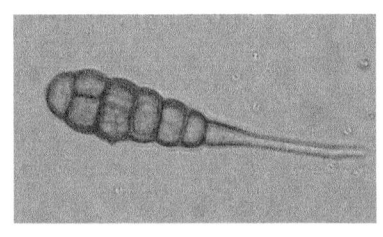

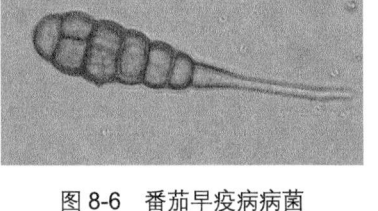

图 8-6 番茄早疫病病菌
(https://www.ipmimages.org/browse/detail.cfm?imgnum=5369146)

病菌的生长温度为 1~45℃，最适温度为 26~28℃，相对湿度在 31%~96% 范围内分生孢子均可萌发，以较高的相对湿度 86%~98% 更为有利。早疫病病菌在人工培养基上一般不易形成分生孢子，通过诱导则可产生分生孢子。该菌存在有致病性分化，不同地区菌株间致病力有明显差异。

病菌寄主范围广泛，除为害番茄外，还可侵染马铃薯、茄子、辣椒、曼陀罗等植物。

三、病害循环

病菌主要以菌丝体和分生孢子在病残体上越冬，还可以分生孢子附着在种子表面越冬，成为翌年发病的初侵染源。第二年春天条件适宜时，产生的分生孢子通过气流和雨水传播。分生孢子在常温下可存活 17 个月。病菌一般从气孔、皮孔或伤口侵入，也能直接侵入。在适宜的环境条件下，病菌侵入寄主组织后一般 2~3d 就可以形成病斑，3~4d 后病部产生大量的分生孢子传播并进行多次再侵染（图 8-7）。

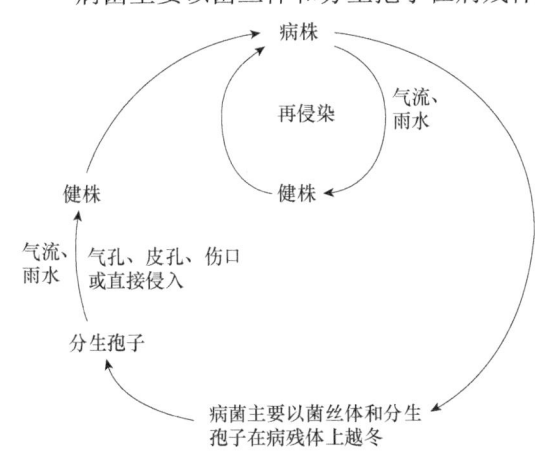

图 8-7 番茄早疫病病害循环图

四、发病条件

温湿度与发病密切相关。温度保持在 15℃ 左右，相对湿度在 80% 以上，病害开始发生。温度保持在 20~25℃，病情发展最快。露地栽培重茬地、地势低洼、排灌不良、栽植过密、贪青徒长、通风不良，发病较重。此外，植株长势与发病有关。早疫病大多在结果初期开始发生，结果盛期发病较重。老叶一般先发病，幼嫩叶片发病轻。一般农家底肥充足、灌水追肥及时、植株生长健壮，发病轻；连作、基肥不足、种植过密、植株生长衰弱、田间排水不良，发病重。

番茄早疫病是一种低糖病害，所以喷糖能提高番茄植株的含糖量，增强植株的抗病性。

五、病害控制

防治应采取以种植抗病品种和加强栽培管理为主，并进行无病株留种和种子处理及化学防治的综合措施。

（一）种植抗病品种

种植抗病品种是控制番茄早疫病最经济有效的措施。

（二）无病株留种和种子处理

无病植株上采收种子；种子带菌，用52℃温汤浸种30min。

（三）加强栽培管理

施足基肥，适时追肥，做到盛果期不脱肥，提高寄主的抗病性。合理密植，及时绑架、整枝和打底叶，利于通风透光。保护地栽培的番茄，要抓好微生态调控，控温降湿，应控制浇水，及时通风散湿。定植后要控水栽培，开花前浇足1次水，促进果实生长。灌水选晴天上午10时以后，灌水后及时通风，尤其要避免早晨叶面结露。采用膜下灌溉，加强中耕培土，促进植株根系生长。及时摘除下部老病叶并携出棚外深埋，既减少菌源，又有利于通风透光。采用配方施肥技术，施足底肥，生长期及时追肥，后期可追施钾肥。合理密植，雨后及时排水，降低田间湿度，以提高植株抗病性。重病田实行与非茄科作物2~3年轮作。

（四）化学防治

保护地番茄在发病初期喷撒百菌清粉尘剂，也可用45%百菌清或10%腐霉利烟雾剂。发病初期，可喷施下列药剂：70%代森锰锌可湿性粉剂，或50%异菌脲可湿性粉剂，或10%苯醚甲环唑水分散粒剂，或40%嘧霉胺悬浮剂等。间隔7~10d，连续防治2~3次。

◆ 第六节　番茄斑枯病

番茄斑枯病又称鱼目斑病、白星病，全国各地均有发生。该病可为害露地和保护地栽培的番茄，发病严重时造成大量叶片枯死，对产量影响很大。除为害番茄外，还可为害茄子、马铃薯等多种茄科作物和杂草。

一、症状

番茄各生育期均可发病，主要为害叶片，也可为害茎和果实。

叶片发病，通常近地面老叶先发病，以后逐渐向上蔓延，初期在叶片背面产生水渍状小圆斑，后在叶片正反两面出现边缘暗褐色，中央灰白色，圆形或近圆形，略凹陷的病斑，直径1.5~4.5mm，病斑上散生少量小黑点，严重时多个小斑汇合成大的枯斑，使叶片逐渐枯黄，植株早衰，造成早期落叶。茎和果实发病，病斑近圆形或椭圆形，略凹陷，褐色，其上散生小黑点。

二、病原

病原为番茄壳针孢（*Septoria lycopersici* Speg.），属无性真菌类壳针孢属。

分生孢子器黑色、扁球形,大小为(180~200)μm×(100~200)μm,初着生于寄主表皮下,后逐渐突破表皮而外露。分生孢子无色,丝状,有多个隔膜,大小为(60~120)μm×(2~4)μm(图8-8)。

菌丝发育温度为15~28℃,最适温度为25℃左右。在温度为20℃或25℃时,病斑发展快且易产生分生孢子器,而在15℃时,分生孢子器形成慢。病菌的潜育期为4~6d,10d左右即可形成分生孢子器,可在番茄、茄子、马铃薯及茄科杂草上寄生。

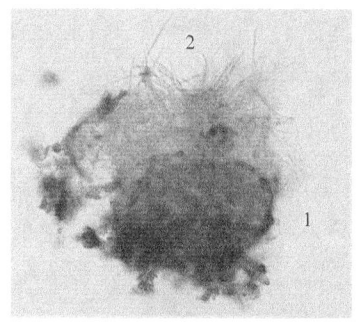

图8-8 番茄斑枯病病菌
1. 分生孢子器;2. 分生孢子

三、病害循环

病菌主要以分生孢子器和菌丝体在病残体、多年生茄科作物和杂草上,或附着在种子上越冬,成为翌年初侵染源。分生孢子器吸水后,从孔口涌出大量分生孢子,借雨水反溅到番茄近地面的老叶上,从气孔侵入引起初侵染。初侵染产生的分生孢子器和分生孢子,再通过气流、雨水及农事操作引起多次再侵染。通过种子传播是远距离传播的主要途径(图8-9)。

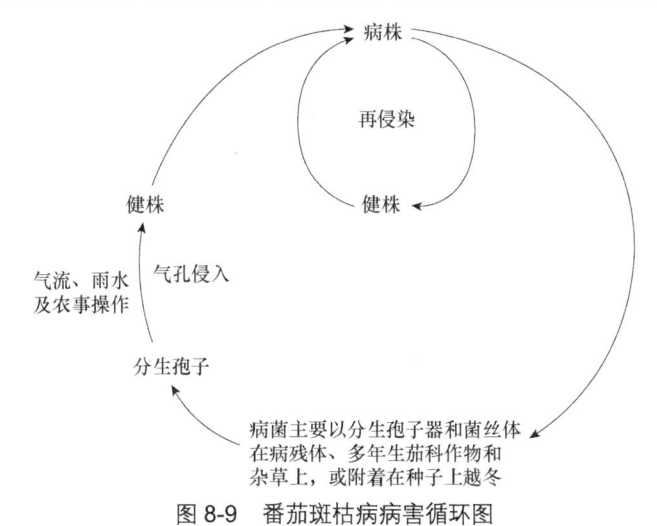

图8-9 番茄斑枯病病害循环图

四、发病条件

病害的发生发展与温湿度、土壤肥力等因素有密切关系。温暖潮湿,光照不足,有利于发病。当温度在15℃以上,遇阴雨天气,肥力不足,植株生长衰弱,病害易于发生。气温为20~25℃,病害发展迅速。重茬地、低洼地发病重。

五、病害控制

(一)培育无病壮苗

从无病地或健株上采种,如种子带菌,可用52℃温汤浸种30min,然后催芽播种。苗床用新土或两年未种过茄科蔬菜的地块育苗。

(二)轮作与栽培管理

重病地与非茄科作物实行3~4年轮作。及时整枝打杈,清除病残体,摘除老叶,促进通风透光。增施磷、钾肥,提高抗病性。高畦栽培,适当密植,注意田间排水降湿,保护地注意通风散湿。

(三) 化学防治

发病初期喷施下列杀菌剂:70%代森锰锌可湿性粉剂、50%异菌脲悬浮剂、10%苯醚甲环唑水分散粒剂、70%甲基硫菌灵可湿性粉剂、40%氟硅唑乳油等,间隔7~10d,连续2~3次。

◆ 第七节 番茄晚疫病

番茄晚疫病是番茄上的重要病害之一,在全国各地均有不同程度发生。在多雨、气候冷湿,适于病害发生和流行的地区和年份,植株提前枯死,损失可达20%~40%。

一、症状

番茄晚疫病在番茄整个生育期均可发生,主要为害叶片、茎秆和果实,其中以叶片和青果受害最重。叶片受害,多从叶尖或叶缘开始发病,初为暗绿色水渍状不规则病斑,边缘不明显,扩大后病斑变褐色。湿度大时,叶背病健交界处长出一圈白霉。病斑扩展至全叶,使叶片腐烂。干燥时病部干枯,呈青白色,脆而易破。茎秆及叶柄发病,病斑暗褐色或黑褐色,很快环绕一周,缢缩凹陷,潮湿时,表面生稀疏霉层。果实发病,主要为害青果,病斑初呈油浸状暗绿色,后变成暗褐色至棕褐色,稍凹陷,边缘明显,云纹不规则,果实一般不变软,湿度大时其上长少量白霉,迅速腐烂。

二、病原

病原为致病疫霉 [*Phytophthora infestans* (Montagne) de Bary],属藻物界卵菌门疫霉属。菌丝分枝,无色,无隔,薄壁,多核,在寄主间隙生长,以丝状吸器伸入细胞内吸收养分。孢囊梗膨大呈节状,无色,单根或多根成束从气孔长出,具分枝。当孢囊梗顶端形成一个孢子囊后,孢囊梗又向上生长而把孢子囊推向一侧,顶端又形成新的孢子囊。孢子囊单胞,无色,卵圆形,顶端有乳状突起,大小为(22.5~40.0)μm×(17.5~22.5)μm(图8-10)。

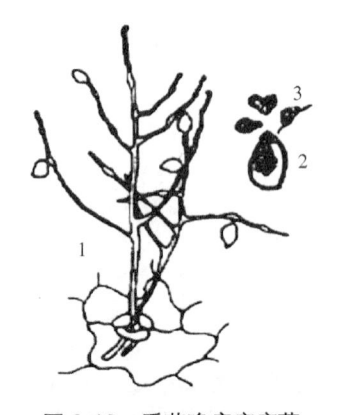

图 8-10 番茄晚疫病病菌
1. 孢囊梗;2. 孢子囊;3. 游动孢子

温度15℃以上时,孢子囊不产生游动孢子,直接产生芽管侵入寄主,低温下萌发释放游动孢子。游动孢子肾形,双鞭毛,水中游动片刻后静止,鞭毛收缩,变为圆形休止孢,休止孢萌发产生芽管侵入寄主,卵孢子不多见。菌丝生长温度为10~25℃,最适为20~23℃。孢子囊形成温度为7~25℃,最适为18~22℃。孢子囊萌发产生游动孢子的温度为6~15℃,最适温度为10~13℃。相对湿度达97%以上时易产生孢子囊。孢子囊及游动孢子都需要在水滴或水膜中才能萌发。

病菌可为害番茄和马铃薯等多种茄科植物。

三、病害循环

病菌主要以菌丝体在马铃薯块茎中越冬或在冬季棚室栽培的番茄上为害,是翌年发病的初侵染来源。孢子囊借气流或雨水传播，从气孔或表皮直接侵入，在田间形成中心病株。病菌的营养菌丝在寄主细胞间或细胞内扩展蔓延，3～4d 后病部长出菌丝和孢子囊，借风雨传播蔓延，进行多次再侵染，引起病害流行。

四、发病条件

晚疫病是一种危害性大、流行性强的病害。发生轻重与气候条件关系密切，低温、高湿是病害发生和流行的主要因素。在番茄的生育期内，温度条件容易满足，病害能否流行与相对湿度密切相关。在相对湿度为95%～100%且有水滴或水膜的条件下，病害易流行。因此，降雨的早晚、雨量大小及持续时间长短是决定病害发生和流行的重要条件。田间地势低洼、排灌不良、过度密植、行间郁蔽，导致田间湿度大，易诱发此病。凡与马铃薯连作或连茬地块易发病。土壤瘠薄、追肥不及时、偏施氮肥造成植株徒长，或肥力不足使植株长势衰弱，降低寄主抗病力，均利于发病。此外，番茄品种间抗病性存在明显差异。

五、病害控制

防治策略应采用加强栽培管理、实行轮作、选用抗病品种和化学防治相结合的综合措施。

（一）加强栽培管理

合理密植，氮、磷、钾肥配合使用，避免植株徒长，提高寄主抗病性。及时整枝打杈和绑架，适当摘除底部老叶、病叶，改善通风透光条件。雨季及时排水，降低田间湿度。保护地番茄从苗期开始严格控制生态条件，防止棚室高湿条件出现。

（二）实行轮作

重病田与非茄科作物实行 2～3 年以上轮作；选择土壤肥沃、排灌良好的地块种植番茄。

（三）选用抗病品种

'渝红 2 号''中蔬 4 号''中蔬 5 号''佳红''中杂 4 号''荷兰 5 号''荷兰 6 号'等番茄品种对晚疫病有不同程度的抗病性，可因地制宜选种。

（四）化学防治

发现中心病株后，及时拔除、深埋或烧毁，并立即进行全田喷药保护。保护地采用烟雾法和粉尘法防病。傍晚关闭棚室，施用 45%百菌清烟剂，每公顷用药 3.3～4.0kg，熏烟一夜，或每公顷喷撒 5%百菌清粉尘剂 15kg，每隔 9d 左右进行 1 次。发病初期，喷施乙磷铝、甲霜灵、氟吗啉、霜霉威、甲霜·锰锌、霜脲·锰锌、霜脲氰等，注意保护植株中下部叶片和果实。保护地用药掌握在上午 10 时以后，喷药后通风散湿。

第八节　茄子褐纹病

茄子褐纹病是茄子的重要病害之一，在北方与绵疫病、黄萎病一起称为茄子三大病害。褐纹病在我国各地的分布非常普遍，南北方均有发生。其发病程度因气候条件而异，如遇高温、多雨年份则发病较重。此病从苗期到成株期均可为害，常引起死苗、枝枯和果腐等，其中以果腐损失最大。此病在茄果运输、贮藏中仍能继续侵染，使茄果腐烂。留种田茄果发病最重。据吉林省长春、四平等地调查，采种株病果率一般为40%~50%，个别地块高达80%以上，导致留种田采收不到种子。

一、症状

主要为害茄果，也侵染叶片和茎秆。叶片受害，一般从下部叶片开始，初为水渍状褐色、圆形或近圆形小斑点，后期病斑扩大成不规则形，边缘暗褐色，中央灰白色至深褐色，病斑上轮生许多小黑点，病组织脆薄，易破裂成穿孔状。茎秆发病，多以茎秆基部发病较重，病斑褐色，梭形，稍凹陷，呈干腐状溃疡斑。果实发病，初期果面上产生浅褐色、圆形或椭圆形、稍凹陷病斑，扩大后变为暗褐色、半软腐状不规则形病斑，病部出现同心轮纹，其上产生许多小黑点。湿度大时，病果常落地腐烂或挂在枝上干缩成僵果。

苗期发病，多在幼茎基部形成水渍状、近梭形或椭圆形病斑，暗褐色，稍凹陷并缢缩，导致幼苗猝倒死亡。幼苗稍大时，则造成立枯症状，病部产生稀疏的小黑点（分生孢子器）。

二、病原

病菌为茄褐纹拟茎点霉［*Phomopsis vexans*（Sacc. & Syd.）Harter］，属无性真菌类拟茎点霉属。分生孢子器球形或扁球形，大小（55~400）μm×（45~250）μm。分生孢子器内可产生两种类型的分生孢子：一种为椭圆形，另一种为丝状，直立或一端稍弯曲。两种孢子均为单细胞，无色透明。椭圆形分生孢子大小（4~6）μm×（2.3~3.0）μm，两端各有一个油球。丝状分生孢子大小（12.2~28.0）μm×（1.8~2.0）μm。一个分生孢子器有的单生一种分生孢子，有的两种分生孢子同时存在。一般椭圆形孢子占多数，多长在叶斑的分生孢子器内。丝状孢子少见，如有则长在茎秆及果实上的分生孢子器内且不能萌发。

在自然条件下病菌可侵染茄子、辣椒，以侵染茄子为主。

三、病害循环

病菌主要以菌丝体或分生孢子器在土壤表层随病残体越冬，也可以菌丝体潜伏于种皮内部，或分生孢子黏附在种子表面越冬。病菌在种子内可存活2年。土壤中病残体上的病菌可存活2年以上。种子带菌常引起幼苗猝倒和立枯，病残体带菌常引起茎部溃疡。病部产生的分生孢子可引起再侵染。病菌的分生孢子借风、雨、昆虫和田间农事操作等传播。种子带菌是远距离传播的主要途径。分生孢子萌发后可直接从表皮侵入，也可通过伤口侵入。病菌侵入后，在幼苗上的潜育期为3~5d，成株期为7~10d，病部即可形成分生孢子器。

四、发病条件

病害的发生、流行与温湿度关系密切。褐纹病发生需要28~30℃的高温和80%以上的相对湿度。在南方6~8月高温多雨，一般均能满足此病的发生和流行，故历年发生较重。在北方7~8月常年高温，基本也可满足，不同年份的湿度和降水量差异很大，因此，湿度和降水量往往成为褐纹病发生和流行的限制因素。苗床播种过密，田间地势低洼，土壤黏重，排水不良，栽植过密，偏施氮肥，植株郁蔽，通风透光差，容易引起病害流行。此外，茄子品种间抗性差异明显。一般长茄较圆茄抗病，白皮茄、绿皮茄较紫皮茄抗病。

五、病害控制

应采取选用抗病品种，选用无病种子和种子处理，实行轮作，加强栽培管理和化学防治相结合的综合防治措施。

（一）选用抗病品种

可选用比较抗病的长茄、白皮茄和绿皮茄。

（二）选用无病种子和种子处理

从无病田或无病株上留种，种子应进行消毒处理。先用冷水将种子浸泡 3~4h，然后用 50℃温水浸种 30min，或 55℃温水浸种 15min，取出后立即用冷水冷却，晾干，播种、催芽。也可用多菌灵等药剂处理种子。

（三）实行轮作

避免与茄科作物连作，实行 3 年以上轮作。

（四）加强栽培管理

旧苗床土壤用福尔马林或福美双、多菌灵等药剂处理。新床选用无病净土、不重茬。施足底肥，宽行密植，提早定植，地膜覆盖栽培或行间盖草。结果后立即追肥，并结合中耕培土。茄子生育后期，采取小水勤灌，以满足茄子结果对水分的大量需求。雨后应及时排水。

（五）化学防治

幼苗期或发病初期，喷施代森锰锌或克菌丹。定植后在基部周围地面上，撒施草木灰或熟石灰粉，以减轻茎基部侵染。成株期、结果期应根据病势发展情况喷药防治。有效药剂有代森锰锌、百菌清、多菌灵、嘧菌酯、苯醚甲环唑、异菌脲等。

第九节　茄子黄萎病

茄子黄萎病又叫半边疯，是茄子的重要病害之一。世界各地普遍发生，国内分布广泛。1954年前，茄子黄萎病仅在东北地区局部发生，近年随着保护地蔬菜栽培面积的不断扩大，茄子黄萎病的发生越来越严重。目前，东北、华北、西北、华东等地区都有发生。一般病田发病率为 50%~70%，减产 20%~30%；重病田发病率达 90%以上，减产近 40%，严重时甚至绝产。

一、症状

一般田间发病多在门茄坐果后开始显症，多自下而上或从一边向全株发展。初期先从叶脉间或叶缘出现失绿成黄色的不规则形斑块，后逐渐扩展呈大块黄斑。发病初期，病叶晴天中午凋萎，早晚尚能恢复正常。随着病情的发展，不再恢复。后期病叶由黄变褐，有时叶缘向上卷曲，萎蔫下垂或脱落，严重时病株叶片脱光只剩茎秆。有的植株半边发病，半边正常，故称半边疯。剖检病株根、茎、分枝及叶柄等部，可见维管束变褐。病株的果实小，质地坚硬且无光泽，果皮皱缩干瘪。纵切重病株上的成熟果实，维管束也呈淡褐色（挤压剖切部位，无菌液渗出，可与青枯病区别）。

茄子黄萎病症状有 3 种。①枯死型：植株矮化不严重，叶片皱缩，凋萎，枯死脱落。病情扩展快，常致整株死亡。②黄斑型：植株稍矮化，叶片由下向上形成带状黄斑，仅下部叶片枯死，一般植株不死亡。③黄色斑驳型：植株矮化不明显，仅少数叶片有黄色斑驳或叶尖、尖缘有枯斑，一般叶片不枯死。

二、病原

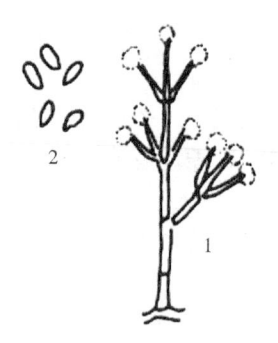

病菌为大丽花轮枝菌（*Verticillium dahliae* Kleb），属无性真菌类轮枝孢属。分生孢子梗无色纤细、直立，较长，大小（13.5~33.3）μm×（2.16~3.36）μm，上生 2~6 层轮状的枝梗，每层 2~3 个轮枝。顶枝或轮枝顶端着生分生孢子，椭圆形，单胞，无色或微黄，大小（2.50~6.25）μm×（2~3）μm（图 8-11）。大丽花轮枝菌在培养基上产生白色菌丝，后形成大量黑色微菌核及由胞壁增厚而产生的成串黑褐色的厚垣孢子。

病菌生长适温 22.5℃，33℃时仍能生长。生长最适 pH 5.3~7.2，pH 3.6 的条件下，生长良好。

图 8-11　茄子黄萎病病菌
1. 分生孢子梗；2. 分生孢子

病菌的寄主范围较广。除为害茄子外，还可侵染番茄、辣椒、马铃薯、瓜类、棉花、烟草等 38 科 180 余种植物。

三、病害循环

病菌以休眠菌丝、厚垣孢子和微菌核随病残体在土壤中越冬，一般可存活 6~8 年，微菌核可存活 14 年，成为翌年病害的初侵染来源。土壤带菌是此病的主要侵染源。病菌也能以菌丝体和分生孢子在种子内越冬，是病害远距离传播的主要途径。病菌从根部伤口或从幼根表皮直接侵入引起发病。侵入寄主后，以菌丝体先在皮层薄壁细胞间扩展，并产生果胶酶，分解寄主细胞间的中胶层，从而进入导管，在其内大量繁殖。随着液流迅速向地上部扩展，直至枝叶、果实内，使微管束变淡褐色致植株萎蔫死亡，从而构成系统侵染。带菌土壤、肥料、雨水、农具及农事操作等均可传播病菌。病株表面不产生分生孢子，无再侵染。病菌在发病茄子植株内的分布为：发病初期茎内均存在病菌，其侵入叶柄、果柄较慢，几乎不向果实转移；发病后病情发展迅速，短期内即表现全株病状，叶片大量脱落。

四、发病条件

茄子黄萎病一般在气温 20~25℃、土温 22~26℃和湿度较大时发病重；久旱、高温发病轻。气温高于 28℃或低于 16℃时症状受到抑制。一般气温低，定植时根部伤口愈合慢，利于病菌从伤口侵入。从茄子定植到花期，日均温低于 15℃，持续时间长，发病早而重。重茬病重，且重茬年限越长病越重。地势低洼、土壤黏重或多雨年份，或久旱后直接浇灌井水发病重。初夏的连阴雨或暴雨会导致土温下降且土壤湿度过高，病害明显加重。肥力不足，施用未腐熟的有机肥发病重。定植过早，栽苗过深，起苗带土少，伤根多等均会加重发病。

五、病害控制

防治黄萎病应采取以加强栽培管理为主，选用抗（耐）病品种、进行无病株采种及种子处理、轮作、清洁田园、嫁接防病、化学防治相结合的综合措施。

（一）选用抗（耐）病品种

茄子不同品种对黄萎病的抗病性有明显的差异，未发现免疫和高抗品种。'苏长茄 1 号''龙杂茄 1 号''辽茄 3 号''济南早小长茄''湘茄 4 号'等较抗病。

（二）无病株采种及种子处理

无病田或无病株留种，严禁从病区引种。应做好种子处理，播种前用 55℃温水浸种 15min，用冷水冷却后催芽、播种，或用代森锰锌、百菌清等进行种子处理。

（三）轮作

可与十字花科蔬菜轮作，轮作以 4～5 年为宜，避开其他茄科植物与瓜类作物茬口。

（四）加强栽培管理

选用净土、净肥或无病营养土育苗，施未带病菌的有机肥，每公顷 112～500kg，增施磷钾肥，每公顷 450～500kg，定植缓苗和门茄采收后各施 1 次肥，每次施尿素 150～225kg/hm^2。适时定植，铺盖地膜，提高地温。合理密植，适时追肥。合理灌水，茄子生长期间要小水勤浇，保持地面湿润，防止大水漫灌，避免冷井水直接浇灌。及时中耕，尽量少伤根。

（五）清洁田园

及时把病叶、病果、病株清出田外，深埋或烧毁。

（六）嫁接防病

选抗病砧木。日本采用毒茄、红茄作砧木与茄子进行嫁接，已大面积推广应用，我国北京等地采用野生茄作砧木，栽培丰产茄作接穗，在病田定植后，发病较轻，达到很好的效果。

（七）化学防治

带药移栽，定植沟和穴施 1∶50 的 50%多菌灵或福美双，每公顷用药 15.0～22.5kg；定植后发现个别病株，即进行灌根防治，每株浇 500mL 药液。

第十节 辣椒炭疽病

炭疽病是辣椒上较常发生的一种病害，分布普遍，危害也较严重，可引起辣椒落叶、烂果和幼苗死亡。根据症状表现和病原的不同可分为黑色炭疽病、黑点炭疽病和红色炭疽病 3 种。黑色炭疽病在东北、华北、华东、华南、西南等地区都有发生，一般病果率 5%左右，严重时病果率达 20%～30%；黑点炭疽病仅发生在浙江、江苏、贵州等地；红色炭疽病发生较少。

一、症状

主要为害果实。特别是近成熟期的果实更易发生，也侵染叶片和果梗。果实发病，初期病斑为水渍状，褐色，长圆形或不规则形，扩大后病斑凹陷，斑面生隆起的不规则形环纹。环纹上密生黑色或橙红色小粒点（分生孢子盘）。潮湿时，病斑周围有湿润状变色圈；干燥时，病斑常干缩极易破裂。叶片发病，初生褪绿色水渍状斑点，扩大后变成褐色，圆形，中间灰白色，后期在病斑上产生轮状排列的小黑点。茎和果梗有时受害，形成褐色凹陷斑，不规则形，干燥时易开裂。在田间还有一种病果，症状与上述相似，但在斑面上产生的黑色粒点较大、色深，常称为黑点炭疽病。

二、病原

辣椒 3 种炭疽病的病原均为无性真菌类炭疽菌属（*Colletotrichum*），有性态为子囊菌门围小丛壳属（*Glomerella*）。

（一）黑色炭疽病

病菌为胶孢炭疽菌 [*C. gloeosporioides* (Penz.) Sacc.]，异名为黑刺盘孢菌（*C. nigrum* Ell. et Halst）。分生孢子盘周缘生暗褐色刚毛，具 2~4 个隔膜，大小（74~128）μm×（3~5）μm。分生孢子梗短圆柱形，无色，单胞，大小（11~16）μm×（3~4）μm。分生孢子长椭圆形，无色，单胞，（14~25）μm×（3~5）μm（图 8-12）。

（二）红色炭疽病

病菌为胶孢炭疽菌 [*C. gloeosporioides* (Penz.) Sacc.]，异名为辣椒盘长孢菌（*C. piperatum* Ell. et EV.）。分生孢子盘无刚毛，分生孢子椭圆形，无色，单胞，大小（12.5~15.7）μm×（3.8~5.8）μm（图 8-13）。

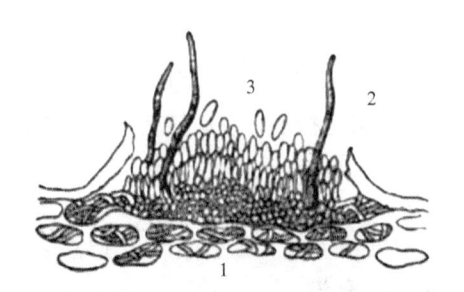

图 8-12 黑色炭疽病病菌
1. 分生孢子盘；2. 刚毛；3. 分生孢子梗及分生孢子

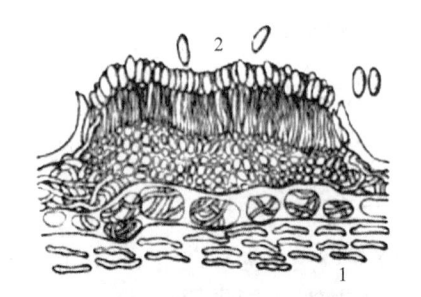

图 8-13 红色炭疽病病菌
1. 分生孢子盘；2. 分生孢子梗及分生孢子

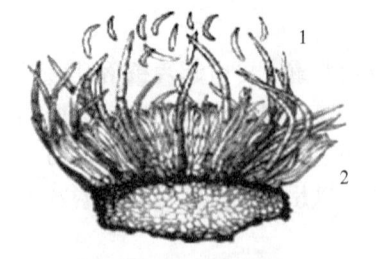

图 8-14 黑点炭疽病病菌
1. 分生孢子；2. 分生孢子盘

（三）黑点炭疽病

病菌为辣椒炭疽菌 [*C. capsici* (Syd.) Bulter & Bisby]，异名为辣椒丛刺盘孢菌（*Vermicularia capsici* Syd.）。分生孢子盘周缘及内部均密生粗壮的刚毛，尤其内部刚毛更多。刚毛暗褐色或棕褐色，具隔膜，大小（95~216）μm×（5~7）μm。分生孢子新月形，无色，单胞，大小（23.7~26.0）μm×（2.5~5.0）μm（图 8-14）。

三、发病条件

病菌主要以分生孢子附着在种子表面,或以菌丝体潜伏在种皮内越冬,也能以分生孢子盘和菌丝体随病残体在土壤中越冬,成为翌年病害的初侵染来源。翌年越冬菌源在适宜条件下产生分生孢子,或越冬的分生孢子借气流或雨水等传播进行初侵染。发病后病斑上产生新的分生孢子,不断反复侵染传播。分生孢子多从伤口侵入,也可从寄主表皮直接侵入,潜育期一般为 3~5d。

此病的发生与温湿度关系密切。病菌发育的温度为 12~33℃,最适为 27℃,适宜相对湿度为95%左右。分生孢子萌发的适宜温度为 25~30℃。一般温暖、多雨有利于病害的发生。此外,菜地潮湿,通风差,排水不良,种植密度过大,施肥不足或施氮肥过多,或因落叶而造成的果实日灼等均易加重病害的发生。一般成熟果或过熟果易受害,幼果很少发病。此外,品种间抗病性也有差异,通常圆椒比尖椒感病。

四、病害控制

(一)选用抗病品种

各地可根据具体情况选用抗病品种。一般辣味强的品种较抗病,如杭州鸡爪椒;甜椒品种中,如'长丰''茄椒1号''铁皮青'等较抗病。

(二)选用无病种子及种子消毒

建立无病留种田或无病果留种。若种子带菌,播前用 55℃温水浸种 10min 或用 50℃温水浸种 30min 消毒处理。取出后冷水冷却,催芽播种。可冷水浸种 10~12h,也可以用浓度为 1000mg/kg 的 70%代森锰锌或 50%多菌灵药液浸泡 2h,进行种子处理。

(三)加强栽培管理

发病严重地块要与非茄科和豆科蔬菜实行 2~3 年以上轮作;应在施足有机肥的基础上配施氮、磷、钾肥;避免栽植过密和在地势低洼地种植;营养钵育苗,培育适龄壮苗;预防果实日灼。

(四)清洁田园

果实采收后,清除田间病残体及病果,减少病菌侵染源。

(五)化学防治

在发病始期、始盛期和盛发期 3 次施药防治效果最好。有效药剂有代森锰锌、醚菌酯、福美双、苯醚甲环唑、甲基硫菌灵和多菌灵等。

第十一节 辣椒疫病

辣椒疫病是辣椒生产上的一种毁灭性病害。美国 1918 年首次报道该病,我国江苏 1940 年首次报道此病的发生。目前该病在我国南方和北方都有分布,以上海、北京、青海、陕西、甘肃、云南、广东及长江流域等地发生严重。在温室、塑料大棚及露地均有发生，尤其以中棚、大棚栽培的辣椒幼苗受害最严重，常导致幼苗期成片死亡。成株期受害，轻则落叶，重则整株萎蔫枯死，对产量的影响很大，甚至造成绝收。

一、症状

辣椒疫病在辣椒的整个生育期均可发生，茎、叶和果实都能发病。苗期发病，首先在茎基部形成水渍状暗绿色病斑，迅速褐腐缢缩并猝倒。有时茎基部呈黑褐色，幼苗枯萎死亡。成株期多为害茎秆分枝处，产生暗绿色水渍病斑，后变为褐色坏死长条斑，病部凹陷缢缩，植株上部萎蔫枯死。成株期叶片感病，病斑圆形或近圆形，直径 2~3cm，边缘黄绿色，中央暗褐色。果实发病，多从蒂部开始，水渍状、暗绿色，边缘不明显，扩大后可遍及整个果实，潮湿时表面产生白色稀疏的霉层（病菌的孢子囊和孢囊梗）。干燥条件下，果实易失水形成僵果。成株期发病症状易和枯萎病症状混淆，诊断时应注意。枯萎病发病时，全株凋萎，不落叶，维管束变褐，根系发育不良。而疫病发病时部分叶片凋萎，相继落叶，维管束色泽正常，根系发育良好。

二、病原

病菌为辣椒疫霉（*Phytophthora capsici* Leonian），卵菌门疫霉属。菌丝无隔膜，有分枝。孢囊梗不分枝或单轴分枝，无色，丝状，孢囊梗顶生孢子囊。孢子囊形态变异较大，卵圆形、肾形、梨形、长圆形、扁圆形或不规则形，微黄色，单胞，顶端乳头状突起明显，少数有双乳突。孢子囊大小（21~51）μm×（22~34）μm，孢子囊成熟脱落具长柄，平均柄长 6.6μm。有的菌株可产生厚垣孢子，球形、不规则形，顶生或尖生，淡黄色。

有性生殖为异宗配合，在鲜菜汁、燕麦片和 PDA 培养基上对峙培养 45d 可形成卵孢子。藏卵器球形，淡黄色至金黄色，直径 20~32μm，壁薄，光滑，浅褐色。雄器围生，无色，扁球形，直径 14.4~16.7μm。卵孢子球形，浅黄色至金黄色，直径 15~28μm。病菌生长发育温度 10~37℃，最适温度 25~32℃。

中国已记载的辣椒疫病病菌寄主有洋葱、辣椒、木瓜、黄瓜、麝香、石竹、吊钟花、橡胶树、番茄、豇豆、胡椒、茄子、香荚兰、芦荟属和菜豆属等植物。人工接种病菌还可侵染茄子、番茄等作物。

三、病害循环

病菌主要以卵孢子在土壤中或残留在地上的病残体内越冬。卵孢子在土中病残体组织内越冬，一般可存活 3 年。土壤中或病残体中的卵孢子是主要的初侵染源。翌年卵孢子经雨水、灌溉水传播到寄主的茎基部或近地面果实上，条件合适时萌发形成芽管或游动孢子，引起田间初次侵染，形成发病中心或中心病株。在高湿或阴雨条件下病部产生大量孢子囊，孢子囊和所萌发的游动孢子又借风、雨传播，不断进行再侵染。病菌直接侵入或从伤口侵入寄主，有伤口存在则更有利于侵入。双鞭毛的肾形游动孢子靠水游动到侵染点附近，形成静止不动的休止孢，再萌发产生芽管侵入寄主。因此，水在病害循环中起着重要作用。该病的发病周期短，流行速度快。

四、发病条件

辣椒疫病的发生与寄主抗病性、气象因素和栽培管理关系密切。

（一）寄主抗病性

甜椒系列品种较感病，辣椒系列品种较抗病或耐病。'双丰''甜杂''茄门''冈丰37'等品种较感病，'碧玉椒''冀研5号''丹椒2号''晋尖椒4号''细线椒'等品种较抗病，'辣优4号''翠玉甜椒''陇椒1号'等品种较耐病。辣椒的不同生育期抗病力也有所差异，苗期易感病，成株期较抗病。

（二）气象因素

温湿度与发病的关系也很密切。气温在20~30℃时适合孢子囊产生，在25℃左右最适合游动孢子的产生和侵入，适温、高湿有利于病害的发生和流行。在旬平均温度高于10℃时开始发病；田间温度25~30℃，相对湿度高于85%时发病重。南方地区常年春种辣椒在4月下旬发病，5~8月气温较高又值雨季，降水量常超过200mm，疫病病情一般在降雨后3~7d便突发性加重。大田发病在5月中旬至5月下旬开始，6月上旬至7月下旬为发病高峰期。北方地区病害始发期较晚，7月上旬为始发期，7月下旬至8月下旬为发病高峰期，进入9月气温冷凉病害蔓延速度减弱。一般雨季或大雨后天气突然转晴，气温急速上升，或灌水量大，次数多，病害易流行。常年干旱、少雨年份，7~8月田间大水漫灌，次数多，病害迅速蔓延，枯死率一般为100%。因此，在干旱地区或干旱条件下，灌水是重要的传病途径。

（三）栽培管理

连茬或连套种植发病重。田园不卫生，根茬过多，地势低洼积水，过于密植，平畦种植，施未经腐熟或施氮肥过多等均有利于该病的发生和流行。棚室内湿度过大，叶面结露或叶缘吐水，光照不足或长时间阴雨，有利于病菌的扩展与侵染。加上病菌潜育期短，再侵染次数多，病害易发生和流行。

五、病害控制

防治辣椒疫病应采取选用抗病品种、注意田园卫生、实行轮作与加强田间管理、化学防治相结合的综合措施。

（一）选用抗病品种

选栽早熟避病或抗病耐病品种，培育适龄壮苗，如'碧玉椒''冀研5号''丹椒2号'等抗病品种，以及'辣优4号''翠玉甜椒''陇椒1号'等耐病品种。

（二）注意田园卫生

及时清除病残体，及时发现中心病株并拔除销毁，减少初侵染源。

（三）实行轮作与加强田间管理

避免与茄果类和瓜类蔬菜连作，可与十字花科或豆科蔬菜实行3年以上的轮作。推广高畦或高垄栽培，小水勤灌，加强田间排水，避免田间积水。合理密植，以改善田间的通风透光条件，降低田间湿度。选用无病新土育苗，发现中心病株及时拔除。

（四）化学防治

田间出现中心病株或雨后高温高湿时，及时排除积水的同时立即用药防治，用甲霜灵锰锌、杀毒矾、霜霉威、嘧菌酯等灌根。

第九章
葫芦科蔬菜病害

葫芦科蔬菜包括黄瓜、冬瓜、南瓜、西葫芦、丝瓜、苦瓜、西瓜等,种类繁多。近年,随着保护地蔬菜的发展和人民生活水平的提高,这些瓜类的栽培面积逐年扩大,经济效益显著。然而,病害的危害使瓜类蔬菜的生产受到了极大的威胁,不仅影响产量,而且也影响瓜类蔬菜的品质。全世界共有葫芦科蔬菜病害100多种,其中黄瓜病害20余种,西葫芦病害10多种,丝瓜病害10多种,南瓜病害10多种,苦瓜病害近10种。黄瓜猝倒病、立枯病为苗期的主要病害。成株期发生较普遍且严重的病害有黄瓜霜霉病、黄瓜细菌性角斑病、瓜类枯萎病、瓜类白粉病、瓜类炭疽病、瓜类灰霉病、瓜类菌核病、瓜类病毒病等。部分地区黄瓜疫病、黄瓜蔓枯病、瓜类线虫病等病害发生较重。

第一节 黄瓜霜霉病

霜霉病是黄瓜上发生最普遍、危害最严重的病害之一,我国各地都有发生。露地和保护地栽培的黄瓜,常因此病而遭受很大损失。在适宜发病的条件下,流行速度快,一般可造成20%～30%的减产,严重时可达40%～50%,有的地块因此病只采1～2次瓜后就提早拉秧,菜农称其为"跑马干"。霜霉病除为害黄瓜外,还为害南瓜、冬瓜、丝瓜、甜瓜等葫芦科植物,西瓜抗病性较强,因此很少受害。

一、症状

苗期、成株期均可发病,主要为害叶片,卷须及花梗受害较少。子叶受害初呈褪绿不规则黄斑,扩大后变为黄褐色,潮湿条件下病斑背面产生灰黑色霉层。成株期发病,多在植株开花结瓜以后,通常从下部叶片开始发生。发病初期,叶背出现水浸状病斑,早晨或潮湿时更为明显,后病斑逐渐扩大呈黄绿色,渐变为黄色至褐色,病斑受叶脉限制呈多角形,不穿孔。湿度大时病斑背面产生灰黑色霉层,即病菌孢囊梗及孢子囊,病情严重时多个病斑汇合成片,叶缘卷缩干枯,严重时整株叶片枯死。该病症状的表现与品种抗病性有关,感病品种病斑大,易连接成大块黄斑后迅速干枯;抗病品种病斑小,扩展速度慢,病斑背面霉稀疏或很少(图9-1)。

二、病原

病原为藻物界卵菌门假霜霉属古巴假霜霉菌[*Pseudoperonospora cubensis*(Berk. & Curtis)Rostovzev],该菌为专性寄生菌。菌丝体无隔膜,无色。在寄主细胞间生长发育,以卵形或指状分枝的吸器深入寄主细胞内吸收养分。无性繁殖产生孢子囊,孢子囊着生于孢囊梗上。孢囊梗由寄主叶片的气孔伸出,单生或2～5根丛生,无色,主干长144.2～545.9μm,

图 9-1 黄瓜霜霉病症状

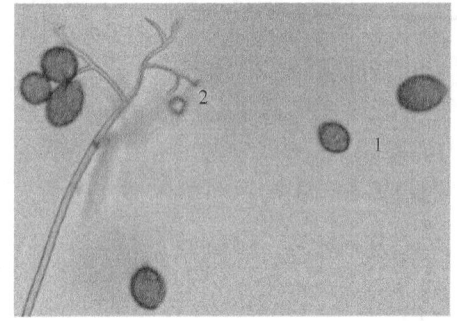

图 9-2 黄瓜霜霉病病菌
1. 孢子囊；2. 孢囊梗

主干基部稍膨大，先端 3~5 次锐角分枝，末端为小梗。小梗直或稍弯曲，在小梗顶端着生一个孢子囊。孢子囊卵形或柠檬形，顶端具乳状突起，淡褐色。大小（18.1~41.6）μm×（14.5~27.2）μm（图 9-2）。孢子囊在水中萌发产生 6~8 个游动孢子，游动孢子圆形或椭圆形，具有 2 根鞭毛，在水中游动 30~60min 后即休止，鞭毛收缩成为休止孢子。1.0~1.5h 萌发产生芽管，由气孔或直接贯穿表皮侵入寄主，在寄主细胞内菌丝体长成后，从气孔伸出孢囊梗，产生孢子囊。孢子囊在较高温度和湿度不足的条件下，可直接产生芽管侵入寄主。

该菌为异宗配合，需要 A1 和 A2 交配型同时存在才能完成有性生殖，产生卵孢子。卵孢子较少见，已报道发现过卵孢子的国家只有保加利亚、意大利、苏联、以色列、伊朗、印度、日本和中国。在离体条件下已有卵孢子萌发及接种成功的报道。在我国的东北、西北和华北，发现有卵孢子及 A2 交配型的存在，据此表明卵孢子有可能成为黄瓜霜霉病的初侵染来源。

病菌适宜于高湿下生长繁殖，其孢子囊的产生、萌发，游动孢子的萌发、侵入均需要很高的湿度和水分。叶片上有水膜时，15℃下孢子囊经 1.5h 即可萌发，2h 后游动孢子随即萌发并侵入寄主。若叶片上无水膜，即使接种病菌也很难发病。在高湿时病斑上产生孢子囊的速度快、数量大。如空气相对湿度在 83%以上并维持 4h，病斑上就能产生孢子囊，相对湿度为 50%~60%时则不能产生孢子囊。在饱和湿度或叶面有水膜的条件下，可产生大型孢子囊。孢子囊在 5~32℃都可萌发，萌发适温为 15~22℃，产生孢子囊的最适温度为 15~20℃。

三、病害循环

我国黄瓜霜霉病的越冬问题因地区和黄瓜栽培情况而不尽相同。在南方地区，全年均有黄瓜栽培，病菌以孢子囊在各茬黄瓜上不断侵染，周年循环。华北、东北、西北等黄瓜区，冬季，病菌侵染保护地黄瓜，并产生大量孢子囊，第二年逐渐传播到露地黄瓜上；秋季，黄瓜上的病菌再传到冬季保护地黄瓜上造成危害并越冬，以此方式完成周年循环。北方高寒地区，全年有 1~4 个月不种植黄瓜，大多数人推测认为，这些地区的初侵染，可能是病菌借季风的作用，由发病较早的南方地区将孢子以接力的方式，渐次接替从南向北传播所致。卵孢子在生活史和病害循环中的作用尚需进一步研究确定。

孢子囊主要是通过气流和雨水传播。孢子囊萌发后，从寄主的气孔或直接穿透寄主表皮侵入。环境适宜时潜育期仅为3~5d，环境不适宜时潜育期可延长至8~10d。随后，病斑上又产生孢子囊进行多次再侵染，不断扩大蔓延（图9-3）。

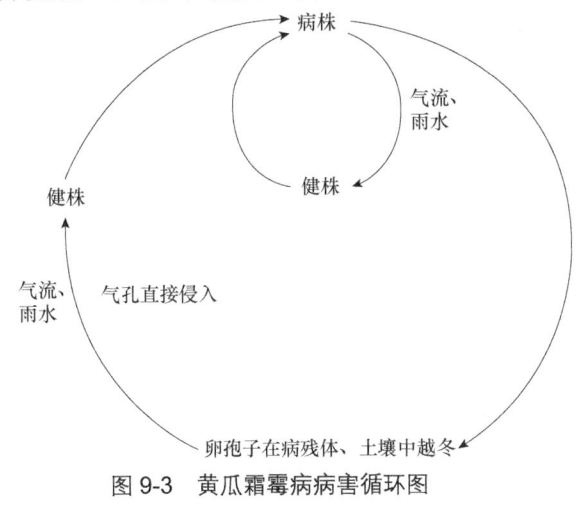

图 9-3　黄瓜霜霉病病害循环图

四、发病条件

此病的发生和流行与温湿度关系密切。孢子囊在温度15~20℃，空气相对湿度高于83%时才大量产生，且湿度越高产孢越多。叶面有水滴或水膜，持续3h以上孢子囊即萌发和侵入，在干燥的叶面上，即使有大量病菌，也不会发病。夜间由20℃逐渐降到12℃，叶面有水6h，或夜温由20℃逐渐降到10℃，叶面有水12h，病菌才能完成发芽和侵入。日均温15~16℃，潜育期5d；17~18℃，潜育期4d；20~25℃，潜育期3d，最有利于病害的发生。田间始发期的均温为15~16℃，流行气温20~24℃，低于15℃或高于30℃发病受抑制。多雨、多露、多雾、昼夜温差大、阴晴交替等气候条件有利于该病的发生与流行。

病害的发生与田间栽培管理方式有很大关系。地势低洼，栽植过密，通风透光不良，肥料不足，浇水过多，湿度大的地块，发病重。保护地发病情况与管理方式关系更为密切，温湿度控制不好，通风不当，棚室内湿度过高，昼夜温差大，夜间易结露，均会导致病害严重发生。

黄瓜不同品种对霜霉病的抗性差异很大。一些抗霜霉病的品种往往对枯萎病抗性较弱，推广后易使枯萎病严重发生。幼苗期子叶较抗病，成株期顶部嫩叶比下部叶片抗病，基部老叶由于钙积累较多也比较抗病，成熟的中下部叶片较感病；因此幼嫩叶片和老叶受害较轻，中下部功能叶片发病最重。

五、病害控制

黄瓜霜霉病潜育期短、流行速度快，病害控制应在因地制宜选用抗病品种的基础上，加强栽培管理，以创造有利于黄瓜生长而不利于发病的环境条件，并及时进行生态防治与化学防治。

（一）因地制宜选用抗病品种

露地栽培的品种有'中农2号''中农6号''中农8号''津园5号''津绿5号''津

育301''津杂3号''津杂4号''京旭2号'等；保护地栽培的品种有'津春3号''津春4号''津杂2号''津优2号''津优3号''中农7号''中农9号''中农14''中农15''中农19''中农21''津育1号''津优1号''碧春'等。

（二）加强栽培管理

选择地势较高、排水良好、离温室或塑料大棚较远的地块栽种露地黄瓜。地块要深耕整平，根据土壤肥力采用配方施肥技术。培育和选用壮苗，定植后在生长前期适当控制浇水，适时中耕，以促进根系发育。有条件的地方采用滴灌和膜下暗灌技术，避免大水漫灌。生长后期叶面喷0.1%的尿素加0.3%的磷酸二氢钾，可提高抗病性。另外，喷施1%红糖或蔗糖溶液，也可减轻病害发生。大棚黄瓜灌水要在晴天早晨进行，避免阴天或雨天灌水，要及时通风，昼夜温差不宜过大。

（三）生态防治

生态防治是利用黄瓜与霜霉病病菌的生长发育对环境条件要求的不同，采用利于黄瓜生长发育，不利于病菌生长的方法，以达到防病目的。

黄瓜光合作用的同化量在上午8~12时完成70%~80%，其余在下午13~16时完成，16时至午夜前光合产物输送到果实及生长部位,下半夜主要是呼吸消耗。光合成适温为25~30℃，相对湿度60%~70%；合成产物输送适温13~16℃，湿度80%~90%。采用生态防治法，上午日出后使棚温升至25~30℃，湿度降到75%左右，实现温湿度双控制，既抑制发病，又满足黄瓜光合作用。下午温度上升时即放风，使温度控制在20~25℃，湿度降到70%左右，实现湿度单控制。傍晚放风2~3h，使上半夜温度控制在15~20℃，湿度保持在70%左右即实现湿度单限制控制病害，温度利于光合产物的输送和转化。下半夜由于不通风，湿度上升至85%以上，但温度降至12~13℃，利用低温限制病害发生。当夜间温度高于12℃时，即可整夜通风，实现温湿度双控制。

（四）化学防治

于发病初期进行化学防治。可选用687.5g/L霜霉威盐酸盐·氟吡菌胺悬浮剂、69%烯酰·锰锌可湿性粉剂、72.2%霜霉威盐酸盐水剂、72%霜脲·锰锌可湿性粉剂、25%嘧菌酯悬浮剂等药剂喷雾。视病情每5~7d进行1次。保护地棚室可选用烟雾法，即在发病初期每亩用45%百菌清烟剂200g，分放在棚内4~5处，傍晚闭棚，由棚室里面向外逐次点燃后，熏一夜，次晨通风，每隔7d熏1次。为避免产生抗药性，杀菌剂要交替使用。

第二节　黄瓜细菌性角斑病

黄瓜细菌性角斑病是黄瓜的主要病害之一，在我国东北、内蒙古、华北、新疆及华东等地普遍发生，尤其在东北、内蒙古等保护地发生严重。发病严重时病株率可达50%~90%，极大地影响了黄瓜的产量，造成毁灭性损失。

一、症状

该病主要为害黄瓜叶片，其次是茎蔓和瓜条。幼苗和成株期均可受害，以成株期叶片受害为主。子叶染病，初呈水渍状近圆形凹陷斑，随后颜色逐渐变黄，干枯。真叶受害，初为水渍状浅绿色斑点，颜色逐渐转为黄褐色，病斑受叶脉限制呈多角形，湿度大时叶背面病斑部可产生乳白色浑浊水珠状菌脓，干燥后具白痕，病部质脆易穿孔。茎、叶柄、卷须染病，初呈水渍状，近圆形，严重的纵向开裂呈水渍状腐烂，变褐干枯，表层残留白痕。瓜条染病，初期产生水浸状小斑点，扩展后不规则或连片，病部溢出大量污白色菌脓，受害瓜条常伴有软腐病病菌的侵染，呈黄褐色水渍状腐烂。病菌侵染种子，致使种子带菌（图9-4）。

图 9-4　黄瓜细菌性角斑病症状

二、病原

病原为丁香假单胞菌黄瓜角斑病致病变种[*Pseudomonas syringae* pv. *lachrymans*（Smith et Bryan）Young，Dye & Wilkie]，属薄壁菌门假单胞菌属细菌。菌体短杆状相互呈链状连接，具端生鞭毛 1～5 根，大小（0.7～0.9）μm×（1.4～2.0）μm，有荚膜，无芽孢。革兰氏染色阴性，在金氏 B 平板培养基上，菌落白色，近圆形或略呈不规则形，扁平，中央凸起，污白色，不透明，具同心环纹，边缘一圈薄且透明，菌落直径 5～7μm。外缘有放射状细毛状物，具有黄绿色荧光。该菌属好气性，不耐酸性环境。生长最适宜温度 24～28℃，最高温度 39℃，最低温度 4℃，48～50℃经 10min 致死。该病菌除侵染黄瓜外还可以侵染葫芦、西葫芦、丝瓜、甜瓜、西瓜等。

三、病害循环

病菌附在种子内或随病残体落入土中越冬，成为翌年初侵染源。病菌通过寄主自然孔口和伤口侵入，引起初侵染。初侵染大都从近地面的叶片和瓜条开始，然后逐渐扩大蔓延。采种时病瓜接触污染的种子可致种子表面带菌。病菌在种子内可存活 1 年，在土壤中的病残体上可存活 3～4 个月。播种带菌种子，出苗后子叶发病，病菌在细胞间繁殖，保护地黄瓜病部溢出的菌脓，借棚顶大量水珠下落或结露及叶缘吐水滴落、飞溅传播蔓延，并进行多次重复侵染。露地黄瓜蹲苗结束后，随雨季的到来和田间浇水开始发病，病菌靠气流或雨水逐渐扩展，一直延续到结瓜盛期。

四、发病条件

黄瓜细菌性角斑病的发生和流行，主要与气象条件、栽培管理和品种抗病性等关系密切。

（一）气象条件

温湿度是角斑病发生的重要条件。温暖、多雨或潮湿条件发病较重，发病温度 10～30℃，适温 18～26℃，适宜的相对湿度为 75% 以上，棚室低温高湿利于发病。病斑大小与湿度相关，夜间饱和湿度持续时间大于 6h，叶片病斑大；湿度低于 85%，或饱和湿度持续时间不足 3h，则病斑小。昼夜温差大，叶面结露重且持续时间长，发病重。在田间浇水次日，叶背出现大量水浸状病斑或菌脓。有时，只要有少量菌源即可引起该病的发生和流行。露地黄瓜在低温多雨年份，病害普遍流行。黄河以北地区露地黄瓜，每年 7 月中下旬为角斑病发生的高峰期，棚室黄瓜 4～5 月为发病盛期。

（二）栽培管理

保护地低温高湿，浇水后放风不及时，棚室封闭时间过长有利于发病。露地地势低洼积水，排水不良，栽培密度过大，通风透光差，多年连茬，偏施氮肥，磷肥不足等均可诱发角斑病。

（三）品种抗病性

黄瓜品种间的抗病性存在差异。

五、病害控制

黄瓜细菌性角斑病的防治应采取以选用抗（耐）病品种、进行种子处理和加强栽培管理为主，并结合化学防治的综合措施。

（一）选用抗（耐）病品种

'津研2号''津研6号''津早3号''黑油条''夏青''全青''光明''87-2'等品种抗病性较强，因此各地应因地制宜选用适合本地种植的抗病品种。

（二）进行种子处理

播种前用55℃温水浸种15min捞出晾干后催芽播种，或用新植霉素200mg/kg浸种1h。

（三）加强栽培管理

与非瓜类作物轮作2年以上。培育无病种苗，用新的无病土育苗。采用高畦栽培和地膜覆盖，保护根系。及时绑蔓或吊秧，中耕除草，摘除枯黄病叶和底叶，带出田外或温室大棚外集中处理。保护地适时放风，降低棚室湿度，发病后控制灌水，促进根系发育，增强抗病能力。露地黄瓜应及时中耕，搞好雨后排水，降低田间相对湿度。收获后及时清除病残体。

（四）化学防治

田间发病后及时进行防治。可用30%琥胶肥酸铜可湿性粉剂、77%氢氧化铜可湿性粉剂、3%中生菌素可湿性粉剂、20%噻菌铜悬浮剂，每7d喷一次，连续喷3～4次。

第三节　黄瓜黑星病

黄瓜黑星病是一种世界性病害。20世纪70年代前我国仅在东北地区温室中零星发生，80年代以来，随着保护地黄瓜的发展，病害迅速蔓延加重，目前已扩展到了黑龙江、吉林、辽宁、河北、北京、天津、山西、山东、内蒙古、上海、四川和海南等地，成为我国北方保护地及露地栽培黄瓜的常发性病害。病害一般损失10%～20%，严重时可达50%以上，甚至绝收，在某些地区是生产上亟待解决的问题。

一、症状

整个生育期均可发生。嫩叶、嫩茎及幼瓜易感病，真叶较子叶敏感。子叶受害，产生黄白色近圆形斑，发展后引致全叶干枯；嫩茎发病，初呈现水渍状暗绿色梭形斑，后变暗色，凹陷龟裂，湿度大时病斑上长出灰黑色霉层（分生孢子梗和分生孢子）。生长点附近嫩茎受害，上部干枯，下部往往丛生腋芽。成株期叶片受害，开始出现褪绿的近圆形小斑点，干枯后呈黄白色，容易穿孔，孔洞边缘不齐整，呈放射星纹状，外围黄色晕圈；叶柄、瓜蔓被害，病部中间凹陷，形成疮痂状病斑，表面生灰黑色霉层。卷须受害，多变褐色而腐烂。生长点发病，经两三天烂掉形成秃桩。受侵害瓜条常向病斑一侧弯曲，病斑水浸状向内发展，呈孔洞状向内凹陷，溢出乳白色、半透明胶状物，后变成琥珀色，俗称"冒油"，表面长出灰黑色霉层，后期病斑表面呈疮痂状。病瓜一般不腐烂，但常生长不均衡，形成畸形瓜（图9-5）。

图9-5 黄瓜黑星病症状

二、病原

无性态为瓜枝孢霉（*Cladosporium cucumerinum* Ellis & Arthur），属于无性真菌类枝孢霉属。菌丝白色至灰色，具分隔。分生孢子梗细长，丛生，褐色或淡褐色，顶部、中部稍有分枝或单枝，大小（160～520）μm×（4.0～5.5）μm。分生孢子圆柱状、近梭形，形成分枝的长链，单生或串生，多单胞和双胞，少数三胞，褐色或橄榄绿色，多光滑。单胞大小为（11.5～17.8）μm×（4～5）μm；双胞大小为（19.5～24.5）μm×（4.5～5.5）μm（图9-6）。

菌丝生长的发育温度为2.5～35.0℃，适温20～22℃；致死温度52℃（45min）。分生孢子在12.5～32.5℃均能萌发，最适温度20℃。碱性条件下孢子萌发受抑制，以pH 5.5～7.0为适宜，最适pH 6。散射光有利于病菌生长及产孢。分生孢子萌发需要水滴或90%以上的相对湿度，低于66%孢子不萌发。

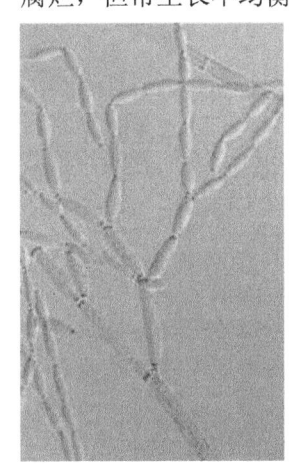

图9-6 黄瓜黑星病病菌（Bensch et al., 2010）

除黄瓜外，病菌还可侵染南瓜、西葫芦、甜瓜、冬瓜、节瓜、佛手瓜等葫芦科蔬菜及番茄、茄子、芸豆等。

三、病害循环

病菌以菌丝在田间的病残体内或土壤中越冬，也可以分生孢子附着于种子表面或以菌丝潜伏在种子内越冬，成为翌年的初侵染源。种子各部位的带菌率以种皮为多。若播种带菌种子，病菌可直接侵染幼苗。对于一些距离较远的地区，带菌种子是唯一的侵染源。分生孢子萌发后，长出芽管，从植物叶片、果实、茎蔓的表皮直接侵入，也可从气孔和伤口侵入，引起发病。分生孢子借气流、雨水、灌溉水或农事操作等传播，进行多次再侵染（图9-7）。

北方保护地黄瓜，定植后自3月中下旬黑星病开始发生，4月中旬至5月中下旬为病害发生的高峰期。之后，随着温度的升高及温室开始大放风，病害逐渐减轻。潜育期随温度而异，棚室为3～6d，露地为9～10d。

四、发病条件

黑星病属于低温、高湿、耐弱光的病害。病害在5～30℃均可发生，最适温度为20～22℃，

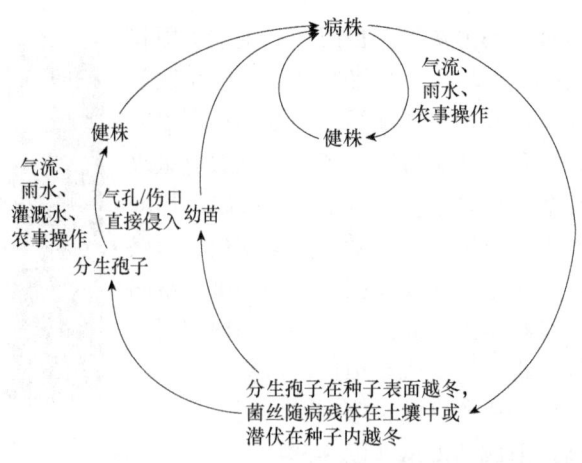

图 9-7 黄瓜黑星病病害循环图

低于 10℃或高于 25℃时发病减轻，温度高于 24℃时所有黄瓜品种均表现出抗病。相对湿度高于 90%，光照不足的条件下，发病严重。露地发病与雨量和雨日数多少有关，如遇降水量大、次数多，田间湿度大及连续冷凉的条件，发病就重。保护地栽培中，早春大棚温度低，透光差，植株郁闭，浇水过多，结露时间长，通风不良，湿度过大容易诱发此病。黄瓜重茬，前期长势弱，幼苗带病率高，发病重。

黄瓜品种间抗性差异显著。黄瓜对黑星病的抗性由单显性基因 Ccu 控制，该基因位于黄瓜第 2 条染色体上的短臂末端，与控制黄瓜枯萎病生理小种 1 号和 2 号抗性基因紧密连锁。自发现黄瓜抗黑星病基因以来，还未有被克服的报道。因此，利用黄瓜抗黑星病基因育种是解决此病害的有效途径。

五、病害控制

黑星病的防治应采取以加强检疫，选用无病种子，选用抗病品种，加强栽培管理为主，并辅以化学防治的综合措施。

（一）加强检疫、选用无病种子

严禁在病区繁种或从病区调种，做到从无病地留种。种子消毒可用温汤浸种法，即 55℃恒温浸种 15min，取出冷却后催芽播种。水量在 5%以下的种子可干热灭菌，在 70℃温度下处理 60min，或用 50%多菌灵 500 倍液浸种 20~30min 后，冲净催芽，或用冰醋酸 100 倍液浸种 30min。直播时可用 50%多菌灵按种子重量的 0.3%~0.4%拌种。

（二）选用抗病品种

可选用'津优 38''津优 36''吉杂 2 号''中农 11''中农 13''农大 14''京研秋瓜'等抗黑星病品种。

（三）加强栽培管理

覆盖地膜，采用滴灌等节水技术，轮作倒茬，重病棚（田）应与非瓜类作物进行 2 年以上轮作。施足充分腐熟肥作基肥，适时追肥，避免偏施氮肥，增施磷、钾肥。合理灌水，尤其定植后至结瓜期控制浇水十分重要。保护地黄瓜尽可能采用生态防治，尤其要注意湿度管理，采用放风排湿、控制灌水等措施降低棚内湿度。冬季气温低应加强防寒、保暖措施，使秧苗免受冻害。白天控温28~30℃，夜间15℃，相对湿度低于90%。增强光照，促进黄瓜健壮生长，提高抗病能力。

（四）化学防治

发病初期及时用药。棚室栽培定植前10d，每100m³空间用硫黄粉0.25kg、锯末0.5kg混合后分放数处，点燃后密闭大棚，熏闷1夜进行棚室消毒。发病初期及时摘除病瓜，保护地可用粉尘剂或烟雾剂，于发病初期用喷粉器喷撒10%多百粉尘剂、6.5%甲基硫菌灵乙霉威粉尘剂，或用45%百菌清烟剂熏烟。棚室或露地发病初期可喷施下列杀菌剂：40%氟硅唑乳油、10%苯醚甲环唑、25%嘧菌酯悬浮剂、50%醚菌酯干悬浮剂、戊唑醇、多菌灵、70%代森锰锌可湿性粉剂水分散粒剂、75%百菌清可湿性粉剂、50%异菌脲悬浮剂等。

第四节 黄瓜枯萎病

黄瓜枯萎病又称萎蔫病，是黄瓜作物上的一种重要土传病害。黄瓜种植区普遍发生，塑料大棚和温室栽培发生严重。一般发病率在10%~20%，严重的年份或地区可达50%以上，甚至绝产。

一、症状

苗期和成株期均可发病。

（1）苗期 发生早时，幼苗还未出土，种子即腐烂；出土的幼苗子叶萎蔫变黄，似缺水状，茎基部缢缩呈猝倒状，严重时整株枯萎。

（2）成株期 以开花结瓜期发病最多。初期症状为叶片萎蔫、褪绿、发黄，并逐渐向上部发展，白天中午叶片萎蔫明显，早上和夜间恢复正常，反复多日后则不会恢复。中后期茎基部缢缩变褐色，溢出琥珀色胶体物。湿度大时在根茎部会有白色或白粉色霉层产生，纵剖病茎基部可见维管束呈黄褐色至深褐色病变。地下主根和部分支根变褐坏死，发病后期则整株枯死（图9-8）。

图9-8 黄瓜枯萎病症状

二、病原

黄瓜枯萎病是由无性真菌类尖孢镰孢属侵染所致，我国有下述2种。

(一) 尖孢镰孢黄瓜专化型

尖孢镰孢黄瓜专化型（*Fusarium oxysporum* f. sp. *cucumerinum* Owen）主要侵染黄瓜，也可侵染甜瓜、西瓜、冬瓜，但不侵染黑籽南瓜，我国大部分地区的黄瓜枯萎病由此种侵染引起。黄瓜专化型有4个生理小种。1978年，G. M. 阿姆斯特朗（美国）、I. K. 阿姆斯特朗（美国）、D. 内蒂哲（以色列）三人共同确定了黄瓜枯萎病的1、2、3号生理小种（佛罗里达ATCC16416为小种1号、以色列ATCC36330为小种2号、日本ATCC36332为小种3号）。1985年以来，翁祖信等对中国的黄瓜枯萎病进行了病菌生理小种鉴定，并确定了4号生理小种。

该菌在马铃薯葡萄糖琼脂培养基上培养，气生菌丝羊毛状，初为白色，之后会产生色素，渐渐出现淡黄、粉色、淡紫以至紫蓝或紫黑色素，在老熟菌丝上可以产生1～2mm大小的疏松絮状菌核。小型分生孢子无色，单胞，偶有双胞，椭圆形至长椭圆形，大小为（5.0～12.5）μm×（2.5～4.0）μm，在培养基上大量产生。产孢细胞单瓶梗，短而密集，大小为（3.75～25.00）μm×（2.50～3.75）μm。大型分生孢子镰刀形，无色，1～5个分隔，以3个分隔者居多，顶端细胞较长渐尖，足胞有或无，大小（15.0～47.3）μm×（3.5～4.0）μm，在PDA培养基上一般产生量少且慢。厚垣孢子产生于菌丝细胞间或顶端，或在分生孢子上产生，单生或呈链状，近球形，淡黄绿色，直径5～13μm（图9-9）。

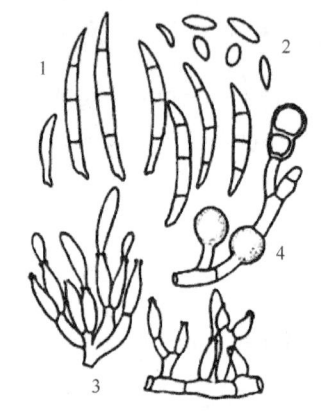

图9-9 尖孢镰孢（董金皋，2007）
1. 大型分生孢子；2. 小型分生孢子；
3. 分生孢子梗；4. 厚垣孢子

（二）瓜萎镰孢

瓜萎镰孢 [*Fusarium bulbigenum* Cooke et Mass. var. *niveum* (E. F. Smith) Wollenw.] 为吉林省和上海市的黄瓜枯萎病病原。在马铃薯葡萄糖琼脂培养基上气生菌丝呈絮状，子座紫色、紫红色或玫瑰色。小型分生孢子无色，形状呈椭圆形、卵形、近梭形，有时还微呈钩状，具有足胞，有隔膜，隔膜数量为3～5个。能够产生大量厚垣孢子，顶生或间生，球形，单胞。病菌最适生长发育和侵染温度为24～27℃，发育及侵染温度为4～34℃；pH为2.3～9.0，最适pH为4.5～5.8。

三、发病规律

尖孢镰孢为土壤习居菌，主要以菌丝体、厚垣孢子在土壤、病残体、种子及未腐熟有机肥上越冬，成为第二年病害的初侵染源。种子带菌可以通过调种进行远距离传播，传病作用不可忽视。病菌在土中的腐生性强，可存活5～6年或更长的时间。厚垣孢子通过牲畜的消化道后仍能存活。

病菌可以通过根部伤口或直接从侧根分枝处的裂缝及幼苗茎基部裂口侵入。病菌侵入后，在根部和茎部的薄壁组织中繁殖蔓延，然后进入木质部维管束，以菌丝或寄主产生的侵填体等堵塞导管，影响水分运输，使植株迅速萎蔫。在侵入过程中，还可以分泌毒素，破坏寄主细胞的原生质体，干扰寄主代谢，积累许多酶类物质，使植物细胞中毒死亡，使导管变为褐色。病菌沿导管还可以进入种胚，使种子成为病害发生的初侵染源之一。附着于种子上的病菌孢子，在种子萌发时可直接侵入幼根（图9-10）。

病菌在田间主要靠灌溉水、土壤耕作及地下害虫和土壤线虫进行传播。该病属积年流行病害，发生程度取决于当年的初侵染菌量，一般当年不进行再侵染，即使有也不起主要作用。

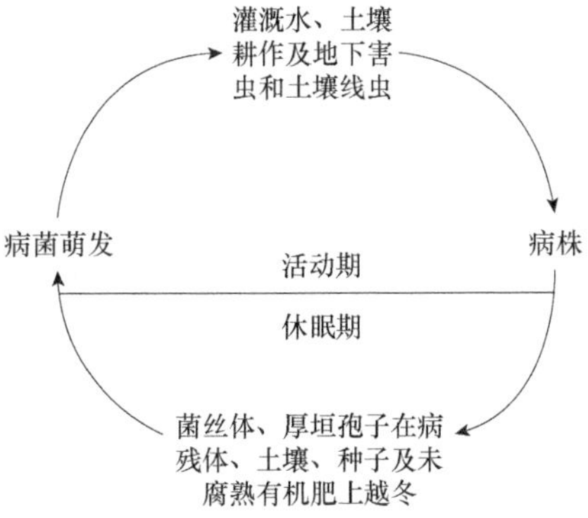

四、发病条件

黄瓜枯萎病是典型的土传病害，其发生与土壤条件、耕作和栽培条件、品种抗病性、地下害虫及土壤线虫等因素密切相关。

图 9-10 黄瓜枯萎病病害循环图

（一）土壤条件

土壤温湿度、pH 对黄瓜枯萎病的发生有较大影响。病菌在 8~34℃均能致病，最适温度为 24~28℃；pH 4.5~9.2 都可以生长，其中 pH 5.5~6.0 最适宜；湿度大更有利于孢子的萌发。因此，地势低洼、排水不良、根部积水造成湿度过大，可促使病害发生蔓延，湿度越大发病越重。酸性土壤有利于病菌活动，而不利于黄瓜作物生长，因此，酸性土壤发病重，而碱性土壤发病较轻。

（二）耕作和栽培条件

土壤中病菌是病害的主要侵染源，菌量的多少是当年发病程度的决定因素之一。连作地块土壤中病菌连年积累，重茬次数越多，土壤中积累的菌量越大，发病越重。

一般保护地栽培比露地栽培发病重；地势低洼，排水不良，浇水过多，耕作粗放，土壤瘠薄，偏施氮肥，不清洁田园等不利于植株健壮生长，易于发病；中耕伤根，有利于病菌侵入，病害发生严重；施用未腐熟的有机肥发病重。

（三）品种抗病性

'津研 5 号''津研 7 号''津杂 1 号''津杂 2 号''津杂 3 号''津杂 4 号''津春 1 号''中农 7 号''中农 8 号''中农 11''中农 13' 等品种较抗黄瓜枯萎病，发病轻。'津研 2 号''北京小刺瓜''农大 12''农大 14' 等不抗病，发病重。

（四）地下害虫及土壤线虫

地下害虫或土壤线虫多时，为害根部，造成伤口。病菌可以通过伤口直接侵入，害虫越多伤口越多，更有利于枯萎病病菌侵入，致使病害发生加重。

五、病害控制

黄瓜枯萎病的防治应采取以选用抗病品种为主，并结合嫁接防病、轮作、加强栽培管理与种子及土壤高温消毒等综合防治措施。

（一）选用抗病品种

各地应因地制宜选用适合当地的抗病品种。保护地黄瓜抗枯萎病的品种有'长春密刺''津研 5 号''津研 7 号''津杂 1 号''津杂 2 号''津杂 3 号''津杂 4 号''津春 1 号''津春2号''津春3号''中农7号''中农11''中农13'等；露地黄瓜抗枯萎病的品种有'津杂1号''津杂2号''津研6号''津研7号''津春4号''津春5号''中农3号'等。

（二）嫁接防病

黄瓜枯萎病是一种根部病害，寄主专化性较强，因此选用不能被黄瓜专化型病菌侵染的瓜苗作砧木来进行嫁接换根是防治黄瓜枯萎病的有效方法。黄瓜可使用黑籽南瓜作砧木。

（三）轮作

与非瓜类作物轮作至少3年，6～7年最好，可有效减少土壤中病菌的数量，达到防治枯萎病的目的。可与百合科、藜科、十字花科、豆科、茄科等多种蔬菜及小麦、玉米、高粱等大田作物进行轮作。

（四）加强栽培管理

地块深耕整平，合理增施氮、磷、钾肥，增施有机肥。选用无病壮苗，移栽时不要伤根。定植后，前期适当控制浇水，并适时中耕，提高地温，促进根系发育。结瓜后适当增加浇水次数，并及时追肥，保持土壤半干湿状态，切忌大水漫灌，雨后及时排水。发现病株及时拔除。

（五）种子及土壤高温消毒

播种前需要对种子进行消毒。种子高温消毒可分为干热消毒及温汤浸种两种方法。温汤浸种是将黄瓜种子放在55℃的温水中处理15min。干热处理时，要求处理的种子要干燥（含水量低于10%），然后把种子放进70℃的恒温箱中处理72h。

病菌可在土壤中越冬，因此对土壤进行高温消毒可有效减少土壤中病菌的数量。保护地可利用太阳能进行土壤高温消毒，即在夏季高温期间（最好是6～7月保护地空闲期）清洁田园后，将棚室内土壤深翻25cm，每亩撒施500kg切碎的稻草或麦秸或稻壳，与土壤混匀后起垄，铺地膜，灌透水，保持15～20d。

（六）化学防治

1. 种子消毒 可以使用25%多菌灵可湿性粉剂按种子重量的1%进行药剂拌种，或用40%福尔马林100倍液浸种20min，捞出后冲净催芽。

2. 苗床消毒 旧苗床土壤带菌的，播种前可用50%多菌灵可湿性粉剂，每平方米均用8g药剂与5kg细土充分拌匀，将2/3药土均匀施入苗床内，播种后再把另外1/3药土均匀撒上。

3. 移栽前土壤处理 每亩用50%多菌灵可湿性粉剂4kg，或50%福美双可湿性粉剂4kg＋70%甲基硫菌灵可湿性粉剂4kg，加细土50～100kg拌匀后，定植前均匀施在地表，把药土翻入土中，也可均匀施在播种沟或定植沟内。

4. 药剂灌根 在发病初期可使用下列药剂灌根：70%甲基硫菌灵可湿性粉剂1000倍液、60%琥·乙磷铝可湿性粉剂350倍液、50%多菌灵500倍液、50%福美双可湿性粉剂500倍液、50%琥胶肥酸铜可湿性粉剂350倍液、30%噁霉灵水剂1000倍。每株灌兑好的药液300～500mL，每隔7～10d灌1次，连灌2～3次。

第五节 黄瓜白粉病

黄瓜白粉病是一种广泛发生的世界性病害，在我国各地的温室、大棚及露地栽培的黄瓜中均有发生。该病害在叶片上产生白色粉状物，俗称挂白灰，可影响叶片的光合作用和呼吸作用，若不及时防治，会导致植株叶片枯焦，致使果实早期生长缓慢，植株早衰，影响黄瓜的品质和产量，造成严重的经济损失。

一、症状

黄瓜白粉病在苗期和成株期均可发生，中后期的危害最为严重。病菌主要侵染叶片，其次是叶柄和茎，果实一般不受害。发病初期在叶片上产生白色近圆形小粉斑，环境适宜时病斑迅速扩大连片，甚至布满整个叶片，好似撒了一层白粉。这些白粉为病菌的菌丝体、分生孢子梗及分生孢子。发病后期病斑上产生成堆或散生的黑褐色小点，这些小点是病菌的闭囊壳。叶柄和嫩茎上的症状与叶片相似，但白粉较少。发病严重时叶片会枯萎卷缩，但一般不脱落（图9-11）。

图 9-11 黄瓜白粉病症状

二、病原

我国黄瓜白粉病的病原有两种：瓜类单囊壳 [*Sphaerotheca cucurbitae* (Jacz.) Z. Y. Zhao] 和葫芦科白粉菌（*Erysiphe cucurbitacearum* Zheng et Chen），分别属于真菌界子囊菌门白粉菌科单囊壳属和白粉菌属，以前者为主。

两种白粉菌的无性态均为半知菌门粉孢属。分生孢子梗无色，圆柱状或短棍状，不分枝，有2~4个隔膜，其上着生成串、椭圆形、单胞、无色的分生孢子。单囊壳菌和白粉菌的分生孢子大小分别为（26~45）μm×（13~24）μm 和（24~45）μm×（13~24）μm。分生孢子的萌发对湿度的要求不高，相对湿度大于25%时就可以萌发，但叶片若有水膜存在时，分生孢子吸水后膨压过大，可引起孢子破裂而死亡，则会影响分生孢子的萌发。温度10~30℃，分生孢子就可以萌发，最适的萌发温度为20~25℃。

两种白粉菌的闭囊壳均为扁球形，暗褐色，无孔口。瓜类单囊壳的闭囊壳直径为70~120μm，表面有附属丝，附属丝为菌丝状，内含1个子囊，大小为（63~98）μm×（46~74）μm；每个子囊内有8个单胞、无色、椭圆形的子囊孢子，大小为（15~26）μm×（12~17）μm。葫芦科白粉菌闭囊壳直径80~140μm，有附属丝但较少见，闭囊壳内含有4~39个子囊，一般为10~15个，大小为（40~58）μm×（30~50）μm；每个子囊内有2个单胞、无色、椭圆形的子囊孢子，大小为（20~28）μm×（12~20）μm（图9-12）。

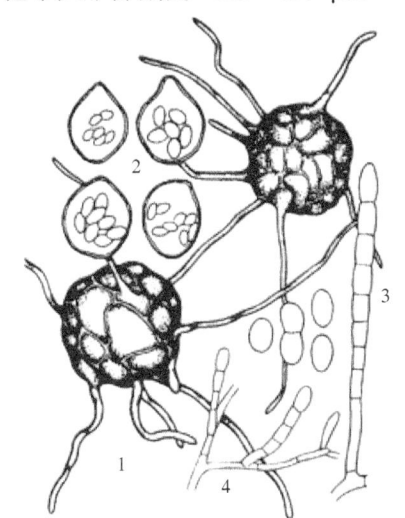

图 9-12 瓜类单囊壳（董金皋，2007）
1. 闭囊壳；2. 子囊；3. 分生孢子；4. 分生孢子梗

两种病菌的寄主范围都很广，除为害黄瓜外，还为害甜瓜、南瓜、冬瓜等葫芦科蔬菜及向日葵、凤仙花、月季、蒲公英等多种作物和杂草。

三、病害循环

黄瓜白粉菌为专性寄生菌，只能在活的寄主体内吸取营养。在南方和冬季有保护地栽培的地区，病菌以菌丝或分生孢子在寄主上越冬或越夏；在北方，病菌以闭囊壳随病残体在田间越冬，成为翌年的初侵染源。第二年春天，当气温在20~25℃时，越冬后的闭囊壳释放出子囊孢子，或菌丝上产生分生孢子，借气流或雨水传播到寄主叶片上，并从叶片表皮侵入，在表皮细胞间扩展蔓延，以吸器深入细胞内吸取营养和水分。条件适宜时，在侵染处形成白色菌丝丛状病斑，形成的分生孢子借气流和雨水飞溅传播，进行多次再侵染。秋季植物生长后期，温度变低，受害部位产生闭囊壳，成为下一年的侵染来源（图9-13）。

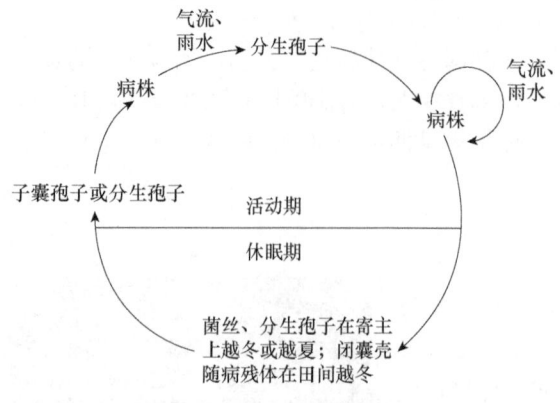

图9-13 黄瓜白粉病病害循环图

四、发病条件

瓜类白粉病的发生和流行，主要受气候条件、品种抗病性及栽培管理等因素的影响。

（一）气候条件

相对湿度25%以上，白粉菌能萌发，高湿条件下萌发率明显提高。分生孢子发芽和侵入最适宜的相对湿度为90%~95%，湿度越大越有利于病害发生。白粉病发生的最适温度为20~25℃，超过30℃或低于10℃病菌萌发受到抑制。在田间，高温干旱与高温高湿交替出现，同时有大量白粉菌源时，白粉病很容易流行。

（二）品种抗病性

不同黄瓜品种对白粉菌的抗病性存在差异，霜霉病抗性基因与白粉病抗性基因连锁，因此，一般抗霜霉病的品种也较抗白粉病。

（三）栽培管理

栽培管理粗放、密度过大、氮肥过多、通风透光不好、土壤缺水或灌水过量、湿度过大的地块，有利于病害发生，通常保护地比陆地发生重。

五、病害控制

控制白粉病应采取以选用抗病品种和加强栽培管理为主，并结合化学防治的综合防治措施。

（一）选用抗病品种

抗病品种有'津研2号''津研4号''津研6号''津杂1号''津杂2号'等，目前尚未发现免疫品种。

（二）加强栽培管理

选择通风良好、土质疏松肥沃、排灌方便的地块种植。保护地应注意通风透光，及时摘除黄、老、病叶；合理灌水，降低空气湿度，防止植株徒长；避免偏施氮肥，施足有机肥，增施磷、钾肥，提高植株抗病力。

（三）化学防治

发病初期进行化学防治。可选用 25%嘧菌酯悬浮剂 1500~2500 倍液、50%醚菌酯干悬浮剂 3000~4000 倍液、70%甲基硫菌灵可湿性粉剂 600~800 倍液、10%苯醚甲环唑悬浮剂 1000~2000 倍液、25%乙嘧酚悬浮剂 1500~2500 倍液、高脂膜 30~50 倍液、15%三唑酮可湿性粉剂 1000~1200 倍液、25%腈菌唑乳油 5000~6000 倍液、12.5%速保利 2500 倍液、40%氟硅唑乳油 3000~4000 倍、75%百菌清 600 倍液等。每隔 7~10d 一次，连续 3~4 次。保护地可用烟雾法熏蒸：在定植前用硫黄熏烟消毒，具体方法是将棚室密闭，每 100m² 用硫黄粉 250g 与锯末 500g 拌匀后，分别装入小塑料袋内，于晚上点燃熏一夜。此外也可用 45%百菌清烟剂，每亩 250g，密闭温室点燃熏蒸。

第六节 黄瓜灰霉病

灰霉病是保护地黄瓜生产中的重要病害，发生极其普遍，可导致烂花、烂果，直接影响产量和品质。潮湿条件下发生严重，一般损失在 30%以上，重者减产 60%以上。

一、症状

该病主要为害花、瓜条、叶片、茎蔓。病菌多从花器侵入，引起花瓣腐烂，长出淡灰色的霉层。之后病菌向瓜条扩展，果面变软、萎缩、腐烂，表面密生霉层。脱落的烂花或病卷须附着在叶面上引起叶片发病，形成近圆形或不规则形大型病斑，直径 20~50mm，边缘明显，潮湿时表面有灰色霉层，干旱时灰霉稀疏。幼茎及生长点发病，引起茎节腐烂，严重时造成茎蔓折断，植株枯死（图 9-14）。

图 9-14 黄瓜灰霉病症状

二、病原

病菌有性态为子囊菌门葡萄孢盘菌属富氏葡萄孢盘菌 [*Botryotinia fuckeliana* (de Bary) Whetzal]；无性态为无性真菌类葡萄孢属灰葡萄孢 (*Botrytis cinerea* Pers.)。病菌分生孢子梗顶端具 1~2 次分枝，分枝顶端密生小柄，其上生大量分生孢子。分生孢子椭圆形至卵圆形，单胞，无色。有性生殖形成子囊盘，释放子囊孢子。自然界中以无性繁殖为主，子囊孢子少见。

三、病害循环

病菌以菌丝、分生孢子或菌核在病残体上或土壤中越冬，分生孢子可在病残体上存活 4~5 个月。越冬的分生孢子、菌丝或菌核成为次年的初侵染源，靠气流、雨水及农事操作进行传播蔓延，通过伤口、气孔或衰老的器官侵入。病菌结瓜期是该病侵染和烂瓜的高峰期，病花和病果可造成再次传播（图9-15）。

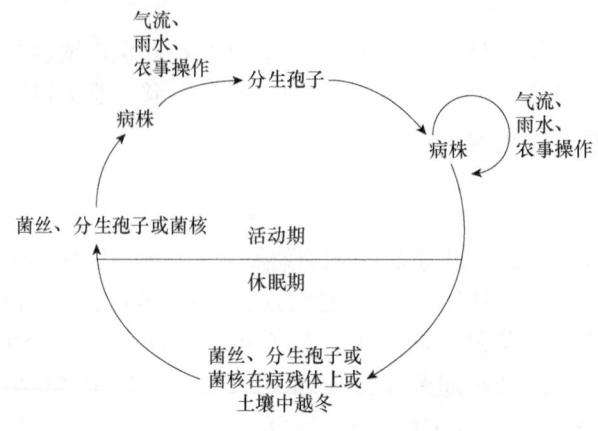

图9-15 黄瓜灰霉病病害循环图

四、发病条件

黄瓜灰霉病是一种低温、高湿性病害。温度18～23℃、相对湿度90%以上、阴天、光照不足、通风不良、棚室结露时间长，最有利于灰霉病的发生。管理不当、种植过密、放风不及时、昼夜温差大、结露时间长及大水漫灌等，均有利于此病的发生和流行。

五、病害控制

（一）加强栽培管理

加强通风换气，适当控制浇水，忌在阴天浇水，防止湿度过高，减少棚顶及叶面结露和叶缘吐水。收获后彻底清除病残体，土壤深翻20cm以上，减少棚内初侵染源。苗期、瓜膨大前及时摘除病花、病瓜、病叶，带出大棚，温室外深埋，减少再侵染的病源。棚室要通风、透光，注意保温，防止冷空气侵袭。抓好配方施肥，增施有机肥，培育壮苗，提高植株的抗病能力。

（二）化学防治

苗期使用百菌清、多菌灵等进行苗床消毒。花期可在保花保果的药剂中加入0.1%的50%腐霉利或0.1%的50%异菌脲。成株期发病初可用50%腐霉利可湿性粉剂1000～1500倍液、50%异菌脲可湿性粉剂600～800倍液、40%菌核利可湿性粉剂800～1000倍液、40%嘧霉胺可湿性粉剂1000～1500倍液、50%乙烯菌核利水分散粒剂800～1000倍液喷雾。

第七节 黄瓜炭疽病

炭疽病是黄瓜上的重要病害，可使黄瓜幼苗猝倒，成株期茎叶枯死，瓜果腐烂，危害严重。除生长期为害黄瓜植株外，储藏运输期间仍会继续蔓延，引起瓜果大量腐烂。

一、症状

整个生育期均可发病，在植株生长中后期危害较重。主要为害叶片，也可为害茎、叶柄、果实。幼苗发病，子叶上出现褐色圆形或半圆形病斑，上有淡红色黏稠物；茎基部呈淡黄褐色，渐缢缩，造成幼苗折倒死亡。成株期发病，叶片上病斑初为水渍状，后变为红褐色的近圆形病斑，边缘有黄色晕圈；后期病斑汇合成不规则的大斑块，病斑上出现许多小黑点，潮湿时正面有红色黏稠物产生，干燥时则破裂穿孔。在茎和叶柄上形成圆形病斑，初呈水渍状，淡黄色，后变成深褐色，严重时病斑连接，绕茎一周，植株枯死。瓜条染病，病斑近圆形，黄褐色，病斑稍凹陷，表面有粉红色黏稠物（图9-16）。

图 9-16　黄瓜炭疽病症状

二、病原

病原无性态为瓜类炭疽菌[*Colletotrichum orbiculare*（Berk. & Mont.）von Arx]，半知菌门炭疽菌属；有性态为子囊菌门小丛壳属[*Glomerella cingulata*（Stonem）Spauld et H. Schrenk var. *orbicularis* Jenkins et Winstead]。自然条件下尚未发现，人工培养条件下，用紫外灯照射可以产生。

分生孢子盘在寄主表皮下产生，成熟后突破表皮呈黑褐色。分生孢子盘中散生多根暗褐色刚毛，有2～3个隔膜。分生孢子梗无色，单胞，圆筒状，大小（20～25）μm×（2.5～3.0）μm。分生孢子单胞、无色，长圆形或卵圆形，大小（14～20）μm×（5～6）μm，多聚集成堆，呈粉红色（图9-17）。

病菌生长温度为10～30℃，最适温度为24℃，致死条件为55℃（10min）。分生孢子萌发适温为22～27℃，还需要水和充足的氧气，低于4℃不能萌发。病菌有性态自然条件下很少被发现。

病菌存在生理分化现象，现已确定有7个生理小种。

图 9-17　炭疽病病菌
1. 分生孢子盘；2. 分生孢子

三、病害循环

病菌在田间主要以菌丝体及拟菌核（未成熟的分生孢子盘）随病残体在土壤中越冬，也可通过菌丝体在种子上越冬，还可以腐生的方式在温室或大棚内的旧木料上越冬。条件适宜时，越冬后病菌产生大量分生孢子，分生孢子萌发侵入寄主进行初侵染。寄主染病后，遇适宜的温湿度环境条件，在病部形成分生孢子盘和分生孢子，经气流、雨水、农事操作和昆虫传播进行再次侵染。种子带菌，病菌可直接侵染子叶引起发病。储运过程中，瓜条上的分生孢子也可以萌发侵染，使瓜条发病腐烂或畸形（图9-18）。

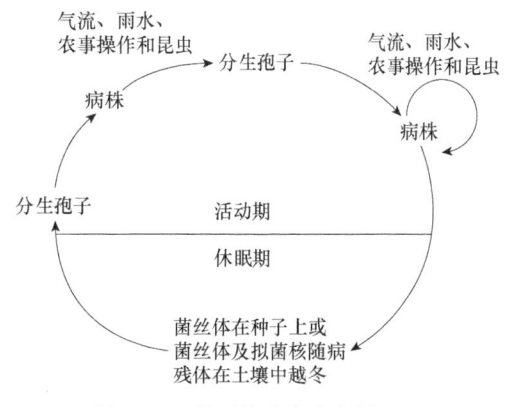

图 9-18　黄瓜炭疽病病害循环图

四、发病条件

黄瓜炭疽病的发生主要与品种抗病性、气象因素和栽培措施等关系密切。

（一）品种抗病性

黄瓜不同品种间的抗病性存在差异，果实的抗病性随成熟度而降低。

（二）气象因素

炭疽病的发生和流行与温湿度关系密切。24℃左右，相对湿度达70%以上时，该病极易流行。适温下，湿度与潜育期的长短密切相关。湿度越大潜育期越短，相对湿度达87%～95%时，病害的潜育期只有3d；湿度越低潜育期越长，湿度低于54%，不发病。温度对病害的影响不如湿度大，在10～30℃均可发病，气温高于28℃时，病情的发展受到一定抑制。温度22～24℃、相对湿度95%以上时发病最重。

（三）栽培措施

管理不当、氮肥过量、地势低洼、通风排湿条件差、连种地块、生长势弱的瓜秧易染此病。

五、病害控制

黄瓜炭疽病的防治采用以选用抗病品种为主，选用无病种子，加强田间栽培，并结合化学防治的综合措施。

（一）选用抗病品种

因地制宜选用抗病品种。抗病品种有'农大秋棚1号''中农2号''碧春''中农5号''中农1101'等。

（二）选用无病种子

从无病田或健株上采收种子，并进行种子消毒。播种前可用55℃温水浸种20min，或多菌灵浸种30min，或福尔马林100倍液浸种30min，或冰醋酸100倍液浸种20～30min，用清水洗净后催芽播种。

（三）加强田间栽培

与非瓜类作物进行3年以上的轮作。合理施肥，增施磷、钾肥，培育壮苗，增强植株抗病力。高畦地膜栽培，避免在低洼、排水不良的地块种植。注意合理灌水，适度放风排湿，清除病叶、病株，带出田外烧毁，病穴撒施生石灰消毒。

（四）化学防治

发病初期摘除病叶并喷药保护。可选用25%嘧菌酯悬浮剂1500～2000倍液、50%醚菌酯干悬浮剂3000～4000倍液、25%咪鲜胺乳油1000～1500倍液、70%甲基硫菌灵可湿性粉剂700倍液、25%溴菌腈可湿性粉剂600～1000倍液、50%多菌灵可湿性粉剂500～700倍液等。7～10d喷雾1次，连续2～3次。

第八节 黄瓜根结线虫病

黄瓜根结线虫病（cucumber root-knot nematode）是一种世界性的根部病害，1855年首次在黄瓜上发现。在中国，此病已广泛分布于各个黄瓜产区。特别是在温室栽培中，由于多年连作，线虫的危害日益严重。病害发生后，可使植株根系受损，输导组织遭到破坏，水分和养分的正常运输受阻，造成不同程度的损失，重者产量损失60%以上。

一、症状

黄瓜根结线虫主要为害根部，植株地上部也可表现症状。

地上部症状：轻病株地上部症状不明显，重者地上部生长缓慢，植株矮小，叶片发黄，长势衰弱似缺水缺肥状，发育不良，结瓜小而少。中午气温高时，植株呈萎蔫状；早晚气温低或浇水充足时，萎蔫的植株可恢复正常；病情加重后，萎蔫的植株不能恢复正常，植株枯萎、死亡。

地下部症状：以侧根和须根受害严重，受害根部形成许多大小不同、形态各异的根结，根结早期为淡黄色，后变为深褐色，呈串珠状，整个根系变粗。病害加重时，根系腐烂。

二、病原

引起黄瓜根结线虫病的根结线虫有很多种，主要的有4种，其中，以南方根结线虫（*Meloidogyne incognita*）为主，还有爪哇根结线虫（*M. javanica*）、花生根结线虫（*M. arenaria*）和北方根结线虫（*M. hapla*），属线虫门根结线虫属。

根结线虫为雌雄异型，雄成虫呈细长蠕虫形，长700～1900μm，宽30～36μm。雌成虫埋生在寄主根内，呈梨形，虫体透明，体长440～1300μm，宽325～700μm。在雌虫尾末端的中央表皮上有一个环绕着肛门和阴门的特征性表皮花纹，叫作会阴花纹，是鉴定种的重要特征（图9-19）。

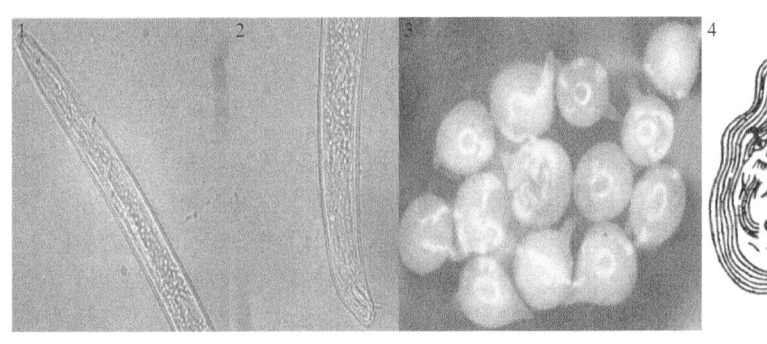

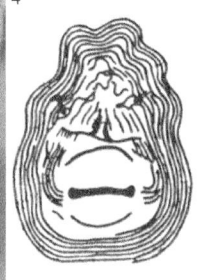

图9-19 南方根结线虫形态图
1. 雄虫头部；2. 雄虫尾部；3. 成熟雌虫；4. 会阴花纹

三、病害循环

线虫以卵块在土壤中，或以2龄幼虫，或雌成虫在病根根结中越冬。线虫可存活1～3年，温度回升，卵在根结内孵化，1龄幼虫留在卵内，2龄幼虫从卵中出来，在表土层内活动，遇到寄主便从幼根侵入，诱导寄主细胞迅速发育形成巨细胞，过度分裂成瘤状根结。雄成虫成熟后移入土壤中活动，雌成虫则埋生在寄主根组织内。成虫交尾产卵，卵包胶质形成卵块，可立即孵化引起再侵染。一个生长季节繁殖3~5代，或进入休眠呈滞育状态，成为下一季的初侵染源（图9-20）。

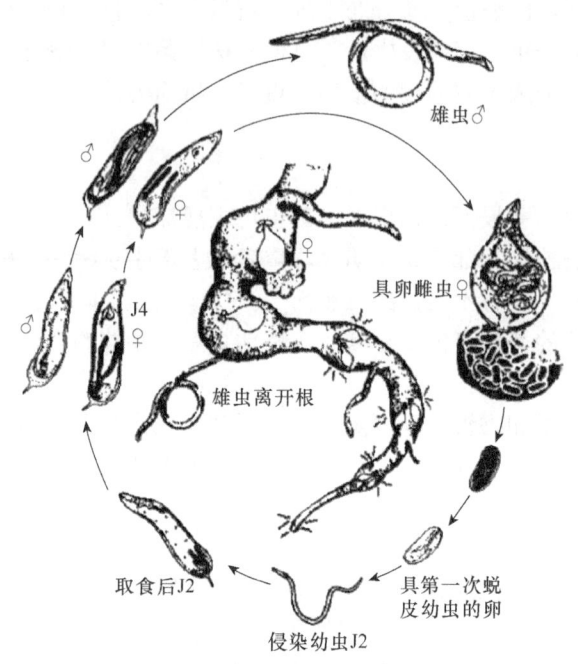

图9-20　根结线虫病病害循环图（段玉玺，2011）
J2. 二龄幼虫；J4. 4龄幼虫

根结线虫靠土壤、灌溉水、农事操作及农机具近距离传播，种苗调运或被土壤污染的车辆是远距离传播的主要方式。

四、发病条件

根结线虫主要分布在20cm深的表土层，3~15cm土层分布最多，病害的发生和流行与土壤温湿度、土壤质地和耕作制度有关。

土壤温度为25~30℃，土壤持水量在40%左右时，适宜根结线虫的发育。多数种类根结线虫不耐高温，通常在55℃左右经10min即可被杀死。通气性好、结构疏松的沙性土壤根结线虫发病重，而潮湿、黏重、板结的地块，不利于根结线虫的活动，发病较轻。根结线虫寄主广泛，连作年限越长，田间杂草越多，线虫群体密度越大，发病越重。

五、病害控制

以农业防治为基础，配合物理防治、化学防治及生物防治。

（一）农业防治

在水稻种植区，稻瓜轮作可有效控制根结线虫病的发生和危害。非水稻种植区，可与葱、蒜、韭菜或禾本科作物进行2~3年的轮作。种植万寿菊，可诱使根结线虫侵染，以减少虫源密度。彻底挖除病残体，并将其集中烧毁，病坑用生石灰进行消毒处理。增施生物有机肥，如蚯蚓粪，可以增加有益微生物的群体数量，减轻根结线虫病的危害。

（二）物理防治

在 7 月或 8 月采用高温闷棚的方法进行土壤消毒，地表温度最高可达 72.2℃。地温 49℃以上，可杀死土壤中的根结线虫，防效可达 80%左右。在北方 1 月中下旬未定植的大棚可以采用敞篷冻地的方式处理 1~2 周，对南方根结线虫的防治效果较好。

（三）化学防治

瓜类定植前可用 10%噻唑膦颗粒剂，以 2.25~3.00kg/hm² 撒施于土壤中，或用 5%丁硫克百威颗粒剂，3.75~5.25kg/hm² 进行沟施，或 1%阿维菌素颗粒剂，3.75~5.25kg/hm² 拌土沟施或浇穴。瓜类生长期选用 3%氯唑磷颗粒剂 2~4kg/hm² 或 5%丁硫克百威颗粒剂 2~4kg/hm²，施入根部，用药后浇水。

（四）生物防治

在黄瓜移栽定植前，用 5%线虫必克 30.0~37.5kg/hm² 处理土壤，对黄瓜根结线虫病的防治效果可达 70%左右。

第九节　黄瓜菌核病

菌核病是保护地瓜类蔬菜生产中的重要病害之一，在大棚、温室、露地均有发生，以早春大棚、越冬温室发生严重，一般受害地块损失 10%~30%，重者达 90%以上。该病害寄主范围十分广泛，可侵染 64 科 383 种植物，除为害黄瓜外，还可为害番茄、甜（辣）椒、茄子、豌豆、马铃薯、胡萝卜、芹菜及多种十字花科蔬菜。

一、症状

黄瓜菌核病主要为害茎基部和果实，也能为害茎蔓和叶片，在黄瓜苗期至成株期均可发生。茎蔓染病，主要在近地面的茎基部和主侧枝分权处，开始产生水浸状病斑，逐渐扩大呈淡褐色，病茎软腐纵裂，病部以上茎蔓和叶片凋萎枯死。湿度大时病部长出一层白色棉絮状菌丝体，茎秆内髓部受破坏，发病末期腐烂而中空，剥开可见白色菌丝体和黑色菌核。菌核鼠粪状，呈圆形或不规则形，早期白色，后变为黑色。幼瓜染病，多从顶端开始侵染，初呈水渍状暗绿色腐烂，后在病部产生浓密絮状白霉，随病害发展白霉转变成黑色鼠粪状菌核。叶片染病，病部呈绿褐色水渍状腐烂，干燥时，形成灰白色大型枯斑，潮湿时，病斑表面产生少量白色菌丝层（图 9-21）。

二、病原

病原为核盘菌（*Sclerotinia sclerotiorum* de

图 9-21　黄瓜菌核病症状

bary），属子囊菌门核盘菌属真菌。病菌呈丝状，近无色，直角分枝，分枝处略缢缩，附近产生一个隔膜。菌核由菌丝扭集形成，初为白色，后表面变黑，菌核大小不等，为（1.1～6.5）mm×（1.1～3.5）mm。在适宜条件下，菌核萌发产生浅褐色子囊盘。子囊盘杯状或盘状，成熟后，变成暗红色，盘中产生许多子囊和侧丝。子囊无色，棍棒状，内生 8 个无色子囊孢子。子囊孢子椭圆形，单细胞，大小为（10～15）μm×（5～10）μm。

三、发病条件

病菌以菌核随病残体遗落在土壤中，或混杂在种子里越冬，随种子远距离传播。菌核一般可存活两年左右。翌年在环境条件适宜时，菌核萌发产生子囊盘，子囊盘散放出的子囊孢子借气流传播蔓延，孢子侵染衰老的叶片或未脱落的花瓣、柱头或幼瓜，引起初次侵染。侵入后病菌破坏寄主的细胞和组织，扩散和破坏邻近未被病原侵染的组织，并通过病健株间的接触，进行重复侵染。带病的雄花落到健叶或茎上，也可引起重复侵染。

菌丝生长适宜的温度范围较广，气温 5～30℃、相对湿度 85%以上均可发病。温度 20℃左右、湿度 98%以上发病重。低温湿度大或多雨的早春或晚秋利于病害发生。保护地黄瓜放风不及时，灌水过多，或偏施氮肥均容易诱发此病。此外，连年种植葫芦科、茄科及十字花科蔬菜的田块发病重。

四、病害控制

针对此病的发生危害特点，可采取种子处理、加强栽培管理、土壤消毒、化学防治等综合防治措施。

（一）种子处理

播种前种子在 50℃温水中浸种 10min，然后移入冷水中冷却，晾干后催芽播种，可杀死混杂在种子中的菌核。

（二）加强栽培管理

合理轮作。可与青椒、茄子等实行 2～3 年轮作。采用地膜栽培或高畦栽培；合理控制浇水和施肥量，及时放风，降低棚内湿度，减少棚顶及叶面结露和叶缘吐水。及时打掉老叶和摘除留在果实上的残花，发现病株及时拔除或剪去病枝病果，带出棚外集中烧毁或深埋。收获后彻底清除病残体，深翻土壤，防止菌核萌发出土。

（三）土壤消毒

每平方米用 50%多菌灵粉剂 8～10g，与干细土 10～15kg 拌匀后撒施，消灭菌源。

（四）化学防治

温室大棚可用 10%腐霉利烟剂或 30%百菌清烟剂，每亩每次 250g，7～10d 一次，视病情连续进行 3～4 次。发病初期用腐霉利、异菌脲、菌核利、嘧霉胺、乙烯菌核利等药剂喷雾。茎蔓发病也可用腐霉利涂抹患部。

第十章
果 树 病 害

我国苹果病害有 100 余种，发生严重的有腐烂病、轮纹病、炭疽病、霉心病、褐斑病、轮斑病等。我国梨树病害约 90 种，发生普遍且危害严重的有轮纹病、炭疽病、霉心病、黑星病、锈病、褐斑病等。国内柑橘病害已发现近 100 种，以溃疡病、疮痂病、树脂病、炭疽病、黄龙病等对柑橘的生产影响最大。我国桃树等核果类果树病害有 50 多种，以腐烂病、疮痂病、褐腐病、细菌性穿孔病、桃缩叶病等发生最为普遍。我国已报道的葡萄病害有 80 余种，霜霉病、白腐病、黑痘病和炭疽病是葡萄产区的常发性病害，流行时可造成巨大损失。

第一节　苹果树腐烂病

苹果树腐烂病俗称臭皮病、烂皮病、串皮病，在日本、中国、韩国及朝鲜均有所分布。我国北方苹果产区受害较严重。该病主要发生在成龄结果树上，重病果园常病疤累累，枝干残缺不全，因病毁园现象时有发生。

一、症状

苹果树腐烂病主要为害主干、主枝、较大的侧枝及辅养枝，可导致皮层腐烂。症状主要包括溃疡型和枝枯型两种，以溃疡型为主。溃疡型多发生在主干上部和主枝基部，发病初期外表无明显变化，病部逐渐从红褐色至暗褐色，水浸状，略隆起，用手压病部稍下陷。后皮层腐烂，常溢出黄褐色或红褐色汁液。病组织松软，湿腐状，有酒糟味。后期病部失水干缩下陷，呈黑褐色，表面产生小黑点。在雨后和潮湿的情况下，小黑点可溢出橘黄色或淡黄色卷须状孢子角。枝枯型症状多出现在 2~5 年的小枝条或树势极弱的树上，病斑红褐色或暗褐色，形状不规则，边缘不明显，病部扩展迅速，全枝很快失水干枯死亡。

二、病原

病原有性态为苹果黑腐皮壳（*Valsa mali* Miyabe et Yamada.），属子囊菌门黑腐皮壳属真菌；无性态均为壳囊孢 [*Cytospora sacculus* (Schwein) Gvrtischvili]，属无性真菌类壳囊孢属。病菌在病部形成内子座和外子座：外子座内生 1 个分生孢子器，成熟时分成多腔室；内子座含多个子囊壳。分生孢子和子囊孢子为腊肠形，苹果树腐烂病病菌的分生孢子大小为 $(3.6\sim8.0)\ \mu m \times (0.8\sim1.7)\ \mu m$、子囊孢子大小为 $(28\sim35)\ \mu m \times (7.0\sim10.5)\ \mu m$（图 10-1）。孢子成熟后，遇湿，胶状物从孔口溢出，形成橘黄色卷须状孢子角。菌丝生长的温度范围很宽，最适为 28℃左右，最低为 5℃。分生孢子的萌发需要一定的营养条件。

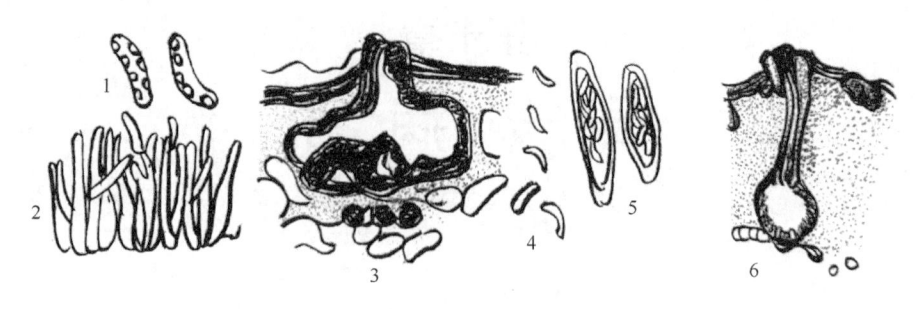

图 10-1　苹果树腐烂病病菌
1. 分生孢子；2. 分生孢子梗；3. 分生孢子器；4. 子囊；5. 子囊孢子；6. 着生于子座组织内的子囊壳

三、病害循环

病菌以菌丝体、分生孢子器和子囊壳在田间病株和病残体上越冬。翌春，在雨后或高湿条件下，释放大量分生孢子角，随雨水冲溅或经昆虫携带传播，通常通过伤口侵入，冻伤和带有死树皮的伤口最易被侵染。腐烂病病菌具有潜伏侵染特性，即侵入后首先在侵入点潜伏生存，只有当树体或局部组织衰弱，抗病力降低时，潜伏菌丝才得以进一步扩展。腐烂病病菌易在落皮层中生存、扩展并积累大量菌源。早春枝干向阳面由于局部增温所以发病重。在我国北方果区，腐烂病一年一般有 2 次发病高峰，即春季发病高峰和秋季发病高峰，分别出现在 3~4 月和 7~9 月。

四、发病条件

（一）树体愈伤能力

树体对于自身存在的各种损伤有一定的愈伤能力，其强弱取决于树势和营养条件。树势衰弱、树体愈伤能力低是引起腐烂病大发生的主要原因。腐烂病病菌是树体习居菌，只有在树势衰弱、抗病力差时才加害树体，老龄树和结果出现大小年的大年树发病重。在苹果产量逐年提高的情况下，追施肥料不足，特别是磷、钾肥不足时，易发生早期落叶而导致树势衰弱，加重该病的发生。树体的愈伤能力除受营养因素影响外，树体含水量也是重要因素。

（二）树体负载量

通常果树进入结果期后，苹果树腐烂病开始发生，随着树龄的增加和产量的不断提高，苹果树腐烂病也会逐年加重。在正常管理情况下，树体负载量是影响发病的一个关键因素。连年结果会消耗大量的养分，如果养分供给不足，必然导致苹果树腐烂病的发生。经实际调查，枝条含水量 80%~100% 时病斑扩展缓慢，枝条含水量 67% 时病斑扩展迅速。

（三）伤害

苹果树腐烂病的发生与日灼和冻害关系密切。凡是有冻害之年，苹果树腐烂病发病重。山区和沙地果园，向阳面枝干容易发生日灼，随后可发生腐烂病。果树整形修剪不当或修剪过重，导致树体伤口过多，树势衰弱，腐烂病也会发生。

在修剪病死树和病死枝时造成枝干上有较多、较大伤口而不加以处理和保护，冻害造成枝干上冻伤多，均可加重病害发生。

（四）品种

目前未发现免疫和高抗品种，不同品种的抗病性差异较小。

五、病害控制

病害控制采取以加强栽培管理为中心，以清除病菌为基础，并及时治疗病斑等的措施。

（一）加强栽培管理

加强肥水管理，增施有机肥，春季及时灌水，秋季控制灌水，避免秋后徒长，减轻冻害；合理修剪和负载，避免树势衰弱；保叶促根，保持健壮树势。

（二）清除病菌

1. **果园卫生** 及时清除病死树、重病树、病死枝和修剪枝，运出果园并烧毁。
2. **重刮皮** 5～7月，用刮皮刀将主干、骨干枝表面的粗翘皮刮干净。刮皮深度适宜，一般为0.5～1.0mm，刮后露出新鲜组织，若遇到变色组织或小病斑，则应彻底刮干净。刮皮后不能涂刷药剂，以免发生药害，影响愈合。值得注意的是过弱树不要刮皮。
3. **休眠期喷药** 果树落叶后和发芽前喷施铲除性杀菌剂以杀灭枝干表面及树皮浅层的病菌，常用的药剂有多硫化钡、乙酸铜、菌毒清、腐植酸铜等。

（三）治疗病斑

治疗病斑主要有刮治法、割治法和包泥法。

1. **刮治法** 春季3～4月发病高峰期用刮刀将病组织彻底刮除并涂药保护，必须彻底将发病组织刮干净，并向病组织外再刮0.5cm左右。刮口不要拐急弯，上端和侧面留立茬，尽量缩小伤口，下端留斜茬，避免积水。刮后涂刷具铲除作用而又不影响愈伤的杀菌剂，如多硫化钡、腐植酸铜、菌毒清、烯唑醇、氟硅唑等。可按一定比例将其与洗衣粉或豆油等混合后涂施，以增加杀菌剂的渗透性和展着性。应连续涂药4～5次，防止病疤复发，涂药间隔1个月左右。
2. **割治法** 割治法又称划线法，就是用刀先在病斑外围切一道封锁线，然后在病斑上纵向切割成条，刀距1cm左右，深度达到木质部表层，之后涂药。
3. **包泥法** 包泥法即用黏土加水成泥，糊住病斑并用塑料膜严密包扎。糊泥厚度1cm以上，糊泥范围超出病斑外缘2cm，糊泥后要包严，不能透风漏水，包泥时间要长，密封状态要保持1个月以上。

（四）其他措施

其他措施包括弱树桥接复壮、冬前和早春涂白防治冻害、选择抗病或抗寒品种和砧木等。

第二节 苹果轮纹病

苹果轮纹病俗称粗皮病、瘤皮病、轮纹褐腐病，该病害在枝干上严重发生时，可削弱树势，甚至造成枝干枯死。苹果轮纹病发生严重的果园，烂果率在田间可达50%以上，而且在贮藏期果实可继续发病，造成果实大量腐烂。

一、症状

苹果轮纹病为害各级枝干，先以皮孔为中心形成扁圆形红褐色病斑，中间突起呈瘤状，边缘开裂；翌年病斑中央产生小黑点，边缘裂缝加深，翘起呈马鞍形，使枝干表皮变得十分粗糙。果实近成熟期开始发病，典型病斑呈褐色，近圆形，具有深浅相间的同心轮纹，病斑不凹陷，病果肉软腐，严重时5～6d即可全果腐烂，常溢出褐色黏液，有酸臭气味。发病后期一些病斑上散生稀疏的黑色小粒点。

二、病原

病原有性态为多主葡萄座腔菌［*Botryosphaeria dothidea* (Moug.) Ces. & De Not.］，属子囊菌门真菌。无性态为簇小穴壳菌（*Dothiorella gregaria* Sacc），属无性真菌类小穴壳属。病菌在病组织中形成子座，子座内生成多个或单个子囊壳，球形或扁球形，黑褐色，具孔口，内生许多子囊；子囊无色，长棍棒状，顶端膨大，具孔口，内生8个子囊孢子；子囊孢子单胞、无色，椭圆形，大小为（24.5～26.0）μm×（9.5～10.5）μm。分生孢子单胞、无色，长椭圆形或纺锤形，（16.5～30.0）μm×（4.5～8.0）μm（图10-2）。

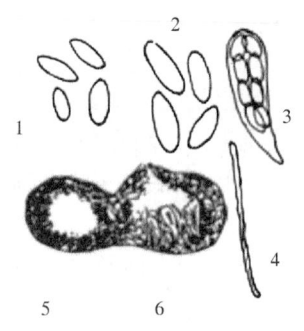

图10-2 苹果轮纹病病菌
1. 分生孢子；2. 子囊孢子；3. 子囊；4. 侧丝；5. 分生孢子器；6. 子囊壳

病菌菌丝生长、分生孢子形成和萌发的适宜温度均为28℃左右，分生孢子萌发无须提供外源营养，在自由水中萌发最好，在99%以上的相对湿度下能很好萌发。

三、病害循环

病菌以菌丝体、分生孢子器及子囊壳在受害枝干上越冬。翌年春季遇降雨分生孢子器或子囊壳吸水膨胀，释放出黏液状的孢子团，随雨水冲溅传播。病菌从皮孔侵入枝干，当年形成的病斑不产生分生孢子。从落花后到采收，只要遇雨，皆可经皮孔和伤口侵染果实。病菌具有潜伏侵染的特点，即前期侵入果实的病菌可在皮孔内的死细胞层中长期潜伏，只有当果实进入成熟期后，含酚量降低、含糖量升高，才扩展致病。采收期出现发病高峰，果实贮藏一个月左右，出现第二个发病高峰。在同一生长季节病菌对果实可发生多次侵染，但当年形成的病斑不产生分生孢子，因此均属于初次侵染，没有再侵染。

四、发病条件

（一）品种

苹果品种间对轮纹病的抗性存在差异，'国光''新红星''祝光'等品种比较抗病，'红富士''元帅''红星''金冠'等品种比较感病。

（二）气象条件

果实生长前期，降水次数多，病菌孢子传播数量多，侵染次数多，发病早。若成熟期树势衰弱，伤口多，干旱少雨，干腐病易发生。树势衰弱、雨早、雨多、空气湿度大，有利于枝干上轮纹病的发生。随着树龄的增大，枝干轮纹病危害加重。幼果期至果实迅速膨大期最易受侵染，此期（5～7月）如果经常出现多雨、高湿的气候条件，果实轮纹病的发生就重。果实轮纹病在'红富士''元帅'等品种上发生重，而在'国光''祝光'等品种上发生较轻。

五、病害控制

以培育和选用无病苗木为基础，以加强栽培管理、药剂浸果、果实套袋为中心，以清除果园病菌为重点，以及时治疗干腐病斑和生长期喷药保护为保障，进行综合防治。

（一）培育和选用无病苗木

加强苗圃的规范化管理，培育健康壮苗，特别注意对嫁接口、修剪伤等伤口的保护（可涂以1%硫酸铜）。移栽时，尽可能少伤根，并浇足水，以缩短缓苗时间。

（二）加强栽培管理

加强肥水管理，深翻扩穴，促进根系发育；合理修剪，控制结果量，以稳定树势。

（三）清除果园病菌

及时清除病残枝干和修剪枝，并运出果园烧毁。避免用树木枝干作果园围墙篱笆或用带皮木棍作支棍和顶柱。冬春季节结合树体管理，刮除轮纹病病瘤，结合腐烂病的防治，在生长旺季进行重刮皮，清除侵染病源。发芽前全园喷布1次铲除剂，如石硫合剂等，杀灭树干表面和浅层病菌。6月对枝干施药可明显减少病菌孢子的释放量。

（四）及时治疗干腐病斑

干腐病斑多限于表皮，可采用刮治法、割治法等，及时处理病斑，并涂抹药剂保护伤口。

（五）果实套袋

落花后30～45d进行套袋，可很大程度上减少果实轮纹病的发生。

（六）生长期喷药保护

对于果实不套袋的果园，落花后10d开始用药，每隔10～15d用药1次，直到9月上旬，在多雨年份及晚熟品种上可适当增加喷药次数。可选择以下药剂交替使用：波尔多液、代森锰锌、苯醚甲环唑、氟硅唑、甲基硫菌灵、多菌灵、乙膦铝等。对于套袋的果园，套袋前一般用药3次，套袋后结合其他叶部病害兼治。套袋前幼果正处于药物敏感期，因此必须选择质优安全的杀菌剂，避免使用波尔多液。前两遍药可选用保护性或内吸治疗性杀菌剂，但套袋前需要喷一遍甲基硫菌灵或苯醚甲环唑等治疗性药剂，待药液干燥后马上套袋。

（七）药剂浸果

果实贮藏前，用噻菌灵等处理果实，可减轻果实轮纹病在贮藏期的发生。

第三节 梨黑星病

梨黑星病又叫疮痂病、黑霉病等,是我国梨树上最重要的病害之一。

一、症状

梨黑星病主要为害绿色幼嫩组织,以叶片和果实受害最常见。梨黑星病在叶片正面形成褪绿斑,背面生墨绿色霉层,霉层沿叶脉呈放射状扩展。梨果实受害,果面产生淡黄色病斑,潮湿条件下产生黑霉;幼果上的病斑常凹陷、开裂、木栓化,导致果实畸形。梨芽受侵染后,典型病芽鳞片变黑,产生黑色霉层。

二、病原

梨黑星病病菌有性态为梨黑星菌(*Venturia nashicola* Tanaka et Yamamoto),属子囊菌门黑星菌属,在自然界常见其无性态,为梨黑星孢[*Fusicladium pirinum* (Lib.) Fuckel]。子囊孢子鞋底状,淡黄绿色或淡黄褐色,双胞,大小(11.1~18.0)μm×(3.7~7.0)μm;分生孢子葵花籽形或纺锤形,淡褐色或橄榄色,单胞,大小(8~32)μm×(3.2~6.4)μm,脱落后孢子梗上留有瘤状痕迹(图10-3)。梨黑星病病菌菌丝生长的适温为21~23℃,分生孢子萌发的温度为2~30℃,适温21℃,只有在水中或相对湿度大于97%时才能萌发。冬季地面潮湿,常不利于子囊孢子的形成。假囊壳吸水是子囊孢子释放的必要条件。子囊孢子萌发的温度为5~30℃,最适为21℃。

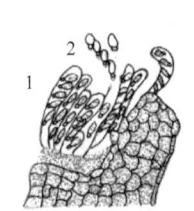

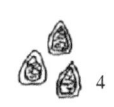

图10-3 梨黑星病病菌
1. 子囊;2. 子囊孢子;3. 分生孢子梗;4. 分生孢子

三、病害循环

梨黑星病病菌主要以未成熟的假囊壳在落叶上和以菌丝体在病芽内越冬。翌春,成熟的假囊壳产生的子囊孢子和病芽产生的分生孢子,经风雨传播,萌发后从角质层直接侵入寄主组织。菌丝主要在角质层与表皮细胞间及叶脉的薄壁细胞间生长扩展,并不侵入叶肉细胞。潜育期一般为13~35d,可多次再侵染。

四、发病条件

黑星病为流行性很强的多循环病害,其发生和流行的程度主要取决于品种抗病性、龄期和气象条件。

(一)品种抗病性

梨不同品种间抗病性差异很大,中国梨感病,其中鸭梨高度感病;日本梨表现为中抗或高抗;而西洋梨免疫。

(二)龄期

5日龄内的幼叶高度感病;随龄期的增长,抗病性逐渐增强。梨的幼果感病,生长中期的果实较抗病，后期果实抗病性下降，接近成熟期的果实抗病性最差。

（三）气象条件

降水是发病的必要条件。一般来说，超过 2mm 的降水才能传播病菌孢子，使叶面结露 6h 以上的降水才能使分生孢子完成侵染，从而导致发病。如果符合上述条件的降水次数多且分布均匀，则发病重，尤其在寄主感病的 4～6 月和果实采收前的 1 个月内。

五、病害控制

病害应采用保持果园卫生、清除病源，生长期用药防治及果实套袋等措施控制病害。

（一）保持果园卫生、清除病源

清除落叶，集中烧毁或深埋；果园土壤翻耕，将残余落叶彻底埋入地下，促进其腐烂分解；摘除病梢、病叶和病果；芽萌动期喷药，可抑制病芽内病菌生长。

（二）化学防治

加强几个关键时期的防治：①从初花至落花后的 45d 内，根据侵染预测，于侵染后使用内吸治疗剂；如果不能预测，每 7～15 天用药 1 次。梨黑星病的潜育期为 20d 左右，病菌侵染后 15d 内用内吸性治疗剂，一般能达到理想的防治效果。②6 月，必须进行化学防治，通常以保护剂为主。③7～8 月，结合其他病害的防治，每 7～15 天用药 1 次，注意保护剂和内吸性治疗剂的交替使用。基于安全间隔期的考虑，果实采收前的 1 个月内通常不再用药，但在一些晚熟品种上，9 月初可喷施 1 次高效的内吸性杀菌剂。保护性杀菌剂有丙森锌、代森锰锌、波尔多液及其他铜制剂等，内吸性治疗剂有腈菌唑、氟硅唑、苯醚甲环唑、烯唑醇等。

（三）果实套袋

为降低果实发病率，建议套袋栽培。套袋栽培中必须做好套袋前的喷药防治。

第四节 梨 锈 病

苹果和梨锈病又称赤星病，在我国各产区均有发生。严重时造成大量早期落叶和果实畸形，病害流行年份产量损失达 60%以上。

一、症状

梨锈病为害果树的叶片、幼果等绿色幼嫩部位。叶片受害，正面形成橙黄色病斑，病斑扩大后产生初为蜜黄色至红色后为黑色的小粒点（病菌的性孢子器）；背面病斑渐隆起，后长出数根至数十根灰白色或淡黄色的细管状物（病菌的锈孢子器），内有大量褐色锈孢子，成熟后从锈孢子器顶端开裂散出。病菌为转主寄生菌，在桧柏、欧洲刺柏、龙柏、圆柏等转主寄主上形成黄色病斑、瘤状菌瘿和舌状冬孢子角。

二、病原

梨锈病病原为亚洲胶锈菌（*Gymnosporangium asiaticum* Miyabe et Yamada），属担子菌门

胶锈菌属，均为转主寄生菌，可产生 4 种类型的孢子。在梨上产生性孢子、锈孢子，在桧柏等转主寄主上产生冬孢子和担孢子，无夏孢子阶段。性孢子器扁烧瓶形，埋生在梨等叶片正面病部的表皮下，孔口外露，内生许多无色、单胞、纺锤形或椭圆形的性孢子，大小（8～12）μm×（3.0～3.5）μm。锈孢子器主要丛生于梨等叶部病斑的背面，细圆筒形，长 5～12mm，内生大量锈孢子；锈孢子球形或近球形，黄色或栗褐色，表面生有瘤状或疣状突起，大小（18～20）μm×（19～24）μm。冬孢子角红褐色或深褐色，圆锥形或鸡冠状，遇水膨胀后，变为橙黄色或鲜黄褐色，呈楔状、舌状或瓣状；冬孢子纺锤形或长椭圆形，双胞，黄褐色，具细长柄，外被胶质，大小（33～62）μm×（14～28）μm。冬孢子萌发形成具 4 胞的担子，每胞生 1 小梗，每小梗顶端生 1 担孢子；担孢子卵形，淡黄色或无色，单胞，大小（10～15）μm×（8～9）μm（图 10-4）。

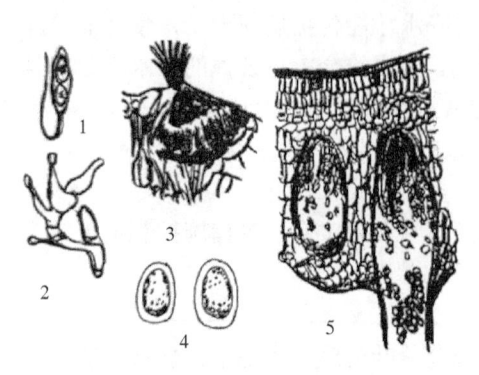

图 10-4 胶锈菌
1. 冬孢子；2. 冬孢子萌发产生担子和担孢子；
3. 性孢子器；4. 锈孢子；5. 锈孢子腔

冬孢子萌发的温度为 5～28℃，适温为 16～20℃。担孢子萌发需要水，萌发适温为 15℃，在自然条件下，担孢子最多存活 2d。锈孢子萌发的适温为 27℃。

三、病害循环

病菌以菌丝体在桧柏等转主寄主的病部组织内越冬。一般在春季冬孢子角开始露出，遇雨膨胀，冬孢子萌发产生有隔膜的担子，并形成担孢子。4 月下旬到 5 月，担孢子随气流飞散，散落在梨等寄主的嫩叶、新梢和幼果上，萌发产生侵染丝，直接从表皮细胞侵入或从气孔侵入。20 日龄内的叶片容易感染。潜育期一般为 6～13d。在梨等寄主上扩展发病，先后形成性孢子器和锈孢子器，产生锈孢子。锈孢子随气流传播至桧柏等转主寄主上侵染针叶和新枝梢，在其上寄生越夏后，于 10～12 月出现症状。之后病菌即以菌丝体在桧柏等转主寄主上的菌瘿内越冬。该病无夏孢子阶段，无再侵染。

四、发病条件

锈病发生的轻重与转主寄主的数量、气象条件、栽培管理和寄主抗病性等密切相关。

（一）转主寄主的数量

病害发生的轻重与桧柏的数量及距离梨园的远近有明显的关系。

（二）气象条件

梨萌发展叶期，如遇多雨和适于冬孢子和担孢子萌发的温度等条件，且风向和风力有利于担孢子从桧柏等寄主向苹果或梨等寄主传播的情况下，则发病重。因此，4～5 月是否降水、降水的多少及气温状况是影响梨锈病发生与否及轻重的重要因素。

（三）栽培管理

地势低洼，树冠茂密，通风透光不良，湿度较高，肥力不足的梨园和树势衰弱的梨树易发病。

(四) 寄主抗病性

梨树不同种对梨锈病的抗性有明显差异，白梨和沙梨最感病；秋子梨和种间杂交选育品种较感病；新疆梨较抗病；西洋梨最抗病。

五、病害控制

在控制初侵染源的基础上，及时喷药保护。

(一) 选址建园、清除转主寄主

梨园选址应远离公路、公园和苗圃，使果树与桧柏等转主寄主的距离不少于5km。若城郊不可避免有两类寄主共存时，则应选用抗病性较强的品种，以减轻发病。

(二) 控制初侵染源

在春雨前彻底剪除桧柏等寄主上的冬孢子角。在梨树、苹果和海棠等萌芽前，在桧柏等寄主上喷药1~2次，以铲除或抑制冬孢子的萌发和担孢子的产生。可选择的药剂有0.5波美度石硫合剂、1：(1~2)：(100~160)波尔多液。

(三) 化学防治

4~6月，在发病前结合梨其他病害的防治，喷施代森锰锌、异菌脲、百菌清或波尔多液等广谱性杀菌剂进行保护。自果树展叶开始，如遇降水和叶面较长时间的结露，则在5d内喷施内吸性杀菌剂。常用的内吸性杀菌剂有氟硅唑、苯醚甲环唑、烯唑醇、腈菌唑等三唑类及嘧菌酯等。从7月份开始，注意喷药保护龙柏等转主寄主，可使用波尔多液、1波美度的石硫合剂等药剂。

第五节 葡萄霜霉病

葡萄霜霉病属世界性病害，在世界各葡萄产区均有发生。我国以山东、河北、安徽等地发生较重。流行年份可引起叶片大量焦枯早落，严重影响树势、产量和品质。

一、症状

葡萄霜霉病主要为害叶片，还可为害果梗、幼果等。叶片受害，正面出现初为半透明油渍状淡黄色小斑，边缘不明显，后扩展为黄褐色多角形大斑，背面形成白色的霜状霉。多个病斑常融合成大斑块，叶片迅速焦枯、卷缩，并脱落。侵染幼果通常先从果梗开始，在果梗上产生淡褐色凹陷斑，潮湿下生稀疏白色霜霉状物；向果实扩展梗洼处先发病，并向下扩展，受侵染部位呈褐色，干缩凹陷变硬；潮湿时在病果表面生白色霉层。

二、病原

病原为葡萄生单轴霉 [*Plasmopara viticola* (Berk. & Curt.) Berl. & de Toni]，属藻界卵菌门单轴霉属。菌丝在寄主细胞间扩展，形成球形吸器深入叶肉细胞吸收养分。孢囊梗自叶背

气孔伸出，丛生，无色，大小（400~780）μm×（6~11）μm，单轴分枝 3~6 次，分枝处近直角，末端有 2~3 个圆锥状小梗，顶端着生孢子囊。孢子囊无色，卵圆形，有乳状突起，大小（13~39）μm×（8~21）μm，萌发产生游动孢子。游动孢子单胞，肾形，侧生双鞭毛，能游动，具双游现象，大小（7.5~9.0）μm×（6~7）μm。卵孢子于生长后期在病组织中形成，黄褐色，球形，外壁很厚，表面平滑，略具波纹状起伏，直径 27~36μm，卵孢子形成芽管，顶端形成孢子囊（图 10-5）。

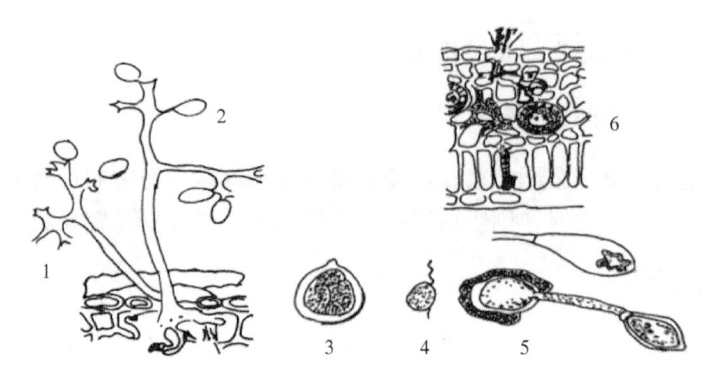

图 10-5　葡萄霜霉病病菌
1. 孢囊梗；2. 孢子囊；3. 卵孢子；4. 游动孢子；5. 卵孢子萌发；6. 病组织中的卵孢子

三、病害循环

病菌以卵孢子随病叶在土壤中越冬，卵孢子在潮湿土壤中可存活长达 2 年。在气候温暖地区，则可以菌丝在芽鳞或未脱落的叶片内越冬。翌春条件适宜时，卵孢子萌发形成孢子囊，随气流、雨水传播。孢子囊萌发产生游动孢子，从气孔或皮孔侵入。潜育期为 7~12d，发病后孢囊梗及孢子囊从气孔伸出，而孢子囊萌发进行再侵染。一般在 6 月开始发病，7 月增多，8~9 月进入发病盛期，发病严重时，9~10 月提早脱落。后期，病残组织内形成大量卵孢子，落入土中越冬，成为次年的初侵染源。

四、发病条件

低温高湿是病害流行的主要条件，一般若 5~9 月温度偏低、雨水多且分布均匀，则常常引发霜霉病流行。地势低洼、排水不良、地下水位高、栽植过密、棚架过低、通风透光差、田间湿度大、偏施氮肥、树势衰弱等，均可加重病害。不同葡萄品种抗病性存在明显差异，一般美洲种葡萄、夏葡萄、圆叶葡萄、沙地葡萄等较抗病，欧亚种葡萄高度感病。另外，有研究发现，葡萄细胞液中钙/钾比例大的品种较抗病。叶片气孔稀少且气孔周围有白色堆积物的品种抗病。

五、病害控制

在加强栽培管理和清除菌源的基础上，喷药防治以保护幼嫩叶片，并结合抗病品种的利用、选址建园、生态防治等措施。

（一）抗病品种的利用

在霜霉病流行区，选栽较抗病的葡萄品种，如'康拜尔早生''尼加拉''无核白鸡心'

等，避免'红地球''粉红玫瑰'等高感品种的种植。

(二) 选址建园

选择排水良好、土壤疏松肥沃的地块建园。

(三) 加强栽培管理

及时夏剪和绑蔓，改善果园通风透光条件。特别要注意雨后及时有效排水，并及时中耕，以降低地表湿度。适当增施磷、钾肥，提高植株抗病能力。对于霜霉病难以控制的葡萄园，可采用避雨栽培模式。

(四) 清除菌源

剪除架上病梢、病枝和病果，清除地面的枯枝、落叶、僵果，集中烧毁或深埋。萌芽前全园喷布石硫合剂，杀灭病菌、减少菌量。

(五) 喷药防治

葡萄展叶后，结合其他病害防治，喷药保护。重点时期在 6 月中下旬，发病前喷施保护性杀菌剂。一旦出现病叶，立即喷施内吸性治疗剂。常用的保护性药剂有波尔多液及其他铜制剂、噁唑菌酮、丙森锌、代森锰锌、百菌清等，内吸性治疗剂有氟吗啉、烯酰吗啉、霜脲氰、吡唑醚菌酯、甲霜灵、杀毒矾、乙磷铝、霜霉威等。

(六) 生态防治

保护地葡萄可通过调控棚内温湿度对霜霉病进行防控。早晨日出前放风 1h 以排湿；上午闭棚，将温度提升到 30～34℃；中午放风，将棚温降至 20～25℃，湿度降至 65%～70%；傍晚再放风 2～3h。如果夜间最低温度达 14℃或以上，可整夜放风，避免出现水滴或结露。

第六节 葡萄白腐病

葡萄白腐病又称烂穗病、水烂病、腐烂病，全球分布，在我国的东北、华北、西北及华东北部发生严重。一般年份果实损失 15%～20%，流行年份达 60%以上。

一、症状

葡萄白腐病主要为害果穗，也可为害枝蔓和叶片。一般先从近地面部位开始发病，然后逐渐向上蔓延。果穗受害，多发生在果实开始着色期，初在穗轴和果梗上产生淡褐色水渍状病斑，进而病部皮层腐烂，极易与木质部剥离。果粒受害，多从果柄处开始，很快蔓及整个果粒，病粒呈淡褐色软腐，极易脱落。后期，病穗轴及病粒表面密生初为灰白色，后为灰褐色的小粒点。潮湿时，小粒点可溢出灰色黏液。枝蔓受侵染，先产生水浸状红褐色斑，后变为黑褐色长条形凹陷斑，密生灰白色小点，最后病蔓皮层组织腐烂纵裂成乱麻状。叶片受害，多从叶尖、叶缘开始，形成淡褐色、水渍状、近圆形或不规则形的病斑，略具同心轮纹，散生灰白色至灰黑色小粒点，后期病斑干枯易破裂。

二、病原

病原为白腐垫壳孢 [*Coniella diplodiella* (Speg.) Petrak & Sydow]，属无性真菌类垫壳孢属。在病组织内菌丝密集形成子座，从子座上产生分生孢子器。分生孢子器球形，直径 100～150μm，壁较厚，灰褐至暗褐色，底部壳壁突起呈丘状，其上着生单胞、不分枝的分生孢子梗，长 12～22μm。分生孢子初无色，后渐变为暗褐色，单胞，卵圆形或梨形，一端稍尖，内含 1～2 个油球，大小（6～16）μm×（5～7）μm。分生孢子在清水中不能萌发，在成熟果汁中萌发率可达 90%以上，在成熟蔓浸汁中萌发率最高。最适萌发温度为 28～30℃。当相对湿度 100%时，萌发率可达 80%以上，相对湿度低于 92%时不能萌发。

三、病害循环

病菌以分生孢子器、分生孢子或菌丝体随病残体在地表和土壤中越冬。病菌在土壤病残体中可存活 4～5 年，病残体分解后，可在土壤中腐生 1～2 年。地面和表土 20cm 内病菌占总菌量的 80%左右。越冬后的病菌到第二年夏季遇降水后，分生孢子或带菌土粒借雨滴飞溅传到受侵染部位，主要由伤口侵入，一般不侵染无伤果粒，但可直接侵入果梗和穗轴。潜育期最短为 3d，最长为 8d，一般为 5～6d。条件适宜时可进行多次再侵染。

四、发病条件

发病轻重与降水关系密切。降水量大发病重，每逢雨后出现发病高峰，而暴风雨或雹灾极易导致流行。通常 7～8 月的雨季出现发病高峰，而降水量超过 60mm 的降水，常常预示着发病盛期即将来临。着色期及成熟期后，果穗外渗营养物增多，病害加重。土质黏重、地势低洼、通风不良发病重。篱架比棚架发病重。近地面的果穗、新梢及叶片，尤其距地面 40cm 以下的果穗发病早而且重。品种间的抗病性有差异，'巨峰'感病，'红玫瑰香''龙眼'等次之，'紫玫瑰香'野生葡萄等发病轻。

五、病害控制

在加强栽培管理、重视园艺措施防病、注意果园卫生、清除侵染来源的基础上，辅以化学防治。

（一）注意果园卫生、清除侵染来源

加强果园检查，发病初期及时剪除病穗、病枝蔓、病叶，集中销毁；落叶后彻底清园；萌芽前全园喷布石硫合剂等铲除剂；重病果园在发病前进行地面撒药灭菌，可用 1 份福美双、1 份硫黄、2 份碳酸钙，混合均匀，撒在果园土表，用药量为 15～30kg/hm^2。

（二）加强栽培管理、重视园艺措施防病

改进架式，采用棚架等高架栽培，提高结果部位。多施有机肥，调节结果量，提升树势。篱架栽培时，可通过修剪、绑蔓提高结果部位，对近地面果穗实施套袋或发病前用地膜覆盖地面等，可减少病菌侵染机会。及时去副梢、摘心，适当疏叶，控制架面枝蔓密度，雨后及时排水，改善通风透光条件，降低果园湿度。

（三）化学防治

一般应在病害始发期进行喷药，之后每隔 10～15d 喷 1 次，连喷 4～5 次。如遇暴风雨或冰雹大雨，应在雨后尽快喷药。保护性药剂有碱式硫酸铜、代森锰锌、百菌清等，内吸性药剂有甲基硫菌灵、苯醚甲环唑、醚菌酯、氟硅唑等。

第七节 葡萄黑痘病

葡萄黑痘病又名疮痂病，我国葡萄产区均有发生，在多雨潮湿地区发病严重，常造成葡萄新梢和叶片枯死、幼果脱落，致使果实品质变劣和产量降低。

一、症状

葡萄黑痘病为害叶片、新梢、果实、果梗、穗轴、卷须等绿色幼嫩部位。幼果受害，初为深褐色小圆斑，后扩大成 3～8mm，边缘紫褐色、中央灰白色且稍凹陷病斑，形似鸟眼；病斑仅限于表皮，潮湿时产生乳白色黏质物；病果变小、味酸。幼叶受害，初为红褐色至黑褐色小斑点，周围有黄色晕圈；后扩大形成圆形或不规则病斑，中央灰白色、稍凹陷，边缘暗褐色或紫褐色，后期可穿孔呈星状，病叶扭曲、变形。新梢、穗轴、果梗、卷须受害，初生褐色近圆形小斑，后扩大为中央灰黑色、边缘深褐色或紫色、中部凹陷并开裂的病斑，近椭圆形、长条形或不规则形。

二、病原

病原的有性态为葡萄痂囊腔菌 [*Elsinoe ampelina*（de Bary）Shear]，属子囊菌门痂囊腔属，在我国尚未发现。无性态为葡萄痂圆孢（*Sphaceloma ampelinum* de Bary），分生孢子盘垫状，半埋生于寄主组织中，突破表皮后长出产孢细胞及分生孢子。产孢细胞短小，圆筒形、无色、单胞，大小（3.5～6.0）μm×（3.0～5.5）μm。分生孢子无色、单胞，卵形或长椭圆形，稍弯，内含 1 或 2 个油球，大小（4.0～7.5）μm×（2.0～3.5）μm。分生孢子的形成要求温度为 25℃左右和较高的湿度，菌丝生长温度为 10～40℃，最适 30℃。

三、病害循环

病菌以菌丝或分生孢子盘在病枝蔓等病组织及病果、病叶等病残体上越冬（北方果区以后者为主）。葡萄萌芽展叶时，越冬病菌产生分生孢子，借风雨传播到幼叶和新梢上，产生芽管从表皮直接侵入。侵入后病菌在寄主细胞间扩展，在寄主表皮下形成分生孢子盘。潜育期 6～12d，24～30℃潜育期最短，超过 30℃发病受抑制。分生孢子盘突破表皮，产生分生孢子，进行多次再侵染。

四、发病条件

春夏多雨高湿有利于分生孢子的形成、传播和萌发侵入，同时寄主组织生长迅速，老熟缓慢，感病期延长，有利于病害发生流行。干旱少雨则发病轻。越幼嫩组织越易被侵染。5 月病害开始发生，6～7 月可达发病盛期，7～8 月病情发展缓慢，9～10 月病害停止发展。品种抗病性有差异，一般欧亚种较感病，欧美杂交种和美洲种抗病。地势低洼、排水不良、土壤黏重、架内湿度大、通风透光不良、施氮肥过多、枝叶过密等，均加重病害的发生。

五、病害控制

在选用抗病品种、做好果园卫生、清除菌源和加强栽培管理的基础上，加强早期化学防治。

（一）选用抗病品种

在重病区选栽'京亚''高妻''藤稔''巨玫瑰''无核早红'等抗病品种。

（二）做好果园卫生、清除菌源

生长期及时摘除病叶、病果及剪除病梢；落叶后彻底清园；冬季或早春修剪时，注意剪除病梢，清除蔓上和地面的病果、病叶等，集中深埋或烧毁。在葡萄发芽前全面喷布石硫合剂等铲除剂。

（三）加强栽培管理

加强肥水管理，及时摘心、去副梢和绑蔓，采用套袋栽培并及时套袋。

（四）化学防治

开花前和谢花 70%～80%、果实玉米粒大小时各喷 1 次杀菌剂；进入雨季后如遇低温，则结合其他病害酌情进行喷药防治。有效药剂有碱式硫酸铜等铜制剂、代森锰锌、百菌清、丙森锌、苯醚甲环唑、嘧菌酯、醚菌酯、甲基硫菌灵等。

第八节　草莓病毒病

据不完全统计，可以侵染草莓的植物病毒种类多达 60 多种，在世界各地均有分布。其中最为常见的有草莓皱缩病毒（strawberry crinkle virus，SCV）、草莓镶脉病毒（strawberry vein binding virus，SVBV）、草莓斑驳病毒（strawberry mottle virus，SMoV）和草莓轻型黄边病毒（strawberry mild yellow edge virus，SMYEV）4 种，且病毒复合侵染现象在田间十分普遍。

一、症状

SCV 侵染草莓可引起叶片皱缩畸形，叶部产生褪绿斑，沿叶脉褪绿，幼叶黄化、扭曲，果实变小且硬度降低，还可导致植株矮化，严重影响草莓的品质和产量。SCV 与 SMoV、SMYEV 等病毒复合侵染时可加重症状。

SVBV 单独侵染草莓时可引起植株生长衰弱，侧枝减少，产量降低，但叶部无明显症状。SVBV 与 SMoV、SMYEV 等病毒复合侵染时可导致叶片皱缩畸形，叶脉、叶柄处可能出现紫色病斑，植株严重矮化，匍匐茎显著减少，甚至可导致植株死亡。

SMoV 单独侵染也可引起草莓植株生长衰弱，果实品质下降，但叶部症状不明显。SMoV 与其他病毒复合侵染可加重症状，造成叶片斑驳、皱缩畸形，植株严重矮化。

SMYEV 单独侵染仅导致草莓植株轻微矮化，与其他病毒复合侵染可导致叶片黄化，叶边缘褪绿并向上卷曲，小叶凹陷，植株矮化。

二、病原

草莓皱缩病毒（strawberry crinkle virus，SCV）属于弹状病毒科细胞质弹状病毒属（*Cytorhabdovirus*）。病毒粒子为弹状，直径 74～78nm，长 163～383nm，含有一条负义单链基因组 RNA，长约 14kb。SCV 主要通过蚜虫以循回增殖型、持久性方式传播，也可通过汁液摩擦传播。

草莓镶脉病毒（strawberry vein binding virus，SVBV）属于花椰菜花叶病毒科花椰菜花叶病毒属（*Caulimovirus*）。病毒粒子为球形，直径 45～50nm，含有一个环状双链 DNA 基因组，全长约 7.8kb，编码 7 个蛋白质。SVBV 通过介体蚜虫以半持久性方式传播，但不能通过汁液摩擦传播。

草莓斑驳病毒（strawberry mottle virus，SMoV）属于伴生豇豆病毒科温州蜜柑萎缩病毒属（*Sadwavirus*）。病毒粒子为球形，直径 28～30nm，含有 2 条正义单链基因组 RNA，其中 RNA1 长约 7kb，RNA2 长约 5.6kb，各编码一个大的多聚蛋白。SMoV 主要通过介体蚜虫以半持久性方式传播，也可通过汁液摩擦传播。

草莓轻型黄边病毒（strawberry mild yellow edge virus，SMYEV）属于甲型线形病毒科马铃薯 X 病毒属（*Potexvirus*）。病毒粒子为线型，长约 480nm，宽 13nm，含有一条正义单链基因组 RNA，编码 6 个蛋白质。SMYEV 通过介体蚜虫以循回非增殖型、持久性方式传播，不能通过汁液摩擦传播。

三、病害循环

由于草莓作为多年生的草本植物，在生产上主要通过分株方式进行无性繁殖，因此来自带病毒母株的无性繁殖材料是生产上的最主要侵染源，种苗调运是最主要的远距离传播途径。病毒在草莓植株上越冬。田间植株发病后，病毒主要通过介体蚜虫的取食、迁飞进行传播，主要的介体蚜虫有草莓钉毛蚜、花毛管蚜、托马斯毛管蚜等（图 10-6）。

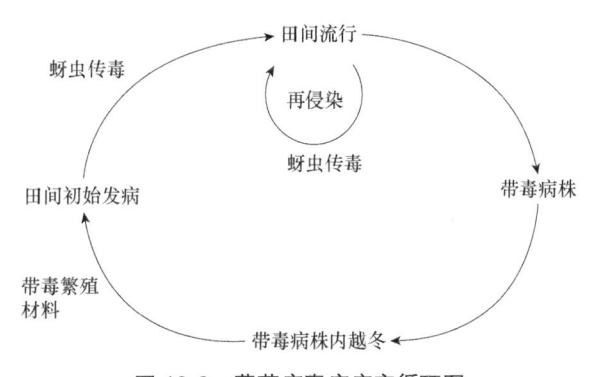

图 10-6 草莓病毒病病害循环图

四、发病条件

气温偏高、多晴天、少降水的天气有利于蚜虫种群的扩张和迁飞，因而病毒传播快、发病重。同一地块连年种植发病重。虽然不同草莓品种的抗性存在差异，但生产上无性繁殖会使抗性退化。另外，偏施氮肥导致植株抗病性减弱，也能加重病害的发生。

五、病害控制

草莓病毒病的防控以选用无毒健康种苗、治蚜防病和加强田间管理为主。

（一）选用无毒健康种苗

培育和种植无毒健康种苗是控制病毒初侵染源、防控草莓病毒病最有效的措施。茎尖组织培养法、热温处理法、花药培养法等脱毒技术日趋成熟，其中茎尖组织培养法已可以工厂化批量生产无毒苗。

（二）治蚜防病

蚜虫是草莓病毒病田间传播的主要介体，利用物理、化学手段控制田间蚜虫种群的数量，阻断传播途径，可有效防控草莓病毒病的发生发展。例如，田间可悬挂诱蚜黄板和驱避蚜虫的银灰膜，配合施用10%吡虫啉等化学杀虫剂。

（三）加强田间管理

加强田间管理，做好田园卫生，及时清除田间杂草、枯枝落叶和病株。合理施肥，增强植株抗病性。

第九节 草莓蛇眼病

一、症状

草莓蛇眼病主要为害叶片，形成叶斑，大多发生在老叶上。叶柄、果梗、嫩茎和浆果及种子也可受害。叶上病斑初期为暗紫红色小斑点，随后扩大成2~5mm大小的圆形病斑，边缘紫红色，中心部灰白色，略有细轮纹，酷似蛇眼。病斑表面生白色粉状霉层，后生小黑点，即病菌子囊座。病斑发生多时，常融合成大型斑。病菌侵害浆果上的种子，单粒或连片侵害，受害种子连同周围果肉变成黑色，丧失商品价值。

二、病原

病原的有性态为草莓蛇眼球腔菌[*Mycosphaerella fragariae* (Tul.) Lindau]，属子囊菌门真菌，无性态为杜拉柱隔孢（*Ramularia tulasnei* Sacc.），属无性真菌类真菌。分生孢子梗丛生，分枝或不分枝，基部子座不发达。分生孢子圆筒形至纺锤形，无色，单胞，或具隔膜1~2个，大小（20~35）μm×（3.5~4.5）μm。子囊壳球形或扁球形，初表皮下生，后露出表面，直径90~130μm。子囊束生，长圆形或棍棒状，内含8个子囊孢子，子囊孢子卵形，无色，大小（13~15）μm×（3~4）μm，具1个隔膜。

三、发病条件

病菌以菌丝在受害枯叶病斑上越冬，翌春产生分生孢子进行初侵染，后病部产生分生孢子进行再侵染。病菌生育适温18~22℃，低于7℃或高于23℃发育迟缓。秋季和春季光照不足，天气阴湿发病重，重茬田、管理粗放及排水不良地块发病重。品种间抗性差异显著。'因都卡''新明星'等较抗病。

四、病害控制

病害控制主要采取选用抗病品种，做好果园卫生、清除菌源，并辅以化学防治的综合措施。

（一）选用抗病品种

在重病区可选用'戈雷拉''因都卡''明宝'等抗病品种。

（二）做好果园卫生、清除菌源

收获后及时清理田园，受害叶集中处理，定植时汰除病苗。

（三）化学防治

发病初期喷淋 50%琥胶肥酸铜（DT）可湿性粉剂 500 倍液，或 30%绿得保悬浮剂 400 倍液、72%锰锌·霜脲可湿性粉剂 700 倍液、14%络氨铜水剂 300 倍液、53.8%可杀得 2000 干悬浮剂 1000 倍液。采收前 3d 停止用药。

第十节 黑穗醋栗叶斑病

黑穗醋栗叶斑病在黑龙江省和新疆黑穗醋栗栽植区的发生越来越普遍，且逐渐加重，严重地影响了黑穗醋栗的产量及果实质量。

一、症状

最初在下层叶片上形成浅褐色水渍状小斑点，组织变薄（对着光线看半透明）。病害迅速向上发展，形成圆形或有棱角的褐色斑点。病斑边缘呈深褐色，内部较浅，直径 1～5mm。后期病斑转为浅灰色或灰白色，中间出现小的黑色小球状分生孢子器。严重时多个病斑汇合成片，形成不规则的大片枯斑，导致叶片失绿、卷曲，提前脱落。

二、病原

病原为茶藨子壳针孢菌（*Septoria ribis*），属无性真菌类壳针孢属。有性阶段为茶藨子球腔菌（*Mycosphaerella ribis*），病菌在 PDA 培养基上，菌落圆形，培养初期上部菌丝白色，平铺呈绒毛状，边缘光滑。菌落生长较快，后期菌落呈土黄色，从中心向外缘逐渐变淡。菌丝体呈树杈状伸展，白色，有隔膜分生孢子器球形或近球形，器壁暗褐色，膜质分生孢子线形，无色透明，正直或弯曲，基部近截形，顶端略尖，1～3 个隔膜，大小为（35～50）μm×（1.5～2.5）μm。

病菌在马铃薯葡萄糖琼脂培养基上生长最好，且产孢均匀，其次为燕麦片培养基和玉米粉琼脂培养基，在黑穗醋栗汁液培养基上生长最差。适宜病菌生长的温度为 20～30℃，25℃为最适温度，此温度下的菌落直径和产孢量分别达到最大值；15℃病菌生长不好，并且不产生孢子；30℃以上病菌停止生长。适合分生孢子萌发的温度为 20～30℃，25℃萌发最好。病菌在全黑暗、全光照、光照—黑暗交替的条件下生长速度没有很大差别，持续的光照不利于病菌产孢。病菌在 pH 6~9 内生长速度没有差异性，最适 pH 为 7，此 pH 条件下的菌落直径和产孢量分别达到最大值。适合病菌分生孢子萌发的 pH 为 5~7，pH 6 时孢子萌发最好。病菌的分生孢子在高湿度条件下萌发率高，培养 24h 镜检孢子在 90%湿度和水中的萌发率分别达到 93%和 97%，而在 75%和 60%的湿度下萌发率仅为 76%和 39%。

三、发病条件

病菌以分生孢子器的形式在落叶上越冬，除此之外，还可在枝条上越冬。翌年春天花期及开花后，病菌的子囊孢子从枯叶上释放出来，落到植株叶片上，引起黑穗醋栗的初期侵染，随后病菌发育到无性分生孢子阶段，分生孢子在 7 月中下旬潮湿的雨季大量释放，适于传播的温度是 16~24℃。黑穗醋栗叶斑病的发生与气候条件、品种等关系密切。病害的发生温度为 20~30℃，25℃潜育期最短。湿度增大，病害严重，尤其是降雨后病害发展速度快。黑穗醋栗西欧品种大多数是叶斑病的感病品种，'斯堪的纳维亚'品种抗叶斑病。

四、病害控制

病害控制主要采取选用抗病品种，加强农业防治，并辅以化学防治的综合措施。

（一）选用抗病品种

在重病区可选用'明斯卡娅''纳河卡'等抗病品种。

（二）农业防治

引种或者购买苗木时要注意选择健康的种子及繁殖材料。发病初期发现有异常叶片应及时摘除销毁，消灭侵染源并及时除去多余的基生萌蘖。改善株丛的通风光照条件，在晚秋或早春芽膨大前除去老弱枝、下垂枝和干枯枝。田间管理应结合施肥、翻地，行间定期松土，使园内保持无杂草状态。施肥、修剪和栽植密度等方面决定黑穗醋栗叶斑病病害的发生程度，栽植前施入专用肥和根外源肥、适当的修剪及合理的栽植方式可以有效地降低病害危害程度。

（三）化学防治

在叶斑病子囊孢子散发末期、分生孢子散发初期及果实膨大期进行药剂喷雾防治，可选用多硫化物如多硫化钙、多硫化钠和聚合度的胶态硫，也可喷施三唑酮 800 倍液、腈菌唑 1500 倍液、戊菌唑 2500 倍液。

第十一节　黑穗醋栗白粉病

黑穗醋栗白粉病在黑龙江省发生普遍，是黑穗醋栗的主要病害。植株叶片、枝条、果实均可染病，危害严重，减产 10%~50%。

一、症状

黑穗醋栗白粉病主要为害叶片，严重时为害全株。植株感病后叶片正面覆有一层白色粉状层，一般情况，下部叶片病斑多，后期叶片卷曲。最先在叶背出现分散的白色丝状霉斑（分生孢子），逐渐扩大并联合呈不规则形较大的白色霉层，严重时可布满全部叶片，致使叶片皱缩，后期病斑变成灰褐色，上面散生黑色小颗粒状的闭囊壳，叶柄也可染病。幼嫩的新梢或半木质化的基生枝最易染病，病部布满白粉，后期呈现褐色，枝条缩短弯曲，严重时新梢枯死。多在近果柄处发病，表面覆盖白粉，并迅速扩展到果实上呈绒毛状，致使果实停止生长或脱落。

二、病原

病原为子囊菌纲白粉菌目单囊白粉菌属醋栗单丝壳菌[*Sphaerotheca morsuvae*（Schwein.）Berk. et Curt.]。无性世代的分生孢子呈近球形或椭圆形，串生于分生孢子梗上，无色，萌发时芽管自一侧伸出，少数自顶端伸出。有性世代的闭囊壳聚生，紫褐色，球形或近球形，附属丝6～12根，不分枝，含有8个无色透明的子囊孢子。

三、发病条件

秋季白粉病病菌以闭囊壳越冬，成为翌年发病的主要初侵染源，5月末至6月初田间开始发病，产生分生孢子，借气流传播进行再侵染，6月中下旬为发病盛期，7月中旬后病情发展缓慢，至9月中旬停止发病，产生闭囊壳越冬。

黑穗醋栗白粉病的发生与气候条件、修剪、品种密切相关。随着温度的上升，湿度增大，尤其是在雨后病情加重，病菌一般在16～29℃均可生存。黑穗醋栗白粉病与修剪有直接关系，薄皮黑豆品种，修剪越轻，病害发生越明显。据调查，不修剪的病情指数比修剪的高15%以上。野生类型均抗病，栽培品种中产量越高病害越重。从5月末到6月初开始发病，延续到7月中旬，7月中旬为发病高峰期，以后趋于稳定。

四、病害控制

病害控制主要采取选用抗病品种，做好果园卫生、清除菌源，辅以化学防治的综合措施。

（一）选用抗病品种

在重病区可选用'戈雷拉''因都卡''明宝'等抗病品种。

（二）做好果园卫生、清除菌源

加强果园管理以增强树势。建园时选择无病虫害品种栽植。发病初期将白色霉层的叶片清至园外，消灭侵染源。合理修剪，使树体内通风透光。

（三）化学防治

白粉病发病初期，第1次与第2次喷药间隔20d左右，采收后进行第3次喷药，共喷3次药，使用的药剂为20%粉锈宁800～1000倍液。为防止产生抗药性，提高防效，可交替使用甲基托布津、复方多菌灵、退菌特、白粉净等的500倍液。

第十一章
花卉病害

草本花卉病害主要包括猝倒病、灰霉病、叶斑病、白粉病、枯萎病和细菌性软腐病；木本花卉病害主要包括叶斑病、炭疽病、锈病、煤污病、枯萎病和溃疡病。

第一节 草本花卉主要病害

一、猝倒病

猝倒病是草本花卉苗期的重要病害，常导致死苗、烂苗，发病的幼苗成片倒伏。主要为害的草花有三色堇、菊花、金鱼草、一串红、鸡冠花、凤仙花、蒲包花、百日草、美女樱、紫罗兰、旱金莲、矮牵牛、石竹、马莲等。现以翠菊猝倒病为例进行介绍。

（一）症状

幼苗大多从茎基部感病，初为水渍状，并很快扩展、缢缩变细，病部不变色或呈黄褐色，病势发展迅速，在幼苗仍为绿色、萎蔫前即从茎基部（少有蘖中部）倒伏。环境湿度大时，病残体及周围床土上可生一层白色絮状物，即菌丝体。出苗前染病，可引起子叶、幼根及幼茎变褐腐烂，即为烂种或烂芽。病害开始往往从个别幼苗发病，条件适合时以这些病株为中心，迅速向四周扩展，形成一块病区。

（二）病原

猝倒病病菌有多种，最主要的是瓜果腐霉（*Pythium aphanidermatum* Eds. Fitzp），属卵菌纲腐霉属。

瓜果腐霉菌落在玉米粉琼脂培养基上呈放射状，气生菌丝呈棉絮状。菌丝发达，分枝繁茂，粗 2.8～9.8μm。藏卵器球形，平滑，多顶生，偶有间生，柄较直，直径 17～26μm（平均 23.7μm）。雄器袋状或宽棍棒状、屋顶状、玉米粒状、瓢状，间生、顶生、同丝生或异丝生，每个藏卵器有 1～2 个雄器，受精管明显，（11.6～16.9）μm×（10.0～12.3）μm，平均 13.97μm ×11.28μm。卵孢子球形，平滑，不满器，直径 14～22μm，壁厚 1.7～3.1μm；内含贮物球和折光体各一个。

（三）发病条件

病菌主要以卵孢子在表土层越冬，并在土中长期存活，也能以菌丝体在病残体或腐殖质上营腐生生活，并产生孢子囊，以游动孢子侵染花苗。寄主侵入后，当地温为 15～20℃时病菌增殖最快，在 10～30℃内都可以发病。湿度大病害常发生重，湿度包括床土湿度和空气湿度，且孢子发芽和侵入都需要一定水分。通风不良也易发病。光照不足，子苗生长弱，抗病性差，容易发病。子苗新根尚未长成，幼茎柔嫩抗病能力弱，此时最易感病。

瓜果腐霉菌丝无色、无隔膜，富含原生质粒状体，条件适宜时，菌丝体几天就可以产生无数的孢子囊。孢子囊成熟时生出一排孢管，孢管顶端逐渐膨大形成一球形大泡囊，流至顶端的原生质集中于泡囊内，后分割成8~50个或更多的小块，每块1核并形成1个游动孢子。游动孢子游动休止后，萌发出芽管，侵入寄主。

病菌以卵孢子在土壤或病残体上越冬，其腐生性较强，因此能在土壤中长期存活。在适宜的环境条件下，卵孢子萌发，产生孢子囊或游动孢子，借气流、灌溉水和雨水传播，也可由带菌的播种土和种子传播。当育苗土湿度过大、播种过密时，有利于猝倒病的发生。尤其苗期遇有连续阴雨雾天，光照不足，幼苗生长衰弱，发病重。连作或重复使用病土，发病严重。因此，该病是典型的土壤传染病害。

（四）病害控制

1）选择地势高、地下水位低、排水好、通风透光地育苗。苗期要控制浇水量，不宜过湿，加强通风，播种不宜过密。苗期喷施500~1000倍磷酸二氢钾，或1000~2000倍氯化钙等，可提高抗病力。

2）病害严重地区，应避免连作或在播种前对土壤进行消毒。土壤消毒要在播种前2~3周进行，将床土耙松，每平方米苗床土用40%福尔马林30mL加水2~4kg均匀喷洒于床面，并用薄膜覆盖，4~5d后揭去薄膜，耙松床土，待药味充分散尽后再播种。也可使用50%多菌灵可湿性粉剂或50%福美双可湿性粉剂，每平方米用药6~8g，加水60~100倍喷施，用塑料布覆盖7d左右。

3）出苗后发病的，应将病株及周围的土壤铲除，再喷洒58%的雷多米尔锰锌500倍液，或应用甲基托布津、甲霜灵等拌草木灰或干细土撒治。发病前或发病初期，使用25%甲霜灵可湿性粉剂800倍液，或40%疫霜灵可湿性粉剂200~400倍液，或75%百菌清可湿性粉剂600倍液喷施。为减轻苗床湿度，应在上午喷药。

二、灰霉病

花卉灰霉病是花卉生产中的常见病害之一，在多种花卉的生长季节经常发生，尤其在冬春棚室内花卉生长期间，病菌可以侵染植株地上的任何部分。如果栽培管理粗放，则更有利于该病的发生和流行，严重时可引起大量落花、落叶，甚至影响开花，降低观赏价值，对花卉品质和产量造成很大危害。灰霉病可为害多种花卉植物的叶、茎、鳞茎、球茎、花、果等部位，引起叶斑、溃疡、腐烂等症状。现以仙客来灰霉病为例介绍。

（一）症状

仙客来灰霉病主要为害叶片、叶柄和花器。叶片染病先在叶缘出现暗绑色水渍状斑纹，后逐渐向叶内扩展，最后全叶呈褐色干枯状，干燥条件下叶斑呈"V"形褐斑，湿度大时长满灰霉。叶柄、花梗染病基部产生水渍腐烂并生有灰霉。花器染病白色花瓣品种上的病斑呈浅褐色，红色花瓣褪色呈水渍状斑点。湿度大时，各发病部位均密生灰色霉层，即分生孢子梗和分生孢子。病害严重时，叶片枯死，花器腐烂，霉层密布。

嫩茎或含水量高的茎上出现褐色斑块，温、湿度合适，病斑扩展很快，病部腐烂，枝、茎折断或倒伏，病部以上部分萎蔫、枯萎死亡，发病严重时整株死亡。在高温条件下，病部长出灰色霉状物是灰霉病在各种花卉上的共同特征，也是该病的重要症状。

（二）病原

病原为灰葡萄孢（*Botrytis cinerea* Pers.），属无性真菌类葡萄孢属。病部出现的灰褐色霉状物即为病菌的分生孢子梗和分生孢子。灰葡萄孢分生孢子梗丛生，大小（260～550）μm×（12～14）μm，有横隔，由灰色转为褐色，分生孢子梗顶端为枝状分枝，分枝末端膨大。分生孢子葡萄状聚生，卵形或椭圆形，少数球形，无色至淡色，单胞，大小为（9～16）μm×（6～10）μm。

（三）发病条件

病菌以菌丝体或分生孢子及菌核附着在病残体上或遗留在土壤中越冬。翌春菌核萌发，产生分生孢子进行初侵染。发病后病部产生大量的分生孢子，借气流传播进行多次再侵染。病花落到叶片上，引起叶片发病。在相对湿度90%左右、温度18～25℃的条件下最容易发病。早春或晚秋气温低、湿度大时，该病易流行。花期最易感病，借气流、灌溉及农事操作从伤口、衰老器官侵入。如遇连续阴雨或寒流大风天气，放风不及时、密度过大、幼苗徒长、分苗移栽时伤根、伤叶，都会加重病情。

（四）病害控制

（1）农业防治　　及时清除病残体；适时通风，也可采用增温、降湿方法；露地栽培注意避雨，要通风透光，不要从花顶部浇水，雨后及时排水。

（2）喷雾法防治　　发病初期喷1∶1∶200波尔多液或65%代森锌可湿性粉剂500倍液，每10d喷1次。用65%甲霜灵800～1250倍液对防治灰霉病有特效，或用50%多霉灵600～800倍液，也可用50%灭霉灵可湿性粉剂800倍液，或50%朴海因可湿性粉剂1000倍液，从发病初期开始，每隔10d喷药1次，共用3次。

（3）粉尘法防治　　傍晚关闭棚室门后，用喷粉器喷撒5%灭霉灵粉尘剂或6.5%甲霜灵粉尘剂，每1000m²用量1kg，喷后粉尘可弥漫杀灭灰霉菌。

（4）烟雾法防治　　用10%速克灵烟剂或45%百菌清烟剂，每1000m²用量200g，密闭后点燃熏3～4h。

三、叶斑病

草本花卉叶斑病是指发生在叶部，包括黑斑、褐斑、圆斑、轮斑、角斑等的真菌性病害，其中以黑斑和褐斑最为常见。草本花卉叶斑病病菌可侵染菊花、一串红、三色堇、石竹、金鱼草、芍药、蜀葵、长春花、仙客来、水仙花、君子兰等多种草本花卉。现以菊花褐斑病为例进行介绍。

（一）症状

菊花褐斑病主要为害菊花的叶片。从植株的下部叶片先发病，病斑散生，初为褪绿斑，而后变为褐色或黑色，病斑逐渐扩大呈圆形、椭圆形或不规则状，严重时多个病斑可互相连接成大斑块，后期病斑中心转为浅灰色，散生不甚明显的小黑点，叶枯下垂，倒挂于茎上。发病初期，在叶面上出现近圆形的小黑点，后扩大成直径5～10mm的圆形、椭圆形黑斑，中间灰黑色，并有黑色小点。严重时，病斑连成大斑块，叶片焦黑脱落，有的则卷成筒状下垂，叶面凹凸不平，一碰即落，整株枯死。

（二）病原

菊壳针孢菌（*Septoria chrysanthemella* Sacc.）属无性真菌类壳针孢属。菌落灰黑色，呈毡状，边缘菌丝白色，菌落生长极其缓慢，产孢慢。分生孢子器球形，褐色；分生孢子针形，无色，微弯至弯曲，基部钝圆形，顶端较尖。

（三）发病条件

菊花褐斑病主要以菌丝体或分生孢子在病残体上于田间越冬，翌年直接发芽或产生的新的分生孢子是初次侵染来源。病菌分生孢子借气流、雨水及灌溉水传播到寄主上，从寄主的气孔、皮孔或表皮直接侵入。条件适宜时2～3d即可染病，进行再次侵染。

病菌以菌丝体和分生孢子器在病残体上越冬，翌年4～5月，当气温适宜时，以分生孢子借风、雨传播。病菌发育最适温度24～28℃，潜育期为20～30d。整个生长期均可发病，在高温多雨季节或植株种植过密时，发病迅速。北方地区，8～9月为发病高峰期；华南地区，5～10月发病较重。

（四）病害控制

（1）**选育和使用抗病品种**　对于菌源较多的地区要注意选用抗病品种栽培，感病的品种有'紫蝴蝶''新大白''火舞''紫露凝霜''蟹爪黄''香白梨''西施醉舞''归田乐'等；抗病力较强的品种有'湖上月''迎春舞''秋色''玉桃''紫雁飞霜''紫桂'等。

（2）**加强养护管理、增强植株抗病能力**　合理施肥和轮作，种植密度要适宜，避免喷灌，盆土要及时更新或消毒。

（3）**消灭初侵染来源**　彻底清除病残体，休眠喷施3～5波美度石硫合剂。

（4）**发病期间进行化学防治**　在发病初期及时喷施杀菌剂，如47%加瑞农可湿性粉剂600～800倍液，或40%福星乳油8000～10 000倍液，或10%多抗霉素可湿性粉剂1000～2000倍液，或6%乐必耕可湿性粉剂1500～2000倍液。

四、白粉病

白粉病由白粉菌科的真菌引起，是庭院常见的植物病害，属于外生性的真菌病害。只生长在叶片表面，形成灰斑，不会大量破坏细胞，但是菌种会吸取植物水分、养分，阻碍叶片生长，严重时造成植物完全停止生长。草本花卉白粉菌可侵染凤仙花、瓜叶菊、金盏菊、美女樱等。现以凤仙花白粉病为例进行介绍。

（一）症状

凤仙花白粉病在中国大部分地区都有分布。染病植株白色粉霉布满叶面，严重时可蔓延至嫩茎及花蕾，致使叶片早落，影响植株生长，降低观赏价值。病害出现的迟早、发展速度与温度高低直接相关。

凤仙花白粉病主要为害叶、茎和花。在叶片、嫩梢上布满白色粉层，白粉是病菌的菌丝及分生孢子。病菌以吸器伸入表皮细胞中吸收养分，少数以菌丝从气孔伸入叶肉组织内吸收养分。菌丝体生在叶片两面，形成白色放射圆形毡毛状斑片，后相互汇合成大片，病斑上布满白粉。后期，病部出现黑褐色小点，即病菌子囊壳。茎、花染病表现与叶片类似的症状。发病严重时病叶皱缩不平，叶片向外卷曲，枯死早落，嫩梢向下弯曲或枯死。

（二）病原

病原为凤仙花单囊壳［*Sphaerotheca balsaminae*（Wallrl.）Kari］和凤仙花科内丝白粉菌（*Leveillula balsaminacearum* Golov），均属子囊门真菌。

凤仙花单囊壳属于白粉菌目单丝壳属。菌丝生于叶片两面，不易脱落。闭囊壳散生至群生，球形或扁球形，直径 70～119μm，构成壳壁的细胞特大，直径 12～31μm，附属丝少或多，弯曲，有隔膜，大多不分枝，褐色至近无色。子囊短，椭圆形或拟球形，（48～96）μm×（51～75）μm。子囊孢子8个，椭圆形，（14～27）μm×（11～19）μm，无色（图11-1）。该病菌寄主范围很广，包括瓜类、豆类、向日葵、木芙蓉、玫瑰、蔷薇等多种草本观赏植物，但有生理分化现象。

凤仙花科内丝白粉菌初生分生孢子披针形，基部稍细，（30～66）μm×（9～21）μm。子囊果埋于菌丝体中，黑褐色，球形或扁球形，直径104.2～173.6μm，壁细胞呈不规则多角形，轮廓不清晰。附属丝呈丝状，易断，短于子囊果直径，常与菌丝体交织在一起。子囊多个，椭圆形或长椭圆形，有柄，（54～96）μm×（21～36）μm；子囊孢子2个，椭圆形、矩圆形，（15～30）μm×（9～15）μm（图11-2）。

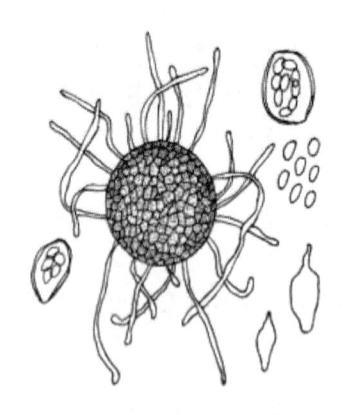

图11-1 凤仙花单囊壳

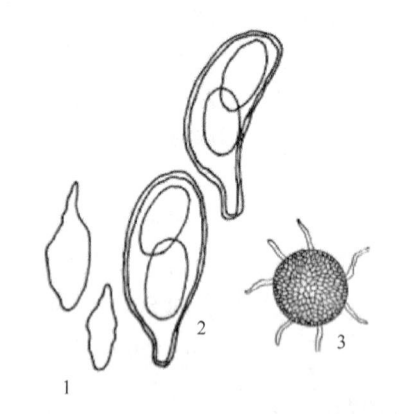

图11-2 凤仙花科内丝白粉菌
1. 分生孢子；2. 子囊和子囊孢子；3. 子囊果

（三）发病条件

凤仙花白粉病为真菌引起的病害，病菌以闭囊壳在病残枯枝叶中越冬。翌年夏季产生子囊孢子，成熟后随风雨飞散传播，侵染叶片。发病后病部形成分生孢子借风雨传播，进行多次再侵染。只要气候适宜，新染病的病叶又可产生病菌的无性孢子（分生孢子），继续循环扩大危害。

北京地区一般5～10月发病，以8～9月为发病盛期。该病在包头7～9月发生、河南5～6月及10～11月发生，浙江多发生在9～10月。通风不良发病更重。

（四）病害控制

1）秋季清除病残体，并集中烧毁。栽植不宜过密，要适当通风，加强肥水管理，多施磷、钾肥，不过量施氮肥。及时拔除病株、清除病叶并集中烧毁，减少翌年侵染源。

2）发病初期喷施5%多硫化钡或50%甲基硫菌灵可湿性粉剂1000倍液，或20%三唑酮乳油2000倍液。对三唑酮产生抗药性的地区，改用12.5%腈菌唑乳油3000~3500倍液，或40%福星乳油7000倍液。在32℃以上高温时禁止喷药，以免发生药害。

五、枯萎病

枯萎病也称疫病，是由真菌或细菌引起的植物病害。发病突然，症状包括严重的点斑、凋萎或叶、花、果、茎甚至整株植物的死亡。生长迅速的幼嫩组织常被侵染。大多数重要的经济作物均受一种或多种疫病感染。疫病可影响花、叶、芽、幼苗、小枝、茎（藤）及顶梢。翠菊枯萎病是常见的严重病害，植株发病后迅速枯萎死亡。

（一）症状

苗期染病，叶片变黄萎蔫，根系发生不同程度的腐烂。成株染病，叶、芽、头状花序萎蔫而主茎长久呈绿色。初发病时叶片变为黄绿色，下部叶片首先萎蔫，根系常全部腐烂，导致全株枯死。剖开病茎，可见维管束变褐。病茎基部可见粉红色霉层，即为病菌的分生孢子梗和分生孢子，近地表或土层中较明显。此病在夏季高温地区表现为枯萎，且发病严重；而在夏季低温地区则表现为茎腐。

（二）病原

病原为尖孢镰孢翠菊专化型[*Fusarium oxysporum* Schlecht. var. *callistephii* (Beach) Snydre & Hansen]，属无性真菌类真菌。大型分生孢子镰刀形，略弯，两端尖，具隔膜1~6个，多为3个，3~4隔者大小为(23~56) μm×(3~5) μm。厚垣孢子多，球形，直径6~8μm，单生、对生或串生。

（三）发病条件

病原主要以厚垣孢子在土中越冬，营腐生生活，可在土壤中存活多年。枯萎病的侵染途径是雨水和气流。病菌从须根、根毛或伤口侵入，在寄主根茎维管束繁殖、蔓延，并产生有毒物质随输导组织扩散，毒化寄主细胞，或堵塞导管，致叶片发黄。幼苗出土后10~20d最易发病，苗木木质化后，病害明显减少。因此，此病的发生常与大水漫灌、施肥不当、连作、地下害虫有关。

（四）病害控制

1）选种抗病品种，实行4年以上轮作；选择高燥地块种植；氮肥不宜施用过多；雨后及时排水，及时清除病残体。

2）土壤消毒。用80%绿亨2号可湿性粉剂，3~4g/m²稀释600~800倍液淋施或喷雾。

3）种子消毒。30℃水浸种30min后，捞起浸入1%氯化汞中，40℃经过30min，然后沥干种子，再用冷水洗涤干燥备用。也可用0.25%福尔马林浸种20min，或47%加瑞农可湿性粉剂700倍液，或80%绿亨2号600~800倍液。

4）发病初期，喷洒50%苯菌灵可湿性粉剂1000倍液，或36%甲基硫菌灵悬浮剂600倍液，或47%加瑞农可湿性粉剂700倍液，或80%绿亨2号600~800倍液。

六、细菌性软腐病

病菌可为害君子兰、大丽花、菊花、仙客来、花叶万年青、秋海棠等多种花卉,侵染花卉的叶片、鳞茎、根和块根等,常导致植物腐烂、溃疡、枯萎,甚至全株萎蔫枯死。潮湿时,病部常有菌脓溢出。现以君子兰细菌性软腐病(根茎腐烂病)为例进行介绍。

(一)症状

君子兰细菌性软腐病可由多种细菌引起,是对君子兰具有毁灭性打击的一种病害,常导致君子兰叶片全叶腐烂。茎染病多始于靠近土面的部位,初生暗绿色水浸状不规则形斑,茎部组织很快变软、腐烂,致全株折倒;也常扩展到根部,造成全根腐烂。叶片染病多始于叶基,初期叶片失去光泽,叶两面均可生暗绿色水渍状不规则形斑,沿叶脉由下向上扩展,病部发软腐烂,叶片下垂或掉下。

(二)病原

病原细菌有两种:软腐欧文氏菌黑茎病变种[*Erwinia carotovora* var. *atroseptica*(Hellmers et Dowson)Dye]和菊欧文氏菌(*Erwinia chrysanthemi* Burkholder McFadden et Dimock)。

软腐欧文氏菌黑茎病变种的菌体杆状,周生鞭毛 4~6 根,在肉汁蛋白胨培养基上,温度 28℃,培养 7d 后,菌落呈淡灰白色,近圆形,稍隆起,菌落黏质状。

菊欧文氏菌的菌体杆状,周生鞭毛,革兰氏阴性菌,在 PDA 培养基上,生长 3~5d,菌落为独特的瘤状,菌落边缘为波浪状或珊瑚状。

(三)发病条件

软腐病是细菌性病害,软腐欧文氏菌黑茎病变种和菊欧文氏菌是君子兰软腐病的常见病原。这两种病原属厌气细菌,易在水中传播。软腐病的侵染循环与黑胫病相似。一般易从其他病斑进入,形成二次侵染、复合侵染。早前被感染的母株,可通过匍匐茎侵染子代块茎。温暖、高湿及缺氧有利于块茎软腐。地温 20~25℃或 25℃以上,收获的块茎会高度感病。通气不良、田里积水、水洗后块茎上有水膜所形成的厌气环境,利于病害发生。施氮肥多也提高感病性。

病菌在土壤中的病株残体上或土壤内越冬。在土壤中能存活几个月,通过雨水传播,也可以通过病株或人员、工具传播,由伤口侵入,潜育期短,2~3d 即可发病,生长季节可多次侵染。一年中 6~10 月均可发病,6~7 月为发病高峰,高温、高湿有利于发病。淋雨或浇水不慎灌入茎心,是该病发生的主要诱因。空气不流通易发病。受介壳虫为害的发病重。

病菌主要为害君子兰的叶片和假鳞茎。发病初期,叶片上出现水渍状斑,并迅速扩大,病组织腐烂,呈半透明状,病斑周围有黄色晕圈,较宽,在温、湿度适宜的情况下,病斑很快扩展,直至全叶腐烂解体呈湿腐状。茎基发病也出现水渍状斑点,后扩大成淡褐色病斑,病斑很快扩展蔓延到整个假鳞茎,最后组织腐烂解体,有微酸味。发生在茎基的病斑也可以沿叶脉向叶片扩展,致叶腐烂,从假鳞茎上脱落下来。

(四)病害控制

1)精心养护。移栽时最好选用经高温消毒的腐殖土。浇水要选在上午,避免从顶部浇水，应从盆沿慢浇，防止把水浇进心叶；室内要保持通风良好。

2）发现叶上长有介壳虫时，要及时喷杀虫剂防治。

3）发病初期，病部喷洒 30%绿得保悬浮剂 400 倍液，或 47%加瑞农可湿性粉剂 800 倍液，或 1∶0.5∶100 波尔多液。避免波尔多液与呋喃丹混用，以免引起烂心。

第二节 木本花卉主要病害

一、叶斑病

叶斑病是多种木本花卉的主要病害，由多种细菌和真菌引起，表现为叶、柄、幼果等部位出现黑色斑片状病损，严重影响植物的生长和产出。侵染发生在潮湿季节，表现为圆形或不规则形黑色叶斑，有时发生在叶柄、茎和花部。木本花卉叶斑病病菌可为害玫瑰、月季、黄刺梅、金樱子、山茶、杜鹃等多种植物。现以月季黑斑病为例进行介绍。

（一）症状

月季黑斑病主要为害叶片，感病初期叶片上出现褐色小点，逐渐扩大为圆形、近圆形或不规则形病斑，边缘呈不规则的放射状，病部周围组织变黄，病斑上生黑色小点，即病菌的分生孢子盘。严重时病斑连片，甚至整株叶片全部脱落。嫩叶上的病斑为长椭圆形、暗紫红色、稍下陷。

（二）病原

病原为蔷薇放线孢菌 [*Actinonema rosae*（Lib.）Fr.]，属无性真菌类。

病菌分生孢子盘生于角质层下，盘下有分枝状的菌丝，分生孢子盘直径 108～198μm。分生孢子近圆形、长椭圆形或葫芦形，无色、双胞，分隔处略有缢缩，上部细胞小，有喙状突起，偏向一侧。分生孢子梗短小，无色。病菌的生长温度为 10～35℃，最适 20～25℃，侵入月季的最适温度为 19～21℃。有性态为子囊菌门柔膜菌目的蔷薇双壳菌（*Diplocarpon rosae* Wolf.），但较罕见。

（三）发病条件

病菌以菌丝体和分生孢子盘在病枝或病叶上越冬。翌年春季温、湿度适宜时，分生孢子借风雨和灌溉水传播。在叶面上有水滴、22～25℃的条件下，孢子萌发并穿透角质层侵入寄主，在寄主细胞组织内吸收养分，繁衍出大量新的孢子进行再侵染。由于病菌多次重复侵染，因此生长季节可多次发病。带病的苗木、植株和切花是病害远程传播的媒介。

多雨、多雾、多露、雨后闷热、通风透气不良等高湿条件均有利于发病，而炎夏、高温、干旱季节病害发展缓慢。植株生长衰弱易感病。露地栽培株丛密度大或花盆摆放太挤，偏施氮肥，以及采用喷灌方式浇水，都可加重病害的发生。

传播引起初侵染，在生长季节可进行多次再侵染。温度适宜、叶面有水滴时即可侵入，多从下部叶片开始侵染。气温 24℃、相对湿度 98%、多雨天气有利于发病。在长江流域一带，5～6 月和 8～9 月为再次发病高峰期。在北方一般 8～9 月发病最重。

（四）病害控制

1）选用抗病品种，叶片深绿、蜡质厚的品种较抗病。适时合理施肥，增强植株抗病力。及时修剪，改善通风透光条件，降低湿度，避免叶面存水。

2）随时清除病落叶并集中烧毁，秋季彻底清除病枝、落叶。

3）盆栽月季10月下旬入室，选留3~5条健壮枝，从10~15cm处剪去，置室内暗处控肥、水，只要不结冰即可越冬。

4）春季发芽前，喷洒3波美度石硫合剂或1：1：100波尔多液对植株及地面消毒，以杀死病菌。月季展叶或初发病叶时，可喷洒45%噻菌灵（特克多）悬浮剂500~600倍液，或40%波尔多液可湿性粉剂1000倍液，或20%龙克菌悬浮剂500倍液等。以上药剂隔7~10d喷1次，可防治4~5次。

二、炭疽病

木本花卉炭疽病是发生普遍且危害严重的病害。炭疽病病菌可侵染牡丹、兰花、山茶、扶桑、米兰、茉莉、桂花、梅花、月季、杜鹃花、栀子、含笑、迎春花、柚子、佛手等。现以牡丹炭疽病为例进行介绍。

（一）症状

牡丹炭疽病主要为害叶片、花梗、叶柄及嫩枝。叶片染病，叶面出现褐色小斑点，后逐渐扩大呈圆形至不规则形大斑，后期病斑可引起穿孔。幼叶受害后皱缩卷曲，芽鳞和花瓣受害常导致芽枯和畸形花。茎被侵染后，初期表现浅红褐色、长圆形、略下陷的小斑，后扩大成不规则大斑，中央略呈浅灰色，边缘呈浅红褐色，病茎扭曲，严重时引起倒伏。湿度大时，病部表面产生红褐色略带黏性的分生孢子堆。

（二）病原

病原为炭疽菌属的一种未定种病菌（*Colletotrichum* sp.），属无性真菌类。分生孢子盘生于寄主角质层或表皮下，通常有刚毛，刚毛褐色至暗褐色，光滑，由基部向顶端渐尖，具分隔。分生孢子短圆柱形、单胞、无色。分生孢子萌发后产生褐色、厚壁的附着胞，是鉴别炭疽病病菌的重要特征。

（三）发病条件

拟菌核随病株残余组织遗留在田间越冬，也能以分生孢子和菌丝体附着在种子上越冬。田间病株残余组织内的拟菌核，在环境条件适宜时产生的分生孢子，通过雨水反溅或气流传播至寄主植物上，从寄主伤口侵入，引起初次侵染。侵入后经潜育期出现病斑，并在受害部位产生新生代分生孢子，借风雨或昆虫等媒介传播，进行多次再侵染，从而加重危害。

病菌以菌丝体在病株中越冬，次年环境适宜时越冬的菌丝产生分生孢子盘和分生孢子。在雨露下，分生孢子传播和萌发，高温多雨年份发病较严重，通常以8~9月降雨多时为发病高峰。病害一般6~9月均可发病，北京6月为发病始期，7~8月进入发病盛期，高温、高湿发病严重。

（四）病害控制

1）及时清除病残体，栽培密度适当，上午浇水，防止湿气滞留，保持通风透光良好。

2）发病前喷施65%代森锰锌可湿性粉剂800倍液预防。发病初期喷洒25%炭特灵可湿性粉剂500倍液，或25%使百克乳油800倍液，或50%苯菌灵可湿性粉剂1500倍液，每隔10d左右喷1次，防治2～3次。

三、锈病

锈病是由真菌中的锈菌寄生引起的一类植物病害，可为害植物的叶、茎和果实。锈菌一般只引起局部侵染，受害部位可因孢子聚集而产生不同颜色的小疱点或疱状、杯状及毛状物，有的还可在枝干上引起肿瘤、粗皮、丛枝、曲枝等症状，或引发落叶、焦梢、生长不良等。严重时孢子堆密集成片，植株因体内水分大量蒸发而迅速枯死。锈病是木本花卉重要的叶部病害，锈菌可以侵染玫瑰、月季、海棠、牡丹、花椒、桃花等。现以玫瑰锈病为例进行介绍。

（一）症状

玫瑰锈病是由玫瑰多胞锈菌引起并发生在玫瑰上的病害。主要为害芽、叶片，也为害叶柄、嫩枝、花、果等部位。初春，发病嫩芽上布满鲜黄色的粉状物，叶片上出现黄色疱状突起，破裂后散出橘红色粉末，即锈孢子。夏季，叶片上出现褪绿小斑，叶背产生橘黄色小疱斑，即夏孢子堆。夏末秋初，小疱斑变为黑褐色，即冬孢子堆，受害叶片枯黄早落。嫩枝染病，病部略肿大，表现与叶片类似症状。此病主要发生在华东、华南地区。发病部位病斑明显隆起，病部布满锈黄色粉状物，是识别锈病的症状特点。

（二）病原

病菌为玫瑰多胞锈菌（*Phragmidium rosae-rugosae* Kasai），属担子菌门冬孢菌纲锈菌目柄锈菌科。锈孢子近圆形，黄色，表面有瘤状突起，大小为（23～29）μm×（19～24）μm。夏孢子圆形或椭圆形，黄色，表面有刺，大小为（16～22）μm×（19～26）μm，一般有4～7个隔膜，孢子顶端有圆锥形突起。锈孢子萌发的适宜温度为18～21℃，夏孢子在9～25℃时萌发率最高，冬孢子萌发适温为18℃。

（三）发病条件

病菌以菌丝体在玫瑰芽内和以冬孢子在患病部位越冬。玫瑰锈病为单主寄生。5月玫瑰花含苞待放时开始在叶背出现夏孢子，借风、雨、昆虫等传播，进行第一次侵染，条件适宜时产生大量夏孢子，进行多次再侵染。夏孢子由气孔侵入，靠风、雨传播，连续2～4h的高湿度有利于发病。发病适温在24～26℃，每年6月下旬至7月中旬和8月下旬至9月上旬有两次发病高峰。气温超过27℃时，夏孢子萌发率及侵染力显著降低，甚至死亡。翌年玫瑰芽萌发时，冬孢子萌发产生担孢子，侵入植株幼嫩组织，4月下旬出现的病芽，在嫩芽、幼叶上产生锈孢子堆。冬季温度过低可致冬孢子死亡。四季温暖、多雾、多露的天气，均有利于发病。偏施氮肥加重病害的发生。四季温暖、多雨、多雾的地区和年份发病重。

（四）病害控制

1）及时修剪，清除枯枝落叶，并集中销毁。

2）新叶展开后，喷洒50%代森锰锌500倍液或0.2~0.4波美度石硫合剂，抑制冬孢子的产生和萌发。

3）发病初期，喷洒25%三唑酮可湿性粉剂1500~2000倍液，或25%敌力脱乳油2000倍液，或12.5%速保利可湿性粉剂3000~3500倍液。

四、煤污病

煤污病又称煤烟病，在花木上发生普遍，影响光合作用，可降低观赏价值和经济价值，甚至引起死亡。煤污病病菌的寄主范围很广，常见的有扶桑、金银花、紫薇、柚子、山茶、木本夜来香等。煤污病主要为害寄主植物的叶片，也能为害嫩枝、花器等部位。黑色煤粉层是各种煤污病的共同典型症状。煤污病的主要危害是抑制植物的光合作用，削弱植物的生长势。另外，花卉的叶面布满黑色的煤粉层，严重地破坏了观赏性。现以扶桑煤污病为例介绍。

（一）症状

扶桑煤污病主要为害中下部叶片、叶柄和茎。病部表面产生黑色煤粉状且可以抹去的菌丝层，叶上发病似黏附一层煤灰。发病重时叶片呈污黑状，但很少枯焦或坏死，影响光合作用和观赏。

（二）病原

病原为散播烟霉（*Fumago vagans* Pers.），属无性真菌类。叶片附生的黑色霉层为菌丝层，细粉状。分生孢子梗简单，直立，上部呈膝状弯曲，黄褐色至深褐色，3~16个分隔，（16~22）μm×（3.6~6.0）μm。分生孢子顶侧生、串生呈链状，椭圆形、卵形或长椭圆形，无分隔或1个分隔，极少2个分隔，深橄榄色，（5~16）μm×（3.0~6.5）μm。厚垣孢子呈不规则形、椭圆形、卵形、长椭圆形或球形，2至数个纵横分隔，呈橄榄褐色到深褐色，（7~23）μm×（5~10）μm。

（三）发病条件

病菌以菌丝体和分生孢子在病叶上或土壤内或植物病残体上越冬，翌春产生分生孢子，借风、雨及蚜虫、粉虱、介壳虫等传播蔓延。遮阴、潮湿环境易发病，发生白粉虱时易诱发该病。

高温高湿、通风不良、隐蔽闷热及虫害严重的地方，煤污病病害严重。每年3~6月和9~11月为发病盛期，湿度大时发病重。盛夏，高温病害停止蔓延，但夏季雨水多，病菌也会时有发生。

（四）病害控制

1）保证生产环境通风透光，雨后及时排水，防止湿气滞留。

2）及时防治害虫。发生白粉虱、蚜虫、介壳虫时，要及时喷药防治。发生白粉虱时，用25%扑虱灵可湿性粉剂2000倍液喷雾；发生蚜虫、介壳虫时，用3%莫比朗乳油1500倍液喷雾。

3）煤污病发病时，喷洒 50%甲基硫菌灵·硫黄悬浮剂 800～100 倍液，或 25%苯菌灵·环己锌乳油 800 倍液，或 27%铜高尚悬乳剂 600 倍液，或 65%甲霉灵（硫菌·霉威）可湿性粉剂 1000 倍液。每隔 7～10d 1 次，连续 2～3 次。

五、枯萎病

现以合欢枯萎病为例进行介绍。合欢枯萎病又名干枯病，是合欢的一种毁灭性病害，严重时造成大量合欢树木枯萎。在北京、南京、济南等地的苗圃、园林、庭院等处均有发生。该病对从 2.5cm 左右粗的小树到大树都能造成危害。

（一）症状

幼苗发病，一般叶枝条基部的叶片先变黄，植株生长衰弱，逐渐少数叶片开始枯萎，最后遍及全树，此时根及茎已软腐，至全株枯死。大树发病，地上部萎蔫，病叶枯后脱落，枝条逐渐枯死，严重时全株枯死，在树枝或树干横截面上可出现一整圈变色环。夏末秋初，感病树干或树枝皮孔肿胀并破裂，产生分生孢子座及大量粉色粉末状分生孢子，由伤口侵入。病斑多呈梭形，黑褐色，病斑下陷，病菌分生孢子座突破皮缝，产生成堆的粉红色分生孢子堆。

（二）病原

病原为无性真菌类丝孢纲瘤座孢目镰孢菌属尖孢镰孢合欢专化型（*Fusarium oxysporum* f. sp. *perniciosum*）。病部产生的肉红色粉状物即为病菌的分生孢子座和分生孢子。分生孢子有两种类型：大型分生孢子呈纺锤形或镰刀形，两端尖，成熟后多具 3 个隔膜，大小为（20.8～42.9）μm×（3.3～4.9）μm；小型分生孢子呈圆筒形或椭圆形，大小（5～12）μm×（2.5～3.5）μm。

（三）发病条件

病菌以菌丝体和厚垣孢子随病残体在土中越冬，可营多年腐生生活。翌年春季，以分生孢子从根部伤口直接侵入，也能从树干或树枝的伤口侵入，在寄主根茎维管束繁殖、蔓延，并产生有毒物质随输导组织扩散，毒化寄主细胞，或堵塞导管，致叶片发黄。枯萎病的传染途径是雨水和气流。

病菌随病残体或以菌丝体在病株上于土壤中越冬。从根部侵入的病菌自根部导管向上蔓延至干部和枝条上的导管，造成枝条枯萎。从树枝或树干侵入的病菌，初期使树皮呈水渍状坏死，后逐渐干枯下陷。严重的造成黄叶、枯叶，根皮、树皮腐烂，以致整株死亡。高温、高湿有利于病菌的增殖或侵染，暴雨、灌溉均有利于该病的传播，缺水或干旱也会促进病害的发生。树势弱的，从出现症状到全株死亡，只需 5～7d；树势好的，也会表现出局部枝条枯死，病情发展比较慢。

（四）病害控制

1）选择排水好、地势高、土质好的地块种植。雨后及时排水，发现病株及时清除，并消毒。

2）及时清除病枝和严重的病株，并用 20%石灰水消毒土壤。

3）患病轻的植株，可往根部浇灌400倍的50%代森铵溶液，每平方米浇2~4kg。

六、溃疡病

枝枯病又称茎溃疡病，可为害月季、蔷薇、茉莉花、栀子、夹竹桃、火棘、冬青卫矛等木本花卉。现以月季枝枯病（茎溃疡病）为例进行介绍。

（一）症状

病害多发生在修剪枝条伤口及嫁接处的茎上。感病部位初生紫色小点，后扩大为中央浅褐色、边缘紫色的椭圆形或不规则形斑。后期病斑下陷，表皮纵向开裂，上生黑褐色小颗粒，即分生孢子器。当病斑绕茎一圈时，病部以上变褐枯死。

（二）病原

蔷薇盾壳霉（又名伏克盾壳霉，*Coniothyrium fuckelii* Sacc），属无性真菌类腔孢纲球壳孢目盾壳霉属。有性态为盾壳小球腔菌［*Leptosphaeria coniothyrium*（Fuckel.）Sacc.］，分生孢子器生于枝条的表皮，近球形，器壁膜质，黑色，有孔口，直径180~250μm。分生孢子梗较短，不分枝，单胞，3μm×（1.5~2.0）μm，无色。分生孢子小，单胞，卵形、球形或椭圆形，初无色，后变为橄榄色或褐色，（2.5~4.5）μm×（2.15~3.86）μm。子囊座簇生在表皮下，球形，黑色，有孔口，直径为250~350μm。子囊圆筒形，有柄，（66~96）μm×（4~6）μm，内含8个子囊孢子。子囊孢子褐色，矩圆形，有3个隔膜，分隔处稍缢缩，大小为（10~15）μm×（3.5~4.0）μm。夏季以分生孢子侵染、传播为害，有性态的子囊座于次年春天在病死枝条上产生。

病菌分生孢子萌发和生长的最适温度分别为30℃和28℃；菌丝生长发育最适宜的pH为6.8。形成分生孢子器的温度为10~35℃。有性态在自然条件下不常见。

（三）发病条件

病菌以分生孢子器和菌丝在病株或病株残体上越冬。翌春产生分生孢子或子囊孢子借风雨传播，从伤口侵入，特别是修剪和嫁接伤口易侵入，后产生分生孢子进行再侵染。湿度大、管理不善、过度修剪、树势衰弱发病较重。该病在广州6~9月发病。

（四）病害控制

1）及时剪除并销毁病枝。修剪枝条应选在晴天进行，剪口要用10%硫酸铜消毒，并涂1：1：150波尔多液保护。

2）发病初期，喷施50%多菌灵可湿性粉剂500倍液，或75%甲基托布津可湿性粉剂1000倍液，或50%甲基硫菌灵·硫黄悬浮剂800倍液。每10d左右1次，连续防治2~3次。

主要参考文献

白春明. 2010. 南方根结线虫环境适应性研究. 沈阳：沈阳农业大学博士学位论文.
毕秋艳, 马志强, 韩秀英, 等. 2017. 不同机制杀菌剂对小麦白粉病的敏感性及与三唑酮的交互抗性. 植物保护学报, 44（2）：331-336.
曹奎荣, 陈婕, 王晔青, 等. 2021. 不同品种水稻稻曲病发生情况及原因分析. 中国植保导刊, 41（7）：60-62, 91.
曹远银, 韩建东, 朱桂清, 等. 2007. 小麦秆锈菌新小种 Ug99 及其对我国的影响分析. 植物保护,（6）：86-89.
曹远银, 王浩, 李天亚, 等. 2016. 2012-2013 年中国禾柄锈菌小麦专化型小种动态及新毒力谱分析. 菌物学报, 35（6）：684-693.
陈金, 徐明龙. 2022. 26%噻虫胺·咯菌腈·精甲霜灵种子处理悬浮剂防治小麦根腐病田间药效试验. 安徽农学通报, 28（9）：107-108.
陈利锋, 徐敬友. 2007. 农业植物病理学. 3 版. 北京：中国农业出版社.
陈庆恩, 白金铠, 史耀波. 1987. 中国大豆病虫图志. 长春：吉林科学技术出版社.
陈然, 李俊凯, 李黎, 等. 2014. 小麦赤霉病生物防治研究进展. 河南农业科学, 43（12）：1-5.
陈文华, 殷宪超, 武德亮, 等. 2020. 小麦赤霉病生物防治研究进展. 江苏农业科学, 48（4）：12-18.
陈宇飞, 文景芝. 2019. 植物保护. 北京：中国农业出版社.
程洋洋, 杨其亚, 郑香峰, 等. 2018. 拮抗菌控制小麦赤霉病及其机制的研究进展. 粮食与油脂, 31（6）：11-13.
董金皋. 2007. 农业植物病理学（北方本）. 北京：中国农业出版社.
董金皋. 2015. 农业植物病理学. 北京：中国农业出版社.
董金皋. 2018. 农业植物病理学. 3 版. 北京：中国农业出版社.
杜庆志, 张建业, 刘翔, 等. 2021. 不同杀菌剂对小麦白粉病菌室内毒力测定及混配增效药剂筛选. 植物保护, 47（6）：327-331.
段霞瑜, 盛宝钦, 周益林, 等. 1998. 小麦白粉病菌生理小种的鉴定与病菌毒性的监测. 植物保护学报,（1）：31-36.
段霞瑜, 周益林. 2009. 小麦白粉病近年来的若干研究进展//中国植物保护学会（China Society of Plant Protection）. 粮食安全与植保科技创新. 北京：中国农业科学技术出版社.
段玉玺. 2011. 植物线虫学. 北京：科学出版社.
范春捆. 2019. 小麦白粉病菌及其抗性基因研究进展. 西藏农业科技, 41（2）：77-82.
范江龙, 李欣蕊, 席雪冬. 2021. 小麦赤霉病生物防治研究进展. 生物加工过程, 19（4）：420-431.
冯丽妃. 2022. 多重基因剪刀"拿下"小麦白粉病. 中国科学报（001）.
伏荣桃, 陈诚, 王剑, 等. 2022. 抗稻曲病水稻种质资源筛选与评价. 南方农业学报, 53（1）：78-87.
傅宇航, 马慧, 蔡俊松, 等. 2021. 水稻稻曲病有效药剂筛选及药效评价. 农学学报, 11（5）：18-21.
高峰, 姜文武, 胡凤灵. 2020. 7 种药剂对小麦赤霉病防治效果研究. 农业科技通讯,（6）：53-55.
高海峰, 努尔孜亚·亚力买买提, 李广阔, 等. 2013. 几种杀菌剂对小麦白粉病的防治效果. 新疆农业科学, 50（7）：1260-1264.
高旭. 2013. 芽孢杆菌 CC09 对小麦白粉病的防治作用的研究. 杨凌：西北农林科技大学硕士学位论文.
高学文, 陈孝仁. 2018. 农业植物病理学. 5 版. 北京：中国农业出版社.
郭荣君, 李世东, 李国强, 等. 2007. 芽孢杆菌 JPC-2 的营养竞争测定及其对小麦根部病害的防治效果. 植物保护,（5）：107-111.
郭兆枢. 2018. 3 种新药剂对小麦白粉病的防治效果研究. 大麦与谷类科学, 35（5）：36-38.
韩秀邦. 2021. 不同药剂对小麦白粉病和锈病的防治效果. 农家参谋,（10）：54-55.
洪健, 李德葆, 周雪平. 2001. 植物病毒分类图谱. 北京：科学出版社.
侯富, 李海军, 李菁, 等. 2021. 小麦抗白粉病基因资源研究进展及江苏淮北地区育种利用策略. 安徽农学通报, 27（22）：42-44, 50.
侯明生, 黄俊斌. 2006. 农业植物病理学. 2 版. 北京：科学出版社.
胡娜, 王永玖, 黄琼瑞, 等. 2009. 小麦抗白粉病基因的分子标记检测及其抗性评价. 分子植物育种, 7（6）：1093-1099.
胡小平, 王保通, 康振生. 2014. 中国小麦条锈菌毒性变异研究进展. 麦类作物学报, 34（5）：709-716.
胡子全, 卜晓静, 郭文华, 等. 2020. 6 种药剂对专用品牌小麦赤霉病的田间防治效果. 生物灾害科学, 43（3）：261-264.
黄杰, 王君, 葛昌斌, 等. 2020. 黄淮南部小麦品种（系）的赤霉病抗性评价及抗源浅析. 江苏农业科学, 48（17）：113-116.
霍云霞. 2009. 几株植物内生菌抑制黄瓜和小麦白粉病的机理研究. 杨凌：西北农林科技大学硕士学位论文.
贾秋珍, 范宏伟, 宋雄儒, 等. 2020. 5 种种衣剂对甘肃省小麦散黑穗病防治效果. 农药, 59（4）：306-307, 312.
贾秋珍, 范宏伟, 宋雄儒, 等. 2020. 6 种杀菌剂对小麦散黑穗病的防治效果. 甘肃农业科技,（6）：6-8.
蒋晴, 耿辉辉, 杨本香, 等. 2016. 9 种杀菌剂对小麦白粉病的田间防治试验. 大麦与谷类科学, 33（3）：52-54.

蒋雯, 何德, 陶松. 2010. 利用外源基因抗小麦根腐病的研究进展. 河北农业科学, 14 (2): 50-51, 66.
康振生, 王晓杰, 赵杰, 等. 2015. 小麦条锈菌致病性及其变异研究进展. 中国农业科学, 48 (17): 3439-3453.
李雷雷, 蔡智勇, 范志业, 等. 2021. 防治小麦赤霉病的药剂选择. 河南农业大学学报, 55 (6): 1104-1108.
李玲, 刘宝军, 杨凯, 等. 2021. 木霉菌对小麦白粉病的田间防效研究. 山东农业科学, 53 (7): 96-100.
李璐. 2019. 致病疫霉菌群体结构及诱导剂与杀菌剂对晚疫病防效研究. 哈尔滨: 东北农业大学硕士学位论文.
李萍, 张忠福, 杨敏. 2019. 不同种衣剂包衣防治小麦黑穗病试验. 农业科技与信息, (6): 11-12.
李天亚. 2014. 中国小 (燕) 麦秆锈病及Ug99遗传防控技术研究. 沈阳: 沈阳农业大学博士学位论文.
李彤霄. 2013. 我国小麦白粉病预报方法研究进展. 气象与环境科学, 36 (3): 44-48.
廖森, 方正武, 张春梅, 等. 2021. 小麦抗赤霉病遗传与机理研究现状与展望. 江苏农业科学, 49 (19): 51-56.
廖玉才, 李和平. 2016. 基于抗体的小麦赤霉病抗性研究进展. 科技导报, 34 (22): 68-74.
刘红彦, 张忠山, 马寄祥, 等. 1992. 小麦20个品种 (系) 成株期对根腐病抗性的研究. 河南农业科学, (12): 21-23.
刘娟, 张绍升. 2013. 福建省水稻霜霉病诊断和病原鉴定. 福建农林大学学报: 自然科学版, 42 (2): 134-136.
刘麟. 2021. 大丽轮枝菌 MAT1-1 和 MAT1-2 交配型菌株生物学特性和致病力的比较研究. 呼和浩特: 内蒙古农业大学硕士学位论文.
刘敏捷, 原宗英, 李霞, 等. 2019. 不同杀菌剂对小麦白粉病的田间防效. 中国植保导刊, 39 (6): 70-71, 78.
刘正鹏, 余应龙. 2010. 稻曲病的危害症状与综合防治措施. 农技服务, 27 (3): 329.
陆家云. 2004. 植物病害诊断. 2版. 北京: 中国农业出版社.
亓璐, 张涛, 曾娟, 等. 2021. 近年我国水稻五大产区主要病害发生情况分析. 中国植保导刊, 41 (4): 37-42, 65.
邱永春, 张书绅. 2004. 小麦抗白粉病基因及其分子标记研究进展. 麦类作物学报, (2): 127-132.
邵益栋, 徐丽丹, 吴德君, 等. 2018. 江阴市小麦白粉病防治药剂筛选田间试验初报. 上海农业科技, (1): 85-86.
盛宝钦. 1991. 对记载小麦成株白粉病 "0~9级法" 的改进. 北京农业科学, (1): 38-39.
盛宝钦, 向齐君, 段霞瑜, 等. 1995. 我国小麦白粉病小种毒力变异动态简报. 植物保护, (1): 4.
盛宝钦, 向齐君, 段霞瑜, 等. 1995. 1991~1992我国小麦白粉病生理小种的变异动态. 植物病理学报, (2): 116.
苏静静. 2022. 4种药剂对小麦赤霉病防治效果田间对比分析. 农业科技通讯, (1): 70-72.
孙艳秋, 谢婷婷, 姚远, 等. 2019. 哈茨木霉菌BM6对小麦白粉病的防治研究. 中国植保导刊, 39 (1): 15-18.
田俊艳. 2019. 基于小麦赤霉病生物防治研究进展. 新农业, (23): 17-19.
王奥霖, 赵亚男, 孙超飞, 等. 2021. 小麦不同抗性品种对6种杀菌剂防治小麦白粉病效果的影响. 植物保护, 47 (6): 285-290.
王海光, 祝慧云, 马占鸿, 等. 2005. 小麦矮腥黑穗病研究进展与展望. 中国农业科技导报, (4): 21-27.
王宏宝, 董青君, 毛佳, 等. 2022. 水稻感染干尖线虫后植株表型特征及减损分析. 天津农业科学, 28 (4): 81-85.
王孟泉, 戴露洁, 胡立豪, 等. 2019. 30%噻虫·嘧菌·咪鲜胺FS拌种对小麦土传病害防治效果试验. 现代农村科技, (2): 54-55.
王卫红. 2010. 不同杀菌剂对小麦白粉病的防效试验. 现代农业科技, (1): 165-168.
王振中, 刘大群. 2015. 植物病理学. 3版. 北京: 中国农业出版社.
吴佳文, 朱先敏, 田子华. 2018. 2016年江苏地区小麦白粉病发生特点及治理对策研究. 现代农药, 17 (1): 5-7, 18.
夏烨, 周益林, 段霞瑜, 等. 2005. 2002年部分麦区小麦白粉病菌对三唑酮的抗药性监测及苯氧菌酯敏感基线的建立. 植物病理学报, (S1): 74-78.
向明. 2009. 湄潭县水稻霜霉病的发生特点与防治对策. 农技服务, 26 (10): 46, 64.
谢志娟, 王律, 张海燕. 2021. 不同药剂对小麦白粉病防效试验. 湖北植保, (5): 40-41, 55.
邢艳, 王军, 杨娟, 等. 2021. 水稻稻曲病的发生规律及防治方法. 植物医生, 34 (4): 67-71.
颜明利. 2009. 2009年凤阳县稻瘟病重发的原因及防治策略. 农技服务, 26 (12): 53, 83.
杨共强, 宋玉立, 何文兰, 等. 2011. 几种杀菌剂对小麦白粉病的防治效果. 河南农业科学, 40 (8): 153-155.
杨丽娜. 2022. 致病疫霉群体遗传结构及效应子基因功能分析. 福州: 福建农林大学博士学位论文.
杨美娟, 黄坤艳, 韩庆典. 2016. 小麦白粉病及其抗性研究进展. 分子植物育种, 14 (5): 1244-1254.
杨牧之. 1997. 中国农业百科全书. 武汉: 湖北人民出版社.
伊艳杰, 张长付, 时玉, 等. 2010. 小麦白粉菌拮抗真菌的筛选、鉴定及生防效果. 中国农学通报, 26 (14): 273-276.
余应龙, 刘正鹏. 2010. 水稻纹枯病的危害症状与综合防治. 农技服务, 27 (4): 475-476.
张爱民, 阳文龙, 李欣, 等. 2018. 小麦抗赤霉病研究现状与展望. 遗传, 40 (10): 858-873.
张昊, 陈万权. 2022. 小麦赤霉菌群体结构和病害监控技术研究进展. 植物保护学报, 49 (1): 250-262.
张俊华. 2019. 农业作物病害防治技术. 哈尔滨: 黑龙江教育出版社.
张凯, 曹凯歌, 刘伟中, 等. 2019. 4种药剂对小麦赤霉病和白粉病的田间防治效果. 农药, 58 (9): 694-696.
张铉哲, 李媛媛, 李璐, 等. 2019. 抗病诱导剂与杀菌剂混合处理对马铃薯晚疫病的防治效果. 中国蔬菜, (9): 55-61.
张铉哲, 赵雪, 陈苏慧, 等. 2022. 黑龙江省马铃薯疮痂病菌种群结构及PAI致病基因分析. 中国蔬菜, (5): 53-59.

张亚玲，靳学慧，台莲梅，等．2015．多菌灵与寡聚糖配合使用对大豆叶部病害的防治效果．黑龙江农业科学，（2）：50-52．
张艳菊，戴长春，李永刚．2014．园艺植物保护学与实验．北京：化学工业出版社．
张玉聚，李洪连，张振辰，等．2010．中国蔬菜病虫害原色图谱．北京：中国农业科学技术出版社．
张哲．2016．小麦白粉病菌拮抗细菌BB-B的分离鉴定及其防效研究．郑州：河南工业大学硕士学位论文．
章孟臣．2019．一个水稻稻瘟病抗性基因*BRG8*的克隆与功能分析．北京：中国农业科学院博士学位论文．
赵杰，郑丹，左淑霞，等．2018．小麦条锈菌有性生殖与毒性变异的研究进展．植物保护学报，45（1）：7-19．
赵敏，陈佳蕾，尹微，等．2021．5种杀菌剂对水稻纹枯病及稻曲病防效试验研究．生物灾害科学，44（3）：300-304．
周金鑫，吴佳文，吴达粉，等．2021．小麦叶部锈病与白粉病防治药剂的筛选．大麦与谷类科学，38（6）：39-43．
周军，徐如宏，谢鑫，等．2020．小麦抗白粉病及分子标记研究进展．湖北农业科学，59（6）：10-15．
周益林，段霞瑜，盛宝钦．2001．植物白粉病的化学防治进展．农药学学报，（2）：12-18．
Zhang R, Xiong C, Mu H, et al. 2021. *Pm67*, a new powdery mildew resistance gene transferred from *Dasypyrum villosum* chromosome 1V to common wheat (*Triticum aestivum* L.). 作物学报：英文版，（4）：009．
Andrivon D. 1996. The origin of *Phytophthora infestans* populations present in Europe in the 1840s: a critical review of historical and scientific evidence. Plant Pathology, 45 (6): 1027-1035.
Bensch K, Groenewald J Z, Dijksterhuis J, et al. 2010. Species and ecological diversity within the *Cladosporium cladosporioides* complex (Davidiellaceae, Capnodiales). Studies in Mycology, 67 (67): 1-94
Bigirimana V, Hua G, Nyamangyoku O I, et al. 2015. Rice sheath rot: an emerging ubiquitous destructive disease complex. Frontiers in Plant Science, (6): 1066.
Bukhalid R A, Chung S Y, Loria R. 1998. *nec1*, a gene conferring a necrogenic phenotype, is conserved in plant-pathogenic *Streptomyces* spp. and linked to a transposase pseudogene. Molecular Plant-Microbe Interactions, 11 (10): 960-967.
Corrêa D, Salomão D, Rodrigues-Neto J, et al. 2015. Application of PCR-RFLP technique to species identification and phylogenetic analysis of *Streptomyces* associated with potato scab in Brazil based on partial atpD gene sequences. European Journal of Plant Pathology, 142 (1): 1-12.
Creager A N H. 2022. Tobacco mosaic virus and the history of molecular biology. Annual Review of Virology, 9: 39-55.
El-Aziz M H A. 2020. The importance of potato virus Y potyvirus. Heighten Science Publications Corporation, (1): 214807922.
Figueroa M, Hammond-Kosack K E, Solomon P S. 2017. A review of wheat diseases—a field perspective. Molecular Plant Pathology, 19 (6): 1523-1536.
Hajimorad M R, Domier L L, Tolin SA, et al. 2018. Soybean mosaic virus: a successful potyvirus with a wide distribution but restricted natural host range. Molecular Plant Pathology, 19 (7): 1563-1579.
Hill J, Lazarovits G. 2005. A mail survey of growers to estimate potato common scab prevalence and economic loss in Canada. Canadian Journal of Plant Pathology, 27 (1): 46-52.
Hu W, Kim B, Kwak Y, et al. 2019. Five newly collected turnip mosaic virus (TuMV) isolates from Jeju Island, Korea are closely related to previously reported Korean TuMV isolates but show distinctive symptom development. The Plant Pathology Journal, 35: 381-387.
Lapaz M I, Huguet-Tapia J C, Siri M I, et al. 2017. Genotypic and phenotypic characterization of *Streptomyces* species causing potato common scab in Uruguay. Plant Disease, 101 (8): 1362-1372.
MacKenzie D R. 1981. Association of potato early blight, nitrogen fertilizer rate, and potato yield. Plant Disease, 65 (7): 575.
Samad A, Ajayakumar P V, Gupta M K, et al. 2008. Natural infection of periwinkle (*Catharanthus roseus*) with cucumber mosaic virus, subgroup IB. Australasian Plant Disease Notes, 3 (1): 30-34.
Sarah W, Lynne B, Nicholas M. 2015. The Fungi. 3rd ed. New York: Academic Press.
Schöber B. 1992. *Phytophthora infestans*, the cause of late blight of potato. Potato Research, 35 (1992): 78.
Sol C, Carmen M, Marta A, et al. 2016. Nanonets derived from turnip mosaic virus as scaffolds for increased enzymatic activity of immobilized *Candida antarctica* lipase B. Frontiers in Plant Science, 7: 464.
van den Heuvel J F J M, Hoffmann K A M, van der Wilk F. 2011. The Springer Index of Viruses. New York: Springer.
https://blogs.cornell.edu/potatovirus/pvy/pvy- symptoms-and-diagnosis/
https://ictv.global/
https://www.forestryimages.org/browse/detail.cfm?imgnum=5430061
https://www.forestryimages.org/browse/detail.cfm?imgnum=5454392
https://www.insectimages.org/browse/detail.cfm?imgnum=5505162
https://www.ipmimages.org/browse/detail.cfm?imgnum=5369146
https://www.ipmimages.org/browse/detail.cfm?imgnum=5405264